21世纪高职高专新概念规划教材

计算机数学基础

（第二版）

主　编　何春江

副主编　张文治　王晓威

中国水利水电出版社
www.waterpub.com.cn

内 容 提 要

本书共 13 章，包括微积分、线性代数、概率论和离散数学四个基本模块，主要内容有：函数、极限与连续、导数与微分、导数的应用、积分及其应用、常微分方程、多元函数微积分、行列式与矩阵、线性方程组、概率论基础、随机变量的分布与数字特征、数理逻辑、图论初步等。

本书本着“降低难度，注重实用”的原则，在保证科学性的基础上，注意讲清概念，减少数学理论的推证，注重学生基本运算能力和分析问题、解决问题能力的培养，强调数学的应用。本书针对高职高专教育的教学特点，增加了数学软件 Mathematica 的应用，加强了数学方法与计算机的结合。

本书为高职高专院校计算机及相关专业教材，也可以适用于高等职业教育、成人高校及本科院校举办的二级职业技术学院和民办高校计算机及相关专业的教材，还可作为“专升本”及学历文凭考试的教材或参考书。

图书在版编目（CIP）数据

计算机数学基础 / 何春江主编. -- 2版. -- 北京 : 中国水利水电出版社, 2015.1（2021.9 重印）
21世纪高职高专新概念规划教材
ISBN 978-7-5170-2767-6

Ⅰ. ①计… Ⅱ. ①何… Ⅲ. ①电子计算机－数学基础－高等职业教育－教材 Ⅳ. ①TP301.6

中国版本图书馆CIP数据核字(2014)第308670号

策划编辑：雷顺加　　责任编辑：宋俊娥　　封面设计：李　佳

书　　名	21 世纪高职高专新概念规划教材 计算机数学基础（第二版）
作　　者	主　编　何春江 副主编　张文治　王晓威
出版发行	中国水利水电出版社 （北京市海淀区玉渊潭南路 1 号 D 座　100038） 网址：www.waterpub.com.cn E-mail：mchannel@263.net（万水） sales@waterpub.com.cn 电话：（010）68367658（发行部）、82562819（万水）
经　　售	北京科水图书销售中心（零售） 电话：（010）88383994、63202643、68545874 全国各地新华书店和相关出版物销售网点
排　　版	北京万水电子信息有限公司
印　　刷	三河市铭浩彩色印装有限公司
规　　格	170mm×227mm　16 开本　24.25 印张　488 千字
版　　次	2006 年 9 月第 1 版　2006 年 9 月第 1 次印刷 2015 年 4 月第 2 版　2021 年 9 月第 2 次印刷
印　　数	3001—4000 册
定　　价	39.00 元

凡购买我社图书，如有缺页、倒页、脱页的，本社发行部负责调换

第二版前言

本书在第一版基础上，根据多年的教学改革实践和高校教师提出的一些建议进行修订。修订工作主要包括以下方面的内容：

1. 仔细校对并订正了第一版中的印刷错误。

2. 对第一版教材中的某些疏漏予以补充完善。

3. 调整了原书中的部分习题，使之与书中内容搭配更加合理。

负责本书修订编写工作的有何春江、张文治、王晓威等。本书仍由何春江主编，由张文治、王晓威担任副主编，各章编写分工如下：第 1 章、第 6 章及附录由王晓威编写，第 2 章由江志超编写，第 3 章由郭照庄编写，第 4 章、第 5 章由何春江编写，第 7 章由聂铭玮编写，第 8 章、第 9 章由田慧琴编写，第 10 章、第 11 章由张文治编写，第 12 章、第 13 章由贾振华编写。参加本书修订的还有张翠莲、牛莉、翟秀娜、张钦礼、毕雅军、张京轩、赵艳、毕晓华、霍东升、戴江涛、程广涛、孙月芳、刘园园等。

在修订过程中，我们认真考虑了读者的建议意见，在此对提出意见建议的读者表示衷心感谢。新版中存在的问题，欢迎广大专家、同行和读者继续给予批评指正。

编 者

2015 年 1 月

第一版前言

我国高等教育正在快速发展，教材建设也要与之适应，特别是教育部关于“高等教育面向21世纪内容与课程改革”计划的实施，对教材建设提出了新的要求。本书的编写目的就是为了适应高等教育的快速发展，满足教学改革和课程建设的需求，体现高职高专教育的特点。

本书依据教育部制定的《高职高专教育基础课程教学基本要求》和《高职高专教育专业人才培养目标及规格》的要求，严格依据教育部提出的高职高专教育“以应用为目的，以必需、够用为度”的原则，精心选择了教材的内容，结合从实际应用的需要（实例）出发、加强数学思想和数学概念与工程实际的结合的高职高专的特点，淡化了深奥的数学理论，强化了几何说明，针对高职高专计算机专业的特点，引入数学软件包Mathematica的应用，培养学生结合计算机及数学软件包求解数学模型的能力，每章都有学习目标、小结、测试题等，便于学生总结学习内容和学习方法，巩固所学知识。

全书内容包括：函数极限与连续、导数与微分、导数应用、积分及其应用、常微分方程、多元函数微积分、行列式与矩阵、线性方程组、概率论基础、随机变量的分布与数字特征、数理逻辑、图论初步等，共13章。附录内容包括积分表、标准正态分布表、泊松分布表、习题与测试题答案与提示。

本书可作为高等职业技术学院、高等专科学校、成人及本科院校举办的二级职业技术学院和民办高校计算机相关专业的教材，也可作为工程技术人员的参考资料。

本书由何春江任主编，张文治、王晓威任副主编，各章编写分工如下：第2章至第5章由何春江编写；第1章、第6章、第7章及附录由王晓威编写；第8章、第9章由田慧琴编写；第10章、第11章由张文治编写；第12章、第13章由贾振华编写，全书由何春江和王晓威统稿。参加本书编写和讨论工作的还有牛莉、张翠莲、翟秀娜、曾大有、毕亚军、邓凤茹、张钦礼、赵艳、岳亚璠、王明研、张京轩、毕晓华等。

在本书编写过程中，编者参考了大量相关书籍和资料，采用了一些相关内容，汲取了很多同仁的宝贵经验，在此谨表谢意。

由于时间仓促及作者水平有限，书中错误和不足之处在所难免，恳请广大读者批评指正，我们将不胜感激。

编 者

2006年7月

目　录

第 1 章　函数、极限与连续

本章学习目标

- 了解反函数、复合函数的概念，会分析复合函数的复合结构
- 理解数列和函数极限的描述性概念，了解极限的性质
- 熟练掌握求极限的方法
- 了解分段函数及其在分段点处的极限和连续性
- 了解无穷大、无穷小的概念、性质及相互关系
- 理解函数连续的概念及有关性质，会判断函数间断点的类型
- 掌握闭区间上连续函数的性质

1.1　函数

1.1.1　函数的概念

定义 1　设 x,y 是两个变量，D 是给定的数集，当 x 在非空数集 D 内任取一个数值时，变量 y 按照某种对应法则 f 总有唯一确定的数值与之对应，则称变量 y 为变量 x 的函数，记作 $y=f(x)$，$x\in D$.

这里 x 称为自变量，y 称为因变量或称为 x 的函数. 集合 D 是指使函数有意义的点的集合，称为函数的定义域，记为 D_f，相应的 y 值组成的集合称为函数的值域，记为 Z_f.

当 x 取数值 $x_0\in D_f$ 时，与 x_0 对应的数值 y 称为函数 $y=f(x)$ 在 x_0 处的函数值，记作 $f(x_0)$ 或 $y|_{x=x_0}$，此时函数 $y=f(x)$ 在 x_0 点处有定义.

函数的定义域 D_f 和对应法则 f 是函数的两个主要要素.

如果两个函数具有相同的定义域和对应法则，则它们是相同的函数.

如果一个函数在定义域的不同范围内有不同的函数关系，这样的函数称为分段函数.

例如函数 $f(x)=\begin{cases}x+1, & x<1,\\ 2x, & x\geqslant 1\end{cases}$ 是一个分段函数，在它的整个定义域 $(-\infty,+\infty)$ 上是一个函数而不是几个函数，但它的表达式在区间 $(-\infty,1)$ 和区间 $[1,+\infty)$ 上是不同的.

常见的符号函数 $y=\operatorname{sgn} x=\begin{cases}1, & x>0, \\ 0, & x=0, \\ -1, & x<0\end{cases}$ 也是一个分段函数，它的定义域为 $(-\infty,+\infty)$，如图 1.1.1 所示.

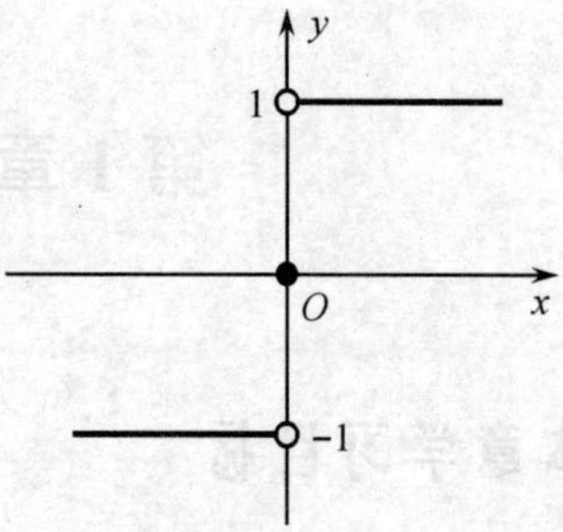

图 1.1.1

1.1.2 复合函数

定义 2 设 $y=f(u)$，$u=\varphi(x)$．如果 $u=\varphi(x)$ 的值域 Z_φ 与 $y=f(u)$ 的定义域 D_f 的交非空，则 y 通过中间变量 u 构成 x 的函数，称 y 为由 $y=f(u)$ 及 $u=\varphi(x)$ 复合而成的 x 的复合函数，记为 $y=f[\varphi(x)]$，其中 x 是自变量，u 称为中间变量.

例 1 问函数 $y=\arctan^2 \mathrm{e}^{\ln\sin x}$ 是由哪些较简单的函数复合而成的？

解 是由 $y=u^2$，$u=\arctan v$，$v=\mathrm{e}^w$，$w=\ln Y$，$Y=\sin x$ 复合而成的.

把一个较复杂的函数分解成几个较简单的函数，这对于今后的许多运算是很有用的.

并非任意两个函数都能复合成一个复合函数．例如 $y=\ln u$ 和 $u=\sin x-2$，这是因为对于后一个函数的值域中的每一个 u 值，都不可能使前一个函数有意义.

1.1.3 反函数与隐函数

定义 3 设 $y=f(x)$ 是定义在 D_f 上的一个函数，其值域为 Z_f，对任意 $y\in Z_f$，如果有一个确定的且满足 $y=f(x)$ 的 $x\in D_f$ 与之对应，则得到一个定义在 Z_f 上的以 y 为自变量的函数，我们称它为函数 $y=f(x)$ 的反函数，记作 $x=f^{-1}(y)$．

我们总是习惯上用 x 表示函数的自变量，所以反函数一般记为 $y=f^{-1}(x)$．

通常，函数 $y=f(x)$ 的表示形式是一个解析式，如 $y=\sqrt{1+\sin x}$，$y=\arcsin 2x$ 等．用这种方法表示的函数称为显函数．有时变量 x, y 之间的函数关系是由某个二元方程 $F(x,y)=0$ 给出的，如 $x^2+y^2-xy+5=0$，$\sin(2xy)+\mathrm{e}^{x+y}=6$ 等，这种通过二元方程给出的 y 与 x 的函数关系称为隐函数.

有些隐函数可以改写成显函数的形式，而有些隐函数不能改写成显函数的形式，如 $\sin(xy)-2x^2y=1$．把隐函数改写成显函数，叫做隐函数的显化.

1.1.4 初等函数

1．基本初等函数

以下五类函数称为基本初等函数：

（1）幂函数 $y=x^\mu$（μ 为实数）.

（2）指数函数 $y=a^x(a>0,\ a\neq 1)$．

（3）对数函数 $y=\log_a x$（$a>0$，$a\neq 1$）.

（4）三角函数 $y=\sin x$，$y=\cos x$，$y=\tan x$，$y=\cot x$.

（5）反三角函数 $y=\arcsin x$，$y=\arccos x$，$y=\arctan x$，$y=\operatorname{arccot} x$.

2．初等函数

由常数和基本初等函数经过有限次四则运算或复合所构成的，并可用一个解析式表示的函数称为初等函数.

例如函数 $y=\sqrt{1-\sin x}$，$y=\arcsin\dfrac{a}{x}$，$y=\ln\left(x+\sqrt{1+x^2}\right)$等都是初等函数.

分段函数不是初等函数.

1.1.5 函数的基本性质

1．函数的奇偶性

设函数 $y=f(x)$ 的定义域 D_f 关于原点对称，如果对于任意 $x\in D_f$，恒有 $f(-x)=-f(x)$（或 $f(-x)=f(x)$），则称 $f(x)$ 为奇（或偶）函数.

奇函数的图形关于原点对称，偶函数的图形关于 y 轴对称.

2．函数的周期性

设函数 $y=f(x)$ 的定义域为 D_f，如果存在一个常数 $T\neq 0$，使得对任意的 $x\in D_f$，恒有 $f(x\pm T)=f(x)$（$x\pm T\in D_f$），则称函数 $f(x)$ 为周期函数，T 称为 $f(x)$ 的周期. 通常我们所说的周期是指函数 $f(x)$ 的最小正周期.

例如 $\sin x$ 和 $\cos x$ 的周期为 2π，$\tan x$ 和 $\cot x$ 的周期为 π.

3．函数的单调性

设函数 $y=f(x)$ 在区间 $[a,b]$ 上有定义，对 $[a,b]$ 内的任意两点 x_1 和 x_2，当 $x_1<x_2$ 时，都有 $f(x_1)<f(x_2)$，则称函数 $f(x)$ 在区间 $[a,b]$ 上是单调增加的，如图 1.1.2（a）所示；当 $x_1<x_2$ 时，都有 $f(x_1)>f(x_2)$，则称函数 $f(x)$ 在区间 $[a,b]$ 上是单调减少的，如图 1.1.2（b）所示. 单调增加（或单调减少）的函数又称为递增（或递减）函数，统称为单调函数，使函数保持单调的自变量的取值区间称为该函数的单调区间.

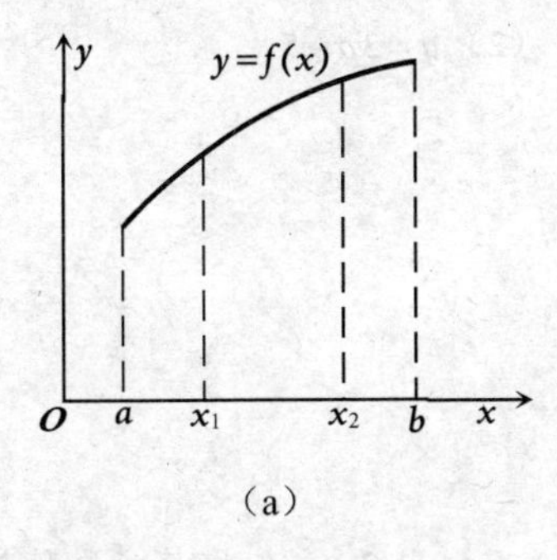

（a）

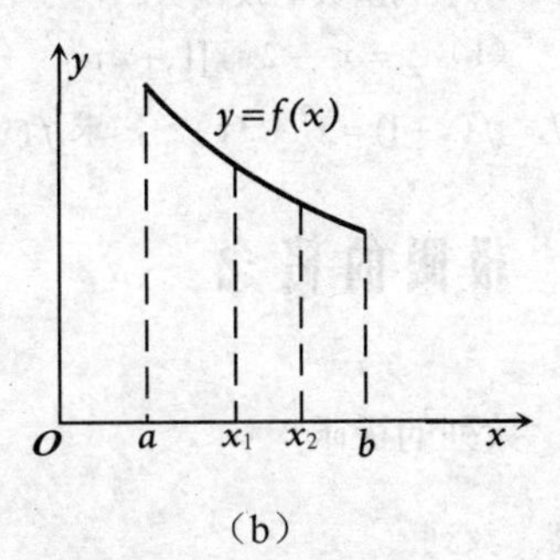

（b）

图 1.1.2

例如函数 $y=4x^2$，在区间 $[0,+\infty)$ 内单调增加；在区间 $(-\infty,0]$ 内单调减少；在区间 $(-\infty,+\infty)$ 内不具有单调性.

4．函数的有界性

设函数 $y=f(x)$ 在区间 I 内有定义，如果存在一个正常数 M，使得对于区间 I 内所有的 x 恒有 $|f(x)|\leqslant M$，则称函数 $f(x)$ 在区间 I 上是有界的. 如果这样的 M 不存在，则称 $f(x)$ 在区间 I 上是无界的.

例如 $y=\sin x$，对于一切 x 都有 $|\sin x|\leqslant 1$，所以函数 $y=\sin x$ 在区间 $(-\infty,+\infty)$ 内是有界的. 又如函数 $y=\dfrac{1}{x}$ 在区间 $[1,+\infty)$ 上有界，这是因为当 $x\in[1,+\infty)$ 时，$\left|\dfrac{1}{x}\right|\leqslant 1$，但是函数 $y=\dfrac{1}{x}$ 在区间 $(0,1)$ 内是无界的.

习题 1.1

1．下列各题中，$f(x)$ 与 $\varphi(x)$ 是否表示同一个函数，说明理由.

（1）$f(x)=\dfrac{x^2-4}{x-2}$，$\varphi(x)=x+2$；　　（2）$f(x)=\ln x^2$，$\varphi(x)=2\ln x$.

2．求下列函数的定义域:

（1）$y=\sqrt{4-x^2}+\dfrac{1}{x-1}$；　　（2）$y=\ln\sqrt{9-x^2}$.

3．判断下列函数的奇偶性:

（1）$y=\dfrac{x^2\cdot\sin x}{x^2+1}$；　　（2）$y=\lg\dfrac{1-x}{1+x}$，$x\in(-1,1)$.

4．如果 $f(x)=\begin{cases}2x+1, & x>0,\\ 1, & x=0,\\ x^2, & x<0,\end{cases}$ 求 $f(0)$，$f\left(-\dfrac{1}{2}\right)$，$f\left(\dfrac{1}{2}\right)$.

5．下列函数是由哪些简单函数复合而成的?

（1）$y=\ln(2x+1)^2$；　　（2）$y=\sin^2(3x+1)$.

6．求下列函数的反函数:

（1）$y=x^2-2x$，$[1,+\infty)$；　　（2）$q=3p-5$.

7．$f(x+1)=x^2+3x+5$，求 $f(x)$ 和 $f(x-1)$.

1.2　极限的概念

1.2.1　数列的极限

1．数列

定义 1　自变量为正整数的函数 $u_n=f(n)$（$n=1,2,\cdots$），将其函数值按自变量n由小到大的顺序排成的一列数$u_1,u_2,u_3,\cdots,u_n,\cdots$称为数列，简记为$\{u_n\}$，其中$u_n$称为数列的通项或一般项.

单调数列：如果数列$\{u_n\}$对于每一个正整数n都有$u_n \leqslant u_{n+1}$（$u_n \geqslant u_{n+1}$），则称数列$\{u_n\}$为单调递增（减）数列；单调递增与单调递减的数列统称为单调数列.

有界数列：如果对于数列$\{u_n\}$存在一个常数M，使得对于其每一项u_n，都有$|u_n| \leqslant M$，则称数列$\{u_n\}$为有界数列.

2. 数列的极限

下面我们研究当n无限增大时数列的变化趋势，考察下面几个数列：

（1）$1,\frac{1}{2},\frac{1}{3},\cdots,\frac{1}{n},\cdots$，通项为$u_n=\frac{1}{n}$；

（2）$\frac{2}{1},\frac{3}{2},\cdots,\frac{n+1}{n},\cdots$，通项为$u_n=\frac{n+1}{n}$；

（3）$1,-1,\cdots,(-1)^{n+1},\cdots$，通项为$u_n=(-1)^{n+1}$；

（4）$3,5,\cdots,2n+1,\cdots$，通项为$u_n=2n+1$.

通过观察可以发现，数列（1）当n无限增大时，u_n无限趋近于0，即数列（1）以0为它的变化趋向；

数列（2）当n无限增大时，$u_n=\frac{n+1}{n}$无限趋近于常数1，即数列（2）以1为它的变化趋向；

数列（3）当n无限增大时，$u_n=(-1)^{n+1}$的奇数项为1，偶数项为-1，随着n的增大，它的通项在±1之间变动，所以当n无限增大时，没有确定的变化趋向；

数列（4）当n无限增大时，u_n也无限增大.

通过以上4个例子的讨论可以看出，数列当n无限增大时，其变化趋向可分为两种：或者无限趋近于某个确定的常数，或者不趋近于任何确定的常数.

定义 2　对于数列$\{u_n\}$，如果当n无限增大时，通项u_n无限趋近于某个确定的常数a，则称常数a为数列$\{u_n\}$的极限，或称数列$\{u_n\}$收敛于a，记为

$$\lim_{n\to\infty} u_n = a \quad 或 \quad u_n \to a \quad (n\to\infty).$$

若数列$\{u_n\}$没有极限，则称数列是发散的.

数列（1）$\lim\limits_{n\to\infty}\frac{1}{n}=0$；数列（2）$\lim\limits_{n\to\infty}\frac{n}{n+1}=1$；数列（1）和数列（2）是收敛的.

数列（3）和数列（4）没有极限，这两个数列是发散的.

定理 1　单调有界数列必有极限.

证明略.

例 1　观察下列数列的极限：

（1）$u_n = 1 - \frac{(-1)^{n+1}}{n}$；　　（2）$u_n = q^{n-1}$，$|q| < 1$.

解　通过观察以上数列，有如下变化趋向：

（1）$\lim\limits_{n\to\infty} u_n = \lim\limits_{n\to\infty}\left[1 - \frac{(-1)^{n+1}}{n}\right] = 1$；

（2）$\lim\limits_{n\to\infty} u_n = \lim\limits_{n\to\infty} q^{n-1} = 0$　（$|q| < 1$）.

1.2.2　函数的极限

数列是一种特殊的函数，下面将这种特殊函数的极限概念推广到一般函数的极限概念.

1. 当 $x \to \infty$ 时，函数 $f(x)$ 的极限

考察函数 $f(x) = \frac{x}{x+1}$. 从图 1.2.1 中可以看出，当 $x \to +\infty$ 时，函数 $f(x) = \frac{x}{x+1}$ 无限趋近于常数 1，此时我们称 1 为 $f(x)$ 当 $x \to +\infty$ 时的极限.

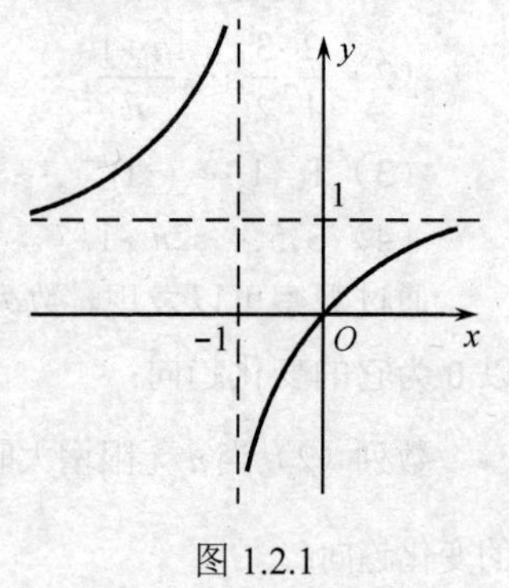

图 1.2.1

定义 3　如果当自变量 x 无限增大时，函数 $f(x)$ 无限趋近于某个确定的常数 A，则称常数 A 为函数 $f(x)$ 当 $x \to +\infty$ 时的极限，记为

$$\lim_{x\to+\infty} f(x) = A \quad \text{或} \quad f(x) \to A \quad (x \to +\infty).$$

由定义 3 可知，1 为 $f(x) = \frac{x}{x+1}$ 当 $x \to +\infty$ 时的极限，即 $\lim\limits_{x\to+\infty} \frac{x}{x+1} = 1$.

同样，从图 1.2.1 中可以看出，当 $x \to -\infty$ 时，函数 $f(x) = \frac{x}{x+1}$ 无限趋近于常数 1，此时我们称 1 为 $f(x) = \frac{x}{x+1}$ 当 $x \to -\infty$ 时的极限.

定义 4　如果当自变量 $x < 0$ 且 $|x|$ 无限增大时，函数 $f(x)$ 无限趋近于某个确定的常数 A，则称常数 A 为函数 $f(x)$ 当 $x \to -\infty$ 时的极限，记为

$$\lim_{x\to-\infty} f(x) = A \quad \text{或} \quad f(x) \to A \quad (x \to -\infty).$$

关于 $x \to -\infty$ 时函数极限的定义，可仿照上面定义给出.

定义 5　如果当 $|x|$ 无限增大时函数 $f(x)$ 无限趋近于常数 A，则称当 $x \to \infty$ 时，函数 $f(x)$ 以 A 为极限，记为

$$\lim_{x\to\infty} f(x) = A \quad \text{或} \quad f(x) \to A \ (x \to \infty).$$

由上面的讨论可知，函数 $f(x) = \frac{x}{x+1}$ 当 $x \to \infty$ 时的极限为 1，即 $\lim\limits_{x\to\infty} \frac{x}{x+1} = 1$.

定理 2 $\lim\limits_{x\to\infty} f(x)=A$ 的充要条件为

$$\lim_{x\to-\infty} f(x)=\lim_{x\to-+\infty} f(x)=A.$$

2. 当 $x\to x_0$ 时，函数 $f(x)$ 的极限

考察函数 $f(x)=\dfrac{x^2-1}{x-1}$，从图 1.2.2 中可以看出，当 $x\to 1$ 时，函数 $f(x)=\dfrac{x^2-1}{x-1}$ 的值无限趋近于常数 2，此时我们称当 x 趋近于 1 时，函数 $f(x)=\dfrac{x^2-1}{x-1}$ 的极限为 2.

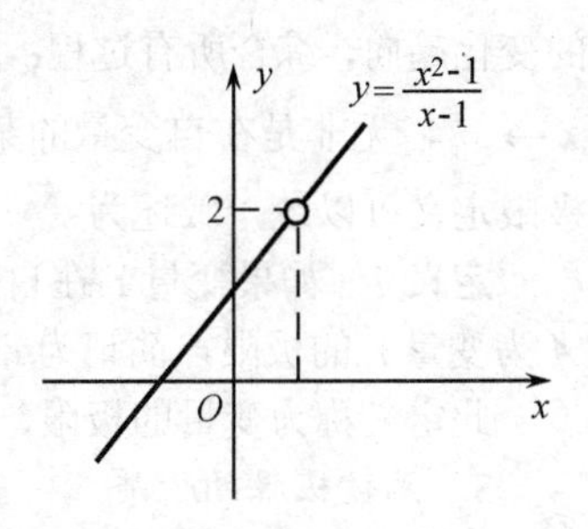

图 1.2.2

定义 6 设函数 $f(x)$ 在 x_0 的某邻域内有定义（ x_0 可以除外），如果当自变量 x 趋近于 x_0（ $x\neq x_0$ ）时，函数 $f(x)$ 的值无限趋近于某个确定的常数 A，则称 A 为函数 $f(x)$ 当 $x\to x_0$ 时的极限，记为

$$\lim_{x\to x_0} f(x)=A \quad 或 \quad f(x)\to A \quad (x\to x_0).$$

说明 $f(x)$ 在 $x\to x_0$ 时的极限是否存在，与 $f(x)$ 在点 x_0 处有无定义以及在点 x_0 处的函数值无关.

在定义 6 中，x 是以任意方式趋近于 x_0 的，但在有些问题中，往往只需要考虑点 x 从 x_0 的一侧趋近于 x_0 时，函数 $f(x)$ 的变化趋向.

左极限：如果当 x 从 x_0 的左侧 $(x<x_0)$ 趋近于 x_0（记为 $x\to x_0^-$）时 $f(x)$ 以 A 为极限，则称 A 为函数 $f(x)$ 当 $x\to x_0$ 时的左极限，记为

$$\lim_{x\to x_0^-} f(x)=A \quad 或 \quad f(x)\to A\ (x\to x_0^-).$$

右极限：如果当 x 从 x_0 的右侧 $(x>x_0)$ 趋近于 x_0（记为 $x\to x_0^+$）时 $f(x)$ 以 A 为极限，则称 A 为 $f(x)$ 当 $x\to x_0$ 时的右极限，记为

$$\lim_{x\to x_0^+} f(x)=A \quad 或 \quad f(x)\to A\ (x\to x_0^+).$$

定理 3 $\lim\limits_{x\to x_0} f(x)=A$ 的充分必要条件为 $\lim\limits_{x\to x_0^-} f(x)=\lim\limits_{x\to x_0^+} f(x)=A$.

这个定理常用来判断分段函数的极限是否存在.

例 2 判断函数 $f(x)=\begin{cases}\dfrac{x^2-1}{1-x}, & x\leqslant 0,\\ 1+x, & x>0\end{cases}$ 在 $x=0$ 处是否有极限.

解 计算函数 $f(x)$ 在 $x=0$ 处的左、右极限

$$\lim_{x\to 0^-} f(x)=\lim_{x\to 0^-}\frac{x^2-1}{1-x}=-1,$$

$$\lim_{x\to 0^+} f(x) = \lim_{x\to 0^+}(1+x) = 1.$$

因为 $\lim_{x\to 0^-} f(x) \neq \lim_{x\to 0^+} f(x)$，所以 $f(x)$ 在 $x=0$ 处无极限.

以上数列的极限、函数的极限描述的都是当自变量在某一变化过程中函数值的变化趋向，综合所有过程：$n\to\infty$，$x\to+\infty$，$x\to-\infty$，$x\to\infty$，$x\to x_0$，$x\to x_0^-$，$x\to x_0^+$，无非是在自变量的某个变化过程中函数值趋近于某个确定常数．因此，极限定义可以统一叙述为：

定义 7 如果变量 Y 在自变量的某一变化过程中无限趋近于某一常数 A，则称 A 为变量 Y 的极限，简记为 $\lim Y = A$ 或 $Y\to A$.

此定义称为变量的极限，在叙述时可省略变化过程.

3．函数极限的性质

定理 4（唯一性定理） 如果函数 $f(x)$ 在某一变化过程中有极限，则其极限是唯一的.

定理 5（有界性定理） 若函数 $f(x)$ 当 $x\to x_0$ 时极限存在，则必存在 x_0 的某一邻域，使得函数 $f(x)$ 在该邻域内有界（称收敛变量是往后有界的）.

定理 6（两边夹定理） 如果对于 x_0 的某邻域内的一切 x（x_0 可以除外），有 $h(x)\leqslant f(x)\leqslant g(x)$，且 $\lim_{x\to x_0} h(x) = \lim_{x\to x_0} g(x) = A$，则 $\lim_{x\to x_0} f(x) = A$.

1.2.3 无穷小量与无穷大量

1．无穷小量

定义 8 若函数 $f(x)$ 在自变量 x 的某一变化过程中以零为极限，则称在该变化过程中，$f(x)$ 为无穷小量，简称无穷小.

例 3 当 $x\to 0$ 时，x^2 的极限为零，所以当 $x\to 0$ 时，函数 x^2 为无穷小.

说明 无穷小是以零为极限的变量，不能将其与很小的常数相混淆．在所有常数中，零是唯一可以看作无穷小的数，这是因为如果 $f(x)\equiv 0$，则 $\lim f(x) = 0$．同时也要注意无穷小与自变量的变化过程有关．例如，函数 $y=\dfrac{1}{x}$，当 $x\to\infty$ 时是无穷小量，而当 $x\to 1$ 时就不是无穷小量.

2．无穷小的性质

定理 7 在自变量的同一变化过程中，

（1）有限个无穷小的代数和仍是无穷小；

（2）有限个无穷小的乘积仍是无穷小；

（3）常数与无穷小的乘积仍是无穷小；

（4）有界函数与无穷小的乘积仍是无穷小.

例 4 求极限 $\lim_{x\to 0} x\sin\dfrac{1}{x}$.

解 因为当 $x \to 0$ 时，x 为无穷小，又因为 $\left|\sin\dfrac{1}{x}\right| \leqslant 1$ 为有界量，因此当 $x \to 0$ 时，$x \cdot \sin\dfrac{1}{x}$ 为无穷小量，所以

$$\lim_{x \to 0} x \cdot \sin\frac{1}{x} = 0 .$$

3. 极限与无穷小的关系

定理 8 在自变量 x 的某一变化过程中，函数 $f(x)$ 有极限的充分必要条件是

$$f(x) = A + \alpha ,$$

其中 α 为这一变化过程中的无穷小.

4. 无穷大量

定义 9 在自变量 x 的某个变化过程中，若函数值的绝对值 $|f(x)|$ 无限增大，则称 $f(x)$ 为此变化过程中的无穷大量，简称无穷大.

无穷大是指绝对值无限增大的变量，不能与很大的常数相混淆，任何常数都不是无穷大.

5. 无穷小与无穷大的关系

定理 9 在自变量的同一变化过程中，若 $f(x)$ 为无穷大，则 $\dfrac{1}{f(x)}$ 为无穷小；反之，若 $f(x)$ 为无穷小且 $f(x) \neq 0$，则 $\dfrac{1}{f(x)}$ 为无穷大.

例 5 考察 $f(x) = \dfrac{x+1}{x-1}$.

解 当 $x \to 1$ 时，$\dfrac{x+1}{x-1} \to \infty$，所以当 $x \to 1$ 时，$f(x) = \dfrac{x+1}{x-1}$ 为无穷大量；

当 $x \to 1$ 时，$\dfrac{x-1}{x+1} \to 0$，所以当 $x \to 1$ 时，$\dfrac{1}{f(x)} = \dfrac{x-1}{x+1}$ 为无穷小量.

习题 1.2

1. 观察下列数列，哪些数列收敛？其极限是多少？哪些数列发散？

（1）$u_n = \dfrac{(-1)^n}{n}$；（2）$u_n = 1 + \left(\dfrac{3}{4}\right)^n$；

（3）$u_n = \dfrac{2n+3}{n^2}$；（4）$u_n = \dfrac{1}{n}\sin\dfrac{n\pi}{2}$；

（5）$u_n = (-1)^n$；（6）$u_n = \dfrac{4n+3}{3n-1}$.

2. 设 $f(x) = \begin{cases} x^2 - 1, & x < 0, \\ x, & x \geqslant 0, \end{cases}$ 作出 $f(x)$ 的图形，求 $\lim\limits_{x \to 0^-} f(x)$ 及 $\lim\limits_{x \to 0^+} f(x)$，并问 $\lim\limits_{x \to 0} f(x)$

是否存在.

3．观察下列函数，哪些是无穷小？哪些是无穷大？

（1）$\frac{x-2}{x}$，当 $x\to 0$ 时；　　（2）$\lg x$，当 $x\to 0^+$ 时；

（3）$10^{\frac{1}{x}}$，当 $x\to 0^+$ 时；　　（4）$x^2\cdot\sin\frac{1}{x}$，当 $x\to 0$ 时；

（5）$2^{-x}-1$，当 $x\to 0$ 时；　　（6）e^{-x}，当 $x\to +\infty$ 时.

1.3　极限的运算

1.3.1　极限的运算法则

定理 1　若在同一过程下，$\lim f(x)=A$，$\lim g(x)=B$，则

（1）$\lim[f(x)\pm g(x)]=A\pm B$；

（2）$\lim[f(x)\cdot g(x)]=A\cdot B$；

（3）$\lim\frac{f(x)}{g(x)}=\frac{A}{B}$　$(B\neq 0)$.

定理 1 中的（1）和（2）可推广到有限多个函数的情形，即有限个函数代数和的极限等于极限的代数和；有限个函数乘积的极限等于极限的乘积.

特别地，在（2）中若 $g(x)\equiv C$，则有

$$\lim_{x\to x_0}(Cf(x))=C\cdot A.$$

以上结论对于自变量的任何变化过程都同样成立.

例 1　求 $\lim\limits_{x\to 2}(3x^2+5x-2)$.

解　$\lim\limits_{x\to 2}(3x^2+5x-2)=\lim\limits_{x\to 2}3x^2+\lim\limits_{x\to 2}5x-\lim\limits_{x\to 2}2=20$.

例 2　求 $\lim\limits_{x\to 2}\frac{2x^2+2x-1}{3x^2+1}$.

解　$\lim\limits_{x\to 2}\frac{2x^2+2x-1}{3x^2+1}=\frac{\lim\limits_{x\to 2}(2x^2+2x-1)}{\lim\limits_{x\to 2}(3x^2+1)}=\frac{11}{13}$.

例 3　求 $\lim\limits_{x\to 3}\frac{x^3-27}{x^2-9}$.

解　因为 $\lim\limits_{x\to 3}(x^2-9)=0$，不能直接用定理 1 中商的极限运算法则．注意到分子的极限也为零，此时可首先找出分子分母中的零因子 $x-3$，当 $x\to 3$ 时，由函数的极限定义知 $x\neq 3$，这样可先约去零因子，再计算极限.

$$\lim_{x\to3}\frac{x^3-27}{x^2-9}=\lim_{x\to3}\frac{(x-3)(x^2+3x+9)}{(x-3)(x+3)}=\lim_{x\to3}\frac{x^2+3x+9}{x+3}=\frac{9}{2}.$$

例 4 求 $\lim\limits_{x\to\infty}\dfrac{x^3+2x^2-1}{2x^3+1}$.

解 当 $x\to\infty$ 时，分子、分母都是无穷大，不能直接利用商的极限运算法则，此时可先将分子、分母同除以 x 的最高次幂 x^3，易知

$$\lim_{x\to\infty}\frac{x^3+2x^2-1}{2x^3+1}=\lim_{x\to\infty}\frac{1+2\left(\frac{1}{x}\right)-\left(\frac{1}{x}\right)^3}{2+\left(\frac{1}{x}\right)^3}=\frac{1}{2}.$$

一般地，对于有理函数（即两个多项式函数的商）的极限，有以下结论：

$$\lim_{x\to\infty}\frac{a_0x^n+a_1x^{n-1}+\cdots+a_{n-1}x+a_n}{b_0x^m+b_1x^{m-1}+\cdots+b_{m-1}x+b_m}=\begin{cases}\infty, & m<n,\\ \dfrac{a_0}{b_0}, & m=n,\\ 0, & m>n,\end{cases}$$

其中 $a_0\neq0$，$b_0\neq0$.

例 5 求 $\lim\limits_{x\to\infty}\dfrac{2x^2-2x+3}{3x^2+1}$.

解 分子、分母同除以 x 的最高次幂 x^2，得极限

$$\lim_{x\to\infty}\frac{2x^2-2x+3}{3x^2+1}=\lim_{x\to\infty}\frac{2-\frac{2}{x}+\frac{3}{x^2}}{3+\frac{1}{x^2}}=\frac{\lim\limits_{x\to\infty}\left[2-\frac{2}{x}+\frac{3}{x^2}\right]}{\lim\limits_{x\to\infty}\left[3+\frac{1}{x^2}\right]}=\frac{2}{3}.$$

1.3.2 两个重要极限

1. $\lim\limits_{x\to0}\dfrac{\sin x}{x}=1$

证 当 $x\to0$ 时，函数 $f(x)=\dfrac{\sin x}{x}$ 的极限不能用商的运算法则来计算. 为证明这个极限，作一单位圆（如图 1.3.1 所示），令 $\angle AOB=x$，设 $0<x<\dfrac{\pi}{2}$，过点 A 作切线 AC，那么 $\triangle AOC$ 的面积为 $\dfrac{1}{2}\tan x$，扇形 AOB 的面积为 $\dfrac{1}{2}x$，$\triangle AOB$ 的面积为 $\dfrac{1}{2}\sin x$，因为扇形面积介于两个三角形面积之间，所以

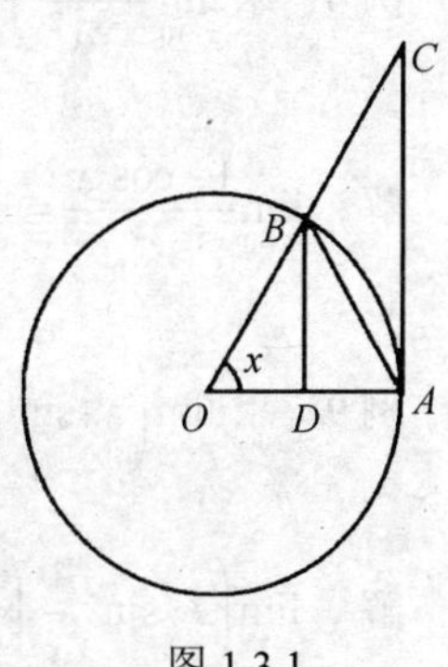

图 1.3.1

$$\frac{1}{2}\sin x < \frac{1}{2}x < \frac{1}{2}\tan x,$$

即　$\sin x < x < \tan x.$

因为$\sin x > 0$，用$\sin x$除上式，有

$$1 < \frac{x}{\sin x} < \frac{1}{\cos x} \quad 或 \quad \cos x < \frac{\sin x}{x} < 1.$$

由于$\frac{\sin x}{x}$或$\cos x$都是偶函数，所以当x取负值时上式也成立，因而当$0 < |x| < \frac{\pi}{2}$时有

$$\cos x < \frac{\sin x}{x} < 1.$$

由图1.3.1不难看出，当$x \to 0$时，$\cos x = OD \to OA = 1$，于是由极限的两边夹定理有

$$\lim_{x \to 0}\frac{\sin x}{x} = 1.$$

此极限也可记为：

$$\lim_{\square \to 0}\frac{\sin \square}{\square} = 1 \quad （方块\square代表同一变量）.$$

例 6　求$\lim\limits_{x \to 0}\frac{\sin mx}{nx}$.

解　$\lim\limits_{x \to 0}\frac{\sin mx}{nx} = \lim\limits_{x \to 0}\frac{m}{n}.\frac{\sin mx}{mx} = \frac{m}{n}.$

例 7　求$\lim\limits_{x \to 0}\frac{\tan x}{x}$.

解　$\lim\limits_{x \to 0}\frac{\tan x}{x} = \lim\limits_{x \to 0}\frac{1}{x}\frac{\sin x}{\cos x} = \lim\limits_{x \to 0}\frac{1}{\cos x}\lim\limits_{x \to 0}\frac{\sin x}{x} = 1.$

例 8　求$\lim\limits_{x \to 0}\frac{1-\cos x}{x^2}$.

解　$\lim\limits_{x \to 0}\frac{1-\cos x}{x^2} = \lim\limits_{x \to 0}\frac{2\sin^2\frac{x}{2}}{x^2} = \frac{1}{2}\lim\limits_{x \to 0}\left[\frac{\sin\frac{x}{2}}{\frac{x}{2}}\right]^2 = \frac{1}{2}.$

例 9　求$\lim\limits_{x \to \infty}\left(x \cdot \sin\frac{1}{x}\right)$.

解　$\lim\limits_{x \to \infty}\left(x \cdot \sin\frac{1}{x}\right) = \lim\limits_{x \to 0}\frac{\sin\frac{1}{x}}{\frac{1}{x}} = 1.$

2. $\lim\limits_{x\to\infty}\left(1+\dfrac{1}{x}\right)^x = \mathrm{e}$

这里 e 是一个无理数 2.718281828459045⋯.

此极限也可记为：$\lim\limits_{\square\to\infty}\left(1+\dfrac{1}{\square}\right)^{\square} = \mathrm{e}$（方块□代表同一变量）.

如果令 $\dfrac{1}{x}=t$，则当 $x\to\infty$ 时，$t\to 0$，从而

$$\lim_{t\to 0}(1+t)^{\frac{1}{t}}=\mathrm{e}.$$

例 10 求 $\lim\limits_{x\to\infty}\left(1+\dfrac{2}{x}\right)^x$.

解 $\lim\limits_{x\to\infty}\left(1+\dfrac{2}{x}\right)^x = \lim\limits_{x\to\infty}\left[\left(1+\dfrac{1}{\frac{x}{2}}\right)^{\frac{x}{2}}\right]^2 = \mathrm{e}^2$，

或令 $t=\dfrac{x}{2}$，当 $x\to\infty$ 时，$t\to\infty$，故

$$\lim_{x\to\infty}\left(1+\frac{2}{x}\right)^x = \left[\lim_{x\to\infty}\left(1+\frac{1}{t}\right)^t\right]^2 = \mathrm{e}^2.$$

例 11 求 $\lim\limits_{x\to\infty}\left(\dfrac{x^2+1}{x^2}\right)^{x^2+1}$.

解 $\lim\limits_{x\to\infty}\left(\dfrac{x^2+1}{x^2}\right)^{x^2+1} = \lim\limits_{x\to\infty}\left[\left(1+\dfrac{1}{x^2}\right)^{x^2}\left(1+\dfrac{1}{x^2}\right)\right] = \mathrm{e}$.

1.3.3 无穷小的比较

在前面有关无穷小的讨论中，没有提及两个无穷小之比，这是因为两个无穷小的比会出现不同的情况．例如，当 $x\to 0$ 时，x，x^2，$\sin x$，$x\sin\dfrac{1}{x}$ 等都是无穷小，但它们的比在 $x\to 0$ 时却有不同的变化形态，$\dfrac{x^2}{x}\to 0$，$\dfrac{\sin x}{x}\to 1$，$\dfrac{x}{x^2}\to\infty$，而 $\dfrac{x\sin\frac{1}{x}}{x}$ 没有极限.

这一事实反映了同一过程中，如 $x\to 0$ 时各个无穷小趋于 0 的快慢程度，因此有必要进一步讨论两个无穷小之比.

定义 1 设α与β是自变量的同一变化过程中的两个无穷小，则在所讨论的过程中：

（1）若$\dfrac{\alpha}{\beta}\to 0$，则称$\alpha$是比$\beta$高阶的无穷小，记作$\alpha=o(\beta)$；

（2）若$\dfrac{\alpha}{\beta}\to c\neq 0$，$c$为常数，则称$\alpha$与$\beta$为同阶无穷小；

（3）若$\dfrac{\alpha}{\beta}\to 1$，则称$\alpha$与$\beta$为等价无穷小，记作$\alpha\sim\beta$．

例 12 证明当$x\to 0$时，$\arcsin x$与x是等价无穷小．

证 令$\arcsin x=t$，则$x=\sin t$，当$x\to 0$时，$t\to 0$，于是

$$\lim_{x\to 0}\frac{\arcsin x}{x}=\lim_{t\to 0}\frac{t}{\sin t}=1,$$

故当$x\to 0$时，$\arcsin x\sim x$．

同理，当$x\to 0$时，$\arctan x$与x也是等价无穷小．

习题 1.3

1．求下列极限：

（1）$\lim\limits_{x\to 2}\dfrac{x^2+5}{x^2-3}$；（2）$\lim\limits_{x\to 3}\dfrac{x+1}{x-3}$；

（3）$\lim\limits_{x\to 1}\dfrac{x^2-2x+1}{x^3-x}$；（4）$\lim\limits_{x\to\infty}\dfrac{x^2+2x-3}{3x^2-5x+2}$；

（5）$\lim\limits_{x\to\infty}\dfrac{\sin x}{x}$；（6）$\lim\limits_{x\to 0}x^2\cos\dfrac{1}{x^2}$；

2．求下列极限：

（1）$\lim\limits_{x\to 0}\dfrac{\sin 3x}{4x}$；（2）$\lim\limits_{x\to\infty}x\cdot\sin\dfrac{1}{x}$；

（3）$\lim\limits_{x\to 0}\dfrac{\sin 5x}{\tan 2x}$；（4）$\lim\limits_{x\to 0}(1+\tan x)^{\cot x}$；

（5）$\lim\limits_{x\to\infty}\left(1+\dfrac{2}{x}\right)^{x+3}$；（6）$\lim\limits_{x\to 0}(1-4x)^{\frac{1}{x}}$；

（7）$\lim\limits_{x\to 1}\dfrac{\sin^2(x-1)}{x^2-1}$；（8）$\lim\limits_{x\to\infty}\left(\dfrac{x+1}{x-2}\right)^x$．

1.4 函数的连续性

1.4.1 函数的连续性概念

在现实生活中有许多的量都是连续变化的，例如气温变化、植物的生长、物

体的运动路程等，这些现象反映到数学上，就是所谓的函数的连续性.

1. 增量

设函数 $y=f(x)$ 在点 x_0 的某邻域内有定义，当自变量 x 由 x_0（称为初值）变化到 x_1（称为终值）时，终值与初值之差 x_1-x_0 称为自变量的增量（或改变量），记为 $\Delta x=x_1-x_0$.

相应地，函数的终值 $f(x_1)$ 与初值 $f(x_0)$ 之差 $f(x_1)-f(x_0)=f(x_0+\Delta x)-f(x_0)$ 称为函数的增量（或改变量），记为 $\Delta y=f(x_0+\Delta x)-f(x_0)$.

几何上，函数的增量表示当自变量从 x_0 变到 $x_0+\Delta x$ 时，曲线上对应点的纵坐标的增量（如图 1.4.1 所示）.

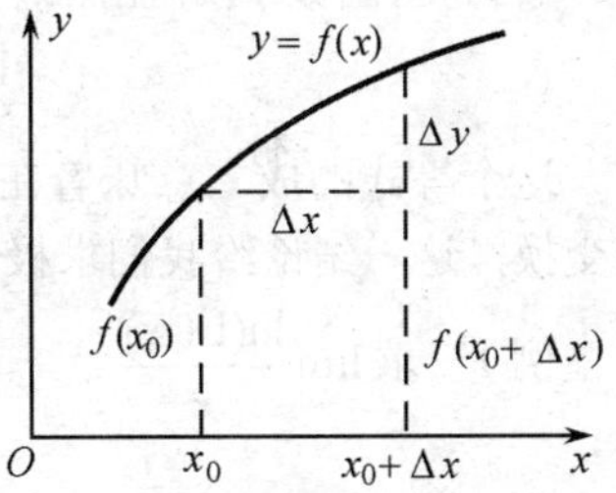

图 1.4.1

2. 连续

函数在某点 x_0 处连续，在几何上表示为函数图形在 x_0 处附近为一条连续不断的曲线；从图 1.4.1 可以看出，其特点是当自变量的增量 Δx 趋于零时，函数的增量 Δy 也趋于零.

定义 1 设函数 $y=f(x)$ 在点 x_0 的某邻域内有定义，当自变量 x 在点 x_0 处有增量 Δx 时，相应地函数有增量

$$\Delta y=f(x_0+\Delta x)-f(x_0).$$

如果当自变量的增量 Δx 趋于零时，函数的增量 Δy 也趋于零，即

$$\lim_{\Delta x\to 0}\Delta y=\lim_{\Delta x\to 0}\left[f(x_0+\Delta x)-f(x_0)\right]=0,$$

则称函数 $y=f(x)$ 在点 x_0 处连续， x_0 称为函数 $f(x)$ 的连续点.

定义 1 中，若记 $x=x_0+\Delta x$，则 $\Delta y=f(x)-f(x_0)$，且当 $\Delta x\to 0$ 时， $x\to x_0$，故定义 1 又可叙述为：

定义 2 设函数 $y=f(x)$ 在点 x_0 的某邻域内有定义，如果当 $x\to x_0$ 时，函数 $f(x)$ 的极限存在，且等于函数在 x_0 处的函数值 $f(x_0)$，即

$$\lim_{x\to x_0}f(x)=f(x_0),$$

则称函数 $y=f(x)$ 在点 x_0 处连续.

3. 左右连续

若函数 $f(x)$ 满足 $\lim\limits_{x\to x_0^-}f(x)=f(x_0)$，则称函数 $f(x)$ 在点 x_0 处左连续；

若函数 $f(x)$ 满足 $\lim\limits_{x\to x_0^+}f(x)=f(x_0)$，则称函数 $f(x)$ 在点 x_0 处右连续.

4. 区间连续

如果函数 $y=f(x)$ 在开区间 (a,b) 内每一点都连续，则称函数 $f(x)$ 在 (a,b) 内连续.

如果函数 $f(x)$ 在 (a,b) 内连续，且在左端点 a 处右连续，在右端点 b 处左连续，则称函数 $f(x)$ 在闭区间 $[a,b]$ 上连续.

5. 极限与连续的关系

（1）若函数 $f(x)$ 在点 x_0 处连续，则函数 $f(x)$ 在点 x_0 处的极限一定存在；反之，若函数 $f(x)$ 在点 x_0 处的极限存在，则函数 $f(x)$ 在点 x_0 处不一定连续.

（2）若函数 $f(x)$ 在点 x_0 处连续，求 $\lim\limits_{x\to x_0} f(x)$ 时，只需求出 $f(x_0)$ 即可.

（3）当函数 $f(x)$ 在点 x_0 处连续时，有

$$\lim_{x\to x_0} f(x) = f(x_0) = f(\lim_{x\to x_0} x).$$

这个等式的成立意味着在函数连续的前提下，极限的符号和函数符号可以互相交换，这一结论给我们求极限带来了许多方便.

例 1 求 $\lim\limits_{x\to 0}\dfrac{\ln(1+x)}{x}$.

解 因为 $\lim\limits_{x\to 0}(1+x)^{\frac{1}{x}} = \mathrm{e}$，且 $y=\ln u$ 在 $u=\mathrm{e}$ 连续，则

$$\lim_{x\to 0}\frac{\ln(1+x)}{x} = \lim_{x\to 0}\ln(1+x)^{\frac{1}{x}} = \ln[\lim_{x\to 0}(1+x)^{\frac{1}{x}}] = \ln \mathrm{e} = 1.$$

1.4.2 函数的间断点及其分类

如果函数 $f(x)$ 在点 x_0 处不连续，则称点 x_0 为函数 $f(x)$ 的间断点.

根据函数 $y=f(x)$ 在点 x_0 处连续的定义可知，如果函数 $y=f(x)$ 在点 x_0 处有下列三种情况之一，则点 x_0 为函数 $f(x)$ 的一个间断点.

（1）$f(x)$ 在 x_0 点没有定义；

（2）$\lim\limits_{x\to x_0} f(x)$ 不存在；

（3）$\lim\limits_{x\to x_0} f(x)$ 存在，但 $\lim\limits_{x\to x_0} f(x) \neq f(x_0)$.

如果 x_0 是函数 $f(x)$ 的间断点，并且函数 $f(x)$ 在点 x_0 处的左、右极限都存在，则称点 x_0 是函数 $f(x)$ 的第一类间断点，如图 1.4.2 所示，若函数 $f(x)$ 在点 x_0 处的左、右极限至少有一个不存在，则称点 x_0 为函数 $f(x)$ 的第二类间断点.

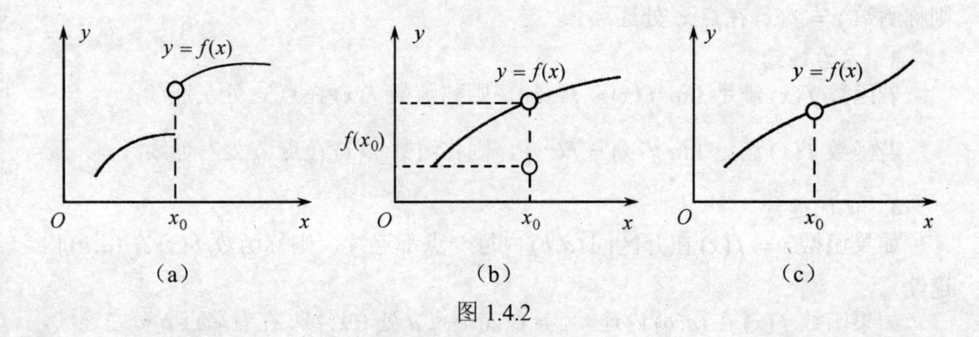

图 1.4.2

考察函数 $f(x)=\begin{cases}\sqrt{x}, & x\leqslant 1,\\ 1+\sqrt{x}, & x>1,\end{cases}$

由于 $\lim\limits_{x\to 1^-}f(x)=\lim\limits_{x\to 1^-}\sqrt{x}=1$，$\lim\limits_{x\to 1^+}f(x)=\lim\limits_{x\to 1^+}(1+\sqrt{x})=2$，所以函数在 $x=1$ 处间断.

函数 $f(x)$ 在点 $x_0=1$ 处的左、右极限存在但不相等，点 $x_0=1$ 是 $f(x)$ 的第一类间断点.

例 2 考察函数 $f(x)=\begin{cases}\dfrac{x^2-1}{x-1}, & x\neq 1,\\ 3, & x=1.\end{cases}$

解 因为 $\lim\limits_{x\to 1}f(x)=\lim\limits_{x\to 1}\dfrac{x^2-1}{x-1}=2$，而 $f(1)=3$，函数 $f(x)$ 在 $x=1$ 处的极限存在但不等于该点处的函数值，所以函数在 $x=1$ 处间断，如果改变定义，令 $x=1$ 时 $f(1)=2$，则所构造的新的函数在 $x=1$ 处成为连续函数.

一般地，如果函数 $f(x)$ 在点 x_0 处极限存在，但不等于函数在该点的函数值（如图 1.4.2（b）所示）；或者函数 $f(x)$ 在点 x_0 处极限存在，但函数在该点处没有定义（图 1.4.2（c）所示），设 $\lim\limits_{x\to x_0}f(x)=A$，可以通过改变或补充定义使函数在点 x_0 处的函数值等于 A，即构造一个新的函数

$$\varphi(x)=\begin{cases}f(x), & x\neq x_0,\\ A, & x=x_0.\end{cases}$$

这时，$\varphi(x)$ 在点 x_0 处连续，点 x_0 称为 $f(x)$ 的可去间断点，可去间断点是第一类间断点.

例 3 考察函数 $f(x)=\dfrac{1}{x+1}$. 该函数在 $x=-1$ 处没有定义，所以函数在 $x=-1$ 处间断；又因为 $\lim\limits_{x\to -1}\dfrac{1}{x+1}=\infty$（如图 1.4.3 所示），极限不存在，趋于无穷，所以 $x=-1$ 是函数 $f(x)=\dfrac{1}{x+1}$ 的第二类间断点，也称为无穷间断点.

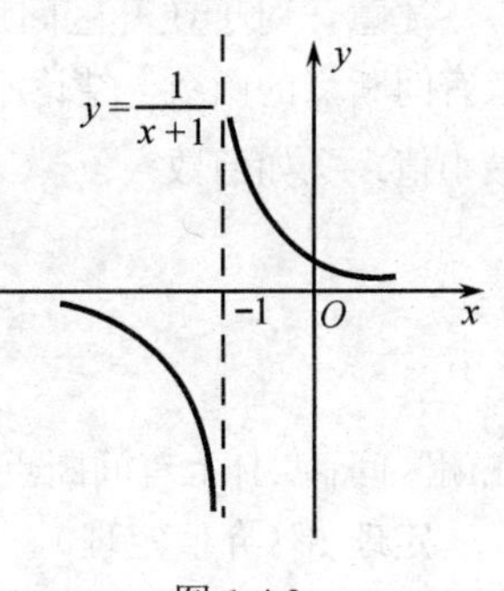

图 1.4.3

1.4.3 初等函数的连续性

由函数在某点连续的定义以及极限的四则运算法则，可得如下定理：

定理 1（连续函数的四则运算） 设 $f(x)$ 和 $g(x)$ 均在点 x_0 处连续，则

$$f(x)\pm g(x),\ f(x)\cdot g(x),\ \frac{f(x)}{g(x)}(g(x_0)\neq 0)$$

在 x_0 点处也连续.

此定理表明，连续函数的和、差、积、商（分母不为零）仍是连续函数.

定理 2（反函数的连续性） 连续函数的反函数在其对应区间上也是连续函数.

由定理 1 和定理 2 容易证明：基本初等函数在其定义域内连续.

定理 3（复合函数的连续性） 设函数 $u=\varphi(x)$ 在点 x_0 处连续，且 $u_0=\varphi(x_0)$，又函数 $y=f(u)$ 在点 u_0 处连续，则复合函数 $y=f[\varphi(x)]$ 在点 x_0 处连续，即

$$\lim_{x\to x_0} f[\varphi(x)]=f[\varphi(x_0)].$$

此定理表明，由连续函数复合而成的复合函数仍是连续函数.

由以上三个定理可知：一切初等函数在其有定义的区间内是连续的.

1.4.4 闭区间上连续函数的性质

闭区间上连续函数具有一些重要性质，这些性质在理论和实践上都有着广泛的应用，它们的几何意义都很直观，容易理解.

定理 4（最值定理） 如果函数 $f(x)$ 在闭区间 $[a,b]$ 上连续，则它在这个区间上一定有最大值和最小值.

即，如果函数 $f(x)$ 在闭区间 $[a,b]$ 上连续，那么在 $[a,b]$ 上至少存在一点 x_1，对于任意 $x\in[a,b]$，都有 $f(x_1)\leqslant f(x)$；也至少存在一点 x_2，对于任意 $x\in[a,b]$，都有 $f(x_2)\geqslant f(x)$（如图 1.4.4 所示）. $f(x_1)$ 与 $f(x_2)$ 分别称为 $f(x)$ 在 $[a,b]$ 上的最小值和最大值.

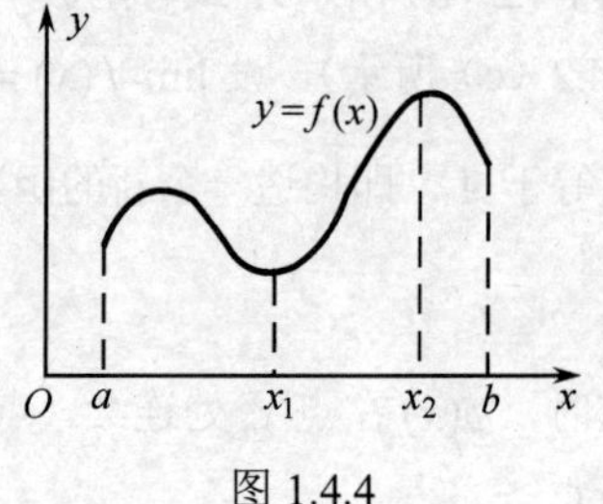

图 1.4.4

注意，对于在开区间连续的函数或在闭区间上有间断点的函数，结论不一定正确. 如函数 $y=x^2$ 在 $(-1,1)$ 内没有最大值，只有最小值. 又如函数

$$f(x)=\begin{cases} x+1, & -1\leqslant x<0, \\ 0, & x=0, \\ x-1, & 0<x\leqslant 1 \end{cases}$$

在闭区间 $[-1,1]$ 上有间断点 $x=0$，它在此区间上没有最大值和最小值.

定理 5（介值定理） 设函数 $f(x)$ 在闭区间 $[a,b]$ 上连续，且 $f(a)\neq f(b)$，C 为介于 $f(a)$ 和 $f(b)$ 之间的任一实数，则至少存在一点 $\xi\in(a,b)$，使得 $f(\xi)=C$.

定理 5 的几何意义是：连续曲线 $y=f(x)$ 与水平直线 $y=C$ 至少有一个交点（如图 1.4.5 所示）.

在介值定理中，如果 $f(a)$ 和 $f(b)$ 异号，并取 $C=0$，即可得如下推论：

推论 如果 $f(x)$ 在 $[a,b]$ 上连续，且 $f(a)\cdot f(b)<0$，则至少存在一点 $\xi\in(a,b)$，使得 $f(\xi)=0$，如图 1.4.6 所示.

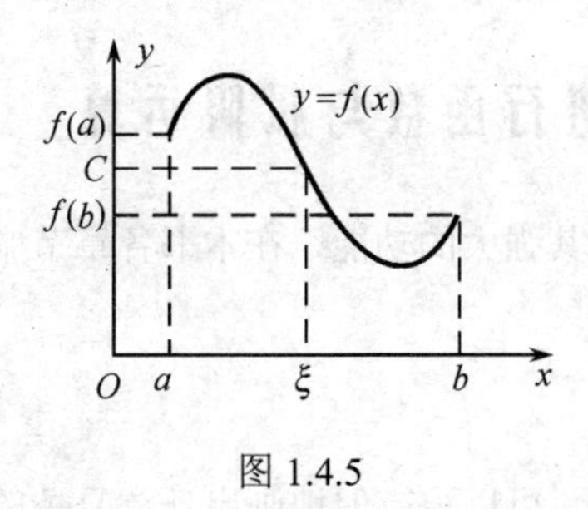

图 1.4.5

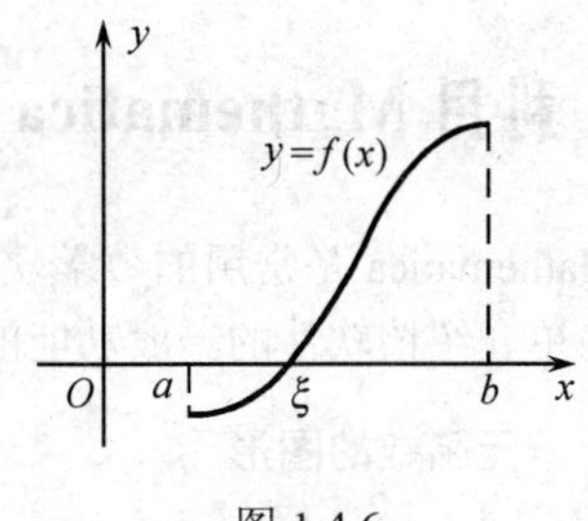

图 1.4.6

推论表明，对于方程 $f(x)=0$，若 $f(x)$ 满足推论中的条件，则方程在 (a,b) 内至少存在一个根 ξ，ξ 又称为函数 $f(x)$ 的零点，此时推论又称为零点定理或根的存在性定理.

例 4 证明三次代数方程 $x^3-4x^2+1=0$ 在区间 $(0,1)$ 内至少有一个实根.

证 设 $f(x)=x^3-4x^2+1$，因为 $f(x)$ 在区间 $[0,1]$ 上连续，且

$$f(0)=1>0,\ f(1)=-2<0;$$

由介值定理可知，在区间 $(0,1)$ 内至少有一点 ξ，使 $f(\xi)=0$，即方程 $x^3-4x^2+1=0$ 在区间 $(0,1)$ 内至少有一个实根.

习题 1.4

1．求下列函数的间断点，并确定其所属类型．如果是可去间断点，试补充或改变函数定义使函数在该点连续.

（1）$y=\dfrac{1}{(x+2)^2}$；　（2）$y=\dfrac{x^2-1}{x^2-3x+2}$；

（3）$y=\dfrac{x}{\sin x}$；　（4）$y=\dfrac{1-\cos x}{x^2}$；

（5）$y=\begin{cases}0, & x<1,\\ 2x+1, & 1\leqslant x<2,\\ 1+x^2, & x\geqslant 2;\end{cases}$　（6）$y=\begin{cases}\dfrac{\sin x}{x}, & x<0,\\ 0, & x=0,\\ \mathrm{e}^{-x}, & x>0.\end{cases}$

2．设 $f(x)=\begin{cases}\dfrac{3x^3+2x^2+x}{\sin x}, & x\neq 0,\\ 0, & x=0,\end{cases}$ 问函数 $f(x)$ 在 $x=0$ 点处是否连续？

3．在下列函数中，a 取何值时函数连续？

（1）$f(x)=\begin{cases}\dfrac{x^2-16}{x-4}, & x\neq 4,\\ a, & x=4;\end{cases}$　（2）$f(x)=\begin{cases}\mathrm{e}^x, & x<0,\\ a+x, & x\geqslant 0.\end{cases}$

4．证明方程 $x^3-4x^2+1=0$ 至少有一个小于 1 的正根.

1.5 利用 Mathematica 作图及进行函数与极限运算

Mathematica 是常用的数学软件，它有极其强大的功能．在本书各章节中，我们将简单介绍该软件的一般功能的实现．

1.5.1 一元函数的图形

利用 Mathematica 系统中的绘图函数 Plot，可以很方便地画出任意复杂的初等函数的图形，其格式为：

（1）Plot[f(x),{x,xmin,xmax},选项]：在区间[xmin,xmax]上按选项的要求画出函数 f(x) 的图形，选项可省略．

（2）Plot[f_1(x),f_2(x),……],{x,xmin,xmax},选项]：在区间[xmin,xmax]上按选项的要求同时画出几个函数的图形．

例 1 在区间[-2,2]上作出函数 $f(x)=x^2+2x-5\sin x$ 的图形．

解 输入 Plot[x^2+2x-5Sin[x],{x,-2,2}]，执行后得到如图 1.5.1 所示的图形．

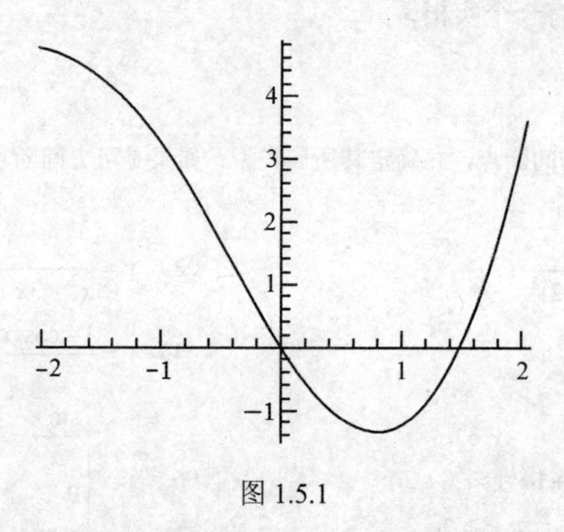

图 1.5.1

例 2 在区间[-2,2]上作出函数 $\sin x$，$\sin 2x$，$\sin 3x$ 的图形．

解 输入 Plot[{Sin[x],Sin[2x],Sin[3x]},{x,-2,2}]，执行得到如图 1.5.2 所示的图形．

例 3 将例 1 中的图形规定因变量的范围为[0,5]．

解 输入 Plot[x^2+2x-5Sin[x],{x,-2,2},PlotRange->{0,5}]，执行得到如图 1.5.3 所示的图形．

注：符号 → 或->表示函数内部的选项．

例 4 在区间[2,16]上作出函数 $f(x)=(x^2-x)\sin x$ 的图形，并给 x，y 轴分别加标记“ x ”和“ y ”．

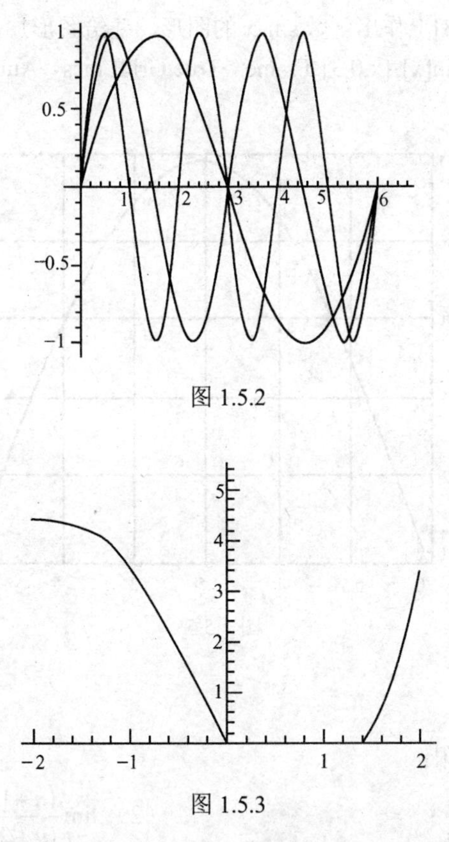

图 1.5.2

图 1.5.3

解　输入 Plot[(x^2-x)Sin[x],{x,2,16},AxesLabel->“x”,“y”]，执行得到如图 1.5.4 所示的图形.

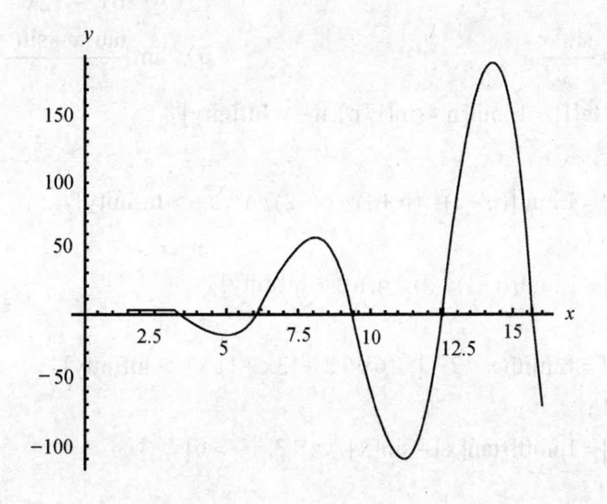

图 1.5.4

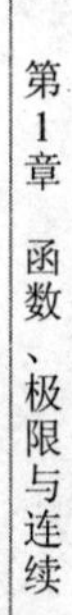

例 5　在区间[0,3]上作出函数 sin x 的图形，并给图形加上框线和网格.

解　输入 Plot[Sin[x],{x,0,3},Frame->True,GridLines->Automatic]，执行得到如图 1.5.5 所示的图形.

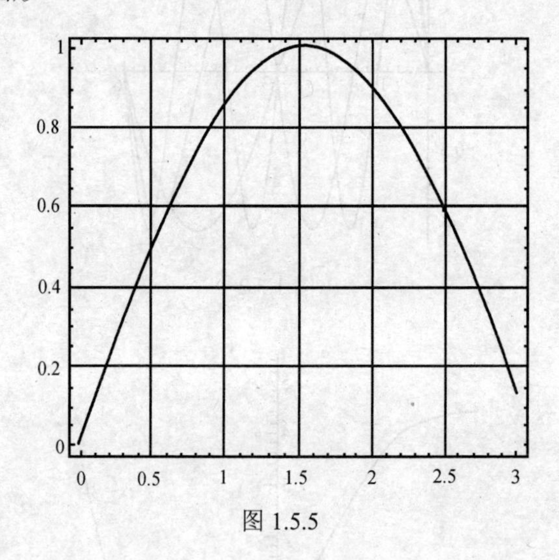

图 1.5.5

1.5.2　求极限

例 6　求下列极限：

（1）$\lim\limits_{n\to\infty} n\sin\dfrac{1}{n}$；　　（2）$\lim\limits_{n\to\infty}\dfrac{(n+1)^{n+1}}{(n+2)n^n}$；

（3）$\lim\limits_{n\to\infty}(-1)^{2n}$；　　（4）$\lim\limits_{x\to\infty}\dfrac{x^2-1}{6x^2-12x+1}$；

（5）$\lim\limits_{x\to 0^+}\dfrac{\sin x}{x}$；　　（6）$\lim\limits_{x\to 0}\dfrac{\tan x-\sin x}{x^3}$.

解　输入 In[1] = Limit[n * sin[1/n], n-> Infinity]，

Out[1] = 1；

输入 In[2] = Limit[(n+1)^(n+1)/(n+2)/n^{n}, n-> Infinity]，

Out[2] = e；

输入 In[3] = Limit[((−1)^2)^n, n-> Infinity]，

Out[3] = 1；

输入 In[4] = Limit[(x^2−1)/(6x^2−12x+1), x-> Infinity]，

Out[4] = 1；

输入 In[6] = Limit[(tan[x]−sin[x])/x^3, x-> 0]，

Out[6] = $\dfrac{1}{2}$.

本章小结

1. 函数的两要素

函数的定义域和对应法则称为函数的两要素，要判断两个函数是否相同，就是要看这两要素是否相同.

2. 函数的定义域

函数的定义域是指使函数有意义的全体自变量构成的集合，求函数的定义域要考虑下列几个方面：

（1）分式的分母不能为零；

（2）偶次根式下不能为负值；

（3）负数和零没有对数；

（4）反三角函数要考虑主值区间；

（5）代数和的情况下取各式定义域的交集.

3. 复合函数

（1）构成复合函数 $y=f\left[\varphi(x)\right]$ 要求外函数 $y=f(u)$ 的定义域与内函数 $u=\varphi(x)$ 的值域的交集非空，即 $D_f\bigcap Z_\varphi\neq\varnothing$；

（2）复合函数的复合过程有两层意义：一是将简单函数用“代入”的方法构成复合函数，二是能将复合函数分解成基本初等函数或由其和、差、积、商构成的简单函数.

4. 五类基本初等函数及其性质

5. 掌握下列求极限的几种方法

（1）利用极限的四则运算法则求极限；

（2）利用无穷小与有界变量的乘积仍是无穷小求极限；

（3）利用两个重要极限求极限.

要理解下面这两个公式的真正含义：

$$\lim_{\square\to 0}\frac{\sin\square}{\square}=1,\qquad \lim_{\Delta\to\infty}\left(1+\frac{1}{\Delta}\right)^{\Delta}=\mathrm{e},$$

式中的□和Δ分别代表某一过程中的变量；

（4）利用无穷小与无穷大的倒数关系求极限；

（5）利用函数的连续性求极限；

（6）利用两个多项式商的极限公式求极限；

（7）利用有理式分解后消掉零因子求极限.

6. 函数的连续性

函数的连续性部分主要应掌握函数在点 x_0 连续的判别方法，掌握函数在点 x_0 连续和在点 x_0 极限存在的关系，会判别间断点的类型.

复习题 1

1．已知 $f(x)=ax+b$，且 $f(0)=-2$，$f(3)=5$，求 a 和 b．

2．已知 $f(x)$ 的定义域为 $[-1,2)$，求 $y=f(x-2)$ 的定义域.

3．判断下列函数的奇偶性：

（1）$f(x)=\dfrac{3^x+3^{-x}}{2}$；（2）$f(x)=\lg(x+\sqrt{1+x^2})$．

4．求下列函数的反函数：

（1）$y=\dfrac{x+1}{x-1}$；（2）$y=1-\lg(x+2)$．

5．复合函数 $y=\sin^2(2x+5)$ 是由哪些简单函数复合而成的.

6．求下列极限：

（1）$\lim\limits_{x\to 0}\dfrac{\sqrt{1+\tan x}-\sqrt{1-\tan x}}{\sin x}$；（2）$\lim\limits_{x\to 0}\dfrac{1-\cos 2x}{x\sin x}$；

（3）$\lim\limits_{x\to 0}\dfrac{\tan x}{1-\sqrt{1+\tan x}}$；（4）$\lim\limits_{x\to\infty}\left(\dfrac{1+x}{x}\right)^{2x}$．

7．证明当 $x\to 0$ 时，$e^x-1\sim x$，并利用此结果求 $\lim\limits_{x\to 0}\dfrac{\sqrt{1+\sin x}-1}{e^x-1}$．

8．设函数 $f(x)=\begin{cases}\dfrac{1}{x}\sin \pi x, & x\neq 0,\\ a, & x=0\end{cases}$ 在 $x=0$ 处连续，求 a 的值.

9．设甲车间生产某产品 2000 箱，每箱定价为 280 元，销售量在 900 箱以内按原价销售，超过 900 箱的部分在原价的基础上打八折销售，试建立销售总收入 R 与销售量 Q 之间的函数关系式.

自测题 1

一、填空题

1．函数 $y=\dfrac{\sqrt{x^2-4}}{x-2}$ 的定义域是____________________．

2．函数 $y=e^x-1$ 的反函数是____________________．

3．若 $\lim\limits_{x\to 0}\dfrac{\sin kx}{2x}=2$，则 $k=$____________________．

4．$\lim\limits_{x\to\infty}x\cdot\sin\dfrac{1}{x}=$____________________．

5．设函数 $f(x)=\dfrac{1-\cos x}{x^2}$，则 $x=0$ 为 $f(x)$ 的____________________间断点.

6. 设函数 $f(x)=\dfrac{x^2-5x+6}{x^2-4}$，则当 $x\to$ ____________ 时，$f(x)$ 为无穷大.

二、选择题

1. 函数 $y=1+\sin x$ 是（　　）.

A）无界函数　　B）单调减少函数

C）单调增加函数　　D）有界函数

2. 下列极限存在的是（　　）.

A）$\lim\limits_{x\to\infty} x\sin\dfrac{1}{x}$　　B）$\lim\limits_{x\to\infty}\dfrac{2x^4+x+1}{3x^4-x+2}$

C）$\lim\limits_{x\to\infty}\ln|x|$　　D）$\lim\limits_{x\to\infty}\cos x$

3. 当 $x\to 0$ 时，（　　）与 x 不是等价无穷小.

A）$\ln(1+x)$　　B）$\sqrt{1+x}+\sqrt{1-x}$

C）$\tan x$　　D）$\sin x$

三、计算题

1. 设 $f(x)=x^2-2x+1$，求 $f(2)$, $f(x+1)$.

2. 求 $\lim\limits_{x\to+\infty}\left(1-\dfrac{1}{x}\right)^{-x}$.

3. 求 $\lim\limits_{x\to 0}(1+3x)^{\frac{1}{x}}$.

4. 设 $f(x)=\begin{cases}\dfrac{1}{x}\cdot\sin x, & x<0,\\ k, & x=0,\\ x\cdot\sin\dfrac{1}{x}+1, & x>0\end{cases}$ 在 $x=0$ 点处连续，求 k 的值.

第 2 章　导数与微分

本章学习目标

- 理解导数和微分的概念及其几何意义
- 熟练掌握导数的计算法则和基本公式
- 了解高阶导数的概念及二阶导数的求法
- 了解可导、可微、连续的关系

2.1　导数的概念

2.1.1　引例

例 1　变速直线运动的速度.

我们知道，对于匀速直线运动来说，其速度公式为：$速度=\dfrac{路程}{时间}$.

设一物体作变速直线运动，物体的位置 s 与时间 t 的函数关系为 $s=s(t)$，称为位置函数，求物体在任一时刻 t_0 的瞬时速度.

设物体在时刻 t_0 到时刻 $t_0+\Delta t$ 内经过的路程为 Δs，则

$$\Delta s=s(t_0+\Delta t)-s(t_0),$$

于是，物体在时刻 t_0 到时刻 $t_0+\Delta t$ 这段时间内的平均速度为

$$\overline{v}=\frac{\Delta s}{\Delta t}=\frac{s(t_0+\Delta t)-s(t_0)}{\Delta t}.$$

Δt 越小，平均速度 $\overline{v}$ 就越接近于物体在 t_0 时刻的瞬时速度 $v(t_0)$，Δt 无限变小时，平均速度 $\dfrac{\Delta s}{\Delta t}$ 就无限接近于 t_0 时刻的瞬时速度 $v(t_0)$. 因此，当 $\Delta t\to 0$ 时，平均速度 $\dfrac{\Delta s}{\Delta t}$ 的极限值就是物体在 t_0 时刻的瞬时速度，即

$$v(t_0)=\lim_{\Delta t\to 0}\frac{\Delta s}{\Delta t}=\lim_{\Delta t\to 0}\frac{s(t_0+\Delta t)-s(t_0)}{\Delta t}.$$

例 2　平面曲线的切线斜率.

设一曲线方程为 $y=f(x)$，求曲线上任一点处的切线斜率.

在曲线 $y=f(x)$ 上任取两点 M (x_0,y_0) 和 N $(x_0+\Delta x,y_0+\Delta y)$，作割线 MN，让

N 沿着曲线趋向 M，割线 MN 的极限位置 MT 就称为曲线 $y=f(x)$ 在点 M 处的切线，如图 2.1.1 所示．下面求曲线 $y=f(x)$ 在点 M 处的切线的斜率．

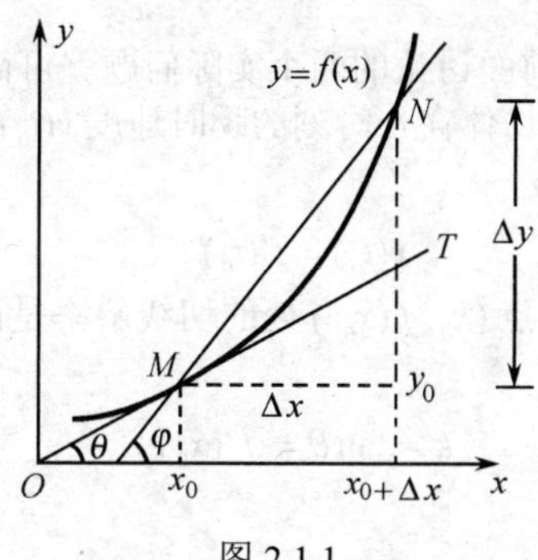

图 2.1.1

割线 MN 的斜率为

$$k_{MN}=\tan\varphi=\frac{\Delta y}{\Delta x}.$$

这里 φ 为割线 MN 的倾角，θ 是切线 MT 的倾角，当点 N 沿曲线趋于点 M 时，即 $\Delta x\to 0$ 时，若上式的极限存在，记为 k，即

$$\tan\theta=k=\lim_{\Delta x\to 0}\frac{\Delta y}{\Delta x}.$$

则此极限值 k 就是所求的切线的斜率，即

$$k=\lim_{\Delta x\to 0}\frac{\Delta y}{\Delta x}=\lim_{\Delta x\to 0}\frac{f(x_0+\Delta x)-f(x_0)}{\Delta x}.$$

2.1.2 导数的概念与几何意义

1. 导数的概念

定义 1 设函数 $y=f(x)$ 在点 x_0 的某邻域内有定义，当自变量 x 在点 x_0 处取得增量 Δx（点 $x_0+\Delta x$ 也在该邻域内）时，相应地函数 y 取得增量 $\Delta y=f(x_0+\Delta x)-f(x_0)$，若极限

$$\lim_{\Delta x\to 0}\frac{\Delta y}{\Delta x}=\lim_{\Delta x\to 0}\frac{f(x_0+\Delta x)-f(x_0)}{\Delta x} \tag{2.1.1}$$

存在，则称函数 $y=f(x)$ 在点 x_0 处可导，并称此极限值为函数 $y=f(x)$ 在点 x_0 处的导数，记作 $f'(x_0)$，$y'\big|_{x=x_0}$，$\left.\frac{\mathrm{d}y}{\mathrm{d}x}\right|_{x=x_0}$ 或 $\left.\frac{\mathrm{d}f}{\mathrm{d}x}\right|_{x=x_0}$．

即
$$f'(x_0)=\lim_{\Delta x\to 0}\frac{f(x_0+\Delta x)-f(x_0)}{\Delta x}.$$

如果极限（2.1.1）不存在，则称函数 $y=f(x)$ 在点 x_0 处不可导．

若记 $x=x_0+\Delta x$，由于当 $\Delta x\to 0$ 时，有 $x\to x_0$，所以导数 $f'(x_0)$ 的定义也可

表示为

$$f'(x_0)=\lim_{x\to x_0}\frac{f(x)-f(x_0)}{x-x_0}.$$

引入了导数的概念，前面讨论的两个实际问题就可简述如下：

（1）变速直线运动的物体在 t_0 时刻的瞬时速度 $v(t_0)$ 就是位置函数 $s(t)$ 在点 t_0 处的导数，即

$$v(t_0)=s'(t_0).$$

（2）曲线 $y=f(x)$ 在点 $(x_0,f(x_0))$ 处的切线斜率是函数 $y=f(x)$ 在点 x_0 处的导数，即

$$k=\tan\theta=f'(x_0).$$

2. *左、右导数*

既然导数是增量比 $\frac{\Delta y}{\Delta x}$ 当 $\Delta x\to 0$ 时的极限，那么下面两个极限

$$\lim_{\Delta x\to 0^-}\frac{\Delta y}{\Delta x}=\lim_{\Delta x\to 0^-}\frac{f(x_0+\Delta x)-f(x_0)}{\Delta x},$$

$$\lim_{\Delta x\to 0^+}\frac{\Delta y}{\Delta x}=\lim_{\Delta x\to 0^+}\frac{f(x_0+\Delta x)-f(x_0)}{\Delta x},$$

分别叫做函数 $y=f(x)$ 在点 x_0 处的左导数和右导数，分别记为 $f'_-(x_0)$ 和 $f'_+(x_0)$.

由上一章关于左、右极限的性质可知下面的定理.

定理 1 函数 $y=f(x)$ 在点 x_0 可导的充分必要条件是 $f(x)$ 在点 x_0 的左、右导数都存在且相等.

若函数 $y=f(x)$ 在开区间 (a,b) 内每一点都可导，则称 $f(x)$ 在区间 (a,b) 内可导. 此时，对于每一个 $x\in(a,b)$，都对应着 $f(x)$ 的一个确定的导数值 $f'(x)$，从而构成了一个新的函数，称为函数 $f(x)$ 的导函数，记作 y', $f'(x)$, $\frac{\mathrm{d}y}{\mathrm{d}x}$ 或 $\frac{\mathrm{d}f}{\mathrm{d}x}$，即

$$f'(x)=\lim_{\Delta x\to 0}\frac{f(x+\Delta x)-f(x)}{\Delta x}.$$

函数 $y=f(x)$ 在点 x_0 处的导数 $f'(x_0)$ 就是导函数 $f'(x)$ 在点 x_0 处的函数值，即

$$f'(x_0)=f'(x)\Big|_{x=x_0}.$$

通常导函数也简称为导数.

3. 导数的几何意义

函数 $f(x)$ 在点 x_0 处的导数 $f'(x_0)$ 在几何上表示曲线 $y=f(x)$ 在点 $(x_0,f(x_0))$ 处的切线的斜率（如图 2.1.1 所示），即

$$f'(x_0)=\lim_{\Delta x\to 0}\frac{\Delta y}{\Delta x}=\lim_{\varphi\to\theta}\tan\ \varphi=\tan\ \theta=k.$$

过曲线上一点且垂直于该点处切线的直线，称为曲线在该点处的法线.

根据导数的几何意义，如果函数 $y=f(x)$ 在点 x_0 处可导，则曲线 $y=f(x)$ 在

点 $(x_0, f(x_0))$ 处的切线方程为

$$y - y_0 = f'(x_0)(x - x_0),$$

法线方程为

$$y - y_0 = -\frac{1}{f'(x_0)}(x - x_0) \quad (f'(x_0) \neq 0).$$

若 $f'(x_0) = \infty$，则切线垂直于 x 轴，切线的方程就是 x 轴的垂线 $x = x_0$.

下面应用导数的定义计算一些简单函数的导数，根据定义求函数 $y = f(x)$ 的导数，一般分为以下三步：

（1）求增量 $\Delta y = f(x + \Delta x) - f(x)$;

（2）算比值 $\dfrac{\Delta y}{\Delta x} = \dfrac{f(x + \Delta x) - f(x)}{\Delta x}$;

（3）取极限 $y' = \lim\limits_{\Delta x \to 0} \dfrac{\Delta y}{\Delta x}$.

例 3 求函数 $y = x^2$ 的导数.

解 （1）求增量 $\Delta y = f(x + \Delta x) - f(x) = (x + \Delta x)^2 - x^2 = 2x\Delta x + (\Delta x)^2$；

（2）算比值 $\dfrac{\Delta y}{\Delta x} = 2x + \Delta x$；

（3）取极限 $y' = \lim\limits_{\Delta x \to 0} \dfrac{\Delta y}{\Delta x} = \lim\limits_{\Delta x \to 0}(2x + \Delta x) = 2x$；

即

$$(x^2)' = 2x.$$

同理可得 $(x^n)' = nx^{n-1}$（n 为正整数）.

特别地，当 $n = 1$ 时，$(x)' = 1$.

一般地，当指数为任意实数 μ 时，可以证明

$$(x^\mu)' = \mu x^{\mu - 1}.$$

例如，求函数 $y = \sqrt{x}$ 的导数，

$$y' = (\sqrt{x})' = (x^{\frac{1}{2}})' = \frac{1}{2}x^{\frac{1}{2}-1} = \frac{1}{2\sqrt{x}}.$$

又如，求函数 $y = \dfrac{1}{x}$ 的导数，

$$y' = \left(\frac{1}{x}\right)' = (x^{-1})' = (-1)x^{-1-1} = -\frac{1}{x^2}.$$

以上两个幂函数的导数用得较多，可作为基本公式使用.

例 4 求对数函数 $y = \log_a x$ 的导数（$a > 0$，$a \neq 1$，$x > 0$）.

解 （1）求增量 $\Delta y = \log_a(x + \Delta x) - \log_a x = \log_a \dfrac{x + \Delta x}{x} = \log_a\left(1 + \dfrac{\Delta x}{x}\right)$；

（2）算比值 $\dfrac{\Delta y}{\Delta x}=\dfrac{1}{\Delta x}\log_a\left(1+\dfrac{\Delta x}{x}\right)=\dfrac{1}{x}\log_a\left(1+\dfrac{\Delta x}{x}\right)^{\frac{x}{\Delta x}}$；

（3）取极限 $y'=\lim\limits_{\Delta x\to 0}\dfrac{\Delta y}{\Delta x}=\dfrac{1}{x}\lim\limits_{\Delta x\to 0}\log_a\left(1+\dfrac{\Delta x}{x}\right)^{\frac{x}{\Delta x}}=\dfrac{1}{x}\log_a \mathrm{e}=\dfrac{1}{x\ln a}$；

即

$$(\log_a x)'=\frac{1}{x\ln a}.$$

特别地，上式中令 $a=\mathrm{e}$，可得自然对数函数 $y=\ln x$ 的导数为

$$(\ln x)'=\frac{1}{x}.$$

例 5 求曲线 $y=x^2$ 在点 $(2,4)$ 处的切线和法线方程.

解 因为 $y'=2x$，由导数的几何意义可知，曲线 $y=x^2$ 在点(2,4)处的切线与法线的斜率分别为

$$k_1=y'\big|_{x=2}=4,\ k_2=-\frac{1}{k_1}=-\frac{1}{4}.$$

于是所求的切线方程为 $y-4=4(x-2)$，

即 $4x-y-4=0$.

法线方程为 $y-4=-\dfrac{1}{4}(x-2)$，

即 $x+4y-18=0$.

2.1.3 可导与连续的关系

定理 2 如果函数 $y=f(x)$ 在点 x_0 处可导，则 $f(x)$ 在点 x_0 处连续.

证 因 $f(x)$ 在点 x_0 处可导，故有

$$f'(x_0)=\lim_{\Delta x\to 0}\frac{\Delta y}{\Delta x}.$$

根据函数极限与无穷小间的关系，可得

$$\frac{\Delta y}{\Delta x}=f'(x_0)+\alpha,$$

其中 α 是当 $\Delta x\to 0$ 时的无穷小．两端乘以 Δx，得

$$\Delta y=f'(x_0)\Delta x+\alpha\cdot\Delta x,$$

由此可见

$$\lim_{\Delta x\to 0}\Delta y=\lim_{\Delta x\to 0}\left[f'(x_0)\Delta x+\alpha\cdot\Delta x\right]=0,$$

即函数 $y=f(x)$ 在点 x_0 处连续.

上述定理的逆命题不一定成立，即在某点连续的函数，在该点未必可导.

例 6 证明函数 $y=|x|$ 在 $x=0$ 处连续但不可导（如图 2.1.2）.

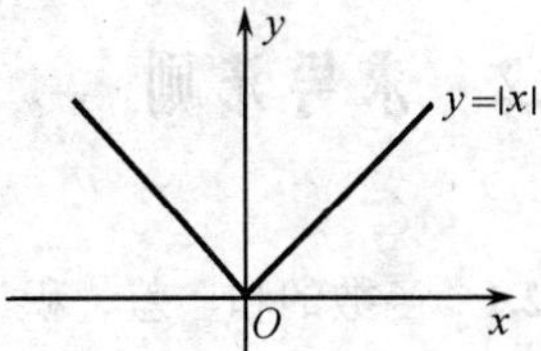

证 因为

$$\Delta y = f(0+\Delta x)-f(0)=|0+\Delta x|-|0|=|\Delta x|,$$

则
$$\lim_{\Delta x\to 0}\Delta y=\lim_{\Delta x\to 0}|\Delta x|=0 .$$

由连续定义，$y=|x|$ 在 $x=0$ 处连续．又因为

$$\lim_{\Delta x\to 0}\frac{\Delta y}{\Delta x}=\lim_{\Delta x\to 0}\frac{|\Delta x|}{\Delta x},$$

图 2.1.2

当 $\Delta x>0$ 时，$y=f(x)$ 在 $x=0$ 处的右导数为

$$f'_+(0)=\lim_{\Delta x\to 0^+}\frac{\Delta y}{\Delta x}=\lim_{\Delta x\to 0^+}\frac{\Delta x}{\Delta x}=1;$$

当 $\Delta x<0$ 时，$y=f(x)$ 在 $x=0$ 处的左导数为

$$f'_-(0)=\lim_{\Delta x\to 0^-}\frac{\Delta y}{\Delta x}=\lim_{\Delta x\to 0^-}\frac{-\Delta x}{\Delta x}=-1,$$

即函数 $y=|x|$ 在 $x=0$ 处的左、右导数不相等，从而在点 $x=0$ 处不可导．由此可见，函数在某点连续是函数在该点可导的必要条件，但不是充分条件．

习题 2.1

1．求下列函数在指定点的导数：

（1）$y=\cos x$，$x=\dfrac{\pi}{2}$；　　（2）$y=\ln x$，$x=5$.

2．求下列函数的导数：

（1）$y=\log_3 x$；　　（2）$y=\dfrac{x^2\cdot\sqrt[3]{x^2}}{\sqrt{x^5}}$；

（3）$y=\sqrt[3]{x^2}$；　　（4）$y=\cos x$.

3．判断下列命题是否正确？为什么？

（1）若 $f(x)$ 在 x_0 处可导，则 $f(x)$ 在 x_0 处必连续；

（2）若 $f(x)$ 在 x_0 处连续，则 $f(x)$ 在 x_0 处必可导；

（3）若 $f(x)$ 在 x_0 处不连续，则 $f(x)$ 在 x_0 处必不可导；

（4）若 $f(x)$ 在 x_0 处不可导，则 $f(x)$ 在 x_0 处必不连续.

4．求曲线 $y=\dfrac{1}{x}$ 在点(1,1)处的切线方程与法线方程.

5．问 a , b 取何值时，才能使函数 $f(x)=\begin{cases}x^2, & x\leqslant x_0,\\ ax+b, & x>x_0\end{cases}$ 在 $x=x_0$ 处连续且可导？

2.2 求导法则

2.2.1 函数的和、差、积、商的求导法则

定理 1 设函数 $u(x)$ 与 $v(x)$ 在点 x 处均可导，则它们的和、差、积、商（当分母不为零时）在点 x 处也可导，且有以下法则：

（1）$\left[u(x)\pm v(x)\right]'=u'(x)\pm v'(x)$；

（2）$\left[u(x)v(x)\right]'=u'(x)v(x)+u(x)v'(x)$；

若 $v(x)=C$（C 为常数），则 $(Cu)'=Cu'$；

（3）$\left[\dfrac{u(x)}{v(x)}\right]'=\dfrac{u'(x)v(x)-u(x)v'(x)}{\left[v(x)\right]^2}$.

下面我们给出法则（3）的证明，其余的留给读者自证.

证 令 $y=\dfrac{u(x)}{v(x)}$.

（1）求函数的增量：给自变量 x 一个增量 Δx，则

$$\Delta y=\frac{u(x+\Delta x)}{v(x+\Delta x)}-\frac{u(x)}{v(x)}=\frac{u(x)+\Delta u}{v(x)+\Delta v}-\frac{u(x)}{v(x)}$$

$$=\frac{v(x)\Delta u-u(x)\Delta v}{[v(x)+\Delta v]v(x)}.$$

（2）算比值：

$$\frac{\Delta y}{\Delta x}=\frac{1}{[v(x)+\Delta v]v(x)}\left[\frac{\Delta u}{\Delta x}v(x)-\frac{\Delta v}{\Delta x}u(x)\right].$$

（3）取极限：因 $u(x)$ 和 $v(x)$ 在点 x 处可导，则在该点处必连续，故当 $\Delta x\to 0$ 时，$\Delta u\to 0$，$\Delta v\to 0$；又当 $\Delta x\to 0$ 时，$\dfrac{\Delta u}{\Delta x}\to u'(x)$，$\dfrac{\Delta v}{\Delta x}\to v'(x)$，所以

$$\lim_{\Delta x\to 0}\frac{\Delta y}{\Delta x}=\frac{u'(x)v(x)-u(x)v'(x)}{[v(x)]^2}.$$

特别地，若 $u(x)=1$，则可得公式

$$\left[\frac{1}{v(x)}\right]'=\frac{-v'(x)}{[v(x)]^2}\quad (v(x)\neq 0).$$

法则（1）和（2）均可推广到有限多个可导函数的情形.

设 $u(x)$，$v(x)$，$w(x)$ 在点 x 处均可导，则

$$(u \pm v \pm w)' = u' \pm v' \pm w'.$$

$$(uvw)' = [(uv)w]' = (uv)'w + (uv)w' = (u'v + uv')w + uvw'$$
$$= u'vw + uv'w + uvw'.$$

例 1　设 $y = x^3 - \cos x + \ln x + \sin 5$，求 y'.

解　$y' = (x^3 - \cos x + \ln x + \sin 5)'$

$$= (x^3)' - (\cos x)' + (\ln x)' + (\sin 5)' = 3x^2 + \sin x + \frac{1}{x}.$$

例 2　设 $y = 5\sqrt{x}2^x$，求 y'.

解　$y' = (5\sqrt{x}2^x)' = 5(\sqrt{x})'2^x + 5\sqrt{x}(2^x)' = \dfrac{5 \cdot 2^x}{2\sqrt{x}} + 5\sqrt{x}2^x \ln 2$.

例 3　求 $y = \tan x$ 的导数.

解　$y' = (\tan x)' = \left(\dfrac{\sin x}{\cos x}\right)' = \dfrac{(\sin x)'\cos x - \sin x(\cos x)'}{\cos^2 x}$

$$= \frac{\cos^2 x + \sin^2 x}{\cos^2 x} = \frac{1}{\cos^2 x} = \sec^2 x.$$

即
$$(\tan x)' = \sec^2 x.$$

用类似的方法，可得　$(\cot x)' = -\csc^2 x$.

$$(\sec x)' = \sec x \cdot \tan x.$$
$$(\csc x)' = -\csc x \cdot \cot x.$$

2.2.2　复合函数的导数

定理 2　如果函数 $u = \varphi(x)$ 在 x 处可导，而函数 $y = f(u)$ 在对应的 u 处可导，那么复合函数 $y = f[\varphi(x)]$ 在 x 处可导，且有

$$\frac{\mathrm{d}y}{\mathrm{d}x} = \frac{\mathrm{d}y}{\mathrm{d}u} \cdot \frac{\mathrm{d}u}{\mathrm{d}x} \quad \text{或} \quad y'_x = y'_u \cdot u'_x.$$

证　给自变量 x 一个增量 Δx，相应地函数 $u = \varphi(x)$ 与 $y = f(u)$ 的改变量为 Δu 和 Δy.

根据函数极限与无穷小的关系定理，由 $y = f(u)$ 可导，有

$$\frac{\Delta y}{\Delta u} = \frac{\mathrm{d}y}{\mathrm{d}u} + \alpha,$$

其中 α 是当 $\Delta u \to 0$ 时的无穷小．上式两边同乘 Δu 得

$$\Delta y = \frac{\mathrm{d}y}{\mathrm{d}u} \cdot \Delta u + \alpha \cdot \Delta u,$$

于是

$$\frac{\Delta y}{\Delta x} = \frac{\mathrm{d}y}{\mathrm{d}u} \cdot \frac{\Delta u}{\Delta x} + \alpha \cdot \frac{\Delta u}{\Delta x},$$

因为函数 $u=\varphi(x)$ 在 x 处可导，所以 $u=\varphi(x)$ 在 x 处连续，当 $\Delta x\to 0$ 时，$\Delta u\to 0$，因此 $\lim\limits_{\Delta x\to 0}\alpha=\lim\limits_{\Delta u\to 0}\alpha=0$，从而有

$$\frac{\mathrm{d}y}{\mathrm{d}x}=\lim_{\Delta x\to 0}\frac{\Delta y}{\Delta x}=\lim_{\Delta x\to 0}\left[\frac{\mathrm{d}y}{\mathrm{d}u}\cdot\frac{\Delta u}{\Delta x}+\alpha\cdot\frac{\Delta u}{\Delta x}\right]=\frac{\mathrm{d}y}{\mathrm{d}u}\cdot\frac{\mathrm{d}u}{\mathrm{d}x}.$$

上式表明，求复合函数 $y=f[\varphi(x)]$ 对 x 的导数时，可先分别求出 $y=f(u)$ 对 u 的导数和 $u=\varphi(x)$ 对 x 的导数，然后相乘即可.

以上法则还可记为 $y'_x=y'_u\cdot u'_x$ 或 $\{f[\varphi(x)]\}'=f'(u)\cdot\varphi'(x)$.

对于多次复合的函数，其求导公式类似，这种复合函数的求导法则也称为链式求导法则.

例 4 设 $y=\ln(1+x^2)$，求 y'.

解 $y=\ln(1+x^2)$ 可看作是由 $y=\ln u$ 和 $u=1+x^2$ 复合而成的，因此

$$y'=(\ln u)'_u\cdot(1+x^2)'_x=\frac{1}{u}\cdot 2x=\frac{2x}{1+x^2}.$$

对复合函数的复合过程熟悉后，就不必再写中间变量，可直接按复合步骤求导.

例 5 $y=\sin\ln\sqrt{x^2+2}$，求 y'.

解 $y'=\cos\ln\sqrt{x^2+2}\cdot\dfrac{1}{\sqrt{x^2+2}}\cdot\dfrac{1}{2\sqrt{x^2+2}}\cdot 2x=\dfrac{\cos\ln\sqrt{x^2+2}\cdot x}{x^2+2}$.

2.2.3 反函数的求导法则

定理 3 如果单调连续函数 $x=\varphi(y)$ 在某区间内可导，且 $\varphi'(y)\neq 0$，则它的反函数 $y=f(x)$ 在对应的区间内可导，且有

$$f'(x)=\frac{1}{\varphi'(y)}\quad 或\quad \frac{\mathrm{d}y}{\mathrm{d}x}=\frac{1}{\dfrac{\mathrm{d}x}{\mathrm{d}y}}.$$

证 因 $y=f(x)$ 是 $x=\varphi(y)$ 的反函数，故可将函数 $x=\varphi(y)$ 中的 y 看作中间变量，从而组成复合函数 $x=\varphi(y)=\varphi[f(x)]$. 上式两边对 x 求导，应用复合函数的链导法，得

$$1=\varphi'_y\cdot f'_x\quad 或\quad 1=\frac{\mathrm{d}x}{\mathrm{d}y}\cdot\frac{\mathrm{d}y}{\mathrm{d}x}.$$

因此

$$f'(x)=\frac{1}{\varphi'(y)}\quad 或\quad \frac{\mathrm{d}y}{\mathrm{d}x}=\frac{1}{\dfrac{\mathrm{d}x}{\mathrm{d}y}}\quad\left(\frac{\mathrm{d}x}{\mathrm{d}y}=\varphi'(y)\neq 0\right).$$

例 6 求函数 $y=\arcsin x$ 的导数.

解 $y=\arcsin x$ 是 $x=\sin y$ 的反函数，而 $x=\sin y$ 在区间 $\left(-\dfrac{\pi}{2},\dfrac{\pi}{2}\right)$ 内单调且可导，且 $(\sin y)'_y=\cos y\neq 0$，因此在对应的区间 $(-1,1)$ 内，有

$$(\arcsin x)'_x=\frac{1}{(\sin y)'}=\frac{1}{\cos y}=\frac{1}{\sqrt{1-\sin^2 y}}=\frac{1}{\sqrt{1-x^2}}.$$

即
$$(\arcsin x)'_x=\frac{1}{\sqrt{1-x^2}}.$$

同理可得
$$(\arccos x)'_x=-\frac{1}{\sqrt{1-x^2}}.$$

$$(\arctan x)'=\frac{1}{1+x^2}.$$

$$(\operatorname{arccot} x)'=-\frac{1}{1+x^2}.$$

2.2.4 初等函数的导数

前面已经给出了几个基本初等函数的导数，建立了函数的四则运算求导法则、复合函数的求导法则以及反函数的求导法则，这就解决了初等函数的求导问题．现将基本导数公式汇成下表：

1．$(C)'=0$（C 为常数）； 2．$(x^{\mu})'=\mu x^{\mu-1}$（μ 为常数）；

3．$(\log_a x)'=\dfrac{1}{x\ln a}$； 4．$(\ln x)'=\dfrac{1}{x}$；

5．$(a^x)'=a^x\ln a$； 6．$(\mathrm{e}^x)'=\mathrm{e}^x$；

7．$(\sin x)'=\cos x$； 8．$(\cos x)'=-\sin x$；

9．$(\tan x)'=\sec^2 x=\dfrac{1}{\cos^2 x}$； 10．$(\cot x)'=-\csc^2 x=-\dfrac{1}{\sin^2 x}$；

11．$(\sec x)'=\sec x\tan x$； 12．$(\csc x)'=-\csc x\cot x$；

13．$(\arcsin x)'=\dfrac{1}{\sqrt{1-x^2}}$； 14．$(\arccos x)'=-\dfrac{1}{\sqrt{1-x^2}}$；

15．$(\arctan x)'=\dfrac{1}{1+x^2}$； 16．$(\operatorname{arccot} x)'=-\dfrac{1}{1+x^2}$；

17．$(\sinh x)'=\cosh x$； 18．$(\cosh x)'=\sinh x$．

以上基本导数公式十分重要，要熟练掌握，同时还要熟练运用函数的四则运算求导法则与复合函数的求导法则，以此求初等函数的导数．

例 7 设 $y=(2x+\sin x)^3$，求 $y'\big|_{x=\frac{\pi}{2}}$．

解 $y'=[(2x+\sin x)^3]'=3(2x+\sin x)^2(2x+\sin x)'=3(2x+\sin x)^2(2+\cos x)$，

所以 $y'\big|_{x=\frac{\pi}{2}}=\left[3(2x+\sin x)^2(2+\cos x)\right]\Big|_{x=\frac{\pi}{2}}=6(\pi+1)^2$．

2.2.5 隐函数和由参数方程确定的函数的导数

1．隐函数的导数

设方程 $F(x,y)=0$，确定 y 是 x 的隐函数 $y=y(x)$．求隐函数的导数，可根据复合函数的链导法，直接由方程求得它所确定的隐函数的导数．

例 8 求方程 $\mathrm{e}^y-x^2y+\mathrm{e}^x=0$ 所确定的隐函数 $y=y(x)$ 的导数 $\dfrac{\mathrm{d}y}{\mathrm{d}x}$．

解 因为 y 是 x 的函数，所以 e^y 是 x 的复合函数，利用链导法，方程两端对 x 求导，得

$$\mathrm{e}^y\cdot y'-(2xy+x^2y')+\mathrm{e}^x=0,$$

解出 y'，便得所求的隐函数的导数

$$y'=\frac{\mathrm{d}y}{\mathrm{d}x}=\frac{2xy-\mathrm{e}^x}{\mathrm{e}^y-x^2}\qquad(\mathrm{e}^y-x^2\neq 0).$$

例 9 设 $y=\arctan(x+2y)$，求 $\dfrac{\mathrm{d}y}{\mathrm{d}x}$．

解 这是一个隐函数的导数问题，两边对 x 求导，得

$$y'=\frac{1}{1+(x+2y)^2}(1+2y'),$$

解出 y'，得

$$y'=\frac{1}{(x+2y)^2-1}.$$

例 10 $y=(1+x^2)^x$，求 y'．

解法一 函数 y 可以写成 $y=(1+x^2)^x=\mathrm{e}^{x\cdot\ln(1+x^2)}$，所以

$$\begin{aligned}y'&=[\mathrm{e}^{x\cdot\ln(1+x^2)}]'=\mathrm{e}^{x\cdot\ln(1+x^2)}[x\cdot\ln(1+x^2)]'\\&=\mathrm{e}^{x\cdot\ln(1+x^2)}\left[\ln(1+x^2)+\frac{x}{1+x^2}(1+x^2)'\right]\\&=(1+x^2)^x\cdot\left[\ln(1+x^2)+\frac{2x^2}{1+x^2}\right].\end{aligned}$$

解法二 将函数 $y=(1+x^2)^x$ 两边取自然对数，即 $\ln y=x\cdot\ln(1+x^2)$．两边对 x 求导，注意左端的 y 是 x 的函数，由链导法，有

$$\frac{1}{y}y'=\ln(1+x^2)+\frac{x}{1+x^2}\cdot 2x=\ln(1+x^2)+\frac{2x^2}{1+x^2}.$$

因此

$$y'=(1+x^2)^x\cdot\left[\ln(1+x^2)+\frac{2x^2}{1+x^2}\right].$$

形式为 $y=[f(x)]^{\varphi(x)}$ $(f(x)>0)$ 的函数称为幂指函数．求幂指函数的导数，可选用此例中介绍的两种方法中的任一种，解法二称为对数求导法，这个方法除适用于幂指函数外，还适用于多个因式连乘的函数．

例 11 设 $y=\sqrt{(x^2+1)(3x-4)}$，求 y'．

解 将函数两边取自然对数，得

$$\ln y=\frac{1}{2}\ln(x^2+1)+\frac{1}{2}\ln(3x-4),$$

两边对 x 求导，得

$$\frac{1}{y}y'=\frac{x}{x^2+1}+\frac{3}{2(3x-4)},$$

所以

$$y'=\sqrt{(x^2+1)(3x-4)}\cdot\left(\frac{x}{x^2+1}+\frac{3}{2(3x-4)}\right).$$

2. *由参数方程确定的函数的导数*

变量 x 与 y 之间的函数关系在一定条件下可由参数方程

$$\begin{cases}x=\varphi(t),\\ y=\psi(t)\end{cases}$$

确定，其中 t 是参数，对参数方程所确定的函数 $y=f(x)$ 求导，不必消去 t 解出 y 对于 x 的直接关系，可利用参数方程直接求得 y 对 x 的导数．

设 $x=\varphi(t)$，$y=\psi(t)$ 都是可导函数，且 $x=\varphi(t)$ 具有单值连续的反函数 $t=\varphi^{-1}(x)$，则参数方程确定的函数可以看成 $y=\psi(t)$ 与 $t=\varphi^{-1}(x)$ 复合而成的函数，根据复合函数和反函数的求导法则，有

$$\frac{\mathrm{d}y}{\mathrm{d}x}=\frac{\mathrm{d}y}{\mathrm{d}t}\cdot\frac{\mathrm{d}t}{\mathrm{d}x}=\frac{\mathrm{d}y}{\mathrm{d}t}\cdot\frac{1}{\frac{\mathrm{d}x}{\mathrm{d}t}}=\psi'(t)\cdot\frac{1}{\varphi'(t)}=\frac{\psi'(t)}{\varphi'(t)}.$$

这就是由参数方程所确定的函数 $y=f(x)$ 的求导公式．

例 12 已知摆线的参数方程

$$\begin{cases}x=a(t-\sin t),\\ y=a(1-\cos t)\end{cases}\quad(0\leqslant t\leqslant 2\pi)，求\frac{\mathrm{d}y}{\mathrm{d}x}.$$

解 由参数方程求导公式得

$$\frac{\mathrm{d}y}{\mathrm{d}x}=\frac{\psi'(t)}{\varphi'(t)}=\frac{a\sin t}{a(1-\cos t)}=\frac{\sin t}{1-\cos t}.$$

例 13 求曲线 $\begin{cases}x=t^2-1,\\ y=t-t^3\end{cases}$ 在 $t=1$ 处的切线方程．

解 曲线上对应 $t=1$ 的点为 $(0,0)$，曲线在 $t=1$ 处的切线斜率为

$$k=\left.\frac{\mathrm{d}y}{\mathrm{d}x}\right|_{t=1}=\left.\frac{1-3t^2}{2t}\right|_{t=1}=\frac{-2}{2}=-1,$$

于是所求的切线方程为

$$y=-x.$$

2.2.6 高阶导数

如果函数 $f(x)$ 的导函数 $y'=f'(x)$ 仍是 x 的可导函数，则称 $y'=f'(x)$ 的导数为函数 $y=f(x)$ 的二阶导数，记作

$$y'',\ f''(x),\frac{\mathrm{d}^2y}{\mathrm{d}x^2}\quad \text{或}\quad \frac{\mathrm{d}^2f(x)}{\mathrm{d}x^2}.$$

即

$$y''=(y')',\ f''(x)=[f'(x)]',$$

或

$$\frac{\mathrm{d}^2y}{\mathrm{d}x^2}=\frac{\mathrm{d}}{\mathrm{d}x}\left(\frac{\mathrm{d}y}{\mathrm{d}x}\right).$$

类似地，这个定义可以推广到 $y=f(x)$ 的更高阶的导数，如 n 阶导数为

$$\underbrace{\frac{\mathrm{d}}{\mathrm{d}x}\frac{\mathrm{d}}{\mathrm{d}x}\cdots\frac{\mathrm{d}}{\mathrm{d}x}}_{n\text{次}}f(x)=\frac{\mathrm{d}^ny}{\mathrm{d}x^n}=f^{(n)}(x)=y^{(n)}.$$

二阶及二阶以上的导数统称为高阶导数．二阶导数有明显的物理意义，考虑物体的直线运动，设位置函数为 $s=s(t)$，则速度 $v(t)=\dfrac{\mathrm{d}s}{\mathrm{d}t}$，而加速度 a 是速度对时间的导数，是位置函数对时间的二阶导数，即 $a(t)=\dfrac{\mathrm{d}v}{\mathrm{d}t}=\dfrac{\mathrm{d}^2s}{\mathrm{d}t^2}$.

根据高阶导数的定义，求函数的高阶导数就是将函数逐次求导，因此，前面介绍的导数运算法则与导数基本公式仍然适用于高阶导数的计算．

例 14 设 $y=a^x$，求 $y^{(n)}$.

解 $y'=a^x\ln a,\ y''=a^x(\ln a)^2,\cdots,\ y^{(n)}=a^x(\ln a)^n$.

特别地，$(\mathrm{e}^x)'=\mathrm{e}^x,\ (\mathrm{e}^x)''=\mathrm{e}^x,\cdots,\ (\mathrm{e}^x)^{(n)}=\mathrm{e}^x$.

例 15 求 n 次多项式 $y=a_0x^n+a_1x^{n-1}+\cdots+a_{n-1}x+a_n$ 的 $n+1$ 阶导数（n 是正整数）.

解 $y'=na_0x^{n-1}+(n-1)a_1x^{n-2}+\cdots+2a_{n-2}x+a_{n-1}$，

$y''=n(n-1)a_0x^{n-2}+(n-1)(n-2)a_1x^{n-3}+\cdots+2a_{n-2}$，

…

$y^{(n)}=n(n-1)(n-2)\cdots3\cdot2\cdot1\cdot a_0=n!a_0$，

$y^{(n+1)}=0$.

例 16 设 $y=\sin x$，求 $y^{(n)}$．

解

$$y'=(\sin x)'=\cos x=\sin\left(x+\frac{\pi}{2}\right),$$

$$y''=\left[\sin\left(x+\frac{\pi}{2}\right)\right]'=\cos\left(x+\frac{\pi}{2}\right)=\sin\left(x+2\cdot\frac{\pi}{2}\right),$$

$$y'''=\left[\sin\left(x+2\cdot\frac{\pi}{2}\right)\right]'=\sin\left(x+3\cdot\frac{\pi}{2}\right),$$

$$\cdots$$

$$y^{(n)}=\sin\left(x+n\cdot\frac{\pi}{2}\right).$$

即

$$(\sin x)^{(n)}=\sin\left(x+n\cdot\frac{\pi}{2}\right).$$

同理可得

$$(\cos x)^{(n)}=\cos\left(x+n\cdot\frac{\pi}{2}\right).$$

以上几例的结果均可用数学归纳法证得．

习题 2.2

1．求下列函数的导数：

（1）$y=xa^x+7e^x$；（2）$y=3x\tan x+\sec x-4$；

（3）$s=\dfrac{1+\sin t}{1+\cos t}$；（4）$y=\dfrac{1-\ln x}{1+\ln x}+\dfrac{1}{x}$；

（5）$y=(x^2-x)^5$；（6）$y=2\sin(3x+6)$；

（7）$y=\cos^3 x$；（8）$y=\ln(\tan x)$．

2．求下列函数的二阶导数 $\dfrac{d^2y}{dx^2}$：

（1）$y=x\cos x$；（2）$y=e^{2x-1}$．

3．求由下列方程所确定的隐函数的导数 $\dfrac{dy}{dx}$：

（1）$x^2-y^2=xy$；（2）$x\cos y=\sin(x+y)$．

2.3 微 分

在实际工程技术中，经常遇到与导数密切相关的一类问题，这就是当自变量有一个微小的增量 Δx 时，要计算相应的函数的增量 Δy．下面就这类问题给出一种近似公式．

2.3.1 微分的概念

例 1 设有一个边长为 x_0 的正方形金属片，受热后它的边长伸长了 Δx，问其面积增加了多少？

解 正方形金属片的面积 A 与边长 x 的函数关系为 $A=x^2$．由图 2.3.1 可以看出，受热后，当边长由 x_0 伸长到 $x_0+\Delta x$ 时，面积 A 相应的增量为

$$\Delta A=(x_0+\Delta x)^2-x_0^2=2x_0\Delta x+(\Delta x)^2 .$$

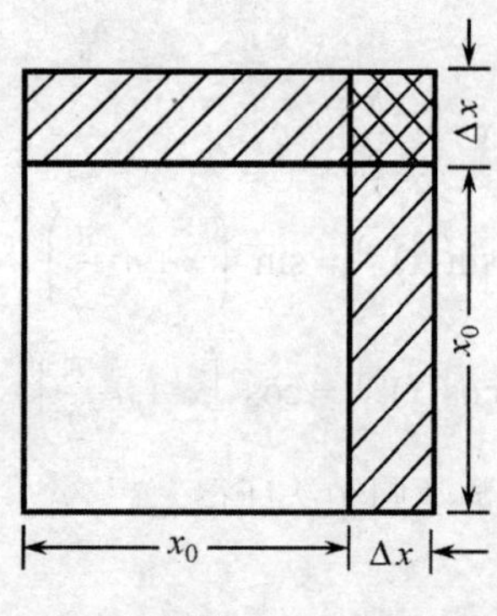

图 2.3.1

从上式可以看出，ΔA 可分成两部分：第一部分是 Δx 的线性函数 $2x_0\Delta x$，当 $\Delta x\to 0$ 时与 Δx 是同阶无穷小；第二部分 $(\Delta x)^2$，当 $\Delta x\to 0$ 时是 Δx 的高阶无穷小．这表明，当 $|\Delta x|$ 很小时，第二部分的绝对值要比第一部分的绝对值小得多，可以忽略不计，而只用一个简单的函数，即 Δx 的线性函数作为 ΔA 的近似值，即

$$\Delta A\approx 2x_0\Delta x . \tag{2.3.1}$$

显然，$2x_0\Delta x$ 是容易计算的，它是边长 x_0 有增量 Δx 时，面积 ΔA 的增量的主要部分（亦称线性主部）．

考虑到 $2x_0=A'\big|_{x=x_0}=A'(x_0)$，（2.3.1）式可写成

$$\Delta A\approx A'(x_0)\Delta x .$$

由此引入函数微分的概念．

定义 1 设函数 $y=f(x)$ 在点 x_0 的某邻域内有定义，如果函数 $f(x)$ 在点 x_0 处的增量 $\Delta y=f(x_0+\Delta x)-f(x_0)$ 可以表示为

$$\Delta y=A\Delta x+o(\Delta x) ,$$

其中 A 是与 Δx 无关的常数，$o(\Delta x)$ 是当 $\Delta x\to 0$ 时比 Δx 高阶的无穷小，则称函数 $f(x)$ 在点 x_0 处可微，$A\Delta x$ 称为 $f(x)$ 在点 x_0 处的微分，记作

$$\mathrm{d}y\big|_{x=x_0}\text{，即 }\mathrm{d}y\big|_{x=x_0}=A\Delta x . \tag{2.3.2}$$

于是，（2.3.1）式可写成

$$\Delta A \approx \mathrm{d}A\big|_{x=x_0} .$$

可以证明，函数 $f(x)$ 在点 x_0 处可微与可导是等价的，且 $A=f'(x_0)$，因而 $f(x)$ 在点 x_0 处的微分可写成

$$\mathrm{d}y\big|_{x=x_0}=f'(x_0)\Delta x .$$

通常把自变量的增量 Δx 记为 $\mathrm{d}x$，称为自变量的微分，于是函数 $f(x)$ 在点 x_0 处的微分又可写成

$$\mathrm{d}y\big|_{x=x_0}=f'(x_0)\mathrm{d}x . \tag{2.3.3}$$

如果函数 $f(x)$ 在区间 (a,b) 内每一点都可微，则称该函数在 (a,b) 内可微，或称函数 $f(x)$ 是在 (a,b) 内的可微函数．此时，函数 $f(x)$ 在 (a,b) 内任意一点 x 处的微分记为 $\mathrm{d}y$，即

$$\mathrm{d}y=f'(x)\mathrm{d}x , \tag{2.3.4}$$

上式两端同除以自变量的微分 $\mathrm{d}x$，得

$$\frac{\mathrm{d}y}{\mathrm{d}x}=f'(x) .$$

这就是说，函数 $f(x)$ 的导数等于函数的微分与自变量的微分的商，因此导数也称为微商．

例 2 求函数 $y=x^2+1$ 当 $x=1$，$\Delta x=0.01$ 时的微分．

解 函数在任意点的微分

$$\mathrm{d}y=(x^2+1)'\Delta x=2x\Delta x .$$

于是
$$\mathrm{d}y\big|_{\substack{x=1\\ \Delta x=0.01}}=2x\Delta x\big|_{\substack{x=1\\ \Delta x=0.01}}=0.02 .$$

例 3 半径为 r 的圆的面积为 $S=\pi r^2$，当半径增大 Δr 时，求圆面积的增量与微分．

解 面积的增量 $\Delta S=\pi(r+\Delta r)^2-\pi r^2=2\pi r\Delta r+\pi(\Delta r)^2$.

面积的微分为 $\mathrm{d}S=S'_r\cdot\Delta r=2\pi r\Delta r$.

2.3.2 微分的几何意义

设函数 $y=f(x)$ 的图形如图 2.3.2 所示．过曲线 $y=f(x)$ 上一点 $M(x,y)$ 处作切线 MT，设 MT 的倾角为 α，则

$$\tan\alpha=f'(x) .$$

当自变量 x 有增量 Δx 时，切线 MT 的纵坐标相应地有增量

$$QP=\tan\alpha\cdot\Delta x=f'(x)\Delta x=\mathrm{d}y .$$

因此，微分 $\mathrm{d}y=f'(x)\Delta x$ 几何上表示当 x 有

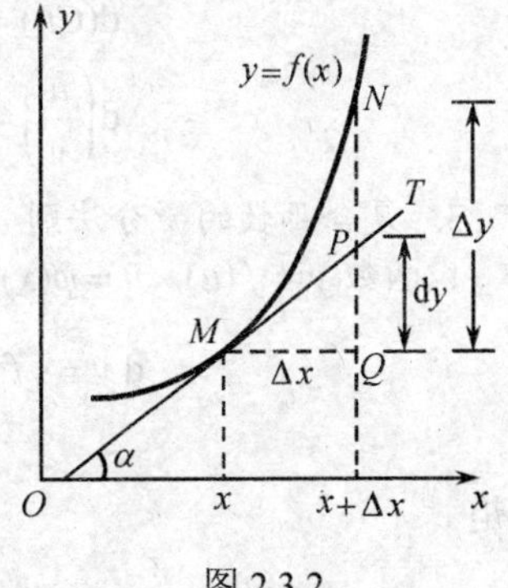

图 2.3.2

增量Δx时，曲线$y=f(x)$在对应点$M(x,y)$处的切线的纵坐标的增量．用$\mathrm{d}y$近似代替Δy就是用点M处的切线纵坐标的增量QP近似代替曲线$y=f(x)$的纵坐标的增量QN，并且$|\Delta y-\mathrm{d}y|=PN$．

2.3.3 微分的运算法则

1．基本初等函数的微分公式

函数$y=f(x)$的微分等于导数$f'(x)$乘以$\mathrm{d}x$，所以根据导数公式和运算法则，就能得到相应的微分公式和微分运算法则．

（1）$\mathrm{d}(C)=0$（C为常数）；　（2）$\mathrm{d}(x^\mu)=\mu x^{\mu-1}\mathrm{d}x$；

（3）$\mathrm{d}(\log_a x)=\dfrac{1}{x\ln a}\mathrm{d}x$；　（4）$\mathrm{d}\ln x=\dfrac{1}{x}\mathrm{d}x$；

（5）$\mathrm{d}(a^x)=a^x\ln a\,\mathrm{d}x$；　（6）$\mathrm{d}(\mathrm{e}^x)=\mathrm{e}^x\mathrm{d}x$；

（7）$\mathrm{d}(\sin x)=\cos x\,\mathrm{d}x$；　（8）$\mathrm{d}(\cos x)=-\sin x\,\mathrm{d}x$；

（9）$\mathrm{d}(\tan x)=\sec^2 x\,\mathrm{d}x=\dfrac{1}{\cos^2 x}\mathrm{d}x$；

（10）$\mathrm{d}(\cot x)=-\csc^2 x\,\mathrm{d}x=-\dfrac{1}{\sin^2 x}\mathrm{d}x$；

（11）$\mathrm{d}(\sec x)=\sec x\tan x\,\mathrm{d}x$；　（12）$\mathrm{d}(\csc x)=-\csc x\cot x\,\mathrm{d}x$；

（13）$\mathrm{d}(\arcsin x)=\dfrac{1}{\sqrt{1-x^2}}\mathrm{d}x$；　（14）$\mathrm{d}(\arccos x)=-\dfrac{1}{\sqrt{1-x^2}}\mathrm{d}x$；

（15）$\mathrm{d}(\arctan x)=\dfrac{1}{1+x^2}\mathrm{d}x$；　（16）$\mathrm{d}(\mathrm{arc}\cot x)=-\dfrac{1}{1+x^2}\mathrm{d}x$．

2．函数的和、差、积、商的微分运算法则

设函数$u(x)=u$，$v(x)=v$均可微，则

$$\mathrm{d}(u\pm v)=\mathrm{d}u\pm\mathrm{d}v;$$
$$\mathrm{d}(uv)=v\,\mathrm{d}u+u\,\mathrm{d}v;$$
$$\mathrm{d}(Cu)=C\,\mathrm{d}u\quad（C为常数）;$$
$$\mathrm{d}\left(\frac{u}{v}\right)=\frac{v\,\mathrm{d}u-u\,\mathrm{d}v}{v^2}\quad（v\neq 0）.$$

3．复合函数的微分法则

设函数$y=f(u)$，$u=\varphi(x)$都是可导函数，则复合函数$y=f[\varphi(x)]$的微分为

$$\mathrm{d}y=\{f[\varphi(x)]\}'_x\,\mathrm{d}x=f'(u)\varphi'(x)\,\mathrm{d}x,$$

而

$$\mathrm{d}u=\varphi'(x)\,\mathrm{d}x,$$

于是

$$\mathrm{d}y=f'(u)\,\mathrm{d}u. \tag{2.3.5}$$

将式（2.3.5）与式（2.3.4）比较，可见不论u是自变量还是中间变量，函数

$y=f(u)$ 的微分总保持同一形式，这个性质称为一阶微分形式不变性.

利用这个性质，可以比较方便地求一些复合函数的微分、隐函数的微分以及它们的导数.

例 4 设 $y=\sqrt{2+x^2}$，求 $\dfrac{\mathrm{d}y}{\mathrm{d}x}$ 与 $\mathrm{d}y$.

解 $\dfrac{\mathrm{d}y}{\mathrm{d}x}=(\sqrt{2+x^2})'=\dfrac{1}{2\sqrt{2+x^2}}(2+x^2)'=\dfrac{x}{\sqrt{2+x^2}}$,

$\mathrm{d}y=\dfrac{x}{\sqrt{2+x^2}}\mathrm{d}x$.

例 5 求由方程 $x^2+2xy-2y^2=1$ 所确定的隐函数 $y=f(x)$ 的导数 $\dfrac{\mathrm{d}y}{\mathrm{d}x}$ 与微分 $\mathrm{d}y$.

解 对方程两边求导数，得

$$2x+2y+2xy'-4yy'=0,$$

导数为

$$y'=\frac{x+y}{2y-x},$$

微分为

$$\mathrm{d}y=\frac{x+y}{2y-x}\mathrm{d}x.$$

由以上讨论可以看出，微分与导数虽然是两个不同的概念，但却紧密相关，事实上求出了导数便立即可得微分，求出了微分亦可得导数，即

$$f'(x)=\frac{\mathrm{d}y}{\mathrm{d}x},\ \mathrm{d}y=f'(x)\mathrm{d}x.$$

因此，通常把函数的导数与微分的运算统称为微分法. 在高等数学中，把研究导数和微分的有关内容称为微分学.

2.3.4 微分在近似计算中的应用

在实际问题中，经常利用微分作近似计算.

由微分的定义可知，当 $|\Delta x|$ 很小时，

$$\Delta y=f(x_0+\Delta x)-f(x_0)\approx \mathrm{d}y=f'(x_0)\Delta x,$$

或写成

$$f(x_0+\Delta x)\approx f(x_0)+f'(x_0)\Delta x. \tag{2.3.6}$$

记 $x_0+\Delta x=x$，则上式又可写为

$$f(x)\approx f(x_0)+f'(x_0)(x-x_0). \tag{2.3.7}$$

特别地，当 $x_0=0$ 时，有

$$f(x)\approx f(0)+f'(0)\cdot x. \tag{2.3.8}$$

公式（2.3.6）、（2.3.7）、（2.3.8）都可用来求函数 $f(x)$ 的近似值.

应用式（2.3.8）可以推得一些常用的近似公式，当$|x|$很小时，有

（1）$\sin x \approx x$；　　（2）$\tan x \approx x$；

（3）$e^x \approx 1+x$；　　（4）$\ln(1+x) \approx x$；

（5）$\sqrt[n]{1+x} \approx 1+\frac{1}{n}x$.

例 6　计算$\sin 46°$的近似值.

解　设$f(x)=\sin x$，取$x=46°$，$x_0=45°=\frac{\pi}{4}$，则$x-x_0=1°=\frac{\pi}{180}$，于是由式（2.3.7）得

$$\sin x \approx \sin x_0 + \cos x_0 \cdot (x-x_0).$$

即

$$\sin 46° \approx \sin\frac{\pi}{4}+\cos\frac{\pi}{4}\cdot\frac{\pi}{180}=\frac{\sqrt{2}}{2}+\frac{\sqrt{2}}{2}\cdot\frac{\pi}{180}\approx 0.719.$$

习题 2.3

1．求下列函数的微分：

（1）$y=\frac{1}{\sqrt{x}}\ln x$；　　（2）$y=\sqrt{\arcsin\sqrt{x}}$；

（3）$y=\tan(1+2x^2)$；　　（4）$y=\sqrt{\cos 3x}+\ln\tan\frac{x}{2}$.

2．在括号内填入适当的函数，使等式成立：

（1）$\frac{1}{a^2+x^2}\mathrm{d}x=\mathrm{d}$（　　）；　　（2）$x\mathrm{d}x=\mathrm{d}$（　　）；

（3）$\frac{1}{\sqrt{x}}\mathrm{d}x=\mathrm{d}$（　　）；　　（4）$\frac{1}{\sqrt{1-x^2}}\mathrm{d}x=\mathrm{d}$（　　）.

3．利用微分求近似值：

（1）$\sqrt[6]{65}$；　　（2）$\lg 11$.

2.4　用 Mathematica 进行求导与微分运算

2.4.1　导数概念演示

我们可以通过动态图形演示，用 Mathematica 辅助理解导数的概念.

由导数定义可知，$f'(x_0)=\lim\limits_{x\to x_0}\frac{f(x)-f(x_0)}{x-x_0}$，其几何意义是曲线在点$(x_0,f(x_0))$处切线的斜率，即割线斜率的极限．我们通过 Mathematica 可以观察这种变化过程.

1. 数值演示

曲线 $y=f(x)$ 上割线 M_0M 的斜率是 $\dfrac{f(x)-f(x_0)}{x-x_0}$，以 x_0 为起点，按一定步长均匀地取一些数值 x，计算割线斜率，观察其变化趋势.

例 1 $f(x)=\mathrm{e}^{-\frac{(x-1)^2}{2}}$，观察过 $x=0.5$ 的割线斜率的变化趋势.

打开软件，定义函数 f[x_]:= Exp[-(x-1)^2/2]；

定义割线斜率函数 h[x_]:= (f[x]-f[0.5])/(x-0.5)；

生成 h(x) 的数值表 hnt = Table[h[x],{x,0.501,0.5001,-0.0001}；

输出 Out[9] =

{0.440917,0.44095,0.440984,0.441017,0.44105,0.441083,0.441116,
0.441149,0.441182,0.441215}.

2. 图形演示

将曲线 $y=f(x)$ 及其在点 x_0 处与过 $(x_0,f(x_0))$ 的若干条割线合并显示在一线图上，即可直观地看出割线的变化趋向.

例 2 $f(x)=\mathrm{e}^{-\frac{(x-1)^2}{2}}$，显示曲线、过 $x=0.5$ 的切线及过 $(0.5,f(0.5))$ 的若干条割线.

自定义函数 f[x_]:= Exp[-(x-1)^2/2]；

自定义割线斜率函数 h[x_]:= (f[x]-f[0.5])/(x-0.5)；

自定义切线函数 g0[x_] = f′[0.5](x-0.5)+f[0.5]；

生成一个割线斜率数值表 m = Table[h[x],{x,1.5,0.51,-0.1}]；

生成一个割线方程表，即一组割线方程 g = m(x-0.5)+f[0.5]；

合并显示：

Plot[{f[x],g0[x],g[[1]],g[[2]],g[[3]],g[[4]],g[[5]],g[[6]],g[[7]],
g[[8]],g[[9]],g[[10]]},{x,0,2}].

3. 动画显示

把各条割线和切线依次显示，从而取得动画效果，可以直观地观察割线的运动过程和变化趋向（运行后，双击其中任一幅图形即可看到动画效果.

自定义函数 f[x_]:= Exp[-(x-1)^2/2]；

自定义割线斜率函数 h[x_]:= (f[x]-f[0.5])/(x-0.5)；

自定义切线函数 g0[x_] = f′[0.5](x-0.5)+f[0.5]；

生成一个割线斜率数值表 m = Table[h[x],{x,1.5,0.51,-0.1}]；

生成一个割线方程表，即一组割线方程 g = m(x-0.5)+f[0.5]；

Do[Plot[{f[x],g0[x],g[[i]]},{x,0,2},PlotRange->{0.6,0.4}],{i,1,10,1}].

2.4.2 用 Mathematica 求函数的导数和微分

（1）用语句 $D[f[x],x]$ 求函数 f 的一阶导数.

例 3 求 $y=\sqrt{x\sin\ x\sqrt{1-e^x}}$ 的导数.

执行命令 D[Sqrt[x*sin[x]*Sqrt[1-exp[x],x] 即可.

例 4 求函数 $y=\dfrac{\sqrt{x+2}(3-x)^2}{(x+1)^5}$ 在 $x=\dfrac{1}{2}$ 处的导数值.

方法一：执行命令 dif[x_]=D[(3-x)^4*Sqrt[x+2]/(x+1)^5,x]

$$\text{dif}\left[\frac{1}{2}\right]$$

方法二：执行命令 D[(3-x)^4Sqrt[x+2]/(x+1)^5,x]/.x->1/2.

其中，,/.x->1/2 表示将前面表达式中的 x 替换成 1/2，并求值.

命令 D[f[x],{x,n}] 求函数 f 的 n 阶导数.

如求函数 $y=\sqrt{x\sin x\sqrt{1-e^x}}$ 的二阶导数，只要执行命令

D[Sqrt[x*Sin[x]*Sqrt[1-E^x]],{x,2}] 即可.

若已经定义了函数 $f(x)$，则用 $f[x]$ 也可以求其导数，其中的求导符号用单引号键输入.

（2）求 f 的 n 阶导数.

例 5 $y=\dfrac{\sqrt{1+x}-\sqrt{1-x}}{\sqrt{2+x}+\sqrt{1-x}}$，求 y'，y''，$y''(2)$.

定义函数 y[x_]:=(Sqrt[1+x]-Sqrt[1-x])/(Sqrt[2+x]+Sqrt[1-x])；

求一阶导数 y'[x]；

求二阶导数 y''[x]；

求一点处的二阶导数 y''[2].

（3）求函数的微分.

例 6 $y=\sqrt{\dfrac{(x-1)(x-2)}{(x-3)(x-4)}}$，求 $\mathrm{d}y$.

执行命令 Dt[Sqrt[(x-1)(x-2)/((x-3)(x-4))]].

（4）求隐函数的导数.

若求由方程 $F(x,y)=0$ 所确定的函数的导数，先定义求导函数

qyhd[f_,x_,y_]:=Solve[D[f,x]=0,y'[x]]，

再将其中的 f 换成 $F(x,y)$，执行命令 qyhd[F(x,y),x,y] 即可.

例 7 求由方程 $e^x+xy-e=0$ 所确定的隐函数的导数.

qyhd[f_,x_,y_]:=Solve[D[f,x]=0,y'[x]]

qyhd[E^y[x]+x*y[x]-E,x,y]

（5）求由参数方程确定的函数的导数.

由导数公式 $y'_x=\dfrac{\mathrm{d}y/\mathrm{d}t}{\mathrm{d}x/\mathrm{d}t}$，自定义求导公式

qcfd[y _,x _,t _]:= D[y,y]/ D[x,y]，

然后将 y 和 x 代入即可.

例 8 求由参数方程 $\begin{cases} y=\dfrac{4t^2}{1+t^2}, \\ x=\dfrac{3t}{1+t^2} \end{cases}$ 所确定的函数的导数.

qcfd[y _,x _,t _]:= D[y,t]/ D[x,t]，

qcfd[4t^2 /(1+t ^ 2),3t /(1+t^2 2),t].

本章小结

1．基本概念

导数是一种特殊形式的极限，即函数的改变量与自变量的改变量之比当自变量改变量趋于零时的极限.

微分是导数与函数自变量改变量的乘积或者说是函数增量的近似值.

2．几何意义

$f'(x_0)$ 是曲线 $y=f(x)$ 在点 $(x_0,f(x_0))$ 处的切线斜率；

微分 $\mathrm{d}y$ 是曲线 $y=f(x)$ 在点 $(x_0,f(x_0))$ 处的切线纵坐标对应于 Δx 的改变量；

Δy 是曲线 $y=f(x)$ 的纵坐标对应于 Δx 的改变量；

函数 $y=f(x)$ 在 x_0 处可导必连续；连续未必可导.

3．基本计算

本章最重要的计算就是导数运算，主要有运用导数基本公式和运算法则，求简单函数和复合函数的导数，求高阶导数．求微分的方法与求导数的类似．特别地 $\mathrm{d}y=f'(x)\mathrm{d}x$，即求微分 $\mathrm{d}y$，可以先求导数 $f'(x)$，后面再乘一个 $\mathrm{d}x$.

有两种求导方法需要强调：

（1）隐函数求导法：设方程 $F(x,y)=0$ 表示自变量为 x 因变量为 y 的隐函数，并且可导，利用复合函数求导公式将方程两边对 x 求导，然后解方程求出 y'；

（2）取对数求导法：对于两类特殊的函数幂指函数和多因子乘积函数，可以通过对方程的两边取对数，转化为隐函数，然后按隐函数求导的方法求出导数 y'.

4．简单应用

（1）导数：曲线 $y=f(x)$ 在点 $M_0(x_0,y_0)$ 处的切线方程和法线方程分别是

$$y-y_0=f'(x_0)(x-x_0) \quad \text{和} \quad y-y_0=-\frac{1}{f'(x_0)}(x-x_0)\text{；}$$

（2）微分：当$|\Delta x|$很小时，有近似计算公式

$$f(x+\Delta x)\approx f(x)+f'(x)\Delta x,$$

这个公式可以用来直接计算函数的近似值.

复习题 2

1．判断下列命题是否正确？为什么？

（1）若 $f(x)$ 在 x_0 处不可导，则曲线 $y=f(x)$ 在 $(x_0,f(x_0))$ 点处必无切线；

（2）若曲线 $y=f(x)$ 处处有切线，则函数 $y=f(x)$ 必处处可导；

（3）若 $f(x)$ 在 x_0 处可导，则$|f(x)|$在 x_0 处必可导；

（4）若$|f(x)|$在 x_0 处可导，则 $f(x)$ 在 x_0 处必可导.

2．求下列函数的导数：

（1）$y=\dfrac{2\sec x}{1+x^2}$；　　（2）$y=\dfrac{\arctan x}{x}+\arccos x$；

（3）$y=\dfrac{1+x+x^2}{1+x}$；　　（4）$y=x(\sin x+1)\csc x$；

（5）$y=\cot x\cdot(1+\cos x)$；　　（6）$y=\dfrac{1}{1+\sqrt{x}}-\dfrac{1}{1-\sqrt{x}}$；

（7）$y=\mathrm{e}^{\tan\frac{1}{x}}$；　　（8）$y=\arccos\sqrt{1-3x}$.

3．求函数 $y=x^2\ln x$ 的二阶导数 $\dfrac{\mathrm{d}^2y}{\mathrm{d}x^2}$.

4．求由下列方程所确定的隐函数的导数 $\dfrac{\mathrm{d}y}{\mathrm{d}x}$：

（1）$y\mathrm{e}^x+\ln y=1$；　　（2）$\arctan\dfrac{y}{x}=\ln\sqrt{x^2+y^2}$.

5．求由方程 $y=1+x\mathrm{e}^y$ 所确定的隐函数的二阶导数 $\dfrac{\mathrm{d}^2y}{\mathrm{d}x^2}$.

自测题 2

一、填空题

1．函数 $y=(1+x)\ln x$ 在点 $(1,0)$ 处的切线方程为________.

2．已知 $f'(2)=3$，则 $\lim\limits_{h\to0}\dfrac{f(2+h)-f(2-3h)}{2h}=$________.

3．若 $f(u)$ 可导，则 $y=f(\sin x)$ 的导数为________.

二、选择题

1．$y=|x+2|$ 在 $x=-2$ 处（ ）.

A）连续　　B）不连续　　C）可导　　D）可微

2．下列函数中（ ）的导数等于 $\sin 2x$.

A）$\cos 2x$　　B）$\cos^2 x$　　C）$-\cos 2x$　　D）$\sin^2 x$

3．已知 $y=\cos x$ ，则 $y^{(10)}=$（ ）.

A）$\sin x$　　B）$\cos x$　　C）$-\sin x$　　D）$-\cos x$

三、计算题

1．设 $y=\ln\sin^2\dfrac{1}{x}$ ，求 y' .

2．设 $y=(1+x^2)\arctan x$ ，求 y'' .

3．求函数 $y=\ln(x^3\cdot\sin x)$ 的微分 $\mathrm{d}y$.

第 3 章　导数的应用

本章学习目标

- 了解罗尔定理和拉格朗日中值定理
- 会用洛必达法则求 $\frac{0}{0}$ 和 $\frac{\infty}{\infty}$ 型未定式的极限
- 掌握函数单调性、极值、曲线凹凸性与拐点的判断方法
- 掌握求函数最大值和最小值的方法

3.1　微分中值定理

3.1.1　罗尔中值定理

定理 1　设函数 $y=f(x)$ 满足下列条件：

（1）在闭区间 $[a,b]$ 上连续；

（2）在开区间 (a,b) 内可导；

（3）$f(a)=f(b)$，

则在 (a,b) 内至少存在一点 ξ，使 $f'(\xi)=0$.

如图 3.1.1 所示，因为 $f(a)=f(b)$，所以弦 AB 平行于 x 轴，其斜率为零，故此时在从 A 到 B 这段曲线弧上至少有一点 $M(\xi,f(\xi))$ 使得过 M 点的切线平行于弦 AB，即有 $f'(\xi)=0$.

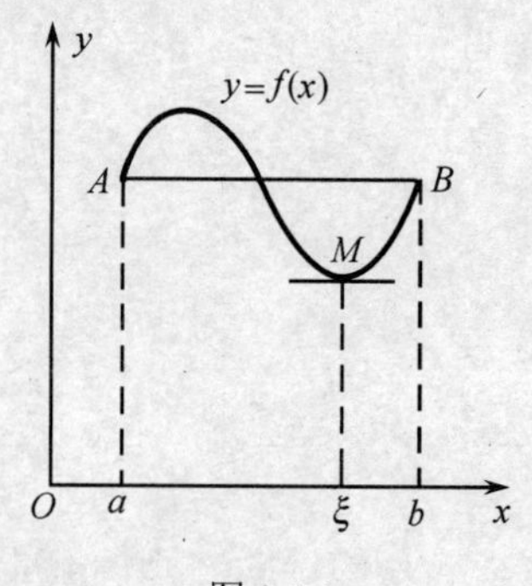

图 3.1.1

3.1.2　拉格朗日中值定理

定理 2　设函数 $y=f(x)$ 满足下列条件：

（1）在闭区间 $[a,b]$ 上连续；

（2）在开区间 (a,b) 内可导，

则在 (a,b) 内至少存在一点 ξ，使得

$$f'(\xi)=\frac{f(b)-f(a)}{b-a}. \tag{3.1.1}$$

如图 3.1.2 所示，定理中的条件"函数在 (a,b) 内可导"确定了曲线 $y=f(x)$ 在 $[a,b]$ 上不间断，且 (a,b) 内各点处都存在不垂直于 x 轴的切线，从图 3.1.2 中可以看出，在从 A 至 B 这段曲线弧上至少有一点 $M\ (\xi,f(\xi))$ 使得过 M 点的切线 MT 与弦 AB 平行，而弦 AB 的斜率为

$$k_{AB}=\frac{f(b)-f(a)}{b-a}.$$

由导数的几何意义可知，切线 MT 的斜率为

$$k_{MT}=f'(\xi)=\frac{f(b)-f(a)}{b-a}.$$

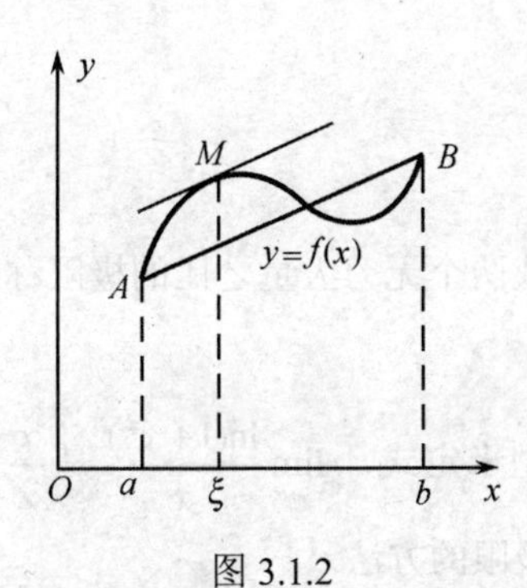

图 3.1.2

公式（3.1.1）称为拉格朗日中值公式，无论 $a<b$ 或 $b<a$ 均成立，这个公式也可以写成

$$f(b)-f(a)=f'(\xi)(b-a)\ （\xi 在 a 与 b 之间）, \tag{3.1.2}$$

在式（3.1.2）中，若令 $a=x$，$b-a=\Delta x$，又有

$$f(x+\Delta x)-f(x)=f'(\xi)\Delta x\ （\xi 在 x 与 x+\Delta x 之间）. \tag{3.1.3}$$

在拉格朗日中值定理的条件下，若加上条件 $f(a)=f(b)$，则可知在开区间 (a,b) 内至少有一点 ξ 使 $f'(\xi)=0$，这就是罗尔中值定理，所以罗尔中值定理是拉格朗日中值定理的特例.

推论 1　若函数 $f(x)$ 在开区间 (a,b) 内每一点处的导数均为零，则在 (a,b) 内

$f(x) \equiv C$（C 为常数）.

证明 设 x_1, x_2 为区间 (a,b) 内的任意两点，且 $x_1 < x_2$，则在 $[x_1, x_2]$ 上 $f(x)$ 满足拉格朗日中值定理的条件，于是有

$$f(x_2) - f(x_1) = f'(\xi)(x_2 - x_1) \quad (x_1 < \xi < x_2).$$

由假设可知，$f'(\xi) = 0$，因此

$$f(x_2) - f(x_1) = 0，即 f(x_2) = f(x_1).$$

因为 x_1, x_2 是 (a,b) 内的任意两点，这就得出 $f(x)$ 在 (a,b) 内是一个常数.

推论 2 如果对任意 $x \in (a,b)$，函数 $f(x)$ 与 $g(x)$ 都有 $f'(x) = g'(x)$，则在 (a,b) 内有 $f(x) = g(x) + C$（C 为常数）.

习题 3.1

1. 验证下列函数在指定区间上是否满足拉格朗日中值定理，并求出 ξ.

（1）$f(x) = x^3$，$x \in [1,4]$；（2）$f(x) = \sin 2x$，$x \in \left[0, \frac{\pi}{2}\right]$.

2. 检验下列函数在给定区间上是否满足罗尔中值定理条件？若满足，求出 $f'(\xi) = 0$ 的点 ξ.

（1）$f(x) = x^3 + 4x^2 - 7x - 10$，$x \in [-1,2]$；（2）$f(x) = \frac{2 - x^2}{x^4}$，$x \in [-1,1]$.

3.2 洛必达法则

把两个无穷小量之比或两个无穷大量之比的极限称为 $\frac{0}{0}$ 型或 $\frac{\infty}{\infty}$ 型未定式的极限.

例如，$\lim\limits_{x \to 0} \frac{\sin x}{x}$ 是 $\frac{0}{0}$ 型未定式，$\lim\limits_{x \to \infty} \frac{\ln(1 + x^2)}{x}$ 是 $\frac{\infty}{\infty}$ 型未定式. 洛必达法则就是以导数为工具求未定式极限的方法.

定理 1（洛必达法则） 设函数 $f(x)$ 和 $g(x)$ 满足：

（1）在点 x_0 的某邻域内（点 x_0 可除外）有定义，且有 $\lim\limits_{x \to x_0} f(x) = 0$（或为 ∞），$\lim\limits_{x \to x_0} g(x) = 0$（或为 ∞）；

（2）在该邻域内（点 x_0 可除外）可导，且 $g'(x) \neq 0$；

（3）$\lim\limits_{x \to x_0} \frac{f'(x)}{g'(x)}$ 存在（或为 ∞），

则
$$\lim_{x \to x_0} \frac{f(x)}{g(x)} = \lim_{x \to x_0} \frac{f'(x)}{g'(x)}.$$

说明：（1）上述定理对于 $x \to \infty$ 时的 $\frac{0}{0}$ 型未定式同样适用；

（2）上述定理对于 $x \to x_0$ 或 $x \to \infty$ 时的 $\frac{\infty}{\infty}$ 未定式也同样适用.

例 1 求 $\lim\limits_{x \to 0} \frac{1-\cos x}{x^2}$.

解 这是 $\frac{0}{0}$ 型未定式，由洛必达法则，得

$$\lim_{x \to 0} \frac{1-\cos x}{x^2} = \lim_{x \to 0} \frac{(1-\cos x)'}{(x^2)'} = \lim_{x \to 0} \frac{\sin x}{2x} = \frac{1}{2}.$$

例 2 求 $\lim\limits_{x \to +\infty} \frac{\frac{\pi}{2} - \arctan x}{\frac{1}{x}}$.

解 这是 $\frac{0}{0}$ 型未定式，由洛必达法则，得

$$\lim_{x \to +\infty} \frac{\frac{\pi}{2} - \arctan x}{\frac{1}{x}} = \lim_{x \to +\infty} \frac{-\frac{1}{1+x^2}}{\frac{-1}{x^2}} = \lim_{x \to +\infty} \frac{x^2}{1+x^2} = 1.$$

如果用一次洛必达法则后，$\lim\limits_{x \to a} \frac{f'(x)}{g'(x)}$ 仍是 $\frac{0}{0}$ 型未定式，可对 $\lim\limits_{x \to a} \frac{f'(x)}{g'(x)}$ 继续使用洛必达法则，只要 $f'(x), g'(x)$ 满足洛必达法则的条件即可.

例 3 求 $\lim\limits_{x \to 0} \frac{x^3}{x - \sin x}$.

解 这是 $\frac{0}{0}$ 型未定式，于是

$$\lim_{x \to 0} \frac{x^3}{x - \sin x} = \lim_{x \to 0} \frac{3x^2}{1-\cos x}.$$

上式右端仍是 $\frac{0}{0}$ 型未定式，且满足洛必达法则的条件，再应用洛必达法则，得

$$\lim_{x \to 0} \frac{3x^2}{1-\cos x} = \lim_{x \to 0} \frac{6x}{\sin x} = 6.$$

例 4 求 $\lim\limits_{x \to +\infty} \frac{\ln x}{x^n}$ （$n > 0$）.

解 这是 $\frac{\infty}{\infty}$ 型未定式，由洛必达法则，得

$$\lim_{x\to+\infty}\frac{\ln x}{x^n}=\lim_{x\to+\infty}\frac{\frac{1}{x}}{nx^{n-1}}=\lim_{x\to+\infty}\frac{1}{nx^n}=0\ .$$

除未定式$\frac{0}{0}$型或$\frac{\infty}{\infty}$型外，还有$0\cdot\infty$，$\infty-\infty$，1^∞，0^0，∞^0五种类型，计算这些极限可用变形或代换先化成$\frac{0}{0}$型或$\frac{\infty}{\infty}$型未定式，再应用洛必达法则进行求解，下面举例说明.

例 5 求$\lim\limits_{x\to1}\left(\frac{x}{x-1}-\frac{1}{\ln x}\right)$.

解 这是$\infty-\infty$型未定式，通分可化为$\frac{0}{0}$型未定式，即

$$\lim_{x\to1}\left(\frac{x}{x-1}-\frac{1}{\ln x}\right)=\lim_{x\to1}\frac{x\ln x-x+1}{(x-1)\ln x}=\lim_{x\to1}\frac{1+\ln x-1}{\ln x+\frac{x-1}{x}}$$

$$=\lim_{x\to1}\frac{\frac{1}{x}}{\frac{1}{x}+\frac{1}{x^2}}=\frac{1}{2}.$$

在使用洛必达法则求极限时，要注意以下几个问题：

（1）每次使用法则之前，必须检验是否属于$\frac{0}{0}$型或$\frac{\infty}{\infty}$型未定式，若不是未定式，则不能使用洛必达法则；

（2）如果有可约因子或有非零极限值的乘积因子，则可先行约去或提出，以简化计算；

（3）法则中的条件是充分而非必要的，遇到$\lim\frac{f'(x)}{g'(x)}$不存在时，不能断言$\lim\frac{f(x)}{g(x)}$不存在，此时洛必达法则失效，需要另寻其他方法处理.

例如

$$\lim_{x\to\infty}\frac{x+\sin x}{x}=\lim_{x\to\infty}\frac{1+\cos x}{1}=\lim_{x\to\infty}(1+\cos x)\ ,$$

上式右端的极限不存在，但不能由此说原极限不存在．事实上，

$$\lim_{x\to\infty}\frac{x+\sin x}{x}=\lim_{x\to\infty}\left(1+\frac{\sin x}{x}\right)=1+0=1.$$

习题 3.2

利用洛必达法则求下列极限：

（1）$\lim\limits_{x\to\frac{\pi}{2}}\dfrac{\sin x-1}{x-\dfrac{\pi}{2}}$；（2）$\lim\limits_{x\to 0}\dfrac{x(x-1)}{\sin x}$；（3）$\lim\limits_{x\to 1}\dfrac{x^2-3x+2}{x-1}$.

（4）$\lim\limits_{x\to+\infty}\dfrac{x^2+\ln x}{x\ln x}$；（5）$\lim\limits_{x\to 0^+}\dfrac{\ln\sin 3x}{\ln\tan x}$；（6）$\lim\limits_{x\to 0}\left(\dfrac{1}{x}-\dfrac{1}{\sin x}\right)$；

（7）$\lim\limits_{x\to 0}x\cot x$；（8）$\lim\limits_{x\to 0}x^{\sin x}$.

3.3 函数的单调性、极值和最值

在第 1 章中已经介绍了函数在区间上单调的概念，用定义判定函数的单调性是不可能的，现在我们以中值定理为依据利用导数来研究函数的单调性，进而讨论函数曲线的凹凸性.

3.3.1 函数的单调性

由图 3.3.1 可以看出，如果曲线 $y=f(x)$ 在区间 $[a,b]$ 内每一点处的切线斜率都是正的，则曲线是上升的，即函数 $y=f(x)$ 在 (a,b) 内单调增加；如果每一点处的切线斜率都是负的，则曲线是下降的，即函数 $y=f(x)$ 在 (a,b) 内单调减少．由此可见，函数的单调性与导数的符号有着密切的联系．为此可以利用导数的符号判定函数的单调性.

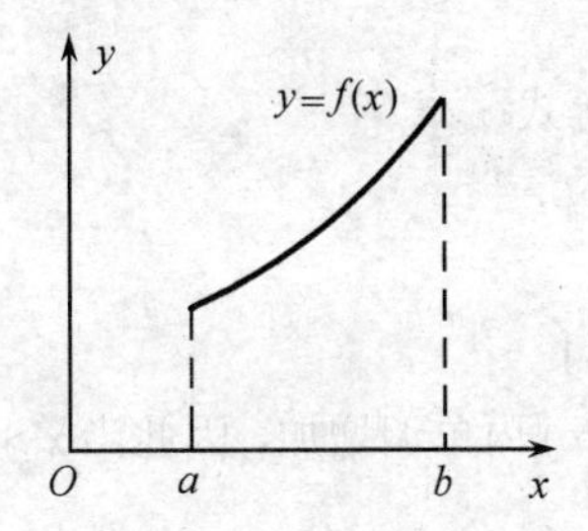

图 3.3.1

定理 1 设函数 $y=f(x)$ 在闭区间 $[a,b]$ 上连续，在开区间 (a,b) 内可导.

（1）如果在 (a,b) 内 $f'(x)>0$，则函数 $f(x)$ 在 $[a,b]$ 上单调增加；

（2）如果在 (a,b) 内 $f'(x)<0$，则函数 $f(x)$ 在 $[a,b]$ 上单调减少.

证 设 x_1,x_2 是 $[a,b]$ 上的任意两点，且 $x_1<x_2$．因为 $f(x)$ 在 $[a,b]$ 上满足拉格朗日中值定理的条件，故有

$$f(x_2)-f(x_1)=f'(\xi)(x_2-x_1)\quad (x_1<\xi<x_2).$$

对于定理 1 中的(1)，因为 $f'(\xi)>0$，$x_2-x_1>0$，于是可以推出 $f(x_2)>f(x_1)$，所以 $f(x)$ 在 $[a,b]$ 上单调增加.

类似地可证明（2）.

例 1 确定函数 $y=x^3-27x+3$ 的单调增加与单调减少的区间.

解 函数的定义域为 $(-\infty,+\infty)$．由定理 1 知，y' 的符号可以确定单调区间，则

$$y'=3x^2-27=3(x-3)(x+3).$$

当 $-\infty<x<-3$ 时，$y'>0$，函数单调增加，即 $(-\infty,-3)$ 是此函数的单调增加区间；

当 $-3<x<3$ 时，$y'<0$，函数单调减少，即 $(-3,3)$ 是函数的单调减少区间；

当 $3<x<+\infty$ 时，$y'>0$，函数单调增加，即 $(3,+\infty)$ 是函数的单调增加区间.

注意，当 $f(x)$ 在某区间的个别点处为零，而在其余各点处都为正（或负）时，那么 $f(x)$ 在该区间上仍是单调增加（或单调减少）的.

例 2 讨论函数 $y=x^3$ 的单调性.

解 函数的定义域为 $(-\infty,+\infty)$，函数的导数 $y'=3x^2$ 在 $(-\infty,+\infty)$ 内除 $x=0$ 外处处为正，故函数在该区间内是单调增加的.

综上所述，求函数的单调区间的步骤如下：

（1）确定函数 $f(x)$ 的定义域；

（2）求出使 $f'(x)=0$ 的点和 $f'(x)$ 不存在的点，用这些点将函数的定义域划分为若干个子区间；

（3）考察 $f'(x)$ 在每个区间内的符号，从而判别函数 $f(x)$ 在各子区间内的单调性.

利用函数单调性的判别法，可以证明某些不等式.

例 3 证明：当 $x>0$ 时，不等式 $\mathrm{e}^x>1+x$ 成立.

证 记 $f(x)=\mathrm{e}^x-(1+x)$，则

$$f(0)=0,\ f'(x)=\mathrm{e}^x-1.$$

因为当 $x>0$ 时，$f'(x)>0$，所以 $f(x)$ 在 $(0,+\infty)$ 内单调增加，因此当 $x>0$ 时，$f(x)>f(0)=0$，则有

$$\mathrm{e}^x-(1+x)>0，即\ \mathrm{e}^x>1+x.$$

3.3.2 函数的极值

定义 1 设函数 $y=f(x)$ 在点 x_0 的某邻域内有定义，若对此邻域内的任一点 $x(x\neq x_0)$ 均有 $f(x)<f(x_0)$，则称 $f(x_0)$ 是函数 $f(x)$ 的一个极大值；若对此邻域内的任一点 $x(x\neq x_0)$，均有 $f(x)>f(x_0)$，则称 $f(x_0)$ 是函数 $f(x)$ 的一个极小值.

函数的极大值与极小值统称为函数的极值，使函数取得极值的点称为极值点.

说明 函数的极值概念是局部性的，函数在点 x_0 取得极大（或极小）值仅表示在局部范围内 $f(x_0)$ 大于（或小于）x_0 邻近处的函数值，这与函数在某个区间上的最大（或最小）值的概念不同，最大值、最小值是指一个区间上的整体性质，

如图 3.3.2 中，x_1, x_4 分别是函数的极大值点与极小值点，但相应的函数值并不是整个区间 $[a,b]$ 上的最大值与最小值. 另外，从整体来看，同一个函数，它的某些极小值可能大于它的某些极大值，如图 3.3.2 中，函数 $f(x)$ 的极小值 $f(x_4)$ 就大于它的极大值 $f(x_1)$.

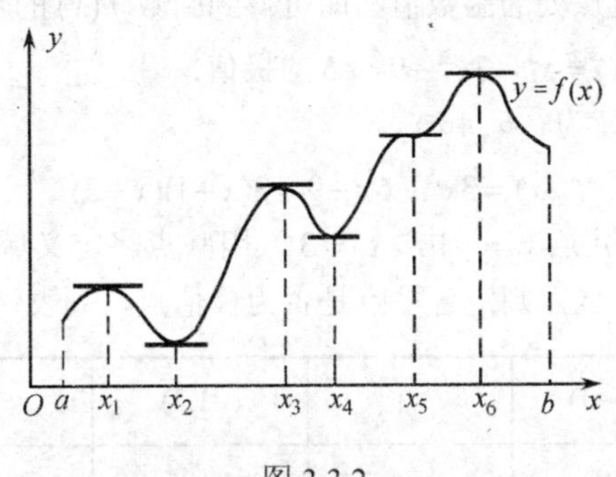

图 3.3.2

从图 3.3.2 中还可以看出，在函数取得极值处，曲线上的切线都是水平的，由此可得函数取得极值的必要条件.

定理 2 如果函数 $f(x)$ 在 x_0 处的导数存在，则函数在 x_0 处取得极值的必要条件是 $f'(x_0)=0$.

通常使函数的导数值为零的点称为驻点. 通过求解方程 $f'(x)=0$，即可找出函数 $f(x)$ 的所有驻点. 定理 2 表明，可导函数的极值点必是驻点，但反过来，函数的驻点却不一定是极值点. 从图 3.3.2 中可以看出，使 $f'(x)=0$ 的点 x 共有 6 个，但取得极值的点只有 5 个：$f(x)$ 在点 x_1, x_3 和 x_6 取得极大值，在点 x_2 和 x_4 取得极小值，而 $f(x_5)$ 既不是极大值也不是极小值. 此外，不可导的点也可能是函数的极值点，即函数的驻点和不可导点是可能的极值点.

由图 3.3.2 可以看出，如果在驻点 x_0 左侧邻近函数单调增加，而在 x_0 右侧邻近函数单调减少，则函数 $f(x)$ 在点 x_0 处取得极大值；反之若在 x_0 左侧邻近函数单调减少，在 x_0 右侧邻近函数单调增加，则函数 $f(x)$ 在 x_0 处取得极小值.

由函数的单调性与导数的符号之间的关系，可进一步得到用一阶导数来判定驻点 x_0 是否为极值点的方法.

定理 3 设函数 $f(x)$ 在点 x_0 的某邻域内可导（x_0 可除外），$f'(x_0)=0$（或 $f'(x_0)$ 不存在）：

（1）若当 $x<x_0$ 时，$f'(x)>0$；当 $x>x_0$ 时，$f'(x)<0$，则 $f(x_0)$ 是 $f(x)$ 的极大值；

（2）若当 $x<x_0$ 时，$f'(x)<0$；当 $x>x_0$ 时，$f'(x)>0$，则 $f(x_0)$ 是 $f(x)$ 的极小值；

（3）若在 x_0 两侧，$f'(x)$ 的符号相同，则 $f(x_0)$ 不是 $f(x)$ 的极值.

根据以上两个定理，可按下列步骤求 $f(x)$ 的极值点和极值.

（1）求出导数 $f'(x)$；

（2）求出全部 $f'(x)=0$ 的点和 $f'(x)$ 不存在的点；

（3）考察在（2）中的点是否取得极值，是极大值还是极小值；

（4）求出各极值点处的函数值，即可得到函数 $f(x)$ 的全部极值.

例 4 求函数 $f(x)=x^3-3x^2-9x+5$ 的极值.

解 函数的定义域为 $(-\infty,+\infty)$，

$$f'(x)=3x^2-6x-9=3(x+1)(x-3).$$

令 $f'(x)=0$，得驻点 $x_1=-1$，$x_2=3$. 用驻点将定义域分成三部分，确定各区间内 $f'(x)$ 的符号，从而判定各驻点是否为极值点，列表讨论如下：

x	$(-\infty,-1)$	-1	$(-1,3)$	3	$(3,+\infty)$
$f'(x)$	+	0	−	0	+
$f(x)$	↗	有极大值	↘	有极小值	↗

可见，函数 $f(x)$ 在 $x=-1$ 处取得极大值 $f(-1)=10$；在 $x=3$ 处取得极小值 $f(3)=-22$.

还可用二阶导数的符号来判别函数的驻点是否为极值点.

定理 4 设函数 $f(x)$ 在点 x_0 处具有二阶导数，且 $f'(x_0)=0$，$f''(x_0)\neq 0$，则

（1）当 $f''(x_0)<0$ 时，函数 $f(x)$ 在点 x_0 处取得极大值;

（2）当 $f''(x_0)>0$ 时，函数 $f(x)$ 在点 x_0 处取得极小值.

此定理表明，如果 $f(x)$ 在驻点 x_0 处的二阶导数 $f''(x_0)\neq 0$，那么该驻点 x_0 一定是极值点，并且可由 $f''(x_0)$ 的符号确定 $f(x_0)$ 是极大值还是极小值. 但是当 $f''(x_0)=0$ 时，此定理失效，要用定理 3 进行判定.

例 5 求函数 $f(x)=(x^2-1)^3+1$ 的极值.

解 $f'(x)=6x(x^2-1)^2$，$f''(x)=6(x^2-1)(5x^2-1)$.

令 $f'(x)=0$，得 $x_1=0$，$x_2=1$，$x_3=-1$. 因为 $f''(0)=6>0$，所以 $f(0)=0$ 是函数的极小值. 又 $f''(-1)=f''(1)=0$，此时定理 4 失效，仍用定理 3 判定.

当 $x<-1$ 时，$f'(x)<0$；当 $-1<x<0$ 时，$f'(x)<0$. 因为经过 $x=-1$ 时，导数 $f'(x)$ 的符号不变，所以 $f(x)$ 在此处没有极值.

同理，$f(x)$ 在 $x=1$ 处也没有极值.

3.3.3 函数的最大值和最小值

若函数 $f(x)$ 在闭区间 $[a,b]$ 上连续，则在 $[a,b]$ 上必取得最大值和最小值. 函数

在闭区间$[a,b]$上的最大值和最小值只可能在区间内的极值点与端点处取得．因此求解最大值、最小值问题时，可先求出函数在(a,b)内的一切可能的极值点（包括驻点及导数不存在的点），然后比较区间的两端点及所有这些点处的函数值，最大（或最小）者即为所求的最大（或最小）值．

例 6　求函数$f(x)=\dfrac{x^3}{3}-x^2-3x$在$[-2,6]$上的最大值与最小值．

解　因为$f'(x)=x^2-2x-3=(x+1)(x-3)$，令$f'(x)=0$，得$x_1=-1$，$x_2=3$，没有不可导的点，且$f(-1)=\dfrac{5}{3}$，$f(3)=-9$，在端点处的函数值分别为$f(-2)=-\dfrac{2}{3}$，$f(6)=18$．所以$f(x)$在$[-2,6]$上的最大值为$f(6)=18$，最小值为$f(3)=-9$．

注意：

（1）若$f(x)$在区间$[a,b]$上单调增加且连续，则$f(a)$是最小值，$f(b)$是最大值；若$f(x)$在区间$[a,b]$上单调减少且连续，则$f(a)$是最大值，$f(b)$是最小值；

（2）若$f(x)$在$[a,b]$上连续，且在$[a,b]$内部只有一个驻点x_0，则当x_0是极大值点时，$f(x_0)$是最大值，当x_0是极小值点时，$f(x_0)$是最小值；

（3）实际问题中往往根据问题的性质便可断定可导函数$f(x)$在其区间内部确有最大值（或最小值），而当$f(x)$在此区间内部仅有一个驻点x_0时，立即可断定$f(x_0)$就是所求的最大值（或最小值）．

习题 3.3

1．判定下列函数的单调性：

（1）$f(x)=x-\sin x$；　（2）$f(x)=\mathrm{e}^x+1$；

（3）$f(x)=\arctan x-x$；　（4）$f(x)=\dfrac{\ln x}{x}$．

2．确定下列函数的单调区间：

（1）$f(x)=x^3-3x+1$；　（2）$f(x)=2x^2-\ln x$；

（3）$f(x)=x-\mathrm{e}^x$；　（4）$f(x)=\ln(x+\sqrt{x^2+1})$．

3．求下列函数的极值：

（1）$f(x)=2+x-x^2$；　（2）$f(x)=x-\sin x,\ x\in[0,2\pi]$；

（3）$f(x)=\mathrm{e}^x\cos x$；　（4）$f(x)=\arctan x-\dfrac{1}{2}\ln(1+x^2)$．

4．求下列函数在所给区间上的最大值与最小值：

（1）$y=2x^3-3x^2,\ [-1,4]$；　（2）$y=x+\sqrt{1-x},\ [-5,1]$；

（3）$y=x^4-2x^2+5,\ [-2,2]$；　（4）$y=\arctan\dfrac{1-x}{1+x},\ [0,1]$．

3.4 曲线的凹凸性与拐点

利用一阶导数的符号可以判别函数曲线的升降，即若在某一区间成立 $f'(x)>0$（或<0），则相应的那段曲线弧是上升（或下降）的；虽然这样，曲线弧的形状还可以有多种不同的情形，是凹形的还是凸形的等. 下面我们利用二阶导数的符号来判别曲线的凹凸性，首先给出函数曲线凹凸的定义.

定义 1 在某一区间内如果曲线弧位于其上每一点处切线的上方，则称曲线弧在该区间内是凹的（如图 3.4.1（a）所示）；如果曲线弧位于其上每一点处切线的下方，则称曲线弧在该区间是凸的（如图 3.4.1（b）所示）.

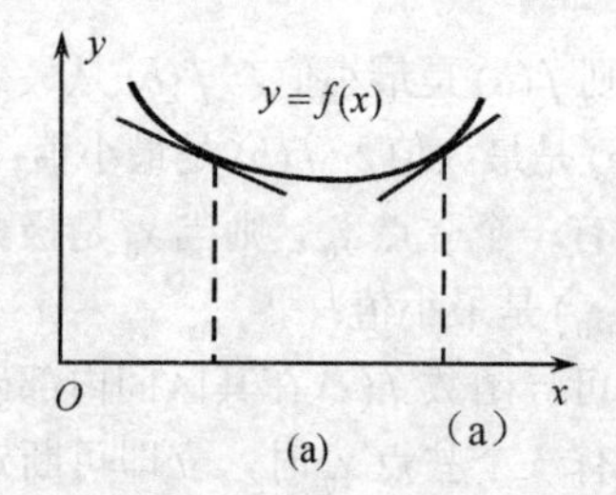

（a）

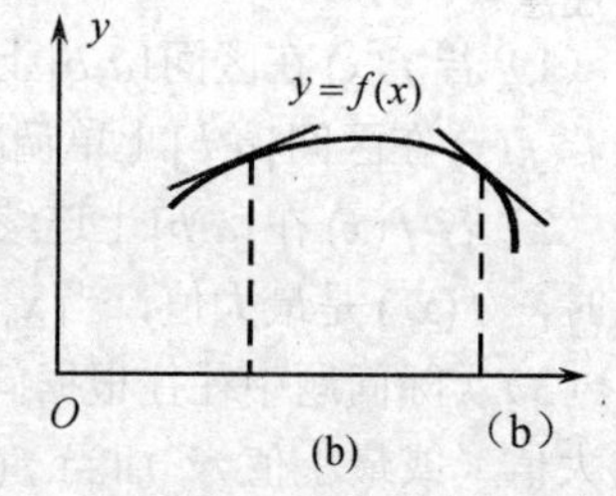

（b）

图 3.4.1

由图 3.4.1 可以看出，对于凹曲线，其切线斜率 $f'(x)$ 是递增函数，应有 $f''(x) \geqslant 0$；对于凸曲线，其切线斜率 $f'(x)$ 是递减函数，应有 $f''(x) \leqslant 0$. 这就启发我们，能否用函数 $f(x)$ 的二阶导数的正、负号判断曲线的凹凸性，事实上，有如下定理：

定理 1（曲线凹凸的判别法） 设函数 $f(x)$ 在 (a,b) 内具有二阶导数，则在该区间内

（1）当 $f''(x)>0$ 时，曲线弧 $y=f(x)$ 是凹的；

（2）当 $f''(x)<0$ 时，曲线弧 $y=f(x)$ 是凸的.

例 1 讨论曲线 $y=\dfrac{1}{x}$ 的凹凸性.

解 函数 $y=\dfrac{1}{x}$ 的定义域为 $(-\infty,0)$ 和 $(0,+\infty)$，

$$y'=-\frac{1}{x^2},\quad y''=\frac{2}{x^3}.$$

当 $x\in(-\infty,0)$ 时 $y''<0$，曲线是凸的；当 $x\in(0,+\infty)$ 时，$y''>0$ 曲线是凹的.

由上例可以看出，函数在它的不同定义区间内的图形的凹凸性可能不同，我们称连续曲线凹弧与凸弧的分界点为曲线的拐点. 由此可知，在拐点横坐标左右两侧邻近处 $f''(x)$ 必然异号，而在拐点横坐标处，$f''(x)$ 等于零或不存在.

例如，函数 $y=\sqrt[3]{x}$ 的二阶导数 $y''=-\dfrac{2}{9x\sqrt[3]{x^2}}$ 在 $x=0$ 处不存在，但点 $(0,0)$ 却是曲线的拐点，在例 1 中，尽管 $x=0$ 左右 y'' 的符号相异，但 $x=0$ 不是该曲线拐点的横坐标，因为函数在该点不连续.

综上所述，求曲线的凹凸区间与拐点的步骤如下：

（1）确定 $f(x)$ 的定义域；

（2）求出 $f''(x)=0$ 的点和 $f''(x)$ 不存在的点，用这些点将函数的定义域划分为若干个子区间；

（3）考察在每个区间内 $f''(x)$ 的符号，从而判别曲线在各子区间内的凹凸性，最后得到拐点.

例 2 求曲线 $y=\mathrm{e}^{-\frac{x^2}{2}}$ 的凹凸区间及拐点.

解 函数的定义域为 $(-\infty,+\infty)$，

$$y'=-x\mathrm{e}^{-\frac{x^2}{2}}，\ y''=(x^2-1)\mathrm{e}^{-\frac{x^2}{2}}.$$

令 $y''=0$，得 $x=\pm1$，列表讨论如下：

x	$(-\infty,-1)$	-1	$(-1,1)$	1	$(1,+\infty)$
y''	+	0	−	0	+
y	$\cup$	拐点 $(-1,\mathrm{e}^{-\frac{1}{2}})$	$\cap$	拐点 $(1,\mathrm{e}^{-\frac{1}{2}})$	$\cup$

（表中“$\cup$”表示曲线是凹的，“$\cap$”表示曲线是凸的）可见，曲线在区间 $(-\infty,-1)$ 及（$1,+\infty$）内是凹的，在区间 $(-1,1)$ 内是凸的，拐点为 $(-1,\mathrm{e}^{-\frac{1}{2}})$，$(1,\mathrm{e}^{-\frac{1}{2}})$.

习题 3.4

1．求下列函数曲线的凹凸区间及拐点：

（1）$y=x^2-x^3$；（2）$y=\ln(x^2-1)$；（3）$y=\mathrm{e}^{\arctan x}$.

2．试确定 a,b,c 的值，使三次曲线 $y=ax^3+bx^2+cx$ 有一拐点 $(1,2)$，且在该点处的切线斜率为 -1.

3.5 函数图形的描绘

上面讨论了函数的各种形态，这为描绘函数的图形打下了基础，为使描绘的函数图形更准确，首先介绍曲线渐近线的概念.

定义 1 若 $\lim\limits_{x\to+\infty}f(x)=a$（或 $\lim\limits_{x\to-\infty}f(x)=a$ 或 $\lim\limits_{x\to\infty}f(x)=a$）（$a$ 为常数），则称直线 $y=a$ 为曲线 $y=f(x)$ 的一条水平渐近线（平行于 x 轴）；若 $\lim\limits_{x\to b}f(x)=\infty$（或

$\lim\limits_{x\to b^+} f(x)=\infty$ 或 $\lim\limits_{x\to b^-} f(x)=\infty$ ），则称直线 $x=b$ 为曲线 $y=f(x)$ 的一条垂直渐近线（垂直于 x 轴）．

渐近线反映了连续曲线在无限延伸时的变化情况．

例如，对于双曲线 $y=\dfrac{1}{x}$ ，因为 $\lim\limits_{x\to\infty}\dfrac{1}{x}=0$ ，所以直线 $y=0$ 是该曲线的水平渐近线；又因 $\lim\limits_{x\to 0}\dfrac{1}{x}=\infty$ ，故直线 $x=0$ 是曲线的垂直渐近线．也就是说，当动点沿双曲线无限远离原点时，双曲线 $y=\dfrac{1}{x}$ 与直线 $y=0$ 或 $x=0$ 无限接近（如图 3.5.1 所示）．

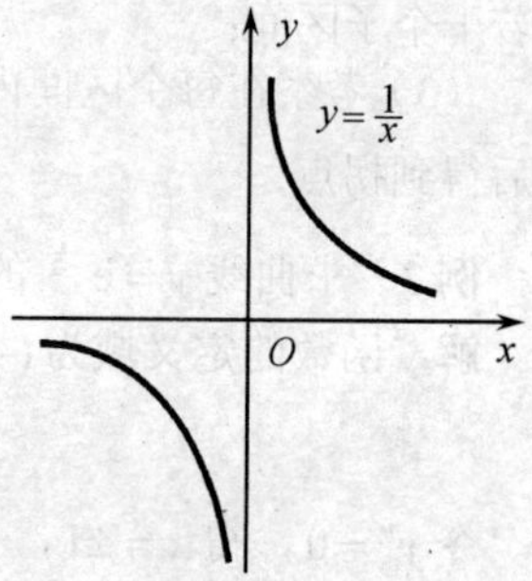

图 3.5.1

综合以上各节的讨论，描绘函数图形的一般步骤如下：

（1）确定函数的定义域；

（2）考察函数的周期性及对称性；

（3）确定函数的单调区间与极值；

（4）确定曲线的凹凸区间与拐点；

（5）考察曲线的渐近线；

（6）求曲线与坐标轴的交点、极值点、拐点及其他一些特殊点；

（7）描绘函数的图形．

例 1　作函数 $y=\dfrac{4(x+1)}{x^2}-2$ 的图形．

解　（1）定义域为 $(-\infty,0)\cup(0,+\infty)$ ；

（2）增减区间、极值、凹凸区间及拐点：

$$y'=-\frac{4(x+2)}{x^3}，\quad y''=-\frac{8(x+3)}{x^4}，$$

令 $y'=0$ 得 $x=-2$ ；令 $y''=0$ 得 $x=-3$ ．

$x=-3,-2,0$ 将 $(-\infty,+\infty)$ 分成 4 个子区间， $f(x)$ 的单调性、极值、凹凸性及拐点可以通过列表来讨论，列表如下：

x	$(-\infty,-3)$	-3	$(-3,-2)$	-2	$(-2,0)$	0	$(0,+\infty)$
y'	$-$		$-$	0	$+$		$-$
y''	$-$	0	$+$		$+$		$+$
y	↘		↘		↗		↘

（3）渐近线：因为 $\lim\limits_{x\to\pm\infty}\left(\dfrac{4(x+1)}{x^2}-2\right)=-2$ ，所以 $x=-2$ 为水平渐近线；

又因为 $\lim\limits_{x\to 0}\left(\dfrac{4(x+1)}{x^2}-2\right)=\infty$，所以 $x=0$ 为垂直渐近线.

（4）描出几个点：$A(-1,-2)$，$B(1,6)$，$C(2,1)$，$D\left(3,\dfrac{2}{9}\right)$.

（5）作出的图形，如图 3.5.2 所示.

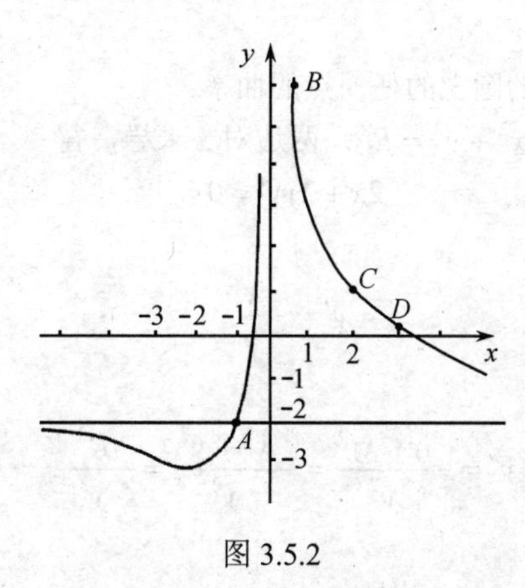

图 3.5.2

习题 3.5

描绘下列各函数的图形：

（1）$y=x^3-x^2+1$；（2）$y=\dfrac{\ln x}{x}$.

3.6 曲 率

在工程技术中，经常需要研究曲线的弯曲程度，曲率就是曲线弯曲程度的定量描述.

如图 3.6.1 所示，当曲线上的点 M 沿曲线 $y=f(x)$ 运动到点 N 时，过 M 点的切线也随之转动，设转过的角度为 $\Delta\theta$，对应的弧长为 Δs，则 $\left|\dfrac{\Delta\theta}{\Delta s}\right|$ 为 MN 上的平均曲率，它是单位弧长上切线转角的弧度数，当 $\Delta s\to 0$（即 $M\to N$）时，极限

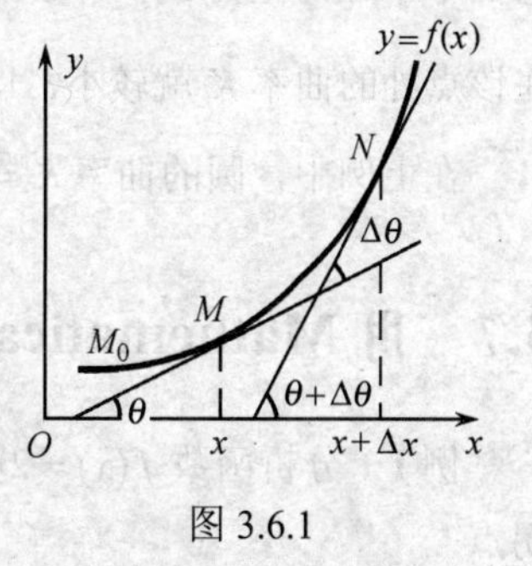

图 3.6.1

$$\lim_{\Delta s\to 0}\left|\frac{\Delta\theta}{\Delta s}\right|=\left|\frac{\mathrm{d}\theta}{\mathrm{d}s}\right|$$

就定义为曲线 $y=f(x)$ 在点 M 的曲率，记作 K，即

$$K=\left|\frac{\mathrm{d}\theta}{\mathrm{d}s}\right|.$$

曲率反映了曲线的弯曲程度，曲率的计算公式为

$$K=\left|\frac{\mathrm{d}\theta}{\mathrm{d}s}\right|=\left|\frac{y''}{[1+(y')^2]^{3/2}}\right|.$$

推导过程略.

例 1 求半径为 R 的圆上的任一点的曲率.

解 设圆的方程为 $x^2+y^2=R^2$. 两边对 x 求导，得

$$2x+2yy'=0,$$

即

$$y'=-\frac{x}{y}.$$

再求导，得

$$y''=-\frac{y-xy'}{y^2}=-\frac{x^2+y^2}{y^3}=-\frac{R^2}{y^3}.$$

代入曲率公式，得

$$K=\left|\frac{\frac{-R^2}{y^3}}{\left[1+\left(\frac{x^2}{y^2}\right)\right]^{\frac{3}{2}}}\right|=\frac{1}{R}.$$

即圆上每一点的弯曲程度都是相同的，它们的曲率均为半径的倒数，由此给出一般曲线弧上点的曲率半径及曲率圆的概念.

如果曲线在点 M 处的曲率 K 不为零，则称曲率 K 的倒数 $\frac{1}{K}$ 为曲线在点 M 处的曲率半径，记为 R，即 $R=\frac{1}{K}$. 因此，曲线上某点处的曲率半径较大时，曲线在该点处的曲率 K 就较小，即曲线在该点处也比较平坦.

在上例中，圆的曲率 $K=\frac{1}{R}$，因此圆的曲率半径 $R=\frac{1}{K}$ 就是它的半径.

3.7 用 Mathematica 求解导数的应用问题

例 1 分析函数 $f(x)=2\cos x+\sin 2x$ 在区间 $[0,2\pi]$ 上的单调性、极值、凹凸、拐点.

步骤：（1）自定义函数.

（2）画出 $f(x), f'(x), f''(x)$ 的图形，通过分析图形可以看出 $f(x)$ 在 0.5,2.5

附近各有一个极值点，在 1.5,3.5,4.5 附近各有一个拐点.

解 f[x _] = 2cos [x] + sin [2x]，

Plot[f[x],{x,0,2*Pi}]，Plot[f'[x],{x,0,2*Pi}]，Plot[f''[x],{x,0,2*Pi}]

求 $f'(x)=0$ 在 0.5 附近的根，得极大值点：FindRoot[f'[x] = 0,{x,0.5}]

求 $f'(x)=0$ 在 2.5 附近的根，得极小值点：FindRoot[f'[x] = 0,{x,0.5}]

求 $f''(x)=0$ 在 3.5 附近的根，得拐点：FindRoot[f''[x] = 0,{x,3.5}]

求 $f''(x)=0$ 在 4.5 附近的根，得拐点：FindRoot[f''[x] = 0,{x,4.5}]

例 2 求函数 $f(x)=2\cos x+\sin [2x]$ 在区间 $[0,2\pi]$ 上的极值.

作图，初步判断极值点的个数和大体位置：

f[x _] = 2cos [x] + sin [2x]

Plot[f[x],{x,0,2*Pi}]

求 $f(x)$ 在 2.5 附近的极小值与极小值点：FindMinumum[f[x],{x,2.5}]

求 $-f(x)$ 在 0.5 附近的极小值与极小值点：FindMinumum[−f[x],{x,0.5}]

执行即得图形和如下结果：

{−2.59808,{x−> 2.61799}

{−2.59808,{x−> 0.523599}

左边是极小值，右边是极小值点.

本章小结

1. 中值定理

主要掌握罗尔中值定理和拉格朗日中值定理的条件和结论，定理中的结论是在区间 (a,b) 内至少存在一点 ξ 满足定理.

2. 洛必达法则

若 $\lim\frac{f(x)}{g(x)}$ 是 $\frac{0}{0}$ 型或 $\frac{\infty}{\infty}$ 型未定式，而且 $\lim\frac{f'(x)}{g'(x)}=A$（或∞），则有

$$\lim\frac{f(x)}{g(x)}=\lim\frac{f'(x)}{g'(x)}.$$

3. 导数在研究函数特性方面的应用及函数作图

（1）函数的单调区间.

如果在 (a,b) 内 $f'(x)>0$，则函数 $f(x)$ 在 $[a,b]$ 上单调增加；如果在 (a,b) 内 $f'(x)<0$，则函数 $f(x)$ 在 $[a,b]$ 上单调减少.

（2）函数的极值.

设 $f'(x_0)=0$，函数在 x_0 左边单调增加，在 x_0 右边单调减少，则 x_0 是极大值点；函数在 x_0 左边单调减少，在 x_0 右边单调增加，则 x_0 是极小值点；

若函数在 x_0 两边单调性相同，则 x_0 不是极值点.

也可以用二阶导数的符号来判断：设 $f'(x_0)=0$，若 $f''(x_0)<0$，则函数在 x_0 处取极大值；若 $f''(x_0)>0$，则函数在 x_0 处取极小值.

（3）函数的最大值和最小值.

用函数的 $f'(x)=0$ 或 $f'(x)$ 不存在的点的函数值和端点的函数值相比较可求得.

（4）曲线的凹凸区间和拐点.

在某个区间内，若 $f''(x)>0$，则曲线 $y=f(x)$ 是凹的；在某个区间内，若 $f''(x)<0$，则曲线 $y=f(x)$ 是凸的；凹凸区间的分界点为曲线的拐点.

（5）曲线的渐近线.

$\lim\limits_{x\to\infty}f(x)=a$，则称直线 $y=a$ 为曲线 $y=f(x)$ 的一条水平渐近线；若 $\lim\limits_{x\to b}f(x)=\infty$，则称直线 $x=b$ 为曲线 $y=f(x)$ 的一条垂直渐近线.

（6）函数作图问题在以上各问题讨论的基础上，列表、画图.

复习题 3

1. 不求函数 $f(x)=(x-1)(x-2)(x-3)(x-4)$ 的导数，说明方程 $f'(x)=0$ 有几个根，并指出它们所在的区间.

2. 利用拉格朗日中值定理证明不等式：$|\arctan a-\arctan b|\leqslant|a-b|$.

3. 利用洛必达法则求下列极限：

（1）$\lim\limits_{x\to 0}\dfrac{6x-\sin x-\sin 2x-\sin 3x}{x^3}$；　　（2）$\lim\limits_{\varphi\to\frac{\pi}{2}^+}\dfrac{\ln\left(\varphi-\dfrac{\pi}{2}\right)}{\tan\varphi}$；

（3）$\lim\limits_{x\to+\infty}\dfrac{x}{e^{ax}}$ $(a>0)$；　　（4）$\lim\limits_{x\to 0}(1-x)^{\frac{1}{x}}$.

4. 从半径为 R 的圆形铁片中剪去一个扇形，将剩余部分围成一个圆锥形漏斗，问剪去的扇形的圆心角多大时，才能使圆锥形漏斗的容积最大？

5. 描绘下列各函数的图形：

（1）$y=\dfrac{2x-1}{(x-1)^2}$；　　（2）$y=\dfrac{x}{1+x^2}$.

6. 求下列函数在所给区间上的最大值和最小值：

（1）$y=2\tan x-\tan^2 x$，$[0,\dfrac{\pi}{2}]$；　　（2）$y=x^2e^{-x^2}$，$(-\infty,+\infty)$.

自测题 3

一、填空题

1. 函数的极值点可能是________点或________点.

2. 设 $f(x)=(x-1)^2$ 在 $[0,2]$ 上满足罗尔中值定理的条件，当 $\xi=$________时，$f'(\xi)=0$.

3．曲线 $y=x^3-3x^2+3x$ 的拐点为________.

4．曲线 $y=\dfrac{e^{-x}}{x}$ 的水平渐近线为________，垂直渐近线为________.

二、选择题

1．曲线 $y=x^2(x-6)$ 在区间 $(4,+\infty)$ 内是（　　）.

A）单调增加且凸　　B）单调增加且凹

C）单调减少且凸　　D）单调减少且凹

2．如果 $f'(x_0)=f''(x_0)=0$，则下列结论中正确的是（　　）.

A）x_0 是极大值点　　B）$(x_0,f(x_0))$ 是拐点

C）x_0 是极小值点　　D）可能 x_0 是极值点或 $(x_0,f(x_0))$ 是拐点

3．已知 $f(x)$ 在 (a,b) 内具有二阶导数，且（　　），则知 $f(x)$ 在 (a,b) 内单调增加且凸.

A）$f'(x)>0$，$f''(x)>0$　　B）$f'(x)>0$，$f''(x)<0$

C）$f'(x)<0$，$f''(x)>0$　　D）$f'(x)<0$，$f''(x)<0$

三、计算题

1．求 $y=(x+1)(x-1)^3$ 的单调区间.

2．设 $f(x)=a\ln x+bx^2+x$ 在 $x=1$ 与 $x=2$ 处有极值，试求常数 a 和 b 的值.

3．当 a,b 为何值时，点 $(1,-2)$ 是曲线 $y=ax^3+bx^2$ 的拐点.

4．要制作一个下部为矩形、上部为半圆形的窗户，半圆的直径等于矩形的宽，要求窗户的周长为定值，问矩形的宽和高各是多少时，窗户的面积最大.

第 4 章　积分

本章学习目标

- 理解定积分与不定积分的概念和意义，掌握其运算规则和性质
- 熟练掌握和应用牛顿-莱布尼兹公式计算定积分
- 掌握不定积分和定积分的积分方法
- 了解无限区间上广义积分的定义和计算

4.1　定积分与不定积分的概念

4.1.1　定积分的概念与性质

1. 引例

例 1　曲边梯形的面积.

由曲线 $y=f(x)$ （$f(x)\geqslant 0$）、x 轴以及直线 $x=a$，$x=b$ 所围成的平面图形称为曲边梯形（如图 4.1.1 所示），现在计算它的面积 A.

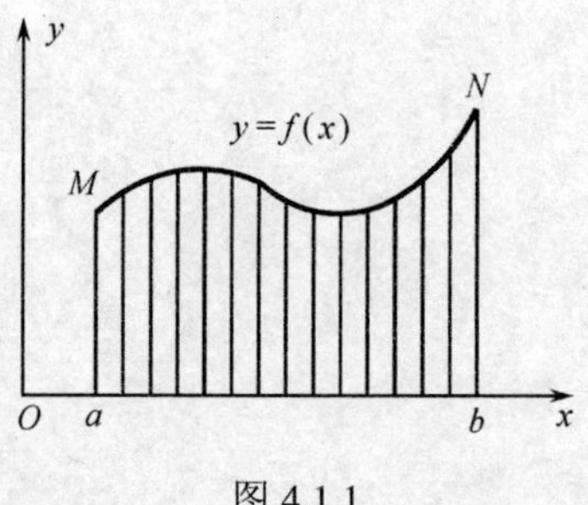

图 4.1.1

对于一般的曲边梯形，其高度 $f(x)$ 在 $[a,b]$ 上是变化的，因而不能直接按矩形面积公式来计算．然而，由于 $f(x)$ 在 $[a,b]$ 上是连续变化的，在很小的一段区间上它的变化很小，因此，如果通过分割曲边梯形的底边 $[a,b]$ 将整个曲边梯形分成若干个小曲边梯形，用每一个小矩形的面积来近似代替小曲边梯形的面积．将所有的小矩形面积求和，就是曲边梯形面积 A 的近似值．显然，底边 $[a,b]$ 分割得越细，近似程度就越高，因此，无限地细分 $[a,b]$，使每个小区间的长度趋于零，面积的

近似值就趋近于精确值．

根据上面的分析，曲边梯形的面积可按如下4步计算：

（1）分割．把区间$[a,b]$任意分成n个小区间（如图4.1.2所示），设分点为

$$a=x_0<x_1<\cdots<x_{n-1}<x_n=b,$$

每个小区间的长度为

$$\Delta x_i=x_i-x_{i-1}\quad(i=1,2,\cdots,n),$$

过每个分点作x轴的垂线，把曲边梯形分成n个小曲边梯形，设它们的面积为$\Delta A_i(i=1,2,\cdots,n)$．

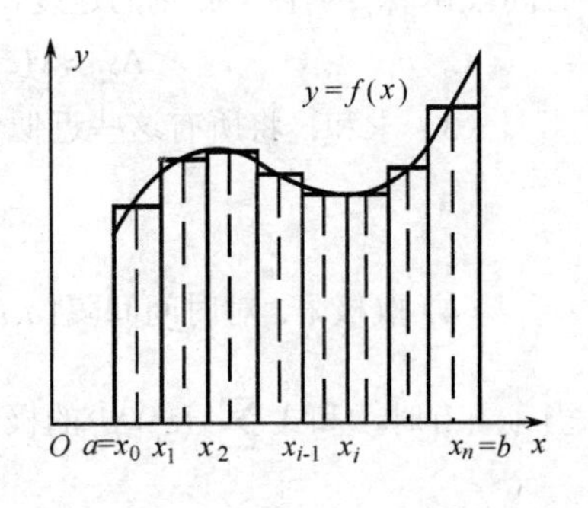

图 4.1.2

（2）近似代替．对于第i个小曲边梯形，在其底边$x_{i-1}x_i$上任取一点ξ_i，以$[x_{i-1},x_i]$为底$f(\xi_i)$为高的矩形，用其面积近似代替小曲边梯形的面积ΔA_i，则

$$\Delta A_i\approx f(\xi_i)\Delta x_i\quad(i=1,2,\cdots,n).$$

（3）求和．将所有小矩形面积求和，即得曲边梯形面积A的近似值，即

$$\begin{aligned}A&\approx f(\xi_1)\Delta x_1+f(\xi_2)\Delta x_2+\cdots+f(\xi_n)\Delta x_n\\&=\sum_{i=1}^{n}f(\xi_i)\Delta x_i.\end{aligned}$$

（4）取极限．无限细分区间$[a,b]$，使所有小区间的长度趋于零．为此记$\lambda=\max\limits_{1\leqslant i\leqslant n}\{\Delta x_i\}$，当$\lambda\to0$时，和式$\sum\limits_{i=1}^{n}f(\xi_i)\Delta x_i$的极限便是曲边梯形的面积$A$，即

$$A=\lim_{\lambda\to0}\sum_{i=1}^{n}f(\xi_i)\Delta x_i.$$

例 2　变速直线运动的路程．

设某物体作直线运动，其速度$v=v(t)$是时间间隔$[a,b]$上的连续函数，且$v(t)\geqslant0$，求在这段时间内物体经过的路程s．

对于匀速直线运动，即$v(t)$为常数，立即可得：路程=速度×时间．

但现在速度不是常量而是随时间变化的变量，因此，路程不能按上述公式计算，然而，由于速度是连续变化的，在较短的时间内变化不大，运动近似于匀速，可仿照上例将时间间隔$[a,b]$分割，在每一小段时间内，用匀速运动近似代替变速运动，求出路程的近似值，通过取极限，算出所求路程．具体计算步骤如下：

（1）分割．任意分割$[a,b]$为n个小区间，设分点为

$$a=t_0<t_1<\cdots<t_{n-1}<t_n=b,$$

每个小区间的长度为$\Delta t_i=t_i-t_{i-1}\ (i=1,2,\cdots,n)$，设物体在第$i$个时间间隔$[t_{i-1},t_i]$内所走的路程为$\Delta s_i(i=1,2,\cdots,n)$．

（2）近似代替．在第i个时间间隔$[t_{i-1},t_i]$上任取一时刻ξ_i，以速度$v(\xi_i)$代替

时间段$[t_{i-1},t_i]$上各个时刻的速度，则有

$$\Delta s_i \approx v(\xi_i)\Delta t_i \quad (i=1,2,\cdots,n).$$

（3）求和．将所有这些近似值求和，得到总路程s的近似值，即

$$s \approx \sum_{i=1}^{n} v(\xi_i)\Delta t_i .$$

（4）取极限．对时间间隔$[a,b]$分得越细，误差就越小，于是记$\lambda=\max\limits_{1\leqslant i\leqslant n}\{\Delta t_i\}$，当$\lambda\to 0$时，和式$\sum\limits_{i=1}^{n} v(\xi_i)\Delta t_i$的极限便是所求的路程$s$，即

$$s=\lim_{\lambda\to 0}\sum_{i=1}^{n} v(\xi_i)\Delta t_i .$$

2．定积分的概念

定义 1 设函数$f(x)$在区间$[a,b]$上有界，任取分点

$$a=x_0<x_1<\cdots<x_{n-1}<x_n=b,$$

把区间$[a,b]$分成n个小区间，每个小区间的长度为$\Delta x_i=x_i-x_{i-1}$ $(i=1,2,\cdots,n)$，在每个小区间$[x_{i-1},x_i]$上任取一点ξ_i（$x_{i-1}\leqslant\xi_i\leqslant x_i$），作和式

$$\sum_{i=1}^{n} f(\xi_i)\Delta x_i ,$$

记$\lambda=\max\limits_{1\leqslant i\leqslant n}\{\Delta x_i\}$，如果当$\lambda\to 0$时，上述和式的极限存在，则称函数$f(x)$在区间$[a,b]$上可积，并称此极限值为$f(x)$在区间$[a,b]$上的定积分，记为$\int_a^b f(x)\,\mathrm{d}x$，即

$$\int_a^b f(x)\,\mathrm{d}x=\lim_{\lambda\to 0}\sum_{i=1}^{n} f(\xi_i)\Delta x_i .$$

其中$f(x)$称为被积函数，$f(x)\,\mathrm{d}x$称为被积表达式，x称为积分变量，“$\int$”称为积分号，区间$[a,b]$称为积分区间，a与b分别称为积分下限与积分上限．

根据定积分的定义，前面所举的两例中，曲边梯形的面积A是函数$y=f(x)$（$f(x)\geqslant 0$）在$[a,b]$上的定积分：$A=\int_a^b f(x)\,\mathrm{d}x$；变速直线运动的路程$s$是速度函数$v(t)$（$v(t)\geqslant 0$）在时间间隔$[a,b]$上的定积分：$s=\int_a^b v(t)\,\mathrm{d}t$．

关于定积分的定义，有以下几点说明：

（1）函数$f(x)$在$[a,b]$上可积，是指积分$\int_a^b f(x)\,\mathrm{d}x$存在，无论区间$[a,b]$如何划分及点$\xi_i$如何选取，当$\lambda\to 0$时，和式$\sum\limits_{i=1}^{n} f(\xi_i)\Delta x_i$的极限值都唯一存在．如果该极限不存在，则说函数$f(x)$在$[a,b]$上不可积，可以证明：若函数$f(x)$在$[a,b]$上连续或只有有限个第一类间断点，则$f(x)$在$[a,b]$上可积．

（2）定积分表示一个数值，只取决于被积函数和积分区间，与积分变量用何字母表示无关，即

$$\int_a^b f(x)\,\mathrm{d}x = \int_a^b f(u)\,\mathrm{d}u = \int_a^b f(t)\,\mathrm{d}t .$$

（3）在定义中曾假定 $a<b$，为今后运用方便规定：

1） $\int_a^b f(x)\,\mathrm{d}x = -\int_b^a f(x)\,\mathrm{d}x$；

2） $\int_a^a f(x)\,\mathrm{d}x = 0$．

3. 定积分的几何意义

由例 1 及定积分的定义可知，当 $f(x) \geqslant 0$ 时，定积分 $\int_a^b f(x)\,\mathrm{d}x$ 表示由曲线 $y=f(x)$、直线 $x=a$ 和 $x=b$ 与 x 轴所围成的曲边梯形的面积 A，即

$$\int_a^b f(x)\,\mathrm{d}x = A ;$$

当 $f(x) \leqslant 0$ 时，曲边梯形位于 x 轴的下方，若曲边梯形的面积为 A，则 $\int_a^b f(x)\,\mathrm{d}x$ 等于曲边梯形面积的负值，即 $\int_a^b f(x)\,\mathrm{d}x = -A$．

一般地，当 $f(x)$ 在 $[a,b]$ 上的值有正有负时，定积分 $\int_a^b f(x)\,\mathrm{d}x$ 在几何上表示曲线 $y=f(x)$、直线 $x=a$ 和 $x=b$ 及 x 轴所围成的图形的面积的代数和．例如，对于图 4.1.3，此时

$$\begin{aligned}\int_a^b f(x)\,\mathrm{d}x &= (A_1+A_3)-(A_2+A_4) \\ &= A_1 - A_2 + A_3 - A_4 .\end{aligned}$$

曲线 $y=f(x)$、直线 $x=a$ 和 $x=b$ 及 x 轴所围成的图形的面积为 $A=\int_a^b |f(x)|\,\mathrm{d}x$．

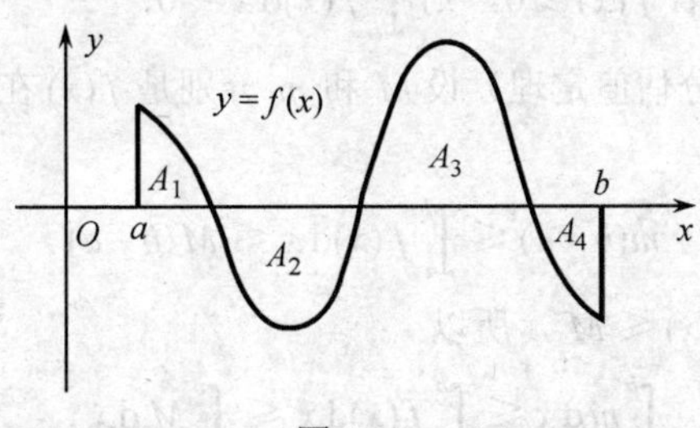

图 4.1.3

4. 定积分的基本性质

在下列性质中，假设 $f(x)$ 和 $g(x)$ 均可积．

性质 1　两个函数代数和（差）的定积分等于它们定积分的代数和（差），即

$$\int_a^b [f(x) \pm g(x)]\mathrm{d}x = \int_a^b f(x)\mathrm{d}x \pm \int_a^b g(x)\mathrm{d}x .$$

此性质可推广到有限个函数和（差）的情形.

性质 2 被积函数的常数因子可以提到积分号外，即

$$\int_a^b kf(x)\mathrm{d}x = k\int_a^b f(x)\mathrm{d}x \qquad (k\text{是常数}).$$

性质 3 如果将积分区间分成两部分，则在整个区间上的定积分等于这两部分区间上定积分之和，即设 $a<c<b$，则

$$\int_a^b f(x)\mathrm{d}x = \int_a^c f(x)\mathrm{d}x + \int_c^b f(x)\mathrm{d}x .$$

这个性质说明定积分对积分区间具有可加性.

另外，不论 a,b,c 的相对位置如何，只要 $f(x)$ 在相应区间上可积，总有上式成立.

例如，当 $a<b<c$ 时，由于

$$\int_a^c f(x)\mathrm{d}x = \int_a^b f(x)\mathrm{d}x + \int_b^c f(x)\mathrm{d}x ,$$

故有

$$\begin{aligned}\int_a^b f(x)\mathrm{d}x &= \int_a^c f(x)\mathrm{d}x - \int_b^c f(x)\mathrm{d}x \\ &= \int_a^c f(x)\mathrm{d}x + \int_c^b f(x)\mathrm{d}x .\end{aligned}$$

性质 4 如果在区间 $[a,b]$ 上，$f(x)=1$，则

$$\int_a^b 1\mathrm{d}x = \int_a^b \mathrm{d}x = b-a .$$

性质 5 如果在区间 $[a,b]$ 上，$f(x) \geqslant g(x)$，则

$$\int_a^b f(x)\mathrm{d}x \geqslant \int_a^b g(x)\mathrm{d}x .$$

特别地，在 $[a,b]$ 上，若 $f(x) \geqslant 0$，则 $\int_a^b f(x)\mathrm{d}x \geqslant 0$.

性质 6 （定积分估值定理）设 M 和 m 分别是 $f(x)$ 在区间 $[a,b]$ 上的最大值与最小值，则

$$m(b-a) \leqslant \int_a^b f(x)\mathrm{d}x \leqslant M(b-a) .$$

证 因为 $m \leqslant f(x) \leqslant M$，所以

$$\int_a^b m\,\mathrm{d}x \leqslant \int_a^b f(x)\mathrm{d}x \leqslant \int_a^b M\,\mathrm{d}x .$$

再由性质 2 及性质 4，即得

$$m(b-a) \leqslant \int_a^b f(x)\mathrm{d}x \leqslant M(b-a) .$$

这个性质可用来估计定积分值的大致范围.

例 3 估计定积分 $\int_{-1}^{1} \mathrm{e}^{-x^2}\,\mathrm{d}x$ 的值.

解 先求 $f(x)=\mathrm{e}^{-x^2}$ 在 $[-1,1]$ 上的最大值与最小值.

由 $f'(x)=-2x\mathrm{e}^{-x^2}$，令 $f'(x)=0$ 得驻点 $x=0$，比较函数在驻点及区间端点处的值

$$f(0)=1,\ f(\pm 1)=\mathrm{e}^{-1}=\frac{1}{\mathrm{e}},$$

故在 $[-1,1]$ 上，$f(x)=\mathrm{e}^{-x^2}$ 的最大值 $M=f(0)=1$，最小值 $m=f(\pm 1)=\frac{1}{\mathrm{e}}$，于是

$$\frac{2}{\mathrm{e}} \leqslant \int_{-1}^{1} \mathrm{e}^{-x^2}\,\mathrm{d}x \leqslant 2.$$

性质 7 （积分中值定理）如果 $f(x)$ 在 $[a,b]$ 上连续，则在区间 $[a,b]$ 上至少存在一点 ξ，使得

$$\int_a^b f(x)\,\mathrm{d}x = f(\xi)(b-a).$$

证 将性质 6 中的不等式除以 $(b-a)$，得

$$m \leqslant \frac{1}{b-a}\int_a^b f(x)\,\mathrm{d}x \leqslant M .$$

由于 $f(x)$ 在 $[a,b]$ 上连续，由介值定理知，在 $[a,b]$ 上至少存在一点 ξ，使

$$\frac{1}{b-a}\int_a^b f(x)\,\mathrm{d}x = f(\xi) .$$

两端同乘以 $b-a$，即得所要证的等式.

积分中值定理的几何意义是，在 $[a,b]$ 上至少存在一点 ξ，使得以区间 $[a,b]$ 为底，以曲线 $y=f(x)$ 为顶的曲边梯形的面积等于同底边而高为 $f(\xi)$ 的矩形面积（如图 4.1.4 所示）.

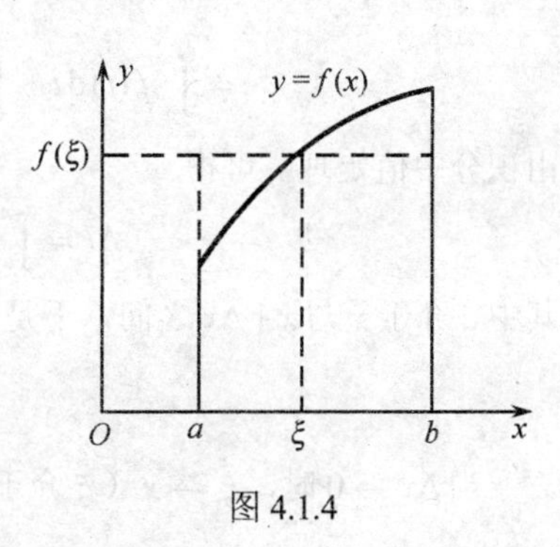

图 4.1.4

由几何意义可以看出，数值 $\frac{1}{b-a}\int_a^b f(x)\,\mathrm{d}x$ 表示连续曲线 $y=f(x)$ 在 $[a,b]$ 上的平均高度，即函数 $f(x)$ 在 $[a,b]$ 上的平均值，这是有限个数算术平均值概念的推广.

4.1.2 定积分基本公式

定积分作为一种特定的和式的极限，直接利用定义来计算几乎是不可能的. 牛顿-莱布尼兹（Newton-Leibniz）给出了方便的计算公式.

1. 变上限的定积分

我们先来介绍一类函数，即变上限积分函数.

设函数 $f(x)$ 在 $[a,b]$ 上连续，$x\in[a,b]$，于是积分 $\int_a^x f(x)\,\mathrm{d}x$ 是一个定数，这种写法有一个不方便之处，就是 x 既表示积分上限，又表示积分变量. 为避免混淆，利用定积分的性质，我们把积分变量改写为 t，于是这个积分就写成了 $\int_a^x f(t)\,\mathrm{d}t$.

显然，当 x 在 $[a,b]$ 上变动时，对应每一个 x 值，积分 $\int_a^x f(t)\,\mathrm{d}t$ 就有一个确定的值，因此 $\int_a^x f(t)\,\mathrm{d}t$ 是上限 x 的函数，记作 $I(x)$：

$$I(x)=\int_a^x f(t)\,\mathrm{d}t \qquad (a\leqslant x\leqslant b).$$

通常称函数 $I(x)$ 为变上限积分函数或变上限定积分.

定理 1 设函数 $f(x)$ 在 $[a,b]$ 上连续，则函数 $I(x)=\int_a^x f(t)\,\mathrm{d}t$（$x\in[a,b]$）可导，且

$$I'(x)=\frac{\mathrm{d}}{\mathrm{d}x}\int_a^x f(t)\,\mathrm{d}t=f(x) \qquad (a\leqslant x\leqslant b). \tag{4.1.1}$$

证 对于函数 $I(x)$，当自变量 x 取得增量 Δx 时，相应地，函数有增量

$$\begin{aligned}\Delta I=I(x+\Delta x)-I(x)&=\int_a^{x+\Delta x} f(t)\,\mathrm{d}t-\int_a^x f(t)\,\mathrm{d}t\\&=\int_a^x f(t)\,\mathrm{d}t+\int_x^{x+\Delta x} f(t)\,\mathrm{d}t-\int_a^x f(t)\,\mathrm{d}t=\int_x^{x+\Delta x} f(t)\,\mathrm{d}t.\end{aligned}$$

由积分中值定理，可得

$$\Delta I=\int_x^{x+\Delta x} f(t)\,\mathrm{d}t=f(\xi)\Delta x,$$

其中 ξ 介于 x 与 $x+\Delta x$ 之间，于是

$$\frac{\Delta I}{\Delta x}=f(\xi).$$

当 $\Delta x\to 0$ 时，$\xi\to x$（ξ 介于 x 与 $x+\Delta x$ 之间）. 又由函数 $f(x)$ 的连续性，得

$$I'(x)=\lim_{\Delta x\to 0}\frac{\Delta I}{\Delta x}=\lim_{\xi\to x}f(\xi)=f(x).$$

例 4 设 $f(x)=\int_0^x \sin\,2t^2\,\mathrm{d}t$，求 $f'(x)$.

解 由式（4.1.1）可得 $f'(x)=\sin\,2x^2$.

2. *原函数*

如果 $F(x)$ 的导数等于 $f(x)$，则称 $F(x)$ 为 $f(x)$ 的一个原函数.

例如，$\sin x$ 是 $\cos x$ 的原函数，x^3 是 $3x^2$ 的原函数.

由于常函数的导数为零，所以如果 $F(x)$ 是 $f(x)$ 的原函数，那么 $F(x)+C$ 也是 $f(x)$ 的原函数. 因此，如果 $f(x)$ 存在原函数，则有无穷多个.

设 $F_1(x)$ 和 $F_2(x)$ 是 $f(x)$ 的任意两个原函数，即

$$F_1'(x)=f(x),\ F_2'(x)=f(x).$$

记 $\varphi(x)=F_1(x)-F_2(x)$，则

$$\varphi'(x)=\left[F_1(x)-F_2(x)\right]'=f(x)-f(x)=0,$$

由拉格朗日中值定理的推论可知 $\varphi(x)=C$，即 $F_1(x)-F_2(x)=C$. 也就是说，$f(x)$ 的任意两个原函数之间只相差一个常数 C.

定理 1 表明了微分与积分的内在联系，也表明了连续函数的原函数一定存在.

3. 微积分学基本定理

定理 2 设函数 $f(x)$ 在 $[a,b]$ 上连续，如果 $F(x)$ 是 $f(x)$ 的一个原函数，则

$$\int_a^b f(x)\,\mathrm{d}x=F(b)-F(a). \tag{4.1.2}$$

证 因为 $f(x)$ 在 $[a,b]$ 上连续，由定理 1 知，$I(x)=\int_a^x f(t)\,\mathrm{d}t$ 也是 $f(x)$ 的一个原函数，因而与 $F(x)$ 相差一个常数，即

$$\int_a^x f(t)\,\mathrm{d}t-F(x)=C.$$

当 $x=a$ 时，$\int_a^a f(t)\,\mathrm{d}t=0$，故 $-F(a)=C$，上式成为

$$\int_a^x f(t)\,\mathrm{d}t=F(x)-F(a).$$

令 $x=b$，即得

$$\int_a^b f(t)\,\mathrm{d}t=F(b)-F(a),$$

或

$$\int_a^b f(x)\,\mathrm{d}x=F(b)-F(a).$$

公式（4.1.2）也称为牛顿-莱布尼兹公式，它揭示了定积分与原函数之间的联系，指出了一个连续函数在某一区间上的定积分等于它的任何一个原函数在该区间上的增量，这样就把求定积分 $\int_a^b f(x)\,\mathrm{d}x$ 的问题转化为求 $f(x)$ 的原函数的问题，从而大大简化了定积分的计算，为了书写方便，在计算过程中用记号 $F(x)\big|_a^b$ 表示 $F(b)-F(a)$.

例 5 计算 $\int_1^2 x^2\,\mathrm{d}x$.

解 因为 $\left(\frac{1}{3}x^3\right)'=x^2$，所以由牛顿-莱布尼兹公式，得

$$\int_1^2 x^2\,\mathrm{d}x=\frac{1}{3}x^3\bigg|_1^2=\frac{1}{3}\times 2^3-\frac{1}{3}\times 1^3=\frac{7}{3}.$$

例 6 计算 $\int_0^{\frac{\pi}{3}} \cos x \mathrm{d}x$.

解 因为 $(\sin x)' = \cos x$，所以

$$\int_0^{\frac{\pi}{3}} \cos x \mathrm{d}x = \sin x \Big|_0^{\frac{\pi}{3}} = \frac{\sqrt{3}}{2}.$$

例 7 计算 $\int_0^1 \frac{1}{1+x^2} \mathrm{d}x$.

解 因为 $(\arctan x)' = \frac{1}{1+x^2}$，所以 $\int_0^1 \frac{1}{1+x^2} \mathrm{d}x = \arctan x \Big|_0^1 = \frac{\pi}{4}$.

例 8 计算由曲线 $y = \sin x \quad (0 \leqslant x \leqslant \frac{\pi}{2})$ 和 x 轴所围成的图形的面积 A.

解 由定积分的几何意义，得

$$A = \int_0^{2\pi} |\sin x| \mathrm{d}x = \int_0^{\pi} \sin x \mathrm{d}x + \int_{\pi}^{2\pi} (-\sin x) \mathrm{d}x$$

$$= -\cos x \Big|_0^{\pi} + \cos x \Big|_0^{2\pi} = -\cos \pi + \cos 0 + \cos 2\pi - \cos \pi = 4.$$

例 9 一架飞机以 240m/s 的速度开始着陆，着陆后又以等加速度 $a = -12\ \mathrm{m/s^2}$ 滑行. 问从飞机开始着陆到完全停止走了多少路程？

解 着陆后飞机的速度为

$$v(t) = v_0 + at = 240 - 12t,$$

当飞机停止时，速度 $v(t) = 0$，从而

$$v(t) = 240 - 12t = 0,$$

得 $t = 20$（s），于是飞机在这段时间内走过的路程为

$$s = \int_0^{20} (240 - 12t) \mathrm{d}t = (240t - 6t^2) \Big|_0^{20} = 2400 \text{（m）}.$$

即飞机从开始着陆到完全停止走了 2400m.

4.1.3 不定积分的概念与性质

定积分的计算归结为求被积函数的原函数，因此我们需要寻找求一个函数原函数的方法.

1. 不定积分的概念

定义 2 若 $F(x)$ 是 $f(x)$ 的一个原函数，则 $f(x)$ 的全体原函数 $F(x)+C$ 称为 $f(x)$ 的不定积分，记为 $\int f(x) \mathrm{d}x$，即

$$\int f(x) \mathrm{d}x = F(x) + C.$$

其中 $f(x)$ 称为被积函数，$f(x) \mathrm{d}x$ 称为被积表达式，x 称为积分变量.

求 $f(x)$ 的不定积分只需求出它的一个原函数，再加上任意常数 C 即可.

例 10 求 $\int x^2 \mathrm{d}x$.

解 因为 $\left(\frac{1}{3}x^3\right)' = x^2$，所以 $\int x^2 \mathrm{d}x = \frac{1}{3}x^3 + C$.

例 11 求 $\int \frac{1}{x} \mathrm{d}x$.

解 当 $x > 0$ 时，$(\ln x)' = \frac{1}{x}$，

当 $x < 0$ 时，$[\ln(-x)]' = \frac{1}{-x} \cdot (-1) = \frac{1}{x}$，

所以
$$\int \frac{1}{x} \mathrm{d}x = \ln|x| + C .$$

2. 不定积分的几何意义

不定积分 $\int f(x) \mathrm{d}x = F(x) + C$ 的结果中含有任意常数 C，所以不定积分表示的不是一个原函数，而是无穷多个（全部）原函数，通常说成一族函数，反映在几何上则是一族曲线，它是曲线 $y = F(x)$ 沿 y 轴上下平移得到的. 这族曲线称为 $f(x)$ 的积分曲线族，其中的每一条曲线称为 $f(x)$ 的积分曲线. 由于在相同的横坐标 x 处，所有积分曲线的斜率均为 $f(x)$，因此，在每一条积分曲线上，以 x 为横坐标的点处的切线彼此平行（如图 4.1.5 所示）.

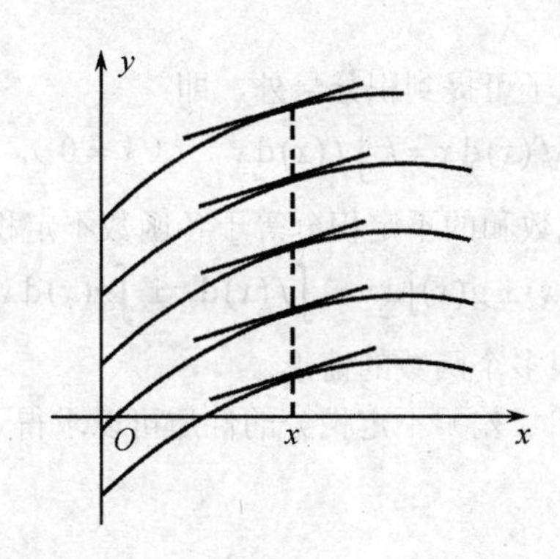

图 4.1.5

例 12 设一条曲线过点(1,2)，在此曲线上的任意点(x, y)处的切线斜率为 $2x$，求此曲线方程.

解 先求斜率为 $2x$ 的曲线族，设所求曲线族为 $y = y(x)$. 由题设可得 $y'(x) = 2x$，由不定积分的定义，有

$$y(x) = \int 2x \mathrm{d}x = x^2 + C ,$$

即所求的曲线族为 $y = x^2 + C$（如图 4.1.6 所示）. 因为所求的曲线过点(1,2)，则

$2=1+C$，即 $C=1$，于是所求的曲线方程为 $y=x^2+1$．

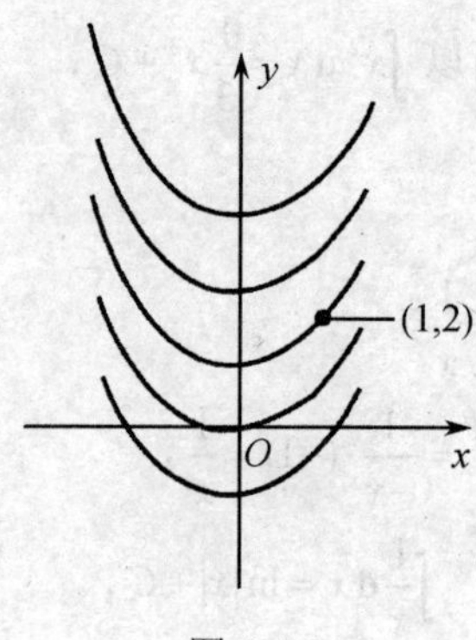

图 4.1.6

3. 不定积分与微分的关系

由原函数和不定积分的定义知微分与积分是互逆的运算，它们之间的关系可表述如下：

（1）$\left[\int f(x)\mathrm{d}x\right]'=f(x)$ 或 $\mathrm{d}\left[\int f(x)\mathrm{d}x\right]=f(x)\mathrm{d}x$；

（2）$\int F'(x)\mathrm{d}x=F(x)+C$ 或 $\int \mathrm{d}F(x)=F(x)+C$．

4. 不定积分的性质

性质 8 非零常数因子可提到积分号外，即

$$\int kf(x)\mathrm{d}x=k\int f(x)\mathrm{d}x \quad (k\neq 0).$$

性质 9 两个函数代数和的不定积分等于各函数不定积分的代数和，即

$$\int[f(x)\pm g(x)]\mathrm{d}x=\int f(x)\mathrm{d}x\pm\int g(x)\mathrm{d}x.$$

性质 9 可推广到有限多个函数的情形.

利用基本积分公式和（差）不定积分的性质可以求得一些函数的积分.

4.1.4 基本积分公式

因为积分运算是微分运算的逆运算，所以由导数公式可以相应地得到基本积分公式：

（1）$\int k\,\mathrm{d}x=kx+C$（k 为常数）；

（2）$\int x^{\mu}\mathrm{d}x=\dfrac{1}{\mu+1}x^{\mu+1}+C$（$\mu\neq -1$）；

（3）$\int\dfrac{1}{x}\mathrm{d}x=\ln|x|+C$；

（4） $\int e^x dx = e^x + C$；

（5） $\int a^x dx = \frac{a^x}{\ln a} + C$ （$a>0$，$a \neq 1$）；

（6） $\int \cos x dx = \sin x + C$；

（7） $\int \sin x dx = -\cos x + C$；

（8） $\int \sec^2 x dx = \tan x + C$；

（9） $\int \csc^2 x dx = -\cot x + C$；

（10） $\int \sec x \tan x dx = \sec x + C$；

（11） $\int \csc x \cot x dx = -\csc x + C$；

（12） $\int \frac{1}{1+x^2} dx = \arctan x + C$；

（13） $\int \frac{1}{\sqrt{1-x^2}} dx = \arcsin x + C$．

例 13 求 $\int (x^3 + 2x^2 - x + 5) dx$．

解
$$\begin{aligned}\int (x^3 + 2x^2 - x + 5) dx &= \int x^3 dx + \int 2x^2 dx - \int x dx + \int 5 dx \\ &= \int x^3 dx + 2\int x^2 dx - \int x dx + 5\int dx \\ &= \frac{1}{4}x^4 + \frac{2}{3}x^3 - \frac{1}{2}x^2 + 5x + C.\end{aligned}$$

注意：逐项积分后，每个积分结果中均含有一个任意常数．由于任意常数之和仍是任意常数，因此只要写出一个任意常数即可．

例 14 求 $\int \frac{x^2+2}{\sqrt{x}} dx$．

解 $\int \frac{x^2+2}{\sqrt{x}} dx = \int x^{\frac{3}{2}} dx + \int 2x^{-\frac{1}{2}} dx = \frac{2}{5}x^{\frac{5}{2}} + 4x^{\frac{1}{2}} + C$．

例 15 求 $\int \tan^2 x dx$．

解 $\int \tan^2 x dx = \int (\sec^2 x - 1) dx = \int \sec^2 x dx - \int dx = \tan x - x + C$．

例 16 求 $\int \cos^2 \frac{x}{2} dx$．

解 $\int \cos^2 \frac{x}{2} dx = \int \frac{1+\cos x}{2} dx = \frac{1}{2}\left(\int dx + \int \cos x dx\right) = \frac{1}{2}(x + \sin x) + C$．

例 17 求 $\int \frac{1}{x^2(1+x^2)} dx$．

解 $$\int\frac{1}{x^2(1+x^2)}\mathrm{d}x=\int\left(\frac{1}{x^2}-\frac{1}{1+x^2}\right)\mathrm{d}x$$

$$=\int\frac{1}{x^2}\mathrm{d}x-\int\frac{1}{1+x^2}\mathrm{d}x=-\frac{1}{x}-\arctan x+C.$$

例 15～例 17 在基本积分公式中没有相应的类型，但经过对被积函数的适当变形化为基本公式所列函数的积分后，便可逐项积分求得结果.

习题 4.1

1．一曲边梯形由曲线 $y=2x^2+3$、x 轴及 $x=-1$ 和 $x=2$ 所围成，试列出用定积分表示该曲边梯形的面积的表达式.

2．一物体以速度 $v(t)=\frac{1}{2}t+3$ 作直线运动，试列出在时间间隔 $[0,3]$ 内该物体所走过的路程 s 表示为定积分的表达式.

3．利用定积分的几何意义，计算下列积分：

（1）$\int_0^1 2x\mathrm{d}x$；　　（2）$\int_0^a\sqrt{a^2-x^2}\mathrm{d}x$；

（3）$\int_a^b k\mathrm{d}x$；　　（4）$\int_{-2}^2 x\mathrm{d}x$.

4．设 $f(x)$ 是 $[a,b]$ 上的单调增加的有界函数，证明：

$$f(a)(b-a)\leqslant\int_a^b f(x)\mathrm{d}x\leqslant f(b)(b-a).$$

5．比较下列定积分的大小：

（1）$\int_0^1 x^2\mathrm{d}x$ 与 $\int_0^1 x^3\mathrm{d}x$；　　（2）$\int_1^2 x^2\mathrm{d}x$ 与 $\int_1^2 x^3\mathrm{d}x$；

（3）$\int_0^1 x\mathrm{d}x$ 与 $\int_0^1\ln(1+x)\mathrm{d}x$；　　（4）$\int_0^1 \mathrm{e}^x\mathrm{d}x$ 与 $\int_0^1(1+x)\mathrm{d}x$.

6．估计下列定积分的值：

（1）$\int_2^5(x^2+4)\mathrm{d}x$；　　（2）$\int_{\frac{\pi}{4}}^{\frac{5\pi}{4}}\sqrt{1+\sin^2 x}\mathrm{d}x$.

7．指出下列 10 个函数中，哪 5 个函数是另外 5 个函数的原函数：

$6x^5$，　$\arctan x$，　$1+x^2$，　$\frac{x}{\sqrt{1+x^2}}$，　$1+(x^3)^2$，

$2x$，　$\ln(1+x^2)$，　$\sqrt{1+x^2}$，　$\frac{2x}{1+x^2}$，　$\frac{1}{\sqrt{1+x^2}}$.

8．在积分曲线族 $y=\int 5x^2\mathrm{d}x$ 中，求通过点 $(\sqrt{3},5\sqrt{3})$ 的曲线.

9．验证下列等式是否成立：

（1）$\int(3x^2+2x+2)\mathrm{d}x=x^3+x^2+2x+C$；

（2） $\int\frac{x}{\sqrt{1+x^2}}\mathrm{d}x=\sqrt{1+x^2}+C$；

（3） $\int\frac{1}{\sin x}\mathrm{d}x=\ln\tan\frac{x}{2}+C$；

（4） $\int\sqrt{a^2-x^2}\,\mathrm{d}x=\frac{a^2}{2}\arcsin\frac{x}{a}+\frac{x}{2}\sqrt{a^2-x^2}+C$.

10．判断下列等式正确与否.

（1） $\int g'(x)\mathrm{d}x=g(x)$；　　　　（2） $\left[\int f(x)\mathrm{d}x\right]'=f(x)$；

（3） $\int\cos x\,\mathrm{d}x=\sin x+C^2$ （C 为任意常数）.

11．试验证积分 $\int\sin x\cos x\,\mathrm{d}x$ 有 3 种结果：

$$\int\sin x\cos x\,\mathrm{d}x=\frac{1}{2}\sin^2 x+C_1\text{；}$$

$$\int\sin x\cos x\,\mathrm{d}x=-\frac{1}{2}\cos^2 x+C_2\text{；}$$

$$\int\sin x\cos x\,\mathrm{d}x=-\frac{1}{4}\cos 2x+C_3\text{.}$$

如何解释这 3 种结果彼此并不矛盾？任意常数 C_1,C_2,C_3 之间有何关系？

12．求下列不定积分：

（1） $\int 2x\sqrt{x^3}\,\mathrm{d}x$；　　　　（2） $\int(5\sin x+\cos x)\mathrm{d}x$；

（3） $\int(2^x+\sec^2 x)\mathrm{d}x$；　　　　（4） $\int 3^x\mathrm{e}^x\,\mathrm{d}x$；

（5） $\int\sec x(\sec x-\tan x)\mathrm{d}x$；　　　　（6） $\int\left(\frac{1-x}{x}\right)^2\mathrm{d}x$；

（7） $\int\frac{x^3+x-1}{x^2+1}\mathrm{d}x$；　　　　（8） $\int\frac{2+\cos^2 x}{\cos^2 x}\mathrm{d}x$；

（9） $\int\frac{\cos 2x}{\cos^2 x\sin^2 x}\mathrm{d}x$；　　　　（10） $\int\frac{\sin x}{\cos^3 x}\mathrm{d}x$.

4.2　基本积分方法

求不定积分的方法称为积分法．上节中被积函数的形式比较简单，通过观察即可找出它的一个原函数，但一般来说，被积函数的原函数是不易观察到的；因此，我们要研究求不定积分的积分方法．相应地，也就给出了定积分的计算方法．

4.2.1　换元积分法

1．不定积分的换元法

（1）第一类换元积分法（凑微分法）.

我们先来分析一个例子.

例 1 求 $\int \cos 2x\,\mathrm{d}x$.

在上一节介绍的基本积分公式中没有这个积分，与其类似的是

$$\int \cos x\,\mathrm{d}x = \sin x + C,$$

而

$$\int \cos 2x\,\mathrm{d}x = \frac{1}{2}\int \cos 2x\,\mathrm{d}2x，令 u = 2x,$$

$$\int \cos 2x\,\mathrm{d}2x = \int \cos u\,\mathrm{d}u = \sin u + C = \sin 2x + C,$$

所以

$$\int \cos 2x\,\mathrm{d}x = \frac{1}{2}\sin 2x + C.$$

由此可见，对于不能直接使用基本积分公式求解的积分，若可以通过适当的变量代换将其化成基本公式中已有的形式，求出积分后，再回代原积分变量，则可求得原来的积分，这种方法称为第一类换元积分法，也称“凑微分”法.

定理 1 如果 $\int f(u)\,\mathrm{d}u = F(u) + C$，且 $u = \varphi(x)$ 是可导函数，则有

$$\int f[\varphi(x)]\varphi'(x)\,\mathrm{d}x = F[\varphi(x)] + C.$$

证 由复合函数的链导法

$$[\varphi(x)] = \frac{\mathrm{d}F(u)}{\mathrm{d}u}\cdot\frac{\mathrm{d}u}{\mathrm{d}x} = f(u)\cdot\varphi'(x) = f[\varphi(x)]\varphi'(x),$$

因此

$$\int f[\varphi(x)]\varphi'(x)\,\mathrm{d}x = F[\varphi(x)] + C.$$

应用定理 1 求不定积分的步骤为

$$\int g(x)\,\mathrm{d}x \xlongequal{\text{拆成}} \int f[\varphi(x)]\,\varphi'(x)\,\mathrm{d}x \xlongequal{\text{凑微分}} \int f[\varphi(x)]\,\mathrm{d}\varphi(x)$$

$$\xlongequal[\varphi(x)=u]{\text{变量代换}} \int f(u)\,\mathrm{d}u \xlongequal{\text{由基本公式}} F(u) + C \xlongequal[u=\varphi(x)]{\text{变量回代}} F[\varphi(x)] + C.$$

例 2 求 $\int (2x+1)^{10}\,\mathrm{d}x$.

解 $\int (2x+1)^{10}\,\mathrm{d}x \xlongequal{\text{拆成}} \int \frac{(2x+1)^{10}}{2}2\,\mathrm{d}x$

$$\xlongequal{\text{凑微分}} \frac{1}{2}\int (2x+1)^{10}\,\mathrm{d}(2x+1) \xlongequal{\text{令}2x+1=u} \frac{1}{2}\int u^{10}\,\mathrm{d}u$$

$$\xlongequal{\text{基本公式}} \frac{1}{2}\cdot\frac{1}{10+1}u^{10+1} + C \xlongequal[u=2x+1]{\text{变量回代}} \frac{1}{22}(2x+1)^{11} + C.$$

例 3 求 $\int x\mathrm{e}^{-x^2}\,\mathrm{d}x$.

解 $\int x\mathrm{e}^{-x^2}\,\mathrm{d}x \xlongequal{\text{凑微分}} -\frac{1}{2}\int \mathrm{e}^{-x^2}\,\mathrm{d}(-x^2) \xlongequal{\text{令}-x^2=u} -\frac{1}{2}\int \mathrm{e}^{u}\,\mathrm{d}u$

$$\xlongequal{\text{基本公式}}-\frac{1}{2}\mathrm{e}^{u}+C\xlongequal[u=-x^2]{\text{变量回代}}-\frac{1}{2}\mathrm{e}^{-x^2}+C .$$

在运算熟练后，积分过程中的中间变量u可不必写出.

例 4 求$\int \tan x\,\mathrm{d}x$.

解 $$\int \tan x\,\mathrm{d}x=\int\frac{\sin x}{\cos x}\mathrm{d}x\xlongequal{\text{拆成}}\int\frac{-1}{\cos x}(-\sin x)\,\mathrm{d}x$$

$$\xlongequal{\text{凑微分}}-\int\frac{1}{\cos x}\mathrm{d}\cos x\xlongequal{\text{基本公式}}-\ln|\cos x|+C .$$

类似地，$\int \cot x\,\mathrm{d}x=\ln|\sin x|+C$.

例 5 求$\int\frac{\mathrm{d}x}{a^2+x^2}$ （$a\neq 0$）.

解 $$\int\frac{\mathrm{d}x}{a^2+x^2}=\int\frac{\mathrm{d}x}{a^2\left[1+\left(\frac{x}{a}\right)^2\right]}=\frac{1}{a}\int\frac{1}{1+\left(\frac{x}{a}\right)^2}\mathrm{d}\left(\frac{x}{a}\right)=\frac{1}{a}\arctan\frac{x}{a}+C .$$

例 6 求$\int\frac{\mathrm{d}x}{\sqrt{a^2-x^2}}$ （$a>0$）.

解 $$\int\frac{\mathrm{d}x}{\sqrt{a^2-x^2}}\mathrm{d}x=\int\frac{1}{\sqrt{1-\left(\frac{x}{a}\right)^2}}\mathrm{d}\frac{x}{a}=\arcsin\frac{x}{a}+C .$$

例 7 求$\int\frac{1}{x^2-a^2}\mathrm{d}x$ （$a\neq 0$）.

解 $$\int\frac{1}{x^2-a^2}\mathrm{d}x=\int\frac{1}{(x+a)(x-a)}\mathrm{d}x=\frac{1}{2a}\int\left(\frac{1}{x-a}-\frac{1}{x+a}\right)\mathrm{d}x$$

$$=\frac{1}{2a}\left[\int\frac{1}{x-a}\mathrm{d}(x-a)-\int\frac{1}{x+a}\mathrm{d}(x+a)\right]$$

$$=\frac{1}{2a}\left[\ln|x-a|-\ln|x+a|\right]+C=\frac{1}{2a}\ln\left|\frac{x-a}{x+a}\right|+C .$$

例 8 求$\int\csc x\,\mathrm{d}x$.

解 $$\int\csc x\,\mathrm{d}x=\int\frac{1}{\sin x}\mathrm{d}x=\int\frac{1}{2\sin\frac{x}{2}\cos\frac{x}{2}}\mathrm{d}x$$

$$=\int\frac{1}{\tan\frac{x}{2}\cdot\cos^2\frac{x}{2}}\mathrm{d}\left(\frac{x}{2}\right)=\int\frac{1}{\tan\frac{x}{2}}\sec^2\frac{x}{2}\mathrm{d}\left(\frac{x}{2}\right)$$

$$=\int\frac{1}{\tan\frac{x}{2}}\mathrm{d}\left(\tan\frac{x}{2}\right)=\ln\left|\tan\frac{x}{2}\right|+C,$$

而
$$\tan\frac{x}{2}=\frac{1-\cos x}{\sin x}=\csc x-\cot x,$$

因此
$$\int\csc x\,\mathrm{d}x=\ln|\csc x-\cot x|+C.$$

例 9 求 $\int\sec x\,\mathrm{d}x$.

解 $\int\sec x\,\mathrm{d}x=\int\frac{1}{\cos x}\mathrm{d}x=\int\frac{1}{\sin\left(x+\frac{\pi}{2}\right)}\mathrm{d}\left(x+\frac{\pi}{2}\right)$

$$=\int\csc\left(x+\frac{\pi}{2}\right)\mathrm{d}\left(x+\frac{\pi}{2}\right),$$

应用例 8 的结论，得

$$\int\sec x\,\mathrm{d}x=\ln\left|\csc\left(x+\frac{\pi}{2}\right)-\cot\left(x+\frac{\pi}{2}\right)\right|+C$$
$$=\ln|\sec x+\tan x|+C.$$

例 4～例 9 的结果可作为公式使用.

（2）第二类换元积分法.

第一类换元积分法虽然应用比较广泛，但对于某些积分，如 $\int\sqrt{a^2-x^2}\,\mathrm{d}x$，$\int\frac{\mathrm{d}x}{\sqrt{x^2+a^2}}$，$\int\frac{\mathrm{d}x}{1+\sqrt{x+1}}$ 等，就不一定适用，为此介绍第二类换元积分法.

先看一个例子.

例 10 求 $\int\frac{1}{1+\sqrt{x}}\mathrm{d}x$.

解 此积分的问题是分母含有根式，先作变换把根式去掉，为此，设 $t=\sqrt{x}$，则 $x=t^2$，$\mathrm{d}x=2t\,\mathrm{d}t$，于是

$$\int\frac{\mathrm{d}x}{1+\sqrt{x}}=\int\frac{2t\,\mathrm{d}t}{1+t}=2\int\frac{t+1-1}{t+1}\mathrm{d}t=2\int\left(1-\frac{1}{t+1}\right)\mathrm{d}t$$
$$=2\int\mathrm{d}t-2\int\frac{1}{t+1}\mathrm{d}(t+1)$$
$$=2t-2\ln|t+1|+C=2\sqrt{x}-2\ln(\sqrt{x}+1)+C.$$

由此可见，对不能用基本公式、性质和凑微分法求解的积分，若能选择适当的变换 $x=\varphi(t)$ 将 $\int f(x)\,\mathrm{d}x$ 变为 $\int f[\varphi(t)]\varphi'(t)\,\mathrm{d}t$，而后者可用基本公式、性质及凑微分法求得，求出结果，这就是第二类换元积分法，用定理表述如下：

定理 2 设 $x=\varphi(t)$ 是单调可导函数，且 $\varphi'(t)\neq 0$．如果 $\int f[\varphi(t)]\varphi'(t)\,\mathrm{d}t=F(t)+C$，则有

$$\int f(x)\,\mathrm{d}x=\int f[\varphi(t)]\varphi'(t)\,\mathrm{d}t=F(t)+C=F[\varphi^{-1}(x)]+C.$$

应用第二类换元法求不定积分的步骤为

$$\int f(x)\,\mathrm{d}x\xlongequal[x=\varphi(t)]{\text{换元}}\int f[\varphi(t)]\varphi'(t)\,\mathrm{d}t=\int g(t)\,\mathrm{d}t\xlongequal[\text{与凑微分求}]{\text{能用基本公式}}F(t)+C$$

$$\xlongequal[\varphi(t)=x]{\text{还原}}F\left[\varphi^{-1}(x)\right]+C.$$

例 11 求 $\int\frac{x}{\sqrt{2x+1}}\mathrm{d}x$.

解 将被积函数有理化，为此消去根式，令 $\sqrt{2x+1}=t$，则 $x=\frac{t^2-1}{2}$，$\mathrm{d}x=t\,\mathrm{d}t$，

于是
$$\int\frac{x}{\sqrt{2x+1}}\mathrm{d}x=\int\frac{t^2-1}{2t}t\,\mathrm{d}t=\frac{1}{2}\int(t^2-1)\,\mathrm{d}t=\frac{1}{2}\left(\frac{1}{3}t^3-t\right)+C$$

$$=\frac{1}{6}\sqrt{(2x+1)^3}-\frac{1}{2}\sqrt{2x+1}+C.$$

例 12 求 $\int\sqrt{a^2-x^2}\,\mathrm{d}x\quad(a>0)$．

解 令 $x=a\sin u\left(-\frac{\pi}{2}<u<\frac{\pi}{2}\right)$，则 $\mathrm{d}x=a\cos u\,\mathrm{d}u$，$\sqrt{a^2-x^2}=a\cos u$，于是

$$\int\sqrt{a^2-x^2}\,\mathrm{d}x=\int a\cos u\cdot a\cos u\,\mathrm{d}u=\int a^2\cos^2 u\mathrm{d}u$$

$$=a^2\int\frac{1+\cos 2u}{2}\mathrm{d}u=\frac{a^2}{2}u+\frac{a^2}{4}\sin 2u+C.$$

为把 u 还原成 x 的函数，可以根据 $x=a\sin u$ 作一直角三角形，如图 4.2.1 所示，于是

$$\cos u=\frac{\sqrt{a^2-x^2}}{a},$$

$$\sin 2u=2\sin u\cdot\cos u=2\cdot\frac{x}{a}\cdot\frac{\sqrt{a^2-x^2}}{a}.$$

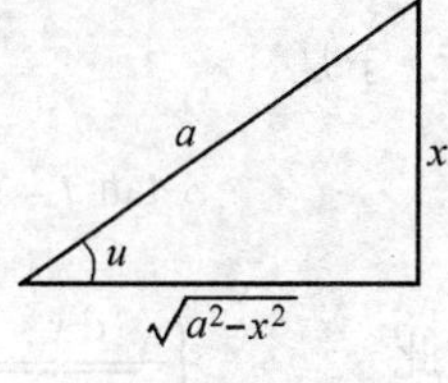

图 4.2.1

因此

$$\int\sqrt{a^2-x^2}\,\mathrm{d}x=\frac{a^2}{2}\arcsin\frac{x}{a}+\frac{1}{2}x\sqrt{a^2-x^2}+C.$$

例 13 求 $\int\frac{\mathrm{d}x}{\sqrt{x^2+a^2}}\quad(a>0)$．

解 类似上例，令 $x=a\tan u$，$\left(-\dfrac{\pi}{2}<u<\dfrac{\pi}{2}\right)$，则

$$\mathrm{d}x=a\sec^2 u\,\mathrm{d}u\,,\ \sqrt{x^2+a^2}=a\sec u\,,$$

于是
$$\int\frac{\mathrm{d}x}{\sqrt{x^2+a^2}}=\int\frac{a\sec^2 u}{a\sec u}\mathrm{d}u=\int\sec u\,\mathrm{d}u=\ln\left|\sec u+\tan u\right|+C_1 .$$

根据 $x=a\tan u$ 作直角三角形，如图 4.2.2 所示，于是

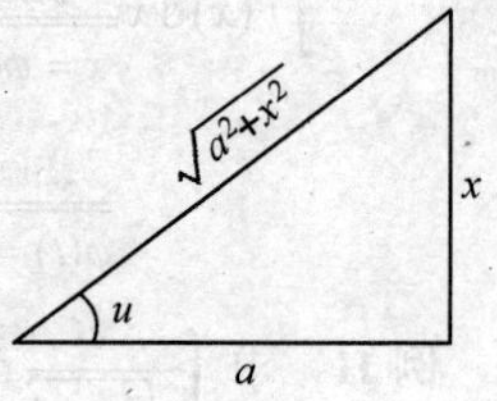

$$\sec u=\frac{1}{\cos u}=\frac{\sqrt{a^2+x^2}}{a}\,,$$

因此

$$\int\frac{\mathrm{d}x}{\sqrt{x^2+a^2}}=\ln\left|\frac{x}{a}+\frac{\sqrt{a^2+x^2}}{a}\right|+C_1$$
$$=\ln\left|x+\sqrt{x^2+a^2}\right|+C\,,$$

图 4.2.2

其中 $C=C_1-\ln a$.

例 14 求 $\displaystyle\int\frac{\mathrm{d}x}{\sqrt{x^2-a^2}}$ （$a>0$）.

解 令 $x=a\sec t$ $\left(0<t<\dfrac{\pi}{2}\right)$，则

$$\mathrm{d}x=a\sec t\cdot\tan t\,\mathrm{d}t\,,$$

于是
$$\int\frac{\mathrm{d}x}{\sqrt{x^2-a^2}}=\int\frac{a\sec t\cdot\tan t}{a\tan t}\mathrm{d}t$$
$$=\int\sec t\,\mathrm{d}t$$
$$=\ln\left|\sec t+\tan t\right|+C_1 .$$

由 $\sec t=\dfrac{x}{a}$ 作直角三角形，如图 4.2.3 所示. 于是

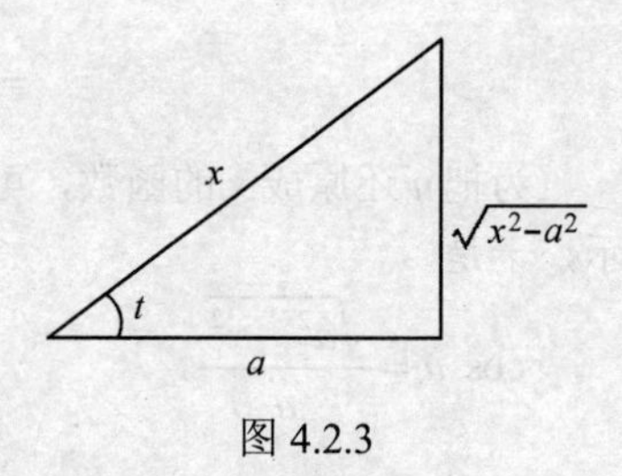

图 4.2.3

$$\tan t=\frac{\sqrt{x^2-a^2}}{a}\,,$$

因此
$$\int\frac{\mathrm{d}x}{\sqrt{x^2-a^2}}=\ln\left|\frac{x}{a}+\frac{\sqrt{x^2-a^2}}{a}\right|+C_1=\ln\left|x+\sqrt{x^2-a^2}\right|+C\,,$$

其中 $C=C_1-\ln a$.

例 10 及例 11 为根式代换，例 12～例 14 所用的变换称为三角代换，主要是去掉根号，这是第二类换元法常用的变量代换.

2. 定积分的换元法

定理 3 若函数 $f(x)$ 在区间 $[a,b]$ 上连续，而 $x=\varphi(t)$ 满足下列条件：

（1）在区间$[\alpha,\beta]$上“单调”且有连续导数$\varphi'(t)$；

（2）$\varphi(\alpha)=a$，$\varphi(\beta)=b$，且当 t 在$[\alpha,\beta]$（或$[\beta,\alpha]$）上变化时，$x=\varphi(t)$ 在 $[a,b]$ 上变化，则

$$\int_a^b f(x)\,\mathrm{d}x=\int_\alpha^\beta f[\varphi(t)]\varphi'(t)\,\mathrm{d}t .$$

上述条件是为了保证两端的被积函数在相应的区间上连续，从而可积. 在应用中，我们强调指出：换元必换限，（原）上限对（新）上限，（原）下限对（新）下限；不换元不换限.

用第一类换元法即凑微分法计算一些定积分时，一般可以不引入中间变量，只需将不定积分的结果 $F(x)$ 代入积分上下限作差即可.

例 15 计算 $\int_0^{\frac{\pi}{2}}5\cos^4 x\sin x\,\mathrm{d}x$.

解 $\int_0^{\frac{\pi}{2}}5\cos^4 x\sin x\,\mathrm{d}x=-\int_0^{\frac{\pi}{2}}5\cos^4 x\,\mathrm{d}(\cos x)=-\cos^5 x\Big|_0^{\frac{\pi}{2}}=1$.

例 16 计算 $\int_1^{\mathrm{e}}\frac{1}{x(1+\ln x)}\mathrm{d}x$.

解 $$\int_1^{\mathrm{e}}\frac{1}{x(1+\ln x)}\mathrm{d}x=\int_1^{\mathrm{e}}\frac{1}{1+\ln x}\mathrm{d}(1+\ln x)$$
$$=\ln|1+\ln x|\Big|_1^{\mathrm{e}}=\ln 2 .$$

例 17 计算 $\int_0^{\pi}\sqrt{\sin x-\sin^3 x}\,\mathrm{d}x$.

解 $$\int_0^{\pi}\sqrt{\sin x-\sin^3 x}\,\mathrm{d}x=\int_0^{\pi}\sqrt{\sin x(1-\sin^2 x)}\,\mathrm{d}x$$
$$=\int_0^{\pi}\sin^{\frac{1}{2}} x|\cos x|\,\mathrm{d}x$$
$$=\int_0^{\frac{\pi}{2}}\sin^{\frac{1}{2}} x\cos x\,\mathrm{d}x-\int_{\frac{\pi}{2}}^{\pi}\sin^{\frac{1}{2}} x\cos x\,\mathrm{d}x$$
$$=\int_0^{\frac{\pi}{2}}\sin^{\frac{1}{2}} x\,\mathrm{d}(\sin x)-\int_{\frac{\pi}{2}}^{\pi}\sin^{\frac{1}{2}} x\,\mathrm{d}(\sin x)$$
$$=\frac{2}{3}\sin^{\frac{3}{2}} x\Big|_0^{\frac{\pi}{2}}-\frac{2}{3}\sin^{\frac{3}{2}} x\Big|_{\frac{\pi}{2}}^{\pi}=\frac{2}{3}-\left(-\frac{2}{3}\right)=\frac{4}{3}.$$

如果忽视 $\cos x$ 在 $\left[\frac{\pi}{2},\pi\right]$ 上非正，而按 $\sqrt{\sin x-\sin^3 x}=\sin^{\frac{1}{2}} x\cos x$ 计算，将导

致错误，用第二类换元法计算定积分时，由于引入了新的积分变量，因此必须“换元换限”.

例 18 计算 $\int_0^3 \frac{x}{\sqrt{1+x}} \mathrm{d}x$.

解 令 $\sqrt{1+x}=t$，则 $x=t^2-1$，$\mathrm{d}x=2t\,\mathrm{d}t$，当 $x=0$ 时，$t=1$，$x=3$ 时，$t=2$，于是

$$\int_0^3 \frac{x}{\sqrt{1+x}} \mathrm{d}x=\int_1^2 \frac{t^2-1}{t}\cdot 2t\,\mathrm{d}t=2\int_1^2 (t^2-1)\mathrm{d}t$$

$$=2\left(\frac{1}{3}t^3-t\right)\bigg|_1^2=2\frac{2}{3}.$$

例 19 计算 $\int_0^a \sqrt{a^2-x^2}\,\mathrm{d}x$ （$a>0$）.

解 令 $x=a\sin t$，则 $\mathrm{d}x=a\cos t\,\mathrm{d}t$，当 $x=0$ 时，$t=0$，$x=a$ 时，$t=\frac{\pi}{2}$，于是

$$\int_0^a \sqrt{a^2-x^2}\,\mathrm{d}x=a^2\int_0^{\frac{\pi}{2}} \cos^2 t\,\mathrm{d}t=\frac{a^2}{2}\int_0^{\frac{\pi}{2}}(1+\cos 2t)\mathrm{d}t$$

$$=\frac{a^2}{2}\left(t+\frac{1}{2}\sin 2t\right)\bigg|_0^{\frac{\pi}{2}}=\frac{\pi a^2}{4}.$$

例 20 计算 $\int_0^{\ln 2} \sqrt{\mathrm{e}^x-1}\,\mathrm{d}x$.

解 设 $\sqrt{\mathrm{e}^x-1}=t$，则 $x=\ln(1+t^2)$，$\mathrm{d}x=\frac{2t\,\mathrm{d}t}{1+t^2}$，当 $x=0$ 时，$t=0$，$x=\ln 2$ 时，$t=1$，于是

$$\int_0^{\ln 2} \sqrt{\mathrm{e}^x-1}\,\mathrm{d}x=\int_0^1 \frac{2t^2}{1+t^2}\mathrm{d}t=2\int_0^1\left(1-\frac{1}{1+t^2}\right)\mathrm{d}t$$

$$=2(t-\arctan t)\big|_0^1=2-\frac{\pi}{2}.$$

此外，利用定积分的换元积分法还可以证明一些定积分等式．此时，关键是选择合适的变量代换.

例 21 设 $f(x)$ 在 $[-a,a]$ 上连续，证明：

（1）若 $f(x)$ 为偶函数，则有 $\int_{-a}^a f(x)\mathrm{d}x=2\int_0^a f(x)\mathrm{d}x$；

（2）若 $f(x)$ 为奇函数，则有 $\int_{-a}^a f(x)\mathrm{d}x=0$.

证 $\int_{-a}^a f(x)\mathrm{d}x=\int_{-a}^0 f(x)\mathrm{d}x+\int_0^a f(x)\mathrm{d}x$，由积分 $\int_{-a}^0 f(x)\mathrm{d}x$ 得

$$\int_{-a}^{0} f(x)\,\mathrm{d}x \xlongequal{x=-t} -\int_{a}^{0} f(-t)\,\mathrm{d}t = \int_{0}^{a} f(-t)\,\mathrm{d}t$$

$$= \int_{0}^{a} f(-x)\,\mathrm{d}x\,,$$

于是

$$\int_{-a}^{a} f(x)\,\mathrm{d}x = \int_{0}^{a} f(x)\,\mathrm{d}x + \int_{0}^{a} f(-x)\,\mathrm{d}x$$

$$= \int_{0}^{a} [f(x) + f(-x)]\,\mathrm{d}x.$$

（1）若 $f(x)$ 为偶函数，即 $f(-x) = f(x)$，则

$$\int_{-a}^{a} f(x)\,\mathrm{d}x = \int_{0}^{a} [f(x) + f(-x)]\,\mathrm{d}x = \int_{0}^{a} 2f(x)\,\mathrm{d}x = 2\int_{0}^{a} f(x)\,\mathrm{d}x\,;$$

（2）若 $f(x)$ 为奇函数，即 $f(-x) = -f(x)$，则

$$\int_{-a}^{a} f(x)\,\mathrm{d}x = \int_{0}^{a} [f(x) + f(-x)]\,\mathrm{d}x = \int_{0}^{a} [f(x) - f(x)]\,\mathrm{d}x = 0\,.$$

此题的结论在今后定积分的计算中可以直接应用.

例如 $\int_{-\pi}^{\pi} x^3 \cos x\,\mathrm{d}x = 0$，因为 $x^3 \cos x$ 是奇函数，又如 $\int_{-1}^{1} \frac{\sqrt{\mathrm{e}^x + \mathrm{e}^{-x}}}{1 + x^2} \sin x\,\mathrm{d}x = 0$，同样因为此积分的被积函数是奇函数，在应用此结论时，除了考察被积函数的奇偶性外，还要注意被积函数是否连续，而且积分区间必须是关于原点对称的.

4.2.2 分部积分法

1. *不定积分的分部积分法*

设 $u = u(x)$，$v = v(x)$ 具有连续导数，由于

$$\mathrm{d}(uv) = v\,\mathrm{d}u + u\,\mathrm{d}v\,,$$

移项，得

$$u\,\mathrm{d}v = \mathrm{d}(uv) - v\,\mathrm{d}u\,.$$

两边对 x 积分，得

$$\int u\,\mathrm{d}v = uv - \int v\,\mathrm{d}u\,,$$

或

$$\int uv'\,\mathrm{d}x = uv - \int vu'\,\mathrm{d}x\,.$$

这就是分部积分法公式，它把求形如 $\int uv'\,\mathrm{d}x$ 的积分转化为求 $\int vu'\,\mathrm{d}x$ 的积分. 当然，这种转化必须是后者较前者容易求得才有意义. 下面举例说明.

例 22 求 $\int x\cos x\,\mathrm{d}x$.

解 $\int x\cos x\,\mathrm{d}x = \int x\,\mathrm{d}(\sin x)$，令 $u = x$，$v = \sin x$，由分部积分公式，得

$$\int x\cos x\,\mathrm{d}x = x\sin x - \int \sin x\,\mathrm{d}x = x\sin x + \cos x + C.$$

若将原式写为 $\int \cos x\,\mathrm{d}\left(\frac{1}{2}x^2\right)$，即令 $u=\cos x$，$v=\frac{1}{2}x^2$，则

$$\int x\cos x\,\mathrm{d}x = \frac{x^2}{2}\cos x + \int \frac{x^2}{2}\sin x\,\mathrm{d}x.$$

显然上式右端的积分比原积分更难求，这种转化无意义.

由此可见，应用分部积分法的关键在于恰当地选取 u 和 v．在运算熟练后，可不必写出 u 和 v.

例 23 求 $\int x^2\mathrm{e}^x\,\mathrm{d}x$.

解 $\int x^2\mathrm{e}^x\,\mathrm{d}x = \int x^2\,\mathrm{d}(\mathrm{e}^x) = x^2\mathrm{e}^x - \int \mathrm{e}^x\,\mathrm{d}(x^2) = x^2\mathrm{e}^x - 2\int x\mathrm{e}^x\,\mathrm{d}x.$

其中对 $\int x\mathrm{e}^x\,\mathrm{d}x$ 再用一次分部积分公式，即

$$\int x\mathrm{e}^x\,\mathrm{d}x = \int x\,\mathrm{d}(\mathrm{e}^x) = x\mathrm{e}^x - \int \mathrm{e}^x\,\mathrm{d}x = x\mathrm{e}^x - \mathrm{e}^x + C.$$

于是
$$\int x^2\mathrm{e}^x\,\mathrm{d}x = x^2\mathrm{e}^x - 2x\mathrm{e}^x + 2\mathrm{e}^x + C = \mathrm{e}^x(x^2-2x+2)+C.$$

例 24 求 $\int x\ln x\,\mathrm{d}x$.

解
$$\int x\ln x\,\mathrm{d}x = \int \ln x\,\mathrm{d}\left(\frac{x^2}{2}\right) = \frac{x^2}{2}\ln x - \int \frac{x^2}{2}\,\mathrm{d}(\ln x)$$
$$= \frac{x^2}{2}\ln x - \int \frac{x}{2}\,\mathrm{d}x = \frac{x^2}{2}\ln x - \frac{x^2}{4} + C.$$

例 25 求 $\int x\arctan x\,\mathrm{d}x$.

解
$$\int x\arctan x\,\mathrm{d}x = \int \arctan x\,\mathrm{d}\left(\frac{x^2}{2}\right) = \frac{x^2}{2}\arctan x - \int \frac{x^2}{2}\,\mathrm{d}(\arctan x)$$
$$= \frac{x^2}{2}\arctan x - \frac{1}{2}\int\left(1-\frac{1}{1+x^2}\right)\mathrm{d}x$$
$$= \frac{x^2}{2}\arctan x - \frac{1}{2}x + \frac{1}{2}\arctan x + C.$$

例 26 求 $\int \mathrm{e}^x\cos x\,\mathrm{d}x$.

解
$$\int \mathrm{e}^x\cos x\,\mathrm{d}x = \int \cos x\,\mathrm{d}\mathrm{e}^x = \mathrm{e}^x\cos x - \int \mathrm{e}^x\,\mathrm{d}(\cos x)$$
$$= \mathrm{e}^x\cos x + \int \mathrm{e}^x\sin x\,\mathrm{d}x = \mathrm{e}^x\cos x + \int \sin x\,\mathrm{d}\mathrm{e}^x$$
$$= \mathrm{e}^x\cos x + \mathrm{e}^x\sin x - \int \mathrm{e}^x\,\mathrm{d}(\sin x)$$
$$= \mathrm{e}^x(\cos x + \sin x) - \int \mathrm{e}^x\cos x\,\mathrm{d}x.$$

将等式右端$\int e^x\cos x\,dx$移到左端，得

$$2\int e^x\cos x\,dx = e^x(\cos x+\sin x)+C_1,$$

于是
$$\int e^x\cos x\,dx = \frac{1}{2}e^x(\cos x+\sin x)+C,$$

其中　$C=\frac{1}{2}C_1$.

由以上例子可以看出，对于被积函数是$x^n e^x$，$x^n\sin x$，$x^n\cos x$，$x^n\ln x$，$e^x\sin x$，$e^x\cos x$等类型的积分，均可用分部积分法求积分. 另外，在计算积分时，有时需要同时使用换元积分法和分部积分法.

例 27　求$\int \arcsin x\,dx$.

解　$\int \arcsin x\,dx = x\arcsin x - \int x\,d(\arcsin x) = x\arcsin x - \int \frac{x}{\sqrt{1-x^2}}dx$

$$= x\arcsin x + \frac{1}{2}\int (1-x^2)^{-\frac{1}{2}}d(1-x^2) = x\arcsin x + \sqrt{1-x^2}+C.$$

例 28　求$\int \cos\sqrt{x}\,dx$.

解　令$\sqrt{x}=u$，则$x=u^2$，$dx=2u\,du$，于是

$$\int\cos\sqrt{x}\,dx = \int\cos u\cdot 2u\,du = 2\int u\,d(\sin u)$$

$$= 2\left(u\sin u - \int \sin u\,du\right) = 2(u\sin u+\cos u)+C$$

$$= 2\left(\sqrt{x}\sin\sqrt{x}+\cos\sqrt{x}\right)+C.$$

2. 定积分的分部积分法

设函数$u(x)$，$v(x)$在$[a,b]$上有连续导数，则有

$$\int_a^b u\,dv = uv\Big|_a^b - \int_a^b v\,du.$$

应用分部积分公式计算定积分时，只要在不定积分的结果中代入上下限作差即可. 若同时使用了换元积分法，则要根据引入的变量代换相应的变换积分限.

例 29　计算$\int_0^1 xe^{-x}dx$.

解　$\int_0^1 xe^{-x}dx = -\int_0^1 x\,d(e^{-x}) = (-xe^{-x})\Big|_0^1 + \int_0^1 e^{-x}dx$

$$= -e^{-1}+(-e^{-x})\Big|_0^1 = -e^{-1}-e^{-1}+1 = 1-\frac{2}{e}.$$

例 30　计算$\int_{\frac{1}{e}}^{e}|\ln x|\,dx$.

解　先去掉绝对值符号，再用分部积分公式，得

$$\int_{\frac{1}{e}}^{e}|\ln x|\mathrm{d}x=\int_{\frac{1}{e}}^{1}(-\ln x)\mathrm{d}x+\int_{1}^{e}\ln x\mathrm{d}x$$

$$=(-x\ln x)\Big|_{\frac{1}{e}}^{1}-\int_{\frac{1}{e}}^{1}x\cdot\left(-\frac{1}{x}\right)\mathrm{d}x+(x\ln x)\Big|_{1}^{e}-\int_{1}^{e}x\cdot\frac{1}{x}\mathrm{d}x$$

$$=-\frac{1}{e}+\int_{\frac{1}{e}}^{1}\mathrm{d}x+e-\int_{1}^{e}\mathrm{d}x=2\left(1-\frac{1}{e}\right).$$

例 31 计算 $\int_{0}^{1}e^{\sqrt{x}}\mathrm{d}x$.

解 此例属于综合题，不能直接使用分部积分法，要先作变量代换，去掉根式．为此，令 $\sqrt{x}=t$ ，则有 $x=t^{2}$ ，$\mathrm{d}x=2t\mathrm{d}t$.

当 $x=0$ 时，$t=0$ ；$x=1$ 时，$t=1$ ，于是

$$\int_{0}^{1}e^{\sqrt{x}}\mathrm{d}x=\int_{0}^{1}e^{t}\cdot 2t\mathrm{d}t=2\int_{0}^{1}te^{t}\mathrm{d}t=2\int_{0}^{1}t\mathrm{d}e^{t}$$

$$=2(te^{t})\Big|_{0}^{1}-2\int_{0}^{1}e^{t}\mathrm{d}t=2e-2e^{t}\Big|_{0}^{1}=2\,.$$

4.2.3 简单有理函数和三角有理式的积分

上面介绍了积分学中两种典型的积分方法．对于某些特殊类型的被积函数的积分，如有理函数、三角函数有理式等，可以通过恒等变形，应用上述两种方法进行求解．下面举几个不定积分的例子说明．

例 32 求 $\int\frac{x+3}{x^{2}-5x+6}\mathrm{d}x$.

解 这是一个被积函数为有理函数的积分．由代数学知道，有理函数总可以在实数范围内分解为若干个最简分式之和的形式．因为 $x^{2}-5x+6=(x-2)(x-3)$ ，所以

$$\frac{x+3}{x^{2}-5x+6}=\frac{x+3}{(x-2)(x-3)}=\frac{A}{x-2}+\frac{B}{x-3}\,.$$

其中 A,B 为待定系数，用 $(x-2)(x-3)$ 乘等式两边，得

$$(x+3)=A(x-3)+B(x-2)\,,$$

把上式展开并比较系数，即可确定 A,B ．也可采用对 x 取特殊值的方法确定 A,B ，因为上式对 x 是恒等式，因此令 $x=2$ 得 $A=-5$ ，令 $x=3$ 得 $B=6$ ，于是

$$\int\frac{x+3}{x^{2}-5x+6}\mathrm{d}x=\int\left(\frac{-5}{x-2}+\frac{6}{x-3}\right)\mathrm{d}x$$

$$=-5\int\frac{\mathrm{d}x}{x-2}+6\int\frac{\mathrm{d}x}{x-3}$$

$$=-5\ln|x-2|+6\ln|x-3|+C.$$

注意，若分母中有一次因式的 k 重因子 $(x-a)^k$，则在部分分式中必须相应地有 k 项，分母分别为 $(x-a),\cdots,(x-a)^k$，分子均为待定常数.

例 33 求 $\int\frac{2x+1}{x^3-2x^2+x}\mathrm{d}x$.

解 将被积函数分解成部分分式之和

$$\frac{2x+1}{x^3-2x^2+x}=\frac{2x+1}{x(x-1)^2}=\frac{A}{x}+\frac{B}{x-1}+\frac{C}{(x-1)^2},$$

两端去分母得

$$2x+1=A(x-1)^2+Bx(x-1)+Cx.$$

令 $x=0$，得 $A=1$，令 $x=2$，得 $5=A+2B+2C$，得 $B=-1$. 于是

$$\begin{aligned}\int\frac{2x+1}{x^3-2x^2+x}\mathrm{d}x&=\int\left[\frac{1}{x}+\frac{-1}{x-1}+\frac{3}{(x-1)^2}\right]\mathrm{d}x\\&=\int\frac{1}{x}\mathrm{d}x-\int\frac{1}{x-1}\mathrm{d}(x-1)+3\int\frac{1}{(x-1)^2}\mathrm{d}(x-1)\\&=\ln|x|-\ln|x-1|-\frac{3}{x-1}+C=\ln\left|\frac{x}{x-1}\right|-\frac{3}{x-1}+C.\end{aligned}$$

如果分母中有二次质因式，则在部分分式中其分子应为一次多项式；如果有二次质因式的 k 重因式，则仿上例的做法进行，每个部分分式中其分子均为一次多项式.

例 34 求 $\int\frac{1+\sin x}{1+\cos x}\mathrm{d}x$.

解 这个积分的被积函数为三角函数有理式. 由三角函数关系知道，$\sin x$ 与 $\cos x$ 均可用 $\tan\frac{x}{2}$ 的有理式表示，即

$$\sin x=2\sin\frac{x}{2}\cos\frac{x}{2}=\frac{2\tan\frac{x}{2}}{\sec^2\frac{x}{2}}=\frac{2\tan\frac{x}{2}}{1+\tan^2\frac{x}{2}},$$

$$\cos x=\cos^2\frac{x}{2}-\sin^2\frac{x}{2}=\frac{1-\tan^2\frac{x}{2}}{\sec^2\frac{x}{2}}=\frac{1-\tan^2\frac{x}{2}}{1+\tan^2\frac{x}{2}},$$

所以，若作变换 $t=\tan\frac{x}{2}$，则

$$\sin x=\frac{2t}{1+t^2},\ \cos x=\frac{1-t^2}{1+t^2}.$$

而 $x = 2\arctan t$，$\mathrm{d}x = \dfrac{2}{1+t^2}\mathrm{d}t$，于是

$$\int\frac{1+\sin x}{1+\cos x}\mathrm{d}x = \int\frac{1+\dfrac{2t}{1+t^2}}{1+\dfrac{1-t^2}{1+t^2}}\cdot\frac{2}{1+t^2}\mathrm{d}t$$

$$= \int\frac{t^2+1+2t}{2}\cdot\frac{2}{1+t^2}\mathrm{d}t = \int\left(1+\frac{2t}{1+t^2}\right)\mathrm{d}t$$

$$= \int\mathrm{d}t + \int\frac{1}{1+t^2}\mathrm{d}(1+t^2) = t + \ln(1+t^2) + C$$

$$= \tan\frac{x}{2} + \ln\left(\sec^2\frac{x}{2}\right) + C = \tan\frac{x}{2} - 2\ln\left|\cos\frac{x}{2}\right| + C.$$

由于任何三角函数都可用 $\sin x, \cos x$ 表示，所以变量代换 $t = \tan\dfrac{x}{2}$ 对于三角函数的有理式的积分均适用．但这个方法对某些三角函数有理式的积分不一定是最简便的方法．如上例

$$\int\frac{1+\sin x}{1+\cos x}\mathrm{d}x = \int\frac{1+2\sin\dfrac{x}{2}\cos\dfrac{x}{2}}{2\cos^2\dfrac{x}{2}}\mathrm{d}x$$

$$= \frac{1}{2}\int\sec^2\frac{x}{2}\mathrm{d}x + \int\tan\frac{x}{2}\mathrm{d}x = \tan\frac{x}{2} - 2\ln\left|\cos\frac{x}{2}\right| + C.$$

习题 4.2

1．求函数 $I(x) = \int_1^x t\cos^2 t\,\mathrm{d}t$ 在点 $x=1$，$x=\dfrac{\pi}{2}$，$x=\pi$ 处的导数．

2．设函数 $f(x)$ 在区间 $[a,b]$ 上连续，那么积分下限函数 $\int_x^b f(t)\mathrm{d}t$ 的导数等于什么？并求函数 $\int_x^{-1}\sqrt[3]{t}\ln(t^2+1)\mathrm{d}t$ 的导数．

3．利用定积分基本公式计算下列定积分：

（1）$\int_1^3 x^3\mathrm{d}x$；（2）$\int_{\frac{\sqrt{3}}{3}}^1\dfrac{2}{1+x^2}\mathrm{d}x$；

（3）$\int_4^9\sqrt{x}(1+\sqrt{x})\mathrm{d}x$；（4）$\int_{-\frac{1}{2}}^{\frac{1}{2}}\dfrac{1}{\sqrt{1-x^2}}\mathrm{d}x$；

（5）$\int_{\frac{\pi}{6}}^{\frac{\pi}{4}}\dfrac{1}{\sin^2 x}\mathrm{d}x$；（6）$\int_0^2|1-x|\mathrm{d}x$；

（7）$\int_{-2}^2 x\sqrt{x^3}\,\mathrm{d}x$；（8）$\int_0^\pi\sqrt{\cos^2 x}\,\mathrm{d}x$．

4．某曲线在任一点处的切线斜率等于该点横坐标的倒数，且通过点$(e^2,3)$，求此曲线的方程．

5．计算下列极限：

（1）$\lim\limits_{x\to 0}\dfrac{\int_0^x \cos^2 t\,dt}{x}$；（2）$\lim\limits_{x\to 0}\dfrac{\int_0^x \sqrt{1+t^2}\,dt}{x}$；

（3）$\lim\limits_{x\to 0}\dfrac{\int_x^0 t^2\,dt}{\int_0^x t(t+\sin t)\,dt}$．

6．求下列不定积分：

（1）$\int(1-3x)^3\,dx$；（2）$\int\cos(3x-2)\,dx$；

（3）$\int\dfrac{x}{\sqrt{3-x^2}}\,dx$；（4）$\int\dfrac{3x^2}{1+x^3}\,dx$；

（5）$\int xe^{-x^2}\,dx$；（6）$\int 5^{2x+3}\,dx$；

（7）$\int\dfrac{x}{\sqrt{x-1}}\,dx$；（8）$\int\dfrac{e^{\arcsin x}}{\sqrt{1-x^2}}\,dx$；

（9）$\int\dfrac{\sec^2 x}{1+\tan x}\,dx$；（10）$\int\dfrac{1}{x\sqrt{1+\ln x}}\,dx$；

（11）$\int\dfrac{x^2-x-2}{1+x^2}\,dx$；（12）$\int\dfrac{\sin 2x}{1+\cos x}\,dx$；

（13）$\int\dfrac{e^{\sqrt{x}}}{5\sqrt{x}}\,dx$；（14）$\int\dfrac{1}{x^2}\tan\dfrac{1}{x}\,dx$．

7．求下列不定积分：

（1）$\int\dfrac{1}{1+\sqrt{3x}}\,dx$；（2）$\int\dfrac{x^2}{\sqrt{2-x}}\,dx$；

（3）$\int\dfrac{x}{\sqrt{x^2+4x+5}}\,dx$；（4）$\int\dfrac{dx}{\sqrt{1+e^x}}$；

（5）$\int\dfrac{\sqrt{x^2+1}}{x}\,dx$；（6）$\int\dfrac{\sqrt{x^2-a^2}}{x^2}\,dx \quad (a>0)$．

8．用下列4种变换计算$\int\dfrac{1}{x\sqrt{x^2-1}}\,dx$．

（1）令$x=\sec t$；（2）令$x=\dfrac{1}{t}$；

（3）令$\sqrt{x^2-1}=t$；（4）令$x=\csc t$．

9．求下列不定积分：

（1）$\int xe^x\,dx$；（2）$\int x\sin 2x\,dx$；

（3）$\int x^2\ln x\mathrm{d}x$；（4）$\int\arctan x\mathrm{d}x$；

（5）$\int x^2a^x\mathrm{d}x$；（6）$\int \mathrm{e}^{3\sqrt{x}}\mathrm{d}x$.

10．求下列有理函数与三角函数有理式的积分：

（1）$\int\frac{x^2}{x+2}\mathrm{d}x$；（2）$\int\frac{x+1}{x^2-3x+2}\mathrm{d}x$；

（3）$\int\frac{\mathrm{d}x}{1+x^3}$；（4）$\int\frac{x^2+1}{(2x+1)(x-1)^2}\mathrm{d}x$；

（5）$\int\frac{\mathrm{d}x}{2+\cos x}$；（6）$\int\frac{\sin x}{1+\sin x}\mathrm{d}x$.

11．计算下列定积分：

（1）$\int_0^1\frac{\sqrt{x}}{2-\sqrt{x}}\mathrm{d}x$；（2）$\int_0^3\frac{x}{1+\sqrt{1+x}}\mathrm{d}x$；

（3）$\int_0^1\sqrt{4-x^2}\mathrm{d}x$；（4）$\int_0^1\frac{1}{1+\mathrm{e}^x}\mathrm{d}x$；

（5）$\int_0^1\frac{1}{\mathrm{e}^x+\mathrm{e}^{-x}}\mathrm{d}x$；（6）$\int_0^1\frac{\mathrm{d}x}{x^2+2x+2}$；

（7）$\int_{-2}^{-1}\frac{\mathrm{d}x}{(11+5x)^3}$；（8）$\int_0^{\frac{\pi}{2}}\cos^5 x\sin 2x\mathrm{d}x$；

（9）$\int_1^{\mathrm{e}^3}\frac{\mathrm{d}x}{x\sqrt{1+\ln x}}$；（10）$\int_0^1\mathrm{e}^{x+\mathrm{e}^x}\mathrm{d}x$.

12．利用函数的奇偶性计算下列积分：

（1）$\int_{-\pi}^{\pi}x^4\sin^3 x\mathrm{d}x$；（2）$\int_{-3}^{3}\frac{x^2\arctan x}{1+x^2}\mathrm{d}x$；

（3）$\int_{-5}^{5}\frac{x^3\sin^2 x}{1+x^2+x^4}\mathrm{d}x$；（4）$\int_{-\frac{\pi}{2}}^{\frac{\pi}{2}}\frac{\mathrm{d}x}{1+\cos x}$.

13．设 $f(x)$ 为连续函数，证明：

（1）$\int_{-a}^{a}f(x^2)\mathrm{d}x=2\int_0^a f(x^2)\mathrm{d}x$；（2）$\int_0^a f(x)\mathrm{d}x=\int_0^a f(a-x)\mathrm{d}x$；

（3）$\int_{-b}^{b}f(x)\mathrm{d}x=\int_{-b}^{b}f(-x)\mathrm{d}x$；（4）$\int_0^{\frac{\pi}{2}}f(\sin x)\mathrm{d}x=\int_0^{\frac{\pi}{2}}f(\cos x)\mathrm{d}x$.

14．计算下列定积分：

（1）$\int_0^1 x\mathrm{e}^{-2x}\mathrm{d}x$；（2）$\int_1^{\mathrm{e}}t\ln t\mathrm{d}t$；

（3）$\int_0^{\frac{\pi}{2}}\mathrm{e}^{2x}\cos x\mathrm{d}x$；（4）$\int_0^1 x\arctan x\mathrm{d}x$；

（5）$\int_{-\frac{\pi}{2}}^{\frac{\pi}{2}}x^2\cos x\mathrm{d}x$；（6）$\int_1^{\mathrm{e}}\ln^2 x\mathrm{d}x$.

4.3 广义积分

前面所讨论的定积分，其积分区间都是有限区间且被积函数在该区间上有界. 然而，在实际问题中，常常会遇到积分区间为无穷区间或者被积函数为无界函数的积分. 这样的积分称为广义积分.

4.3.1 无穷区间上的广义积分

定义 1 设 $f(x)$ 在 $[a,+\infty)$ 上连续，取 $b>a$，极限 $\lim\limits_{b\to+\infty}\int_a^b f(x)\mathrm{d}x$ 称为 $f(x)$ 在无穷区间 $[a,+\infty)$ 上的广义积分，记作 $\int_a^{+\infty} f(x)\mathrm{d}x$，即

$$\int_a^{+\infty} f(x)\mathrm{d}x=\lim_{b\to+\infty}\int_a^b f(x)\mathrm{d}x.$$

若上式等号右端的极限存在，则称此无穷区间上的广义积分 $\int_a^{+\infty} f(x)\mathrm{d}x$ 收敛，否则称之为发散.

类似地，定义 $f(x)$ 在无穷区间 $(-\infty,b]$ 上的广义积分为

$$\int_{-\infty}^b f(x)\mathrm{d}x=\lim_{a\to-\infty}\int_a^b f(x)\mathrm{d}x.$$

若上式等号右端的极限存在，则称之为收敛，否则称之为发散.

函数在无穷区间 $(-\infty,+\infty)$ 上的广义积分定义为

$$\int_{-\infty}^{+\infty} f(x)\mathrm{d}x=\int_{-\infty}^{c} f(x)\mathrm{d}x+\int_{c}^{+\infty} f(x)\mathrm{d}x.$$

其中，c 为任意实数，当上式右端两个积分都收敛时，则称之为收敛，否则称之为发散.

无穷区间上的广义积分也称为无穷积分.

例 1 计算无穷积分 $\int_0^{+\infty}\mathrm{e}^{-x}\mathrm{d}x$.

解 $\int_0^{+\infty}\mathrm{e}^{-x}\mathrm{d}x=\lim\limits_{b\to+\infty}\int_0^b\mathrm{e}^{-x}\mathrm{d}x=\lim\limits_{b\to+\infty}(-\mathrm{e}^{-x})\Big|_0^b=\lim\limits_{b\to+\infty}\left(-\dfrac{1}{\mathrm{e}^b}+1\right)=1.$

在计算过程中也可以不写极限符号，用记号 $F(x)\Big|_a^{+\infty}$ 表示 $\lim\limits_{x\to+\infty}[F(x)-F(a)]$，这样例 1 可写为

$$\int_0^{+\infty}\mathrm{e}^{-x}\mathrm{d}x=(-\mathrm{e}^{-x})\Big|_0^{+\infty}=0+1=1.$$

例 2 计算无穷积分 $\int_0^{+\infty}\dfrac{1}{1+x^2}\mathrm{d}x$.

解 $\int_0^{+\infty}\dfrac{1}{1+x^2}\mathrm{d}x=\arctan x\Big|_0^{+\infty}=\dfrac{\pi}{2}-0=\dfrac{\pi}{2}.$

例 3 计算无穷积分 $\int_{-\infty}^{+\infty}\frac{1}{1+x^2}\mathrm{d}x$.

解 $\int_{-\infty}^{+\infty}\frac{1}{1+x^2}\mathrm{d}x=\int_{-\infty}^{0}\frac{1}{1+x^2}\mathrm{d}x+\int_{0}^{+\infty}\frac{1}{1+x^2}\mathrm{d}x$

$$=\arctan x\Big|_{-\infty}^{0}+\arctan x\Big|_{0}^{+\infty}=\left[0-\left(-\frac{\pi}{2}\right)\right]+\left(\frac{\pi}{2}-0\right)=\pi.$$

例 4 讨论无穷积分 $\int_{1}^{+\infty}\frac{1}{x^p}\mathrm{d}x$ 的收敛性.

解 当 $p=1$ 时，$\int_{1}^{+\infty}\frac{1}{x}\mathrm{d}x=\ln|x|\Big|_{1}^{+\infty}=+\infty$；

当 $p\neq 1$ 时，$\int_{1}^{+\infty}\frac{1}{x^p}\mathrm{d}x=\frac{x^{1-p}}{1-p}\Bigg|_{1}^{+\infty}=\begin{cases}+\infty, & p<1,\\ \dfrac{1}{p-1}, & p>1.\end{cases}$

4.3.2 无界函数的广义积分

定义 2 设函数 $f(x)$ 在区间 $(a,b]$ 上连续，在端点 a 处间断，且 $\lim\limits_{x\to a^+}f(x)=\infty$，极限 $\lim\limits_{\varepsilon\to 0^+}\int_{a+\varepsilon}^{b}f(x)\mathrm{d}x$ 称为无界函数 $f(x)$ 在 $(a,b]$ 上的广义积分，记为 $\int_a^b f(x)\mathrm{d}x$，即

$$\int_a^b f(x)\mathrm{d}x=\lim_{\varepsilon\to 0^+}\int_{a+\varepsilon}^{b}f(x)\mathrm{d}x.$$

若上式右端极限存在，则称此无界函数的广义积分收敛；否则，称之为发散.

类似地，定义 $x=b$ 为函数 $f(x)$ 的无穷间断点时的无界函数的广义积分为

$$\int_a^b f(x)\mathrm{d}x=\lim_{\varepsilon\to 0^+}\int_{a}^{b-\varepsilon}f(x)\mathrm{d}x.$$

若上式右端极限存在，则称广义积分收敛；否则，称之为发散.

对于 $f(x)$ 在 $[a,b]$ 上除 c（$a<c<b$）点外处处连续，而 $\lim\limits_{x\to c}f(x)=\infty$ 的情形，则定义为

$$\int_a^b f(x)\mathrm{d}x=\int_a^c f(x)\mathrm{d}x+\int_c^b f(x)\mathrm{d}x$$
$$=\lim_{\varepsilon_1\to 0^+}\int_{a}^{c-\varepsilon_1}f(x)\mathrm{d}x+\lim_{\varepsilon_2\to 0^+}\int_{c+\varepsilon_2}^{b}f(x)\mathrm{d}x.$$

此外，如果 $x=a$，$x=b$ 均为 $f(x)$ 的无穷间断点，则 $f(x)$ 在 $[a,b]$ 上的无界函数的广义积分定义为

$$\int_a^b f(x)\mathrm{d}x=\int_a^c f(x)\mathrm{d}x+\int_c^b f(x)\mathrm{d}x$$
$$=\lim_{\varepsilon_1\to 0^+}\int_{a+\varepsilon_1}^{c}f(x)\mathrm{d}x+\lim_{\varepsilon_2\to 0^+}\int_{c}^{b-\varepsilon_2}f(x)\mathrm{d}x.$$

上式中 c 为 a 与 b 之间的任意实数，当右端的两个极限都存在时，则称为收敛；否则称之为发散.

上面所述的无界函数的广义积分也称为瑕积分，无界函数的无穷间断点也称为瑕点.

瑕积分与一般定积分（亦称常义积分）的形式虽然一样，但其含义不同．因此，在计算定积分时，首先要考察是常义积分还是瑕积分，若是瑕积分，则要按瑕积分的计算方法处理.

例 5 计算瑕积分 $\int_0^1 \frac{2}{\sqrt{x}}\mathrm{d}x$.

解 $x=0$ 是瑕点，于是

$$\int_0^1 \frac{2}{\sqrt{x}}\mathrm{d}x = \lim_{\varepsilon\to 0^+}\int_{0+\varepsilon}^1 \frac{2}{\sqrt{x}}\mathrm{d}x = 2\lim_{\varepsilon\to 0^+} 2\sqrt{x}\Big|_{\varepsilon}^1$$
$$= 4\lim_{\varepsilon\to 0^+}(1-\sqrt{\varepsilon}) = 4.$$

例 6 讨论瑕积分 $\int_{-1}^1 \frac{1}{x^2}\mathrm{d}x$ 的收敛性.

解 $x=0$ 是瑕点，于是

$$\int_{-1}^1 \frac{1}{x^2}\mathrm{d}x = \int_{-1}^0 \frac{1}{x^2}\mathrm{d}x + \int_0^1 \frac{1}{x^2}\mathrm{d}x$$
$$= \lim_{\varepsilon_1\to 0^+}\int_{-1}^{0-\varepsilon_1} \frac{1}{x^2}\mathrm{d}x + \lim_{\varepsilon_2\to 0^+}\int_{0+\varepsilon_2}^1 \frac{1}{x^2}\mathrm{d}x$$
$$= \lim_{\varepsilon_1\to 0^+}\left(-\frac{1}{x}\right)\Bigg|_{-1}^{-\varepsilon_1} + \lim_{\varepsilon_2\to 0^+}\left(-\frac{1}{x}\right)\Bigg|_{\varepsilon_2}^{1}$$
$$= \lim_{\varepsilon_1\to 0^+}\left(\frac{1}{\varepsilon_1}-1\right) + \lim_{\varepsilon_2\to 0^+}\left(-1+\frac{1}{\varepsilon_2}\right).$$

由于上面两个极限都不存在，所以 $\int_{-1}^1 \frac{1}{x^2}\mathrm{d}x$ 发散（只要任一极限不存在，即为发散）.

注意，本例如果疏忽了 $x=0$ 是瑕点，则会得到错误的结果：

$$\int_{-1}^1 \frac{1}{x^2}\mathrm{d}x = -\frac{1}{x}\Big|_{-1}^1 = -1-1=-2.$$

例 7 计算瑕积分 $\int_0^a \frac{\mathrm{d}x}{\sqrt{a^2-x^2}}$ （$a>0$）.

解 $x=a$ 是瑕点，于是

$$\int_0^a \frac{\mathrm{d}x}{\sqrt{a^2-x^2}} = \lim_{\varepsilon\to 0^+}\int_0^{a-\varepsilon} \frac{\mathrm{d}x}{\sqrt{a^2-x^2}} = \lim_{\varepsilon\to 0^+}\arcsin\frac{x}{a}\Big|_0^{a-\varepsilon}$$

$$=\lim_{\varepsilon\to 0^+}\left(\arcsin\ \frac{a-\varepsilon}{a}-0\right)=\arcsin\ 1=\frac{\pi}{2}.$$

例 8 证明瑕积分 $\int_0^1\frac{1}{x^q}\mathrm{d}x$ 当 $q<1$ 时收敛，当 $q\geqslant 1$ 时发散.

证 当 $q=1$ 时，$\int_0^1\frac{1}{x}\mathrm{d}x=\lim\limits_{\varepsilon\to 0^+}\int_{0+\varepsilon}^1\frac{1}{x}\mathrm{d}x=\lim\limits_{\varepsilon\to 0^+}\ln|x|\Big|_{\varepsilon}^{1}$

$$=\lim_{\varepsilon\to 0^+}(0-\ln\varepsilon)=+\infty.$$

当 $q\neq 1$ 时，

$$\int_0^1\frac{1}{x^q}\mathrm{d}x=\lim_{\varepsilon\to 0^+}\int_{0+\varepsilon}^1\frac{1}{x^q}\mathrm{d}x=\lim_{\varepsilon\to 0^+}\frac{x^{1-q}}{1-q}\Bigg|_{\varepsilon}^{1}$$

$$=\lim_{\varepsilon\to 0^+}\left(\frac{1}{1-q}-\frac{\varepsilon^{1-q}}{1-q}\right)=\begin{cases}\dfrac{1}{1-q} & (q<1),\\ +\infty & (q>1).\end{cases}$$

所以，当 $q<1$ 时，瑕积分收敛，其值为 $\frac{1}{1-q}$，$q\geqslant 1$ 时，瑕积分发散.

习题 4.3

1．讨论下列无穷积分的收敛性，若收敛，求其值.

（1）$\int_1^{+\infty}\frac{1}{x^4}\mathrm{d}x$；（2）$\int_0^{+\infty}\mathrm{e}^{-\lambda t}\mathrm{d}t$（$\lambda>0$）；

（3）$\int_{-\infty}^{+\infty}\frac{2x}{x^2+1}\mathrm{d}x$；（4）$\int_{\mathrm{e}}^{+\infty}\frac{\mathrm{d}x}{x(\ln x)^2}$.

2．讨论下列无界函数的积分的收敛性，若收敛，求其值.

（1）$\int_{-1}^{8}\frac{\mathrm{d}x}{\sqrt[3]{x^2}}$；（2）$\int_{-1}^{1}\frac{\mathrm{d}x}{x^4}$；

（3）$\int_0^1\frac{x}{\sqrt{1-x^2}}\mathrm{d}x$；（4）$\int_{-1}^{1}\frac{x}{\sqrt{1-x^2}}\mathrm{d}x$.

4.4 用 Mathematica 求积分

4.4.1 用 Mathematica 计算不定积分

计算 $f(x)$ 的不定积分，只需执行命令 Integrate[f, x]，或直接从模板上选取相应模块.

例 1 求不定积分 $\int\frac{\mathrm{d}x}{x\sqrt{4x^2+9}}$.

输入命令：

```
Integrate[1/(x*Sqrt[4x^2+9,x]
Simplify[%]
```

执行即可.

或直接从模板上选取相应模块，则可以标准形式输入：$\int\frac{\mathrm{d}x}{x\sqrt{4x^2+9}}$，执行即可.

注意，Mathematica 求不定积分的结果中未列出常数 C.

例 2　求不定积分 $\int\sin^4 x\,\mathrm{d}x$.

输入命令：

```
b = Sin[x]^4
Integrate[b, x]
Simplify[%]
```

4.4.2 用 Mathematica 演示变上限函数

1. 数值演示

变上限积分 $F(x)=\int_a^x f(t)\,\mathrm{d}t$ 对上限 x 的导数就是被积函数，即当 $\Delta x\to 0$ 时，函数 $f(x)$ 在区间 $[x,x+\Delta x]$ 的平均值 $\frac{\Delta F(x)}{\Delta x}=\frac{1}{\Delta x}\int_x^{x+\Delta x}f(t)\,\mathrm{d}t$ 趋向于 $f(x)$. 我们可以从数值上或图形上来观察这种变化趋势.

以 $f(x)=x^2$ 为例，在区间 $[2,a]$ 上，$f(x)$ 的平均值为 $g(a)=\frac{1}{a-2}\int_2^a f(t)\,\mathrm{d}t$，用 Mathematica 生成数值表，可以从数值上观察在 a 趋于 2 时 $g(a)$ 的变化趋向，即趋于 $f(2)=4$.

```
g[a_]=1/(a-2)Integrate[x^2,{x,2,a}]
Table[g[a] Table[g[a],{a,2,30,2,001,-0.001}]
```

2. 图形演示

画出函数的图形，从图形上观察 a 趋于 2 时函数 $g(a)$ 的变化趋势，即趋向于 $f(2)$.

输入命令 Plot[g[x]],{x,-1,3}]，执行即可.

3. 用 Mathematica 验证牛顿-莱布尼兹公式

例 3　$\int_0^{\frac{\pi}{2}}\cos^5 x\,\mathrm{d}x$.

求原函数 $F(x)$：c = cos[x]^5；

求上下限处原函数值之差 $S\left(\frac{\pi}{2}\right)-S(0)$；

求定积分 $\mathrm{NIntegrate[c,\{x,0,Pi/2\}]}$；

执行后，对比结果.

本章小结

1. 定积分的概念

函数 $f(x)$ 在区间 $[a,b]$ 上的定积分是通过极限来定义的，$\int_a^b f(x)\,\mathrm{d}x = \lim\limits_{\lambda\to 0}\sum\limits_{i=1}^{n} f\left(\xi_i\right)\Delta x_i$.

2. 定积分的性质

定积分的性质（见性质 1～7）在积分中很重要，此外，以下结论在定积分的计算中也有重要应用：

（1）定积分的值仅依赖于被积函数和积分区间，与积分变量的选取无关；

（2）交换定积分的上、下限，定积分变号.

特别地，当 $a=b$ 时，有 $\int_a^a f(x)\,\mathrm{d}x=0$.

（3）对于定义在对称区间 $[-a,a]$ 上的连续的奇（偶）函数 $f(x)$，有

$$\int_{-a}^{a} f(x)\,\mathrm{d}x=\begin{cases}0 & \text{，当 } f(x) \text{ 为奇函数时，}\\ 2\int_0^a f(x)\,\mathrm{d}x & \text{，当 } f(x) \text{ 为偶函数时.}\end{cases}$$

3. 变上限的定积分

若函数 $f(x)$ 在区间 $[a,b]$ 上连续，则函数

$$I(x)=\int_a^x f(t)\,\mathrm{d}t \qquad x\in[a,b]$$

是以 x 为积分上限的定积分，其导数等于被积函数在上限 x 处的值，即

$$I'(x)=\frac{\mathrm{d}}{\mathrm{d}x}\int_a^x f(t)\,\mathrm{d}t=f(x).$$

一般地，如果 $g(x)$ 可导，则

$$\left(\int_a^{g(x)} f(t)\,\mathrm{d}t\right)'=f[g(x)]\cdot g'(x).$$

4. 牛顿-莱布尼兹公式

设函数 $f(x)$ 在 $[a,b]$ 上连续，如果 $F(x)$ 是 $f(x)$ 的一个原函数，则

$$\int_a^b f(x)\,\mathrm{d}x=F(x)\Big|_a^b=F(b)-F(a).$$

这里与不定积分 $\int f(x)\,\mathrm{d}x=F(x)+C$ 相比，求原函数 $F(x)$ 的方法基本相同，只要求出 $f(x)$ 的一个原函数，就可以求得 $f(x)$ 在区间 $[a,b]$ 上的定积分.

5. 定积分的计算

（1）定积分的换元积分法：用换元积分法计算定积分时，注意换元必换限，下限对下限，上限对上限；

（2）定积分的分部积分法： $\int_a^b u\,\mathrm{d}v=uv\big|_a^b-\int_a^b v\,\mathrm{d}u$.

6. 广义积分

无穷区间上的广义积分和无界函数的广义积分，原则上把它化为一个定积分，再通过求极限的方法确定该广义积分是否收敛，在广义积分收敛时，就求出了该广义积分的值.

复习题 4

1. 用适当的方法求下列定积分：

（1） $\int_0^{\pi}\mathrm{e}^x\cdot\sin\,2x\,\mathrm{d}x$ ；　　（2） $\int_0^{\pi}\sin^4\frac{x}{2}\,\mathrm{d}x$ ；

（3） $\int_1^4\frac{\mathrm{d}x}{\sqrt{x}(1+x)}$ ；　　（4） $\int_0^1 x(1+2x^2)^3\,\mathrm{d}x$.

2. 当 k 为何值时，积分 $\int_2^{+\infty}\frac{\mathrm{d}x}{x(\ln x)^k}$ 收敛？k 为何值时积分发散？

3. 设函数 $f(x)$ 以 T 为周期，试证明

$$\int_a^{a+T}f(x)\,\mathrm{d}x=\int_0^T f(x)\,\mathrm{d}x\text{（}a\text{ 为常数）}.$$

4. 用适当的方法求下列不定积分：

（1） $\int\frac{\ln x}{x^3}\,\mathrm{d}x$ ；　　（2） $\int\frac{\mathrm{d}x}{x\sqrt{1+\ln^2 x}}$ ；

（3） $\int x^3\sqrt[5]{1-3x^4}\,\mathrm{d}x$ ；　　（4） $\int\frac{\mathrm{e}^{\arctan x}}{1+x^2}\,\mathrm{d}x$ ；

（5） $\int\ln(1+x^2)\,\mathrm{d}x$ ；　　（6） $\int\frac{\cos^2 x}{\sin x}\,\mathrm{d}x$ ；

（7） $\int\mathrm{e}^x\sin\,2x\,\mathrm{d}x$ ；　　（8） $\int\sin\sqrt{x}\,\mathrm{d}x$

5. 设 $f(x)$ 有连续的导数，求 $\int[f(x)+xf'(x)]\,\mathrm{d}x$.

6. 利用积分表求下列积分：

（1） $\int\sqrt{16-3x^2}\,\mathrm{d}x$ ；　　（2） $\int\mathrm{e}^{-2x}\sin\,3x\,\mathrm{d}x$ ；

（3） $\int\frac{\mathrm{d}x}{2+5\cos x}$ ；　　（4） $\int\ln^3 x\,\mathrm{d}x$.

7．一物体由静止开始作直线运动，在 t s 末的速度是 $3t^2$（m/s），问：

（1）3s 后物体离开出发点的距离是多少？

（2）需要多少时间走完 300m？

8．一质点沿 x 轴作变速直线运动，加速度是 $a(t)=13\sqrt{t}$（m/min²），初始位置 $s_0=100$（m），若初速度 $v_0=25$（m/min），试求该质点的运动方程．

9．一曲边梯形由 $y=x^2-1$、x 轴和直线 $x=-1$ 和 $x=\dfrac{1}{2}$ 所围成，求此曲边梯形的面积 A．

10．已知某物质在反应过程中的反应速度是 $v(t)=aK\mathrm{e}^{-kt}$，其中 a 是反应开始时原有物质的量，k 是常数，求从 $t=t_0$ 到 $t=t_1$ 这段时间内反应速度的平均值．

自测题 4

一、填空题

1．比较大小，$\int_0^1 x^2\,\mathrm{d}x$ ________ $\int_0^1 x^3\,\mathrm{d}x$．

2．$\int_{-a}^{a}(3\sin x-\sin^3 x)\,\mathrm{d}x=$ ________．

3．$\dfrac{\mathrm{d}}{\mathrm{d}x}\int_0^{x^2}\sqrt{1+t}\,\mathrm{d}t=$ ________．

4．若 $\int f(x)\,\mathrm{d}x=F(x)+C$，则 $\int xf(x^2)\,\mathrm{d}x=$ ________．

5．若 $\int f(x)\,\mathrm{d}x=\mathrm{e}^{-x^2}+C$，则 $f(x)=$ ________．

6．$\int\dfrac{\mathrm{e}^{\sqrt{x}}}{\sqrt{x}}\,\mathrm{d}x=$ ________．

二、选择题

1．$\int_0^3|2-x|\,\mathrm{d}x=$（　　）．

A）$\dfrac{5}{2}$　　B）$\dfrac{1}{2}$　　C）$\dfrac{3}{2}$　　D）$\dfrac{2}{3}$

2．如果 $f'(x)$ 存在，则 $\left(\int \mathrm{d}f(x)\right)'=$（　　）．

A）$f(x)$　　B）$f'(x)$

C）$f(x)+C$　　D）$f'(x)+C$

3．下列广义积分收敛的是（　）．

A）$\int_1^{+\infty}\mathrm{e}^{-x}\,\mathrm{d}x$　　B）$\int_1^{+\infty}\dfrac{\mathrm{d}x}{x}$

C）$\int_1^{+\infty}\sin x\,\mathrm{d}x$　　D）$\int_{\mathrm{e}}^{+\infty}\frac{1}{x\ln x}\mathrm{d}x$

4．若 $f(x)$ 的一个原函数为 $\ln x$，则 $f'(x)=$（　）.

A）$x\ln x$　　B）$\ln x$　　C）$\frac{1}{x}$　　D）$-\frac{1}{x^2}$

5．如果 $f'(x)$ 存在，则 $\left(\int \mathrm{d}f(x)\right)'=$（　）.

A）$f(x)$　　B）$f'(x)$　　C）$f(x)+C$　　D）$f'(x)+C$

6．$\sqrt{x}$ 是（　）的一个原函数.

A）$\frac{1}{\sqrt{x}}$　　B）$2\sqrt{x}$　　C）$\frac{1}{2\sqrt{x}}$　　D）$\sqrt{x^3}$

三、计算题

1．$\int_0^1\frac{x^2}{x^2+1}\mathrm{d}x$；　　2．$\int_0^1\frac{1}{\sqrt{x}+2}\mathrm{d}x$；

3．$\int_0^1 x^2\sqrt{1-x^2}\,\mathrm{d}x$；　　4．$\int_0^2 x\mathrm{e}^{2x}\,\mathrm{d}x$；

5．$\int_0^1\arctan x\,\mathrm{d}x$；　　6．$\int_{-\infty}^0 x\mathrm{e}^{-x}\,\mathrm{d}x$；

7．$\int x\sqrt{2-3x^2}\,\mathrm{d}x$；　　8．$\int\frac{2-\ln x}{x}\mathrm{d}x$；

9．$\int x^2\mathrm{e}^{-2x}\,\mathrm{d}x$；　　10．$\int x\cos 2x\,\mathrm{d}x$；

11．$\int x\sec^2 x\,\mathrm{d}x$；　　12．$\int \ln^2 x\,\mathrm{d}x$．

第 5 章　定积分在几何上的应用

本章学习目标

- 理解建立在定积分概念基础上的微元分析法（微元法）
- 掌握利用定积分求平面图形面积、旋转体体积的方法

5.1　定积分的微元法

微元法是运用定积分解决实际问题的常用方法，我们回顾一下求曲边梯形面积的 4 个步骤，其中关键是第二步，即确定 $\Delta A_i \approx f(\xi_i)\cdot\Delta x_i$，其形式 $f(\xi_i)\cdot\Delta x_i$ 与积分式中的被积式 $f(x)\mathrm{d}x$ 具有相同的形式．如果把 ξ_i 用 x 替代，Δx_i 用 $\mathrm{d}x$ 替代，这样我们把求曲边梯形面积的 4 个步骤简化成为两步：

（1）选取积分变量，例如选取 x，并确定其范围，例如 $x\in[a,b]$，在其上任取一个子区间 $[x,x+\mathrm{d}x]$；

（2）以点 x 处的函数值 $f(x)$ 为高，$\mathrm{d}x$ 为底的矩形面积作为 ΔA 的近似值（如图 5.1.1 中阴影部分所示），即

$$\Delta A \approx f(x)\mathrm{d}x .$$

上式右端的 $f(x)\mathrm{d}x$ 叫做面积微元，记为 $\mathrm{d}A = f(x)\mathrm{d}x$，于是面积 A 就是将这些微元在区间 $[a,b]$ 上的“无限累加”，即从 a 到 b 的定积分

$$A=\int_a^b \mathrm{d}A=\int_a^b f(x)\mathrm{d}x .$$

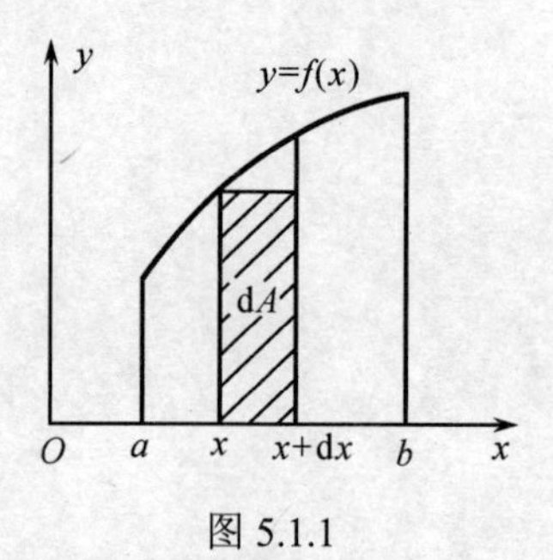

图 5.1.1

概括上述过程，对一般的定积分问题，所求量 A 的积分表达式可按以下步骤确定：

（1）根据问题的实际情况建立适当的坐标系，并选定一个变量（如 x）作为积分变量，确定它的变化区间 $[a,b]$；

（2）找出 A 在 $[a,b]$ 内任意小区间 $[x,x+\mathrm{d}x]$ 上部分量 ΔA 的近似值 $\mathrm{d}A=f(x)\mathrm{d}x$；

（3）将 $\mathrm{d}A$ 在 $[a,b]$ 上求定积分，即 A 的积分表达式为 $A=\int_a^b \mathrm{d}A=\int_a^b f(x)\mathrm{d}x$.

这个方法通常称为微元分析法，简称微元法．微元法在自然科学研究和生产实践中有着广泛的应用——凡是具有可加性连续分布的非均匀量的求和问题，一般可通过微元法得到解决．

5.2 用定积分求平面图形的面积

1．在直角坐标系中求平面图形的面积

我们利用微元法求平面图形的面积．

例 1 计算由两条抛物线 $y^2=x$ 和 $x^2=y$ 所围成图形的面积．

解 这两条抛物线所围成的图形如图 5.2.1 所示，利用微元法求其面积，经由以下 3 个步骤：

（1）确定积分变量 x，解方程组 $\begin{cases} y^2=x, \\ y=x^2, \end{cases}$ 得 $\begin{cases} x_1=0, \\ y_1=0 \end{cases}$ 和 $\begin{cases} x_2=1, \\ y_2=1, \end{cases}$ 两条抛物线的交点为 $(0,0)$ 和 $(1,1)$，于是积分区间为 $[0,1]$．

（2）在区间 $[0,1]$ 上任取一小区间 $[x,x+\mathrm{d}x]$，与之相应的窄条的面积近似地等于高为 $\sqrt{x}-x^2$、底为 $\mathrm{d}x$ 的矩形的面积（图 5.2.1 中阴影部分的面积），从而得面积微元

$$\mathrm{d}A=(\sqrt{x}-x^2)\mathrm{d}x .$$

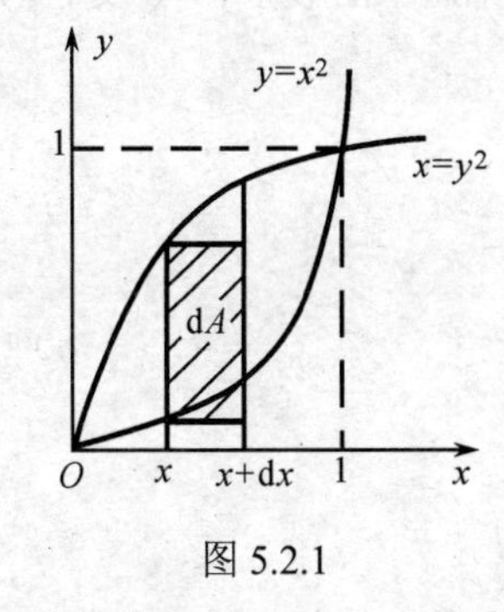

图 5.2.1

（3）所求面积为

$$A=\int_0^1 \mathrm{d}A=\int_0^1(\sqrt{x}-x^2)\mathrm{d}x=\left.\left(\frac{2}{3}x^{\frac{3}{2}}-\frac{1}{3}x^3\right)\right|_0^1=\frac{1}{3}.$$

一般地，由曲线 $y=f(x)$，$y=g(x)$（$f(x)\geqslant g(x)$）及直线 $x=a$ 和 $x=b$ 所围的图形（如图 5.2.2 所示）的面积为

$$A=\int_a^b[f(x)-g(x)]\mathrm{d}x ,$$

其中面积微元为

$$\mathrm{d}A=[f(x)-g(x)]\mathrm{d}x .$$

类似地，（如图 5.2.3 所示）由曲线 $x=\psi(y)$，$x=\varphi(y)$（$\varphi(y)\geqslant\psi(y)$）及直线 $y=c$ 和 $y=d$ 所围成的平面图形的面积为

$$A=\int_c^d[\varphi(y)-\psi(y)]\,\mathrm{d}y,$$

其中面积的微元

$$\mathrm{d}A=[\varphi(y)-\psi(y)]\,\mathrm{d}y.$$

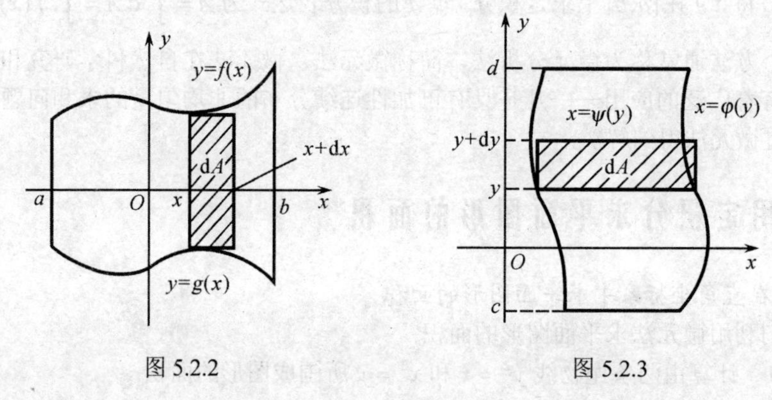

图 5.2.2　　　　　　　　　　图 5.2.3

例 2　求曲线 $y=x^2$，$y=(x-2)^2$ 与 x 轴围成的平面图形的面积.

解

（1）选定 y 为积分变量，解方程组 $\begin{cases}y=x^2,\\ y=(x-2)^2,\end{cases}$ 得两曲线的交点为 $(1,1)$，由此可知所求图形在 $y=0$ 及 $y=1$ 两条直线之间，即积分区间为 $[0,1]$，如图 5.2.4 所示.

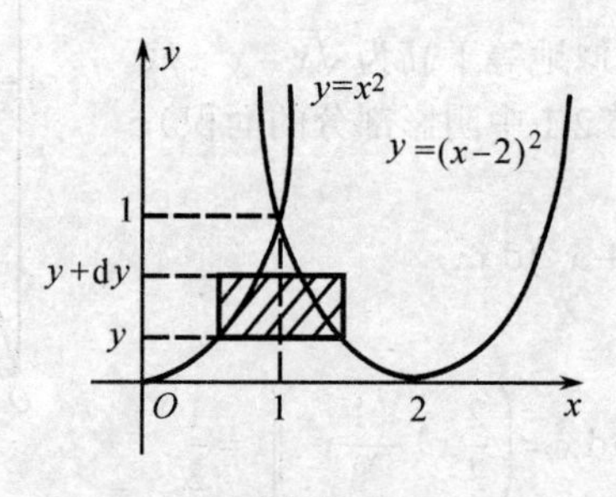

图 5.2.4

（2）在区间 $[0,1]$ 上任取小区间 $[y,y+\mathrm{d}y]$，对应的窄条面积近似于高为 $(2-\sqrt{y})-\sqrt{y}$，底为 $\mathrm{d}y$ 的矩形面积，从而面积微元为

$$\mathrm{d}A=\left[(2-\sqrt{y})-\sqrt{y}\right]\mathrm{d}y=2(1-\sqrt{y})\,\mathrm{d}y.$$

（3）所求图形的面积为

$$A=\int_0^1 2(1-\sqrt{y})\,\mathrm{d}y=\left.\left(2y-\frac{4}{3}y^{\frac{3}{2}}\right)\right|_0^1=\frac{2}{3}.$$

此例若选取 x 作为积分变量，容易得出积分区间为 $[0,2]$，但要注意，面积微元在 $[0,1]$ 和 $[1,2]$ 两部分区间上的表达式不同，如图 5.2.5 所示.

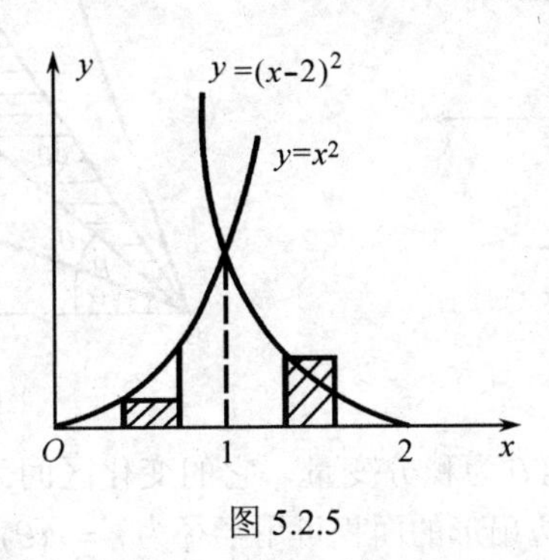

图 5.2.5

在 $[0,1]$ 上的微元为 $\mathrm{d}A_1 = x^2\,\mathrm{d}x$；

在 $[1,2]$ 上的微元为 $\mathrm{d}A_2 = (x-2)^2\,\mathrm{d}x$；

所求面积为

$$A = \int_0^1 \mathrm{d}A_1 + \int_1^2 \mathrm{d}A_2 = \int_0^1 x^2\,\mathrm{d}x + \int_1^2 (x-2)^2\,\mathrm{d}x = \frac{2}{3}.$$

这种解法比较烦琐，因此，选取适当的积分变量可使问题简化. 另外，还应注意利用图形的对称性，以简化分析、运算.

例 3 求 $y^2 = x$ 与半圆 $x^2 + y^2 = 2\ (x > 0)$ 所围图形的面积.

解 由图 5.2.6 所示选取 y 为积分变量，记第一象限内阴影部分的面积为 A_1，利用函数图形的对称性，可得

$$\begin{aligned} A = 2A_1 &= 2\int_0^1 \left(\sqrt{2-y^2} - y^2\right)\mathrm{d}y \\ &= 2\left(\frac{y}{2}\cdot\sqrt{2-y^2} + \arcsin\frac{y}{\sqrt{2}} - \frac{y^3}{3}\right)\Bigg|_0^1 \\ &= \frac{\pi}{2} + \frac{1}{3}. \end{aligned}$$

一般说来，求平面图形面积的步骤为：

（1）作草图，确定积分变量和积分限；

（2）求出面积微元；

（3）计算定积分.

2. 在极坐标系下平面图形的面积

有些平面图形，用极坐标计算它们的面积比较方便.

计算由曲线 $r = r(\theta)$ 及射线 $\theta = \alpha$ 和 $\theta = \beta$ 围成的图形的面积（如图 5.2.7 所示），此图形称为曲边扇形.

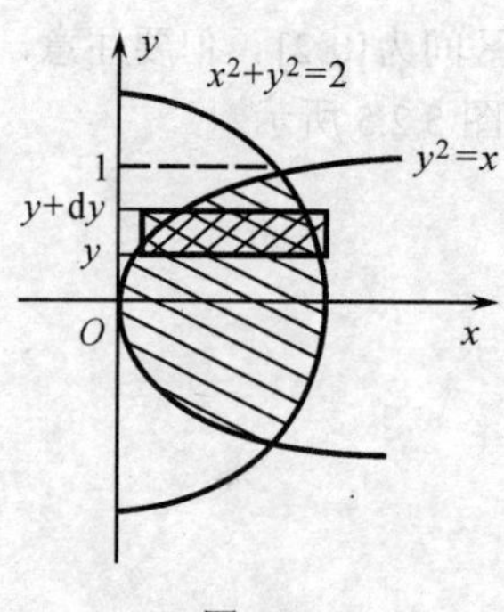

图 5.2.6

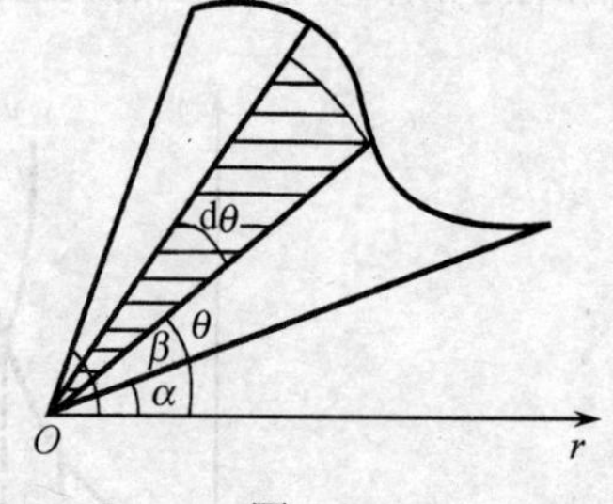

图 5.2.7

利用微元法，取极角 θ 为积分变量，它的变化区间为 $[a,\beta]$．在任意小区间 $[\theta,\theta+\mathrm{d}\theta]$ 上相应的小曲边扇形的面积可用半径为 $r=r(\theta)$、中心角为 $\mathrm{d}\theta$ 的圆扇形的面积近似代替，即曲边扇形的面积微元为

$$\mathrm{d}A=\frac{1}{2}\left[r(\theta)\right]^2\mathrm{d}\theta,$$

曲边扇形的面积为

$$A=\frac{1}{2}\int_a^\beta\left[r(\theta)\right]^2\mathrm{d}\theta\ (a<\beta).$$

例 4　计算阿基米德螺线 $\gamma=a\theta$（$a>0$）上对应于 θ 从 0 变到 2π 的一段曲线与极轴所围成图形的面积（如图 5.2.8 所示）.

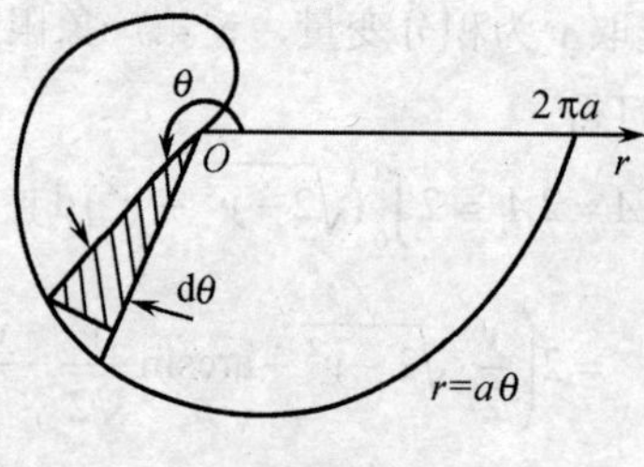

图 5.2.8

解　取 θ 为积分变量，面积微元为

$$\mathrm{d}A=\frac{1}{2}(a\theta)^2\mathrm{d}\theta,$$

于是

$$A=\int_0^{2\pi}\frac{1}{2}(a\theta)^2\mathrm{d}\theta=\frac{a^2}{2}\cdot\frac{\theta^3}{3}\bigg|_0^{2\pi}=\frac{4}{3}a^2\pi^3.$$

5.3 用定积分求体积

5.3.1 平行截面面积已知的立体体积

设一立体介于过点 $x=a$，$x=b$ 且垂直于 x 轴的两平面之间，如果立体过 $x\in[a,b]$ 且垂直于 x 轴的截面面积 $A(x)$ 为 x 的已知连续函数，则称此立体为平行截面面积已知的立体，如图 5.3.1 所示．下面利用微元法计算它的体积．

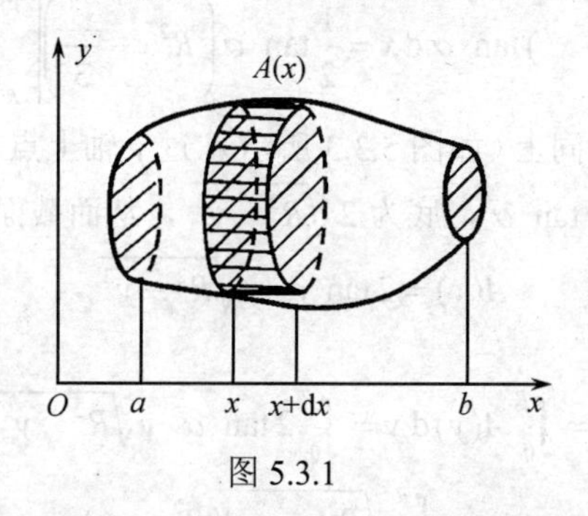

图 5.3.1

取 x 为积分变量，它的变化区间为 $[a,b]$，立体中相应于 $[a,b]$ 上任一小区间 $[x,x+\mathrm{d}x]$ 的薄片的体积近似等于底面积为 $A(x)$、高为 $\mathrm{d}x$ 的扁柱体的体积（如图 5.3.1 所示），即体积微元为

$$\mathrm{d}V=A(x)\,\mathrm{d}x\,,$$

于是所求立体的体积为

$$V=\int_a^b A(x)\,\mathrm{d}x\,.$$

例 1 一平面经过半径为 R 的圆柱体的底圆中心，并与底面交成角 α（如图 5.3.2 所示），计算这个平面截圆柱所得立体的体积．

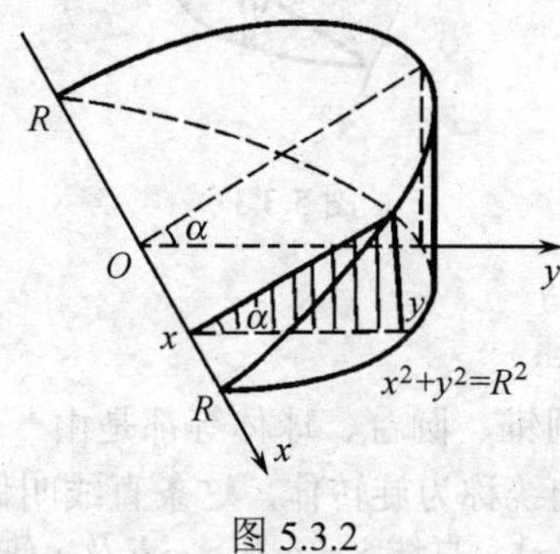

图 5.3.2

解

方法一：取平面与圆柱体底面的交线为 x 轴，底面上过圆中心且垂直于 x 轴的

直线为 y 轴，建立坐标系如图 5.3.2 所示.

此时，底圆的方程为 $x^2+y^2=R^2$，立体中过点 x 且垂直于 x 轴的截面是一个直角三角形．它的两条直角边的长度分别是 y 及 $y\tan\alpha$，$\sqrt{R^2-x^2}$ 及 $\sqrt{R^2-x^2}\tan\alpha$，于是截面面积为

$$A(x)=\frac{1}{2}(R^2-x^2)\tan\alpha\,,$$

故所求立体的体积为

$$V=\int_{-R}^{R}\frac{1}{2}(R^2-x^2)\tan\alpha\,\mathrm{d}x=\frac{1}{2}\tan\alpha\left(R^2x-\frac{x^3}{3}\right)\Bigg|_{-R}^{R}=\frac{2}{3}R^3\tan\alpha\,.$$

方法二：取坐标系同上（如图 5.3.3 所示），过 y 轴上点 y 作垂直于 y 轴的截面，则截得矩形，其高为 $y\tan\alpha$，底为 $2\sqrt{R^2-y^2}$，从而截面面积为

$$A(y)=2\tan\alpha\cdot y\sqrt{R^2-y^2}\,,$$

于是

$$V=\int_0^R A(y)\,\mathrm{d}y=\int_0^R 2\tan\alpha\cdot y\sqrt{R^2-y^2}\,\mathrm{d}y$$

$$=-\tan\alpha\int_0^R\sqrt{R^2-y^2}\,\mathrm{d}(R^2-y^2).$$

$$=-\tan\alpha\cdot\frac{2}{3}(R^2-y^2)^{\frac{3}{2}}\Bigg|_0^R=\frac{2}{3}R^3\tan\alpha\,.$$

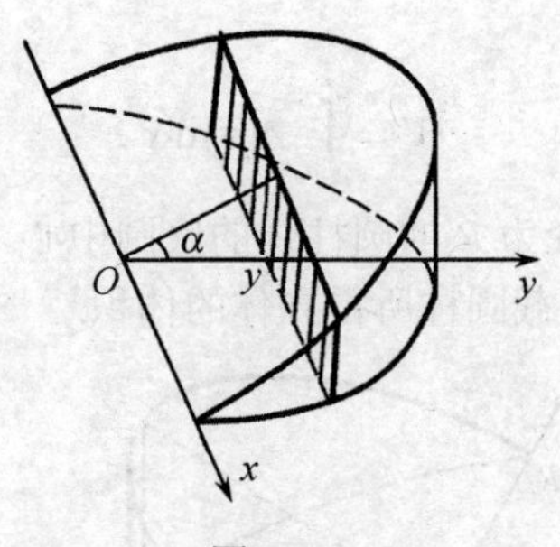

图 5.3.3

5.3.2 旋转体的体积

我们所熟悉的圆柱、圆锥、圆台、球体等都是由一个平面图形绕这平面内的一条直线旋转形成的，它们统称为旋转体，这条直线叫做旋转轴.

下面计算由曲线 $y=f(x)$、直线 $x=a$ 和 $x=b$ 及 x 轴所围成的曲边梯形绕 x 轴旋转一周而形成的立体体积（如图 5.3.4 所示）.

取 x 为积分变量，其变化区间为 $[a,b]$，由于过点 x 且垂直于 x 轴的平面截得

旋转体的截面是半径为$|f(x)|$的圆，其面积为

$$A(x)=\pi\left[f(x)\right]^2.$$

从而，所求的体积为

$$V=\int_a^b A(x)\,\mathrm{d}x=\pi\int_a^b\left[f(x)\right]^2\mathrm{d}x.$$

类似地，若旋转体是由连续曲线$x=\varphi(y)$、直线$y=c$和$y=d$及y轴所围成的图形绕y轴旋转一周而成（如图 5.3.5 所示），则旋转体的体积为

$$V=\pi\int_c^d\left[\varphi(y)\right]^2\mathrm{d}y.$$

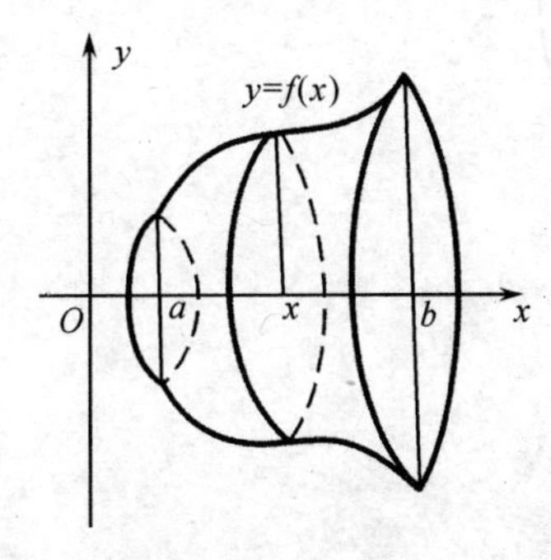

图 5.3.4

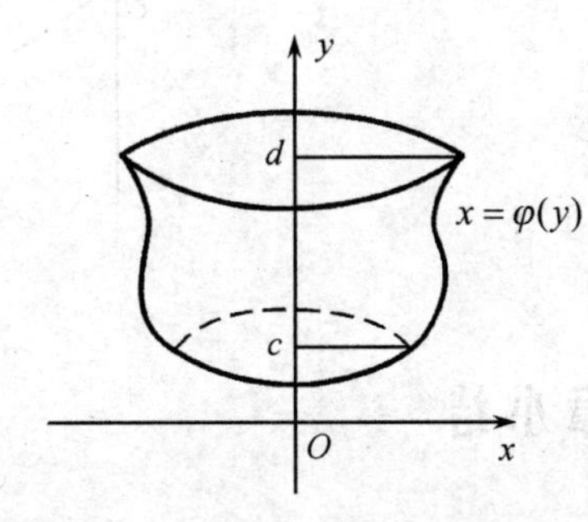

图 5.3.5

例 2　求由曲线$xy=a$（$a>0$）与直线$x=a$和$x=2a$及x轴所围成的图形绕x轴旋转一周所形成的旋转体的体积.

解　由前面的讨论可知，如图 5.3.6 所示，所求体积

$$V=\pi\int_a^{2a}y^2\,\mathrm{d}x=\pi\int_a^{2a}\left(\frac{a}{x}\right)^2\mathrm{d}x=\pi a^2\left(-\frac{1}{x}\right)\Bigg|_a^{2a}=\frac{1}{2}\pi a.$$

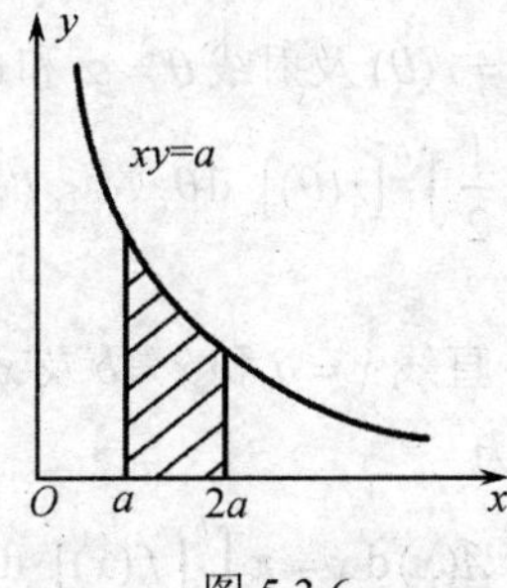

图 5.3.6

例 3　求底圆半径为r，高为h的圆锥体的体积.

解　以圆锥体的轴线为x轴，顶点为原点建立直角坐标系（如图 5.3.7 所示），

过原点及点 $P(h,r)$ 的直线方程为 $y=\dfrac{r}{h}x$．此圆锥可看成由直线 $y=\dfrac{r}{h}x$，$x=h$ 及 x 轴所围成的三角形绕 x 轴旋转而成，其体积为

$$V=\pi\int_0^h y^2\,\mathrm{d}x=\pi\int_0^h\left(\frac{r}{h}x\right)^2\mathrm{d}x=\frac{\pi r^2}{h^2}\cdot\frac{x^3}{3}\bigg|_0^h=\frac{1}{3}\pi r^2 h\,.$$

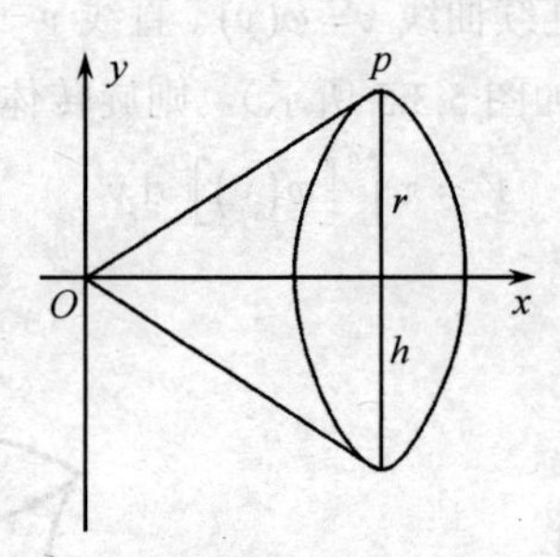

图 5.3.7

本章小结

1．定积分在几何上的应用

（1）平面图形的面积.

1）直角坐标系中，在区间 $[a,b]$ 上，

若 $f(x)\geqslant 0$，则面积 $A=\int_a^b f(x)\,\mathrm{d}x$；

若 $f(x)\geqslant g(x)$，则面积 $A=\int_a^b[f(x)-g(x)]\,\mathrm{d}x$；

若在区间 $[c,d]$ 上，$\varphi(y)\geqslant\psi(y)$，则面积 $A=\int_c^d[\varphi(y)-\psi(y)]\,\mathrm{d}y$.

2）极坐标系中，由曲线 $r=r(\theta)$ 及射线 $\theta=\alpha$ 和 $\theta=\beta$ 围成的图形的面积

$$A=\frac{1}{2}\int_\alpha^\beta\left[r(\theta)\right]^2\mathrm{d}\theta\ (\alpha<\beta).$$

（2）旋转体的体积.

1）由连续曲线 $y=f(x)$、直线 $x=a$ 和 $x=b$ 及 x 轴所围成的曲边梯形绕 x 轴旋转一周而形成的旋转体体积为

$$V=\int_a^b A(x)\,\mathrm{d}x=\pi\int_a^b\left[f(x)\right]^2\mathrm{d}x\,;$$

2）由连续曲线 $x=\varphi(y)$、直线 $y=c$ 和 $y=d$ 及 y 轴所围成的曲边梯形绕 y 轴旋转一周而形成的旋转体的体积为

$$V=\pi\int_c^d[\varphi(y)]^2\,\mathrm{d}y.$$

复习题 5

1．计算下列各曲线所围成图形的面积：

（1）$y=\frac{1}{2}x^2$，$x^2+y^2=8$（仅要 $y>0$ 部分）；

（2）$y^2=x, 2x^2+y^2=1$（$x>0$）；

（3）$y^2=2x$，$x-y=4$．

2．求抛物线 $y^2=2px$ 及其在点 $\left(\frac{p}{2},p\right)$（$p>0$）处的法线所围成图形的面积．

3．计算底面半径是 R 的圆，而垂直于底上一条固定直径的所有截面都是等边三角形的立体的体积．

4．求下列曲线所围图形绕指定轴旋转所得旋转体的体积：

（1）$y=x^2$ 与 $y^2=8x$ 相交部分的图形绕 x 轴、y 轴旋转；

（2）$x^2+(y-2)^2=1$ 分别绕 x 轴和 y 轴旋转．

5．证明半径为 R 的球的体积为 $V=\frac{4}{3}\pi R^3$．

自测题 5

一、填空题

1．$\int_{-a}^{a}(3\sin x-\sin^3 x)\,\mathrm{d}x=$______________．

2．$\frac{\mathrm{d}}{\mathrm{d}x}\int_0^{x^2}\sqrt{1+t}\,\mathrm{d}t=$______________．

二、选择题

1．由 x 轴、y 轴及 $y=(x+1)^2$ 所围成的平面图形的面积为定积分（　）．

A）$\int_0^1(x+1)^2\,\mathrm{d}x$　　B）$\int_1^0(x+1)^2\,\mathrm{d}x$

C）$\int_0^{-1}(x+1)^2\,\mathrm{d}x$　　D）$\int_{-1}^0(x+1)^2\,\mathrm{d}x$

2．由曲边梯形 D：$a\leqslant x\leqslant b$，$0\leqslant y\leqslant f(x)$ 绕 x 轴旋转一周所形成的旋转体的体积是（　）．

A）$\int_a^b f^2(x)\,\mathrm{d}x$　　B）$\int_b^a f^2(x)\,\mathrm{d}x$

C）$\int_a^b \pi f^2(x)\mathrm{d}x$　　D）$\int_b^a \pi f^2(x)\mathrm{d}x$

三、计算题

1．求抛物线 $y^2=2x$ 与圆 $x^2+y^2=8$ 围成的两部分的面积．

2．求抛物线 $y=x^2$ 与直线 $y=2x+3$ 围成的图形的面积．

3．求 $\rho=1+\cos\,\theta$ 所围成的图形的面积．

第6章　常微分方程

本章学习目标

- 理解微分方程、方程的阶、解、通解、初始条件、特解等基本概念
- 熟练掌握可分离变量的微分方程及一阶线性微分方程的解法
- 掌握二阶常系数齐次线性微分方程的解法

6.1　常微分方程的基本概念

例1　求过点(1,0)且切线斜率为$3x^2$的曲线方程.

解　设所求曲线方程是$y=y(x)$，则根据题意$y=y(x)$应满足下面的关系：

$$\begin{cases}\dfrac{\mathrm{d}y}{\mathrm{d}x}=3x^2, & (6.1.1)\\ y(1)=0, & (6.1.2)\end{cases}$$

对（6.1.1）式两边积分得

$$y=\int 3x^2\,\mathrm{d}x=x^3+C\text{，}\tag{6.1.3}$$

其中C为任意常数，将条件（6.1.2）代入（6.1.3）得$C=-1$.

把$C=-1$代入（6.1.3）式，得所求曲线方程为

$$y=x^3-1\,.\tag{6.1.4}$$

例2　一个质量为m的物体以初速度v_0垂直上抛，设此物体的运动只受重力的影响，求物体运动的路程s与时间t的函数关系.

解　以抛点为原点，铅直向上的方向为s轴，因为物体运动的加速度是路程函数$s=s(t)$关于时间的二阶导数，由牛顿第二定律

$$F=m\frac{\mathrm{d}^2s}{\mathrm{d}t^2}\text{，}$$

物体受重力作用，所以$F=-mg$，方向向下，于是，

$$m\frac{\mathrm{d}^2s}{\mathrm{d}t^2}=-mg\text{，即}\frac{\mathrm{d}^2s}{\mathrm{d}t^2}=-g\,.\tag{6.1.5}$$

此外，由题意，函数$s=s(t)$还应满足两个条件：

$$\begin{cases}s\big|_{t=t_0}=0, & (6.1.6)\\ \left.\dfrac{\mathrm{d}s}{\mathrm{d}t}\right|_{t=0}=v_0. & (6.1.7)\end{cases}$$

对（6.1.5）式两边积分得

$$\frac{\mathrm{d}s}{\mathrm{d}t}=-gt+C_1,\tag{6.1.8}$$

再积分一次得

$$s(t)=-\frac{1}{2}gt^2+C_1t+C_2.\tag{6.1.9}$$

其中 C_1,C_2 为任意常数，将（6.1.7）代入（6.1.8）式，得 $C_1=v_0$．将（6.1.6）代入（6.1.9）式，得 $C_2=0$．把 C_1,C_2 的值代入（6.1.9）式，得所求物体的运动方程为

$$s(t)=-\frac{1}{2}gt^2+v_0t.\tag{6.1.10}$$

上述两个例子中的方程（6.1.1）和（6.1.5）都含有未知函数的导数（或微分）.

定义 含有未知函数的导数（或微分）的方程称为微分方程．如果微分方程中未知函数只含有一个变量，这样的微分方程称为常微分方程，如果含有两个以上的变量，则称为偏微分方程.

本书只讨论常微分方程．以下所说微分方程均指常微分方程.

在微分方程中出现的未知函数的导数的最高阶数称为微分方程的阶，例如方程（6.1.1）和（6.1.5）分别是一阶和二阶的微分方程.

若将某个函数及其导数代入微分方程，能使微分方程成为恒等式，则称此函数为微分方程的解.

例如，例 1 中的（6.1.3）、（6.1.4）都是微分方程（6.1.1）的解，例 2 中的（6.1.9）、（6.1.10）都是微分方程（6.1.5）的解.

若微分方程的解中含有任意常数，且所含相互独立的任意常数的个数与微分方程的阶数相同，这种解称为微分方程的通解.

例如，例 1 中的（6.1.3）是微分方程（6.1.1）的通解，例 2 中的（6.1.9）是微分方程（6.1.5）的通解.

在微分方程的通解中给所有任意常数以确定的值后，所得到的解称为微分方程的特解.

例如，例 1 中的（6.1.4）是微分方程（6.1.1）的特解，例 2 中的（6.1.10）是微分方程（6.1.5）的特解.

为了得到合乎要求的特解，必须根据要求对微分方程附加一定的条件，这些条件称之为初始条件.

例如，例 1 中的（6.1.2）、例 2 中的（6.1.6）、（6.1.7）是微分方程的初始条件.

由微分方程寻找它的解的过程称为解微分方程.

例 3 验证（1）$y=\sin 2x$；（2）$y=\mathrm{e}^{2x}$；（3）$y=3\mathrm{e}^{2x}$ 中哪些是微分方程 $y'-2y=0$ 的解，哪些是满足初始条件 $y\big|_{x=0}=1$ 的特解.

解 （1）因为 $y'=2\cos 2x$，将 y，y' 代入 $y'-2y=0$，得

$$左边 = 2\cos 2x - 2\sin 2x \neq 0 = 右边,$$

所以 $y = \sin 2x$ 不是微分方程 $y' - 2y = 0$ 的解；

（2）因为 $y' = 2e^{2x}$，将 y，y' 代入 $y' - 2y = 0$，得

$$左边 = 2e^{2x} - 2e^{2x} = 0 = 右边,$$

所以 $y = e^{2x}$ 是微分方程 $y' - 2y = 0$ 的解，又因为 $y|_{x=0} = 1$，所以 $y = e^{2x}$ 是满足初始条件 $y|_{x=0} = 1$ 的特解；

（3）因为 $y' = 6e^{2x}$，将 y，y' 代入 $y' - 2y = 0$，得

$$左边 = 6e^{2x} - 6e^{2x} = 0 = 右边,$$

所以 $y = 3e^{2x}$ 是微分方程 $y' - 2y = 0$ 的解，又因为 $y|_{x=0} = 3$，所以 $y = 3e^{2x}$ 不是满足初始条件 $y|_{x=0} = 1$ 的特解.

习题 6.1

1．填空题

（1）含有未知函数的导数或微分的方程称为________方程.

（2）若微分方程中未知函数只含有一个变量，这样的微分方程称为________方程.

（3）微分方程中出现的未知函数的导数（或微分）的最高阶数，称为微分方程的________.

（4）$y'' + 2x(y'')^5 = 0$ 是________阶微分方程.

（5）把一个函数 $y = \varphi(x)$ 代入微分方程，能使方程式成为恒等式，那么称此函数为该微分方程的________.

（6）若微分方程的解中含有任意常数，且相互独立任意常数的个数与方程的阶数相等，这样的解称为微分方程的________解.

（7）不含任意常数的微分方程的解称为微分方程的________解.

（8）为了得到合乎要求的特解，必须根据要求对微分方程附加一定的条件，称之为________条件.

（9）求微分方程解的过程称为________.

2．求微分方程的解：

（1）$\dfrac{dy}{dx} = \sin x$，$y|_{x=0} = 1$.　　　（2）$\dfrac{d^2 y}{dx^2} = 6x$，$y(0) = 0$，$y'(0) = 2$.

6.2　一阶微分方程与可降阶的高阶微分方程

6.2.1　可分离变量的微分方程

形如

$$\frac{dy}{dx} = f(x)g(y) \tag{6.2.1}$$

的一阶微分方程称为可分离变量的微分方程．当$g(y)\neq 0$时，将（6.2.1）式分离变量得

$$\frac{\mathrm{d}y}{g(y)}=f(x)\mathrm{d}x,$$

两端积分
$$\int\frac{\mathrm{d}y}{g(y)}=\int f(x)\mathrm{d}x,$$

即可求得微分方程的通解．

如果$g(y)=0$，且$g(y)=0$的根为y_0，则$y=y_0$也是微分方程（6.2.1）式的解．

例 1　求微分方程$y'=2xy$的通解．

解　这是一个可分离变量的微分方程，分离变量后得

$$\frac{\mathrm{d}y}{y}=2x\mathrm{d}x\ \ (y\neq 0),$$

两端积分，得

$$\ln|y|=x^2+C_1,$$

即$|y|=\mathrm{e}^{x^2+C_1}$或$y=\pm\mathrm{e}^{C_1}\mathrm{e}^{x^2}$，因为$\pm\mathrm{e}^{C_1}$仍是任意常数，令其为$C$，于是得方程的通解为

$$y=C\mathrm{e}^{x^2}.$$

以后为了方便起见，我们可把$\ln|y|$写成$\ln y$，但要记住结果中的常数C可正可负．

显然，$y=0$也是方程的解，它包含在通解中，只要取$C=0$即可．

例 2　求微分方程$\dfrac{\mathrm{d}y}{\mathrm{d}x}=-\dfrac{x}{y}$的通解．

解　这是一个可分离变量的微分方程，分离变量后得

$$y\mathrm{d}y=-x\mathrm{d}x,$$

两端积分，得

$$\frac{y^2}{2}=-\frac{x^2}{2}+C_1,$$

即
$$x^2+y^2=C(C=2C_1).$$

这就是微分方程的通解．

例 3　求微分方程$\dfrac{\mathrm{d}y}{\mathrm{d}x}=\dfrac{1+y^2}{(1+x^2)xy}$的通解．

解　原方程变形为

$$\frac{\mathrm{d}y}{\mathrm{d}x}=\frac{1}{(1+x^2)x}\cdot\frac{1+y^2}{y},$$

这是一个可分离变量的微分方程，分离变量后得

$$\frac{y\,\mathrm{d}y}{1+y^2}=\frac{\mathrm{d}x}{x(1+x^2)},$$

两端积分，得

$$\frac{1}{2}\ln(1+y^2)=\ln x-\frac{1}{2}\ln(1+x^2)+\frac{1}{2}\ln C,$$

即 $$\ln[(1+y^2)(1+x^2)]=2\ln x+\ln C.$$

所以原方程的通解为

$$(1+y^2)(1+x^2)=Cx^2.$$

6.2.2 齐次型微分方程

形如

$$\frac{\mathrm{d}y}{\mathrm{d}x}=f\left(\frac{y}{x}\right) \tag{6.2.2}$$

的一阶微分方程称为齐次微分方程.

求解这类方程的方法是：利用适当的变换，化成可分离变量的微分方程.

设$u=\frac{y}{x}$，则$y=ux$，故有$\frac{\mathrm{d}y}{\mathrm{d}x}=u+x\frac{\mathrm{d}u}{\mathrm{d}x}$，代入（6.2.2）得

$$u+x\frac{\mathrm{d}u}{\mathrm{d}x}=f(u) \quad 或 \quad x\frac{\mathrm{d}u}{\mathrm{d}x}=f(u)-u,$$

分离变量，得 $$\frac{\mathrm{d}u}{f(u)-u}=\frac{1}{x}\mathrm{d}x,$$

两端积分便可求出通解，再以$u=\frac{y}{x}$代入，便可求出原方程的通解.

例 4 求微分方程$\frac{\mathrm{d}y}{\mathrm{d}x}=\frac{y}{x}+\tan\frac{y}{x}$的通解.

解 令$u=\frac{y}{x}$，代入方程得

$$xu'+u=u+\tan u \quad 或 \quad x\frac{\mathrm{d}u}{\mathrm{d}x}=\tan u,$$

分离变量，得

$$\cot u\,\mathrm{d}u=\frac{1}{x}\mathrm{d}x,$$

即 $$\frac{\cos u}{\sin u}\mathrm{d}u=\frac{1}{x}\mathrm{d}x,$$

两端积分，得$\ln\sin u=\ln x+\ln C$或$\sin u=Cx$，

再把$u=\frac{y}{x}$回代，即得原方程的通解为$\sin\frac{y}{x}=Cx$.

例 5 求微分方程 $x\frac{\mathrm{d}y}{\mathrm{d}x}=y(1+\ln y-\ln x)$ 的通解.

解 原方程可变形为
$$\frac{\mathrm{d}y}{\mathrm{d}x}=\frac{y}{x}\left(1+\ln\frac{y}{x}\right),$$
令 $u=\frac{y}{x}$，代入方程得
$$xu'+u=u(1+\ln u),$$
分离变量，得
$$\frac{\mathrm{d}u}{u\ln u}=\frac{\mathrm{d}x}{x},$$
两端积分，得 $\ln\ln u=\ln x+\ln C$，即 $\ln u=Cx$，故 $u=\mathrm{e}^{Cx}$.

再把 $u=\frac{y}{x}$ 回代，即得原方程的通解为 $y=x\mathrm{e}^{Cx}$.

6.2.3 一阶线性微分方程

形如
$$y'+p(x)y=q(x) \tag{6.2.3}$$
的方程称为一阶线性微分方程.它的特点是未知函数及其导数都是一次的.

若 $q(x)\equiv 0$，方程变成
$$y'+p(x)y=0. \tag{6.2.4}$$

称（6.2.4）为（6.2.3）对应的一阶线性齐次微分方程. 若 $q(x)$ 不恒为零，（6.2.3）称为一阶线性非齐次微分方程.

对于（6.2.4），它是可分离变量的微分方程，分离变量，得 $\frac{\mathrm{d}y}{y}=-p(x)\mathrm{d}x$，两端积分，得
$$\ln y=-\int p(x)\mathrm{d}x+\ln C,$$
（$\int p(x)\mathrm{d}x$ 表示 $p(x)$ 的某个原函数，下面的不定积分均表示被积函数的某个原函数）即得通解
$$y=C\mathrm{e}^{-\int p(x)\mathrm{d}x}. \tag{6.2.5}$$

下面我们用“常数变易法”求解微分方程（6.2.3).

在（6.2.3）对应的齐次微分方程（6.2.4）的通解（6.2.5）中，将常数 C 换成函数 $C(x)$，即设
$$y=C(x)\mathrm{e}^{-\int p(x)\mathrm{d}x} \tag{6.2.6}$$
为（6.2.3）的解.

将（6.2.6）两端求导，得
$$\frac{\mathrm{d}y}{\mathrm{d}x}=C'(x)\mathrm{e}^{-\int p(x)\mathrm{d}x}-p(x)C(x)\mathrm{e}^{-\int p(x)\mathrm{d}x}. \tag{6.2.7}$$

将（6.2.6)、（6.2.7）代入（6.2.3)，得

$$C'(x)e^{-\int p(x)dx} - p(x)C(x)e^{-\int p(x)dx} + p(x)C(x)e^{-\int p(x)dx} = q(x),$$

即 $$C'(x)e^{-\int p(x)dx} = q(x), \quad C'(x) = q(x)e^{\int p(x)dx}.$$

因此 $$C(x) = \int q(x)e^{\int p(x)dx}\,dx + C.$$

将上式代入（6.2.6），得到（6.2.3）的通解为

$$y = e^{-\int p(x)dx}\left[\int q(x)e^{\int p(x)dx}\,dx + C\right]. \tag{6.2.8}$$

将（6.2.8）式变形为 $y = Ce^{-\int p(x)dx} + e^{-\int p(x)dx}\int q(x)e^{\int p(x)dx}\,dx$.

可见，方程（6.2.3）的通解为它对应的齐次方程（6.2.4）的通解（6.2.6）与方程本身的一个特解（在（6.2.8）中令 $C=0$ ）之和.

例 6 求微分方程 $y' + 2xy = 2xe^{-x^2}$ 的通解.

解 利用公式（6.2.8），此处 $p(x) = 2x,\ q(x) = 2xe^{-x^2}$，

$$y = e^{-\int 2x dx}\left[\int 2xe^{-x^2}e^{\int 2x dx}\,dx + C\right] = e^{-x^2}\left[\int 2xe^{-x^2}e^{x^2}\,dx + C\right] = (x^2 + C)e^{-x^2}.$$

例 7 求微分方程 $xy' + y = e^{2x}$ 的通解.

解 把方程变成标准形式为 $y' + \frac{1}{x}y = \frac{1}{x}e^{2x}$.

利用公式（6.2.8），此处 $p(x) = \frac{1}{x},\ q(x) = \frac{1}{x}e^{2x}$，

$$y = e^{-\int \frac{1}{x}dx}\left[\int \frac{1}{x}e^{2x}e^{\int \frac{1}{x}dx}\,dx + C\right] = \frac{1}{x}\left(\frac{1}{2}e^{2x} + C\right).$$

例 8 求微分方程 $\frac{dy}{dx} = \frac{y}{y^2 + x}$ 的通解.

解 初看起来，此方程既不能分离变量也不是线性的，但若把 y 看作自变量，x 看作因变量，则有 $\frac{dx}{dy} = \frac{1}{y}x + y$，即 $\frac{dx}{dy} - \frac{1}{y}x = y$.

这是一个关于未知函数 x 的一阶线性微分方程，利用公式（6.2.8），此处 $p(y) = -\frac{1}{y},\ q(y) = y$，

$$\begin{aligned} x &= e^{-\int(-\frac{1}{y})dy}\left[\int ye^{\int(-\frac{1}{y})dy}\,dy + C\right] \\ &= e^{\ln y}\left[\int ye^{-\ln y}\,dy + C\right] \\ &= y\left[\int dy + C\right] = y(y + C). \end{aligned}$$

6.2.4 可降阶的高阶微分方程

二阶及二阶以上的微分方程称为高阶微分方程，求高阶微分方程的方法之一是设法降低微分方程的阶数，若能降为一阶微分方程则有可能运用前面介绍的方法求解.下面介绍三种特殊类型的可降阶的微分方程.

1. $y^{(n)}=f(x)$ 型的微分方程

此方程可用逐次积分的方法来求解.

例 9 求微分方程 $y''=\mathrm{e}^{2x}-\cos x$ 的通解.

解 积分一次，得

$$y'=\frac{1}{2}\mathrm{e}^{2x}-\sin x+C_1,$$

再积分一次，得

$$y=\frac{1}{4}\mathrm{e}^{2x}+\cos x+C_1x+C_2.$$

例 10 求微分方程 $y'''=\sin x$ 的通解.

解 对方程连续积分三次，得

$$y''=-\cos x+C_1,$$

$$y'=-\sin x+C_1x+C_2,$$

$$y=\cos x++\frac{C_1}{2}x^2+C_2x+C_3.$$

每积分一次，方程降一阶，同时得一个积分常数，最后通解中的积分常数的个数与方程的阶数自然相等.

2. $y''=f(x,y')$ 型的微分方程

此类方程的特点是右端不含未知函数 y，因此也称为缺 y 型的微分方程.此时可令 $y'=p$，则

$$y''=f(x,p),$$

代入原方程可降阶为关于 p 与 x 的一阶微分方程 $\frac{\mathrm{d}p}{\mathrm{d}x}=f(x,p)$.

设其通解为

$$p=\varphi(x,C_1),$$

则有

$$\frac{\mathrm{d}y}{\mathrm{d}x}=\varphi(x,C_1).$$

分离变量后求积分，得方程的通解

$$y=\int\varphi(C_1,x)\,\mathrm{d}x+C_2.$$

例 11 求微分方程 $xy''+y'-x^2=0$ 的通解.

解 令 $y'=p$，则 $y''=p'$，方程化为

$$xp'+p-x^2=0，即 p'+\frac{1}{x}p=x,$$

利用公式（6.2.8）得通解

$$p=\mathrm{e}^{-\int\frac{1}{x}\mathrm{d}x}\left(\int x\mathrm{e}^{\int\frac{1}{x}\mathrm{d}x}\mathrm{d}x+C_1\right)=\frac{1}{x}\left(\int x^2\mathrm{d}x+C_1\right)=\frac{1}{3}x^2+\frac{C_1}{x},$$

即
$$\frac{\mathrm{d}y}{\mathrm{d}x}=\frac{1}{3}x^2+\frac{C_1}{x}.$$

对上式两边积分得原方程的通解为

$$y=\frac{1}{9}x^3+C_1\ln x+C_2.$$

例 12 求微分方程 $y''-3y'^2=0$ 满足初始条件 $y\big|_{x=0}=0$，$y'\big|_{x=0}=-1$ 的特解.

解 令 $y'=p$，则 $y''=p'$，方程化为 $p'-3p^2=0$，即 $\frac{\mathrm{d}p}{p^2}=3\mathrm{d}x$，

所以 $-\frac{1}{p}=3x+C_1$. 由 $y'\big|_{x=0}=p\big|_{x=0}=-1$，得 $C_1=1$.

从而 $y'=\frac{-1}{3x+1}$，即 $\mathrm{d}y=-\frac{\mathrm{d}x}{3x+1}$，

于是 $y=-\frac{1}{3}\ln(3x+1)+C_2$.

又由 $y\big|_{x=0}=0$，得 $C_2=0$，所以原方程的特解为

$$y=-\frac{1}{3}\ln(3x+1).$$

3. $y''=f(y,y')$ 型的微分方程

这类方程的特点是右端不含有自变量 x，我们作如下变量代换：令 $y'=p$，将 p 看作 y 的函数，于是

$$y''=\frac{\mathrm{d}p}{\mathrm{d}x}=\frac{\mathrm{d}p}{\mathrm{d}y}\cdot\frac{\mathrm{d}y}{\mathrm{d}x}=p\frac{\mathrm{d}p}{\mathrm{d}y},$$

代入原方程得

$$p\frac{\mathrm{d}p}{\mathrm{d}y}=f(y,p).$$

这是关于 p 的一阶方程，若能求出它的如下形式的通解

$$p=F(y,C),$$

回代 $p=\frac{\mathrm{d}y}{\mathrm{d}x}$，得

$$\frac{\mathrm{d}y}{\mathrm{d}x}=F(y,C).$$

解这个一阶微分方程，便可得到原方程的通解.

例 13 求微分方程 $y\frac{\mathrm{d}^2y}{\mathrm{d}x^2}-\left(\frac{\mathrm{d}y}{\mathrm{d}x}\right)^2=0$ 的通解.

解 令 $y'=p$，则 $y''=p\dfrac{\mathrm{d}p}{\mathrm{d}y}$，于是原方程化为

$$yp\frac{\mathrm{d}p}{\mathrm{d}y}-p^2=0，即 p\left(y\frac{\mathrm{d}p}{\mathrm{d}y}-p\right)=0，$$

故 $p=0$，或 $y\dfrac{\mathrm{d}p}{\mathrm{d}y}-p=0$，由第一个方程得 $y=C$，第二个方程可分离变量 $\dfrac{\mathrm{d}p}{p}=\dfrac{\mathrm{d}y}{y}$ 解得 $p=C_1y$，从而

$$\frac{\mathrm{d}y}{\mathrm{d}x}=C_1y，即 \frac{\mathrm{d}y}{y}=C_1\,\mathrm{d}x，$$

解得 $y=C_2\mathrm{e}^{C_1x}$.

这就是原方程的通解（解 $y=C$ 包含在这个通解中，即 $C_1=0$ 的情形）.

习题 6.2

1．填空题

（1）微分方程 $\sqrt{1-x^2}\,\mathrm{d}y-\sqrt{1-y^2}\,\mathrm{d}x=0$ 的类型是________.

（2）方程 $\dfrac{\mathrm{d}y}{\mathrm{d}x}=\dfrac{x+y}{x-y}$ 是________方程，令________即可化为________.

（3）一阶线性齐次微分方程 $y'+p(x)y=0$ 的通解为________.

（4）一阶线性非齐次微分方程 $y'+p(x)y=q(x)$ 的通解为________.

（5）可降阶的二阶微分方程常见类型有________型和________型.

（6）缺 y 型的二阶微分方程 $y''=f(x,y')$，通过变量代换，令________得 $y''=\dfrac{\mathrm{d}p}{\mathrm{d}x}$，代入原方程，可化为一阶微分方程 $\dfrac{\mathrm{d}p}{\mathrm{d}x}=f(x,p)$.

2．计算题

（1）求可分离变量微分方程 $xy'-y\ln y=0$ 的通解.

（2）求齐次微分方程 $xy'=y\ln\dfrac{y}{x}$ 的通解.

（3）求一阶线性微分方程 $y'+y\cos x=\mathrm{e}^{-\sin x}$ 的通解.

（4）求方程 $y''=2y'$ 的通解.

（5）求方程 $y''=y'+x$ 的通解.

6.3　二阶常系数线性微分方程

6.3.1　二阶线性微分方程解的结构

形如

$$y''+p(x)y'+q(x)y=f(x) \tag{6.3.1}$$

的微分方程称为二阶线性微分方程．当 $f(x)\equiv 0$ 时方程变为

$$y''+p(x)y'+q(x)y=0\,, \tag{6.3.2}$$

方程（6.3.2）称为二阶齐次线性微分方程，相应地（6.3.1）称为二阶非齐次线性微分方程.

特别地，若 $p(x)$, $q(x)$ 分别为常数 p , q 时，方程（6.3.1）、（6.3.2）分别为

$$y''+py'+qy=f(x)\,, \tag{6.3.3}$$

$$y''+py'+qy=0\,. \tag{6.3.4}$$

方程（6.3.3）称为二阶常系数非齐次线性微分方程，（6.3.4）称为二阶常系数齐次线性微分方程.

为了研究二阶常系数线性微分方程的解法，我们先来讨论二阶线性微分方程的解的结构.

定理 1　如果 y_1，y_2 是（6.3.2）的两个解，C_1,C_2 是任意常数，那么 $y=C_1y_1+C_2y_2$ 也是（6.3.2）的解.

证　由定理假设，有

$$y_1''+p(x)y_1'+q(x)y_1=0\,,$$

$$y_2''+p(x)y_2'+q(x)y_2=0\,.$$

分别用 C_1,C_2 乘以上面两式后相加，得

$$C_1(y_1''+p(x)y_1'+q(x)y_1)+C_2(y_2''+p(x)y_2'+q(x)y_2)=0\,,$$

即

$$(C_1y_1+C_2y_2)''+p(x)(C_1y_1+C_2y_2)'+q(x)(C_1y_1+C_2y_2)=0\,.$$

这就是说 $y=C_1y_1+C_2y_2$ 也是（6.3.2）的解.

定理 1 表明，齐次线性微分方程的解符合叠加原理.那么叠加起来的解 $y=C_1y_1+C_2y_2$ 是不是（6.3.2）的通解呢？

我们知道，一个二阶微分方程的通解中应含有两个相互独立的任意常数，若 $y_1=ky_2$（k 是常数），那么，

$$C_1y_1+C_2y_2=C_1y_1+C_2ky_1=(C_1+kC_2)y_1=Cy_1\,,$$

即常数合并为一个，这样 $y=C_1y_1+C_2y_2$ 就不是（6.3.2）的通解．若 $\dfrac{y_1}{y_2}\neq k$（k 是常数），那么，$y=C_1y_1+C_2y_2$ 就是（6.3.2）的通解.

若$\dfrac{y_1}{y_2}\neq k$（k是常数），则称y_1与y_2是线性无关的（或线性独立的），否则称y_1与y_2是线性相关的.

综合上述分析，有如下定理：

定理 2 如果y_1,y_2是（6.3.2）的两个线性无关的解，则$y=C_1y_1+C_2y_2$就是（6.3.2）的通解.

例如，容易验证$y_1=\mathrm{e}^{-x}$，$y_2=x\mathrm{e}^{-x}$都是方程$y''+2y'+y=0$的解，而且$\dfrac{y_1}{y_2}=\dfrac{1}{x}\neq k$，即$y_1=\mathrm{e}^{-x}$，$y_2=x\mathrm{e}^{-x}$线性无关，故$y=C_1\mathrm{e}^{-x}+C_2x\mathrm{e}^{-x}$是$y''+2y'+y=0$的通解.

对于二阶非齐次线性微分方程，类似一阶非齐次线性微分方程，我们有如下定理：

定理 3 如果y^*是二阶非齐次线性微分方程（6.3.1）的一个特解，$Y=C_1y_1+C_2y_2$是与（6.3.1）对应的齐次线性微分方程（6.3.2）的通解，那么$y=Y+y^*$就是（6.3.2）的通解.

证 根据定理假设，有

$$Y''+p(x)Y'+q(x)Y=0,$$

$$y^{*''}+p(x)y^{*'}+q(x)y^*=f(x),$$

上面两式相加，得

$$(Y+y^*)''+p(x)(Y+y^*)'+q(x)(Y+y^*)=f(x),$$

即$y=Y+y^*$是（6.3.1）的解，又因为$Y=C_1y_1+C_2y_2$中含有两个任意常数，所以$y=Y+y^*$是（6.3.1）的通解.

同理可以证明如下定理.

定理 4 如果y_1,y_2分别是微分方程

$$y''+p(x)y'+q(x)y=f_1(x),$$

$$y''+p(x)y'+q(x)y=f_2(x)$$

的解，则y_1+y_2是微分方程

$$y''+p(x)y'+q(x)y=f_1(x)+f_2(x)$$

的解.

6.3.2 二阶常系数齐次线性微分方程的解法

由以上的讨论可知，求二阶常系数齐次线性微分方程的通解，只需求得它的两个线性无关的特解.

为了寻找(6.3.4)的特解，需要进一步观察(6.3.4)的特点，它的左端是y'', py', qy三项之和，而右端为0，如果它的二阶导数、一阶导数和它本身都是某个函数的倍

数，则有可能合并为0，什么样的函数具有这样的性质呢？这自然使我们想到指数函数e^{rx}. 下面我们验证这种设想.设方程（6.3.4）有指数函数形式的特解$y=e^{rx}$（r为待定常数），将$y=e^{rx}$，$y'=re^{rx}$，$y''=r^2e^{rx}$代入方程（6.3.4），得

$$r^2e^{rx}+pre^{rx}+qe^{rx}=0,$$

即

$$e^{rx}(r^2+pr+q)=0.$$

因　$e^{rx}\neq 0$，必有

$$r^2+pr+q=0. \tag{6.3.5}$$

这是一个以r为未知数的一元二次方程，它有两个根，

$$r_{1,2}=\frac{-p\pm\sqrt{p^2-4q}}{2}.$$

因此对于方程（6.3.5）的每一个根r，$y=e^{rx}$就是方程（6.3.4）的一个解，代数方程（6.3.5）称为微分方程（6.3.4）的特征方程.它的根r_1，r_2称为特征根，下面分三种不同情况讨论方程（6.3.4）的通解.

1. 特征方程有两个不等实根的情形

设这两个实根为r_1,r_2（$r_1\neq r_2$），此时$y_1=e^{r_1x}$，$y_2=e^{r_2x}$为微分方程（6.3.4）的两个特解，由于$\dfrac{y_1}{y_2}=\dfrac{e^{r_1x}}{e^{r_2x}}\neq k$（$k$为常数），所以$y_1=e^{r_1x}$，$y_2=e^{r_2x}$线性无关，故方程（6.3.4）的通解为

$$y=C_1e^{r_1x}+C_2e^{r_2x}.$$

例1　求微分方程$y''+3y'-4y=0$的通解.

解　微分方程的特征方程为$r^2+3r-4=0$，特征根为$r_1=-4$，$r_2=1$，于是方程的通解为

$$y=C_1e^{-4x}+C_2e^{x}.$$

2. 特征方程有两个相等重根的情形

这时重根为$r=-\dfrac{p}{2}$，可得方程（6.3.4）的一个特解$y_1=e^{rx}$，要求通解还需要找一个与$y_1=e^{rx}$线性无关的特解，要使$\dfrac{y_2}{y_1}=u(x)\neq k$，即$y_2=u(x)e^{rx}$，其中$u(x)$是待定函数.

将$y_2=u(x)e^{rx}$，$y_2'=e^{rx}[ru(x)+u'(x)]$，$y_2''=e^{rx}[r^2u(x)+2ru'(x)+u''(x)]$代入方程（6.3.4），整理后得

$$e^{rx}[u''(x)+(2r+p)u'(x)+(r^2+pr+q)u(x)]=0.$$

因为$e^{rx}\neq 0$，r为$r^2+pr+q=0$的重根，故$r^2+pr+q=0$，$2r+p=0$，于是上式成为$u''(x)=0$，解得$u(x)=C_1x+C_2$，因为只需求出一个与$y_1=e^{rx}$线性无关的

特解，不妨取 $C_1=1$，$C_2=0$，从而得到 $y_2=xe^{rx}$，故方程的通解为

$$y=C_1e^{rx}+C_2xe^{rx}=(C_1+C_2x)e^{rx}.$$

例 2 求微分方程 $y''-12y'+36y=0$ 满足初始条件 $y\big|_{x=0}=1$，$y'\big|_{x=0}=0$ 的特解.

解 微分方程的特征方程为 $r^2-12r+36=0$，特征根为 $r_1=r_2=6$，于是方程的通解为

$$y=e^{6x}(C_1+C_2x).$$

将初始条件 $y\big|_{x=0}=1$，$y'\big|_{x=0}=0$ 代入通解中，得 $C_1=1$，$C_2=-6$，从而满足初始条件 $y\big|_{x=0}=1$，$y'\big|_{x=0}=0$ 的特解为 $y=e^{6x}(1-6x)$.

3. 特征方程有两个共轭复根的情形

设共轭复根为 $r_1=\alpha+i\beta$，$r_2=\alpha-i\beta$，那么，$y_1=e^{(\alpha+i\beta)x}$，$y_2=e^{(\alpha-i\beta)x}$ 是微分方程（6.3.4）的两个线性无关的特解，为了得到实数形式的解，利用欧拉公式

$$e^{ix}=\cos x+i\sin x,$$

将复数解 y_1,y_2 写成

$$y_1=e^{\alpha x}(\cos\beta x+i\sin\beta x)，\quad y_2=e^{\alpha x}(\cos\beta x-i\sin\beta x).$$

由解的叠加性可知

$$\frac{1}{2}(y_1+y_2)=e^{\alpha x}\cos\beta x，\quad \frac{1}{2i}(y_1-y_2)=e^{\alpha x}\sin\beta x.$$

也是微分方程（6.3.4）的两个解且线性无关．所以（6.3.4）的通解为

$$y=e^{\alpha x}(C_1\cos\beta x+C_2\sin\beta x).$$

例 3 求微分方程 $y''+2y'+5y=0$ 的通解.

解 微分方程的特征方程为 $r^2+2r+5=0$，特征根为 $r_1=-1+2i$，$r_2=-1-2i$，于是方程的通解为

$$y=e^{-x}(C_1\cos 2x+C_2\sin 2x).$$

综上所述，求二阶常系数齐次线性微分方程的通解的步骤如下：

（1）写出方程（6.3.4）的特征方程 $r^2+pr+q=0$；

（2）求出特征方程的两个根 r_1 和 r_2；

（3）根据下表的三种不同情形，写出方程（6.3.4）的通解.

有两个不等实根 $r_1\neq r_2$	$y=C_1e^{r_1x}+C_2e^{r_2x}$
有两个相等实根 $r_1=r_2=r$	$y=e^{rx}(C_1+C_2x)$
有一对共轭复根 $r_{1,2}=\alpha\pm i\beta$	$y=e^{\alpha x}(C_1\cos\beta x+C_2\sin\beta x)$

对于二阶常系数非齐次线性微分方程的通解是它对应的齐次线性微分方程的通解与它本身的一个特解之和．对于二阶常系数齐次线性微分方程的通解问题已经解决，因此，只要能找到二阶常系数非齐次线性微分方程的一个特解就可以

了．这里就不再讨论了．

习题 6.3

1．填空题

（1）二阶常系数线性齐次微分方程 $y''+py'+qy=0$ 的特征方程为________．

若该特征方程有两个不相等的实根 $r_1 \neq r_2$，则方程的通解为________．

若该特征方程有两个相等的实根 $r_1=r_2=r$，则方程的通解为________．

若该特征方程有一对共轭复根 $r_{1,2}=\alpha \pm \mathrm{i}\beta$，则方程的通解为________．

（2）若 y^* 是非齐次方程 $y''+py'+qy=f(x)$ 的一个特解，而 Y 是对应齐次方程 $y''+py'+qy=0$ 的通解，则 $y=Y+y^*$ 为________的通解．

（3）方程 $y''-2y'=0$ 的特征方程为________，$y''+y=0$ 的特征方程为________，$y''+y'=0$ 的特征根为________．

（4）方程 $y''-5y'+6y=2x+3$ 的通解为________．

2．计算题

（1）方程 $y''-4y'+3y=0$ 的通解．

（2）方程 $y''+6y'+9y=0$ 的通解．

（3）方程 $4y''-y'+2y=0$ 的通解．

（4）方程 $2y''-3y'+y=0$ 满足初始条件 $y(1)=3,\ y'(1)=1$ 的特解．

6.4 微分方程的应用

在自然界和工程技术中，许多问题的研究往往归结为求解微分方程的问题．本节通过列举一些实例的求解过程阐述微分方程在实际中的应用．

应用微分方程解决具体问题的步骤为：

（1）分析问题，建立微分方程，提出初始条件；

（2）求出此微分方程的通解；

（3）根据初始条件确定所需的特解．

6.4.1 一阶微分方程的应用

例 1 设某跳伞运动员质量为 m，降落伞张开后降落时所受的空气阻力与速度成正比，开始降落时速度为零，求降落伞的降落速率与时间的函数关系．

解 设降落伞的降落速率为 $v(t)$，降落时运动员所受重力 mg 的方向与 $v(t)$ 的方向一致，并受阻力 $-kv$（k 为比例系数且大于 0），负号表示阻力方向与 $v(t)$ 的方向相反，从而降落时运动员所受合外力为 $F=mg-kv$，根据牛顿第二定律 $F=ma$ 及 $a=\dfrac{\mathrm{d}v}{\mathrm{d}t}$（$a$ 为加速度），得微分方程 $m\dfrac{\mathrm{d}v}{\mathrm{d}t}=mg-kv$，

即 $\frac{\mathrm{d}v}{\mathrm{d}t}+\frac{k}{m}v=g$，利用公式（6.2.8）得微分方程的解

$$v(t)=\mathrm{e}^{-\int\frac{k}{m}\mathrm{d}t}\left[\int g\mathrm{e}^{\int\frac{k}{m}\mathrm{d}t}\mathrm{d}t+C\right]=\mathrm{e}^{-\frac{k}{m}t}\left[\int g\mathrm{e}^{\frac{k}{m}t}\mathrm{d}t+C\right]=C\mathrm{e}^{-\frac{k}{m}t}+\frac{mg}{k}.$$

将初始条件 $v\big|_{t=0}=0$ 代入得 $C=-\frac{mg}{k}$，故所求的速率与时间的函数关系为

$$v(t)=\frac{mg}{k}\left(1-\mathrm{e}^{-\frac{k}{m}t}\right).$$

因为当 t 充分大时，$\mathrm{e}^{-\frac{k}{m}t}$ 接近于零，速率 $v(t)$ 逐渐接近于 $\frac{mg}{k}$，降落伞作匀速下落运动，故跳伞者能完全无损地降落到地面.

例 2 在 CR 电路中，电阻 $R=10$ 欧姆，电容 $C=0.1$ 法拉，电源电压 $U=10\sin t$ 伏特，开关 K 合上之前，电容 C 上的电压 $U_C=0$，求开关 K 合上之后电容 C 上的电压随时间的变化规律 $U_C(t)$.

解 如图 6.4.1，设开关 K 合上之后，电路中的电流为 $I(t)$，电容器板上的电量为 $Q(t)$，则 $Q=CU_C$，$I=\frac{\mathrm{d}Q}{\mathrm{d}t}=\frac{\mathrm{d}CU_C}{\mathrm{d}t}=C\frac{\mathrm{d}U_C}{\mathrm{d}t}$.

由回路电压定律知：电容 C 上的电压与电阻 R 上的电压之和等于电压 U，即

$$U_C+RI=U，即 U_C+RC\frac{\mathrm{d}U_C}{\mathrm{d}t}=U.$$

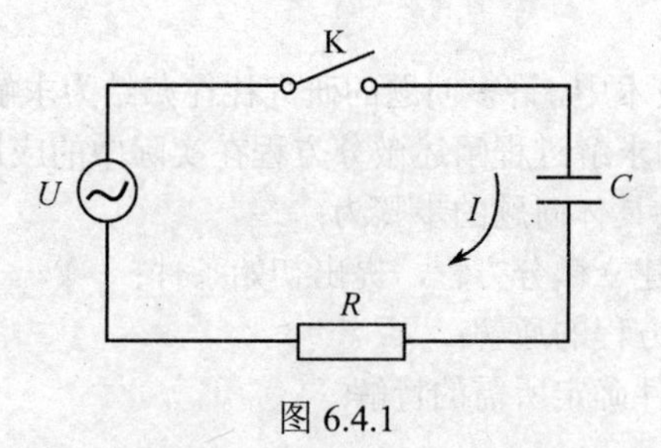

图 6.4.1

把 R,C 的值代入，并列出初始条件，得

$$U_C'+U_C=10\sin t，U_C\big|_{t=0}=0.$$

利用公式（6.2.8）得微分方程的解

$$U_C=\mathrm{e}^{-\int\mathrm{d}t}\left[\int 10\sin t\cdot\mathrm{e}^{\int\mathrm{d}t}\mathrm{d}t+C_1\right]=\mathrm{e}^{-t}\left[\int 10\sin t\cdot\mathrm{e}^{t}\mathrm{d}t+C_1\right]$$

$$=\mathrm{e}^{-t}\left[5\mathrm{e}^{t}(\sin t-\cos t)+C_1\right]=C_1\mathrm{e}^{-t}+5(\sin t-\cos t),$$

将初始条件 $U_C\big|_{t=0}=0$ 代入上式得 $C_1=5$，于是所求电容 C 上的电压为

$$U_C = 5\mathrm{e}^{-t} + 5(\sin\ t - \cos\ t) = 5\mathrm{e}^{-t} + 5\sqrt{2}\sin\left(t - \frac{\pi}{4}\right).$$

上式表明，随着时间t的增大，第一项逐渐衰减而趋于零，从而U_C逐渐趋于与电源电压U有同周期的正弦电压，其振幅为$5\sqrt{2}$伏特，相位角比U落后$\frac{\pi}{4}$.

6.4.2 二阶微分方程的应用

例 3 求第二宇宙速度.

航天局发射人造卫星时，如给予卫星一个最小速度，使卫星摆脱地球的引力，像地球一样绕着太阳运行，成为人造行星，这个给予的最小速度就是所谓的第二宇宙速度.

首先建立物体垂直上抛运动的微分方程，假设地球与物体的质量分别为M,m,r表示地球的中心与物体的重心间的距离，根据牛顿万有引力定律，作用于物体的引力F（空气阻力不计）为 $F = k\frac{mM}{r^2}$，其中k为万有引力系数，因此，物体的运动规律满足下面的微分方程

$$m\frac{\mathrm{d}^2 r}{\mathrm{d}t^2} = -k\frac{mM}{r^2}，即\frac{\mathrm{d}^2 r}{\mathrm{d}t^2} = -k\frac{M}{r^2},$$

这里的负号表示物体的加速度是负的.

设地球半径为R（$R = 63\times10^5$米），物体的发射速度为v_0，因此，当物体刚刚离开地球表面时，有$r = R$, $\frac{\mathrm{d}r}{\mathrm{d}t} = v_0$，即初始条件为$r\big|_{t=0} = R$, $\left.\frac{\mathrm{d}r}{\mathrm{d}t}\right|_{t=0} = v_0$.

令$\frac{\mathrm{d}r}{\mathrm{d}t} = v$，则 $\frac{\mathrm{d}^2 r}{\mathrm{d}t^2} = \frac{\mathrm{d}v}{\mathrm{d}t} = \frac{\mathrm{d}v}{\mathrm{d}r}\cdot\frac{\mathrm{d}r}{\mathrm{d}t} = v\frac{\mathrm{d}v}{\mathrm{d}r}$.

故原方程可降为一阶微分方程：$v\frac{\mathrm{d}v}{\mathrm{d}r} = -k\frac{M}{r^2}$，解得

$$\frac{v^2}{2} = \frac{kM}{r} + C.$$

将初始条件 $r\big|_{t=0} = R$, $\left.\frac{\mathrm{d}r}{\mathrm{d}t}\right|_{t=0} = v_0$ 代入，得$C = \frac{v_0^2}{2} - \frac{kM}{R}$，所以

$$\frac{v^2}{2} = \frac{kM}{r} + \left(\frac{v_0^2}{2} - \frac{kM}{R}\right).$$

因为物体运动的速度必须始终保持是正的，而随着r的不断增大，$\frac{kM}{r}$越来越小，因此要使上式对任意的r都有$\frac{v^2}{2} > 0$，只有$\frac{v_0^2}{2} - \frac{kM}{R} \geqslant 0$，即$v_0 \geqslant \sqrt{\frac{2kM}{R}}$成立，

所以最小的发射速度为 $v_0=\sqrt{\dfrac{2kM}{R}}$.

在地球表面时 $r=R$，重力加速度为 g，$g=9.81$（m/s），由 $F=mg=k\cdot\dfrac{mM}{R^2}$ 得 $kM=gR^2$，代入上式得到

$$v_0=\sqrt{2gR}=\sqrt{2\times9.81\times63\times10^5}\approx11.2\times10^3\ \text{(m/s)}.$$

这就是通常所说的第二宇宙速度.

例 4 如图 6.4.2 所示，L 为电感，C 为电容，R 为电阻，设电容器已经充电，则当开关 K 闭合后，电容器放电，电路中有电流 I 通过，产生电磁振荡，求电容器两极板间电压 U_C 随时间 t 的变化规律.

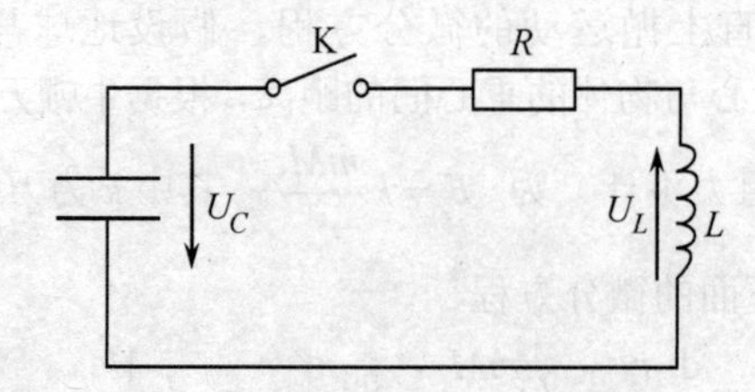

图 6.4.2

解 根据回路电压定律可知，电感、电容、电阻上的电压 U_L,U_C,U_R 应有关系：

$$U_L+U_C+U_R=0.$$

由于 $I=C\dfrac{\mathrm{d}U_C}{\mathrm{d}t}$，故

$$U_R=RI=RC\frac{\mathrm{d}U_C}{\mathrm{d}t},\ u_L=L\frac{\mathrm{d}I}{\mathrm{d}t}=LC\frac{\mathrm{d}^2U_C}{\mathrm{d}t^2}.$$

代入上式得

$$LC\frac{\mathrm{d}^2U_C}{\mathrm{d}t^2}+RC\frac{\mathrm{d}U_C}{\mathrm{d}t}+U_C=0, \tag{6.4.1}$$

即电压必须满足（6.4.1）.

如果电容器没有充电，而且电路接在一电压为 E 的直流电源上，如图 6.4.3 所示，则当开关 K 闭合后，电源向电容器充电，此时电路中有电流 I 通过，产生电磁振荡，按照上面的分析方法，可以求得电压 U_c 满足的微分方程为

$$LC\frac{\mathrm{d}^2U_C}{\mathrm{d}t^2}+RC\frac{\mathrm{d}U_C}{\mathrm{d}t}+U_C=E. \tag{6.4.2}$$

如果将图 6.4.3 中的直流电源换为交流电源，且设交流电动势 $E(t)=U\sin\ \omega_0t$（U,ω_0 为常数），则 U_C 满足的微分方程为

$$LC\frac{\mathrm{d}^2U_C}{\mathrm{d}t^2}+RC\frac{\mathrm{d}U_C}{\mathrm{d}t}+U_C=U\sin\ \omega_0t. \tag{6.4.3}$$

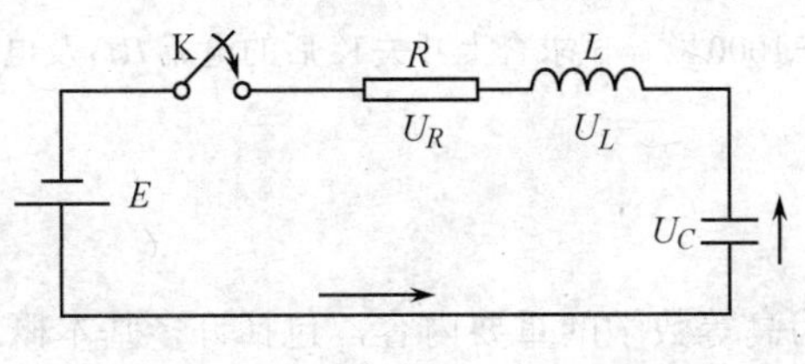

图 6.4.3

下面我们仅就方程（6.4.1）进行讨论.此方程是一个二阶常系数齐次线性微分方程，将（6.4.1）改写成

$$\frac{d^2U_C}{dt^2}+\frac{R}{L}\frac{dU_C}{dt}+\frac{1}{LC}U_C=0,$$

特征方程为

$$r^2+\frac{R}{L}r+\frac{1}{LC}=0,$$

特征根为

$$r_{1,2}=\frac{-R\pm\sqrt{R^2-4\frac{L}{C}}}{2L}.$$

下面分三种情况讨论：

（1）当 $R>2\sqrt{\frac{L}{C}}$ 时，通解为 $U_C=C_1e^{\frac{-R+\sqrt{R^2-4\frac{L}{C}}}{2L}t}+C_2e^{\frac{-R-\sqrt{R^2-4\frac{L}{C}}}{2L}t}$，这说明在电阻很大的情况下，电容器发生非振动的放电过程；

（2）当 $R=2\sqrt{\frac{L}{C}}$（称为“临界电阻”）时，通解为 $U_C=(C_1+C_2t)e^{\frac{-R}{2L}t}$，这说明在临界电阻情况下，电容器放电过程仍然是非振动的；

（3）当 $R<2\sqrt{\frac{L}{C}}$ 时，通解为

$$U_C=e^{-\frac{R}{2L}t}\left(C_1\cos\frac{\sqrt{4\frac{L}{C}-R^2}}{2L}t+C_2\sin\frac{\sqrt{4\frac{L}{C}-R^2}}{2L}t\right),$$

这说明在小电阻情况下，电容器发生振动性放电过程.

同样，不难求解方程（6.4.2）、（6.4.3），并给出物理解释.

习题 6.4

1．求一曲线的方程，它在点 (x,y) 处的切线斜率为 $2x+y$ 且曲线过原点.

2．一潜水艇在水中下降时，所受阻力与下降速度成正比，若潜水艇由静止状态开始下降，求其下降速度与时间的关系.

3．设质量为 m 的物体以初速度 v_0 竖直上抛，空气阻力与速度成正比，求物体运动速度与时间的关系，并求上升到最高点所需要的时间.

4．在 RLC 含源电路中，电动势为 E 的电源对电容器 C 充电，已知 $E=20$ 伏，$C=0.2$

微法，$L=0.1$ 亨，$R=1000$ 欧，试求合上开关 K 后的电流 $I(t)$ 及电压 U_C.

本章小结

常微分方程作为高等数学的重要内容，包括许多基本概念和一些常用解法，其中可分离变量的一阶微分方程、一阶线性微分方程、二阶常系数线性微分方程都是常见的微分方程，其具体解法如分离变量法、常数变易法等是微分方程的基础解法.

分离变量法是对形如 $\frac{\mathrm{d}y}{\mathrm{d}x}=f(x)g(y)$ 的微分方程，先通过变量分离，再对方程两边积分，求出通解.

对于一阶非齐次线性微分方程 $y'+p(x)y=q(x)$，可直接利用公式（6.2.8）或用常数变易法求解.

对于二阶常系数齐次线性微分方程 $y''+py'+qy=0$，为求其通解，先求出特征方程 $r^2+pr+q=0$ 的根，然后根据特征根的不同情况，写出对应的微分方程的通解.

对于二阶常系数非齐次线性微分方程 $y''+py'+qy=f(x)$，为求其通解，先求出其对应的齐次线性微分方程的通解 Y，然后求出自身的一个特解 y^*，最后由解的结构定理，写出通解 $y=Y+y^*$.

复习题 6

1．求 $y'=\mathrm{e}^{x+y}$ 的通解.

2．求 $y\ln x\,\mathrm{d}x+x\ln y\,\mathrm{d}y=0$ 的通解.

3．求下列微分方程的通解：

（1）$y''-4y=0$；

（2）$y''+4y'+3y=0$；

（3）$y''-2y'=0$；

（4）$4y''-8y'+5y=0$.

4．求微分方程 $y''-2y'+2y=0$，$y|_{x=0}=0$，$y'|_{x=0}=1$ 的特解.

5．求解下列微分方程：

（1）$y''+2y'+y=-2$；

（2）$y''+4y'+4y=8\mathrm{e}^{-2x}$；

（3）$y''+4y'+3y=9\mathrm{e}^{-3x}$；

（4）$y''+3y'=3\mathrm{e}^{-3x}$.

测试题 6

一、填空题

1．$2y\mathrm{d}x+x\mathrm{d}y-xy\mathrm{d}y=0$ 的通解 $Y=$______________________．

2．$y''-4y'=0$ 的通解 $Y=$______________________．

3．$xy''=y'$ 的通解 $Y=$______________________．

4．$y'+\dfrac{1-2x}{x^2}y=1$ 的通解 $Y=$______________________．

二、计算题

1．求方程 $y''-y'-x^2=0$ 的通解．

2．求方程 $2y''+y'-y=2\mathrm{e}^x$ 的通解．

3．求方程 $y''+y'=\mathrm{e}^{-2x}$ 满足初始条件 $y|_{x=0}=0$，$y'|_{x=0}=0$ 的特解．

第 7 章　空间解析几何、多元函数微积分简介

本章学习目标

- 了解空间直角坐标系、平面与直线的一般方程、曲面与曲线的一般方程
- 理解多元函数的概念及二元函数的极限的概念
- 掌握连续、偏导数和全微分的概念以及它们之间的关系
- 掌握多元复合函数、隐函数的求导法
- 知道多元函数的极值的概念，了解其计算方法
- 理解二重积分的概念，了解二重积分的性质
- 掌握二重积分的计算方法（直角坐标、极坐标）
- 会用二重积分计算空间立体的体积

7.1　空间解析几何简介

解析几何是用代数方法研究几何图形的科学．若限于研究平面上的几何图形，则为平面解析几何；若限于研究三维空间的几何图形，则为空间解析几何．在空间解析几何中，通过建立空间直角坐标系，把空间的曲面和曲线用三元方程来表示，从而用代数方法研究几何问题．

1．空间直角坐标系

为了确定空间中一点的位置，需要建立空间的点与数组之间的联系．

过空间一个定点 O，作三条互相垂直的数轴，它们都以 O 为原点且一般具有相同的长度单位．这三条轴分别称为 x 轴（横轴）、y 轴（纵轴）、z 轴（竖轴），统称坐标轴．通常把 x 轴和 y 轴配置在水平面上，z 轴在铅垂方向，它们的指向符合右手法则，如图 7.1.1 所示，这样的三条坐标轴就组成了一个空间直角坐标系，点 O 称为坐标原点，三条坐标轴中的任意两条可以确定一个平面，这样定出的三个平面统称坐标面，分别是 xOy 面、yOz 面和 zOx 面，三个坐标面把空间分成八个部分，每一部分叫做一个卦限，其中含有正向 x 轴、正向 y 轴、正向 z 轴的那个卦限叫做第一卦限（如图 7.1.2 所示），取定了空间直角坐标系后，就可以建立其空间的点与数组之间的一一对应关系了．

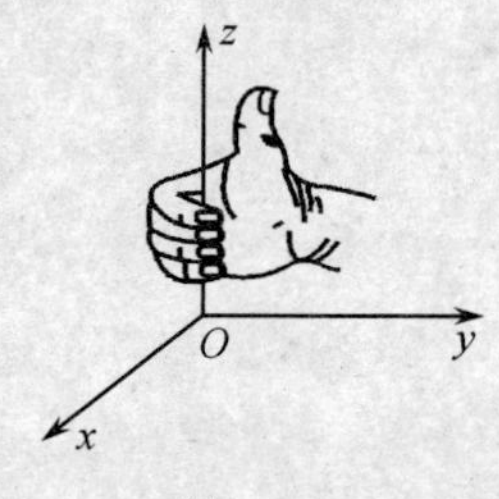

图 7.1.1

空间任意一点 M，过 M 点作三个平面分别垂直于 x 轴、y 轴、z 轴，它们与

x 轴、y 轴、z 轴的交点分别为 P, Q, R（如图 7.1.3 所示），设 P, Q, R 三点在三个坐标轴上的坐标依次为 x, y, z，于是空间一点 M 就唯一地确定了一个有序数组 (x,y,z)，有序数组 (x,y,z) 称为点 M 的坐标，并依次称 x, y, z 分别为点 M 的横坐标、纵坐标和竖坐标；反之任给一个有序数组 (x,y,z)，则在三个坐标轴上分别找到 P, Q, R 三点，使这些点在三个坐标轴上的坐标依次为 x, y, z，过 P, Q, R 分别作垂直于 x 轴、y 轴、z 轴的平面，这三个平面的交点 M 就是以有序数组 (x,y,z) 为坐标的点. 通过直角坐标系就建立了空间点 M 与有序数组 (x,y,z) 之间的一一对应关系.

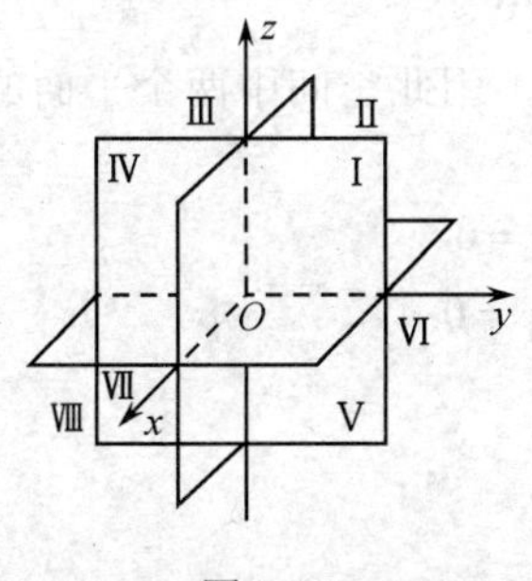

图 7.1.2

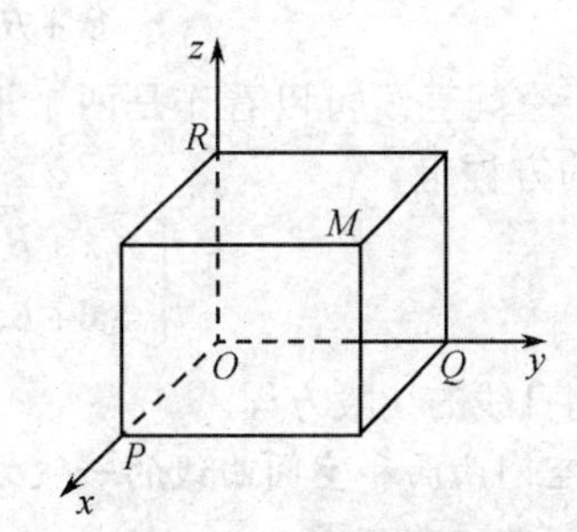

图 7.1.3

2. 空间两点间的距离

引入点的坐标后，空间两点间的距离就可以用它们的坐标表示.

设 $M_1(x_1,y_1,z_1)$, $M_2(x_2,y_2,z_2)$ 为空间两点. 过 M_1, M_2 各作三个分别垂直于三条坐标轴的平面，这六个平面围成一个以 M_1M_2 为对角线的长方体（如图 7.1.4 所示）. 根据勾股定理，容易推得长方体的对角线的长度的平方等于它的三条棱的长度的平方和，即

$$d^2 = |M_1M_2|^2 = |M_1N|^2 + |NM_2|^2 = |M_1P|^2 + |M_1Q|^2 + |M_1R|^2 .$$

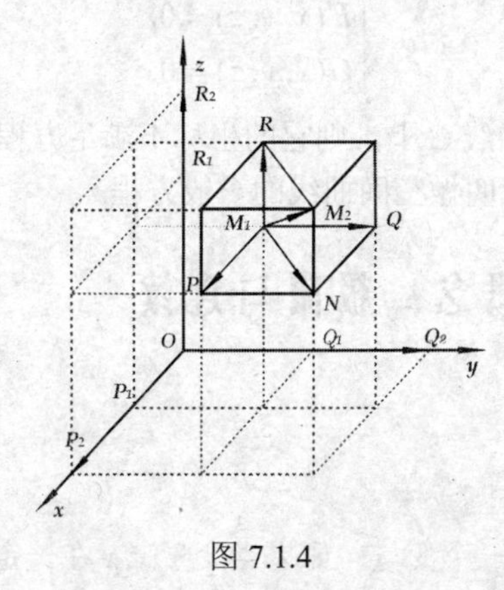

图 7.1.4

由于$|M_1P|=|P_1P_2|=|x_2-x_1|$，$|M_1Q|=|Q_1Q_2|=|y_2-y_1|$，$|M_1R|=|R_1R_2|=|z_2-z_1|$，

所以
$$d=|M_1M_2|=\sqrt{(x_2-x_1)^2+(y_2-y_1)^2+(z_2-z_1)^2}.$$

这就是空间两点间的距离公式.

特别地，点$M(x,y,z)$到坐标原点$O(0,0,0)$的距离为
$$d=|OM|=\sqrt{x^2+y^2+z^2}.$$

3. 空间中平面和直线的一般方程

由于空间中任一平面都可以用一个三元一次方程来表示，而任一三元一次方程的图形都是一个平面，所以称如下的三元一次方程为空间中平面的一般方程
$$Ax+By+Cz+D=0.$$

由于空间直线可以看作是两个平面的交线，因此空间中两个平面的方程联立而成的方程组
$$\begin{cases}A_1x+B_1y+C_1z+D_1=0,\\A_2x+B_2y+C_2z+D_2=0,\end{cases}$$
叫做空间直线的一般方程.

4. 空间曲面和空间曲线的一般方程

（1）曲面的方程.

在空间解析几何中，任何曲面都可以看作点的几何轨迹. 在这样的意义下，如果曲面S与三元方程$F(x,y,z)=0$有下述关系：曲面S上任一点的坐标都满足方程，不在曲面S上的点的坐标都不满足方程，则称方程为曲面S的方程，而曲面S就叫做方程的图形.

（2）空间曲线的一般方程.

一般地，空间曲线可以看作两个曲面的交线. 设$F(x,y,z)=0$和$G(x,y,z)=0$是两个曲面的方程，它们的交线为曲线C. 因为曲线C上的任何点的坐标应同时满足这两个曲面的方程，所以应满足方程组
$$\begin{cases}F(x,y,z)=0,\\G(x,y,z)=0.\end{cases}$$

反过来，若点不在曲线C上，则它的坐标不满足方程组，因此，曲线C可以用方程组来表示. 方程组叫做空间曲线的一般方程.

7.2 多元函数的概念、极限与连续

7.2.1 多元函数的概念

1. 二元函数的定义

定义 1 设x,y,z是三个变量. 如果当变量x,y在一定范围内任意取定一对数

值时，变量 z 按照一定的规律 f 总有确定的数值与它们对应，则称变量 z 是变量 x, y 的二元函数，记为

$$z = f(x, y),$$

其中 x, y 称为自变量，z 称为因变量．自变量 x, y 的取值范围称为函数的定义域．

二元函数在点 (x_0, y_0) 所取得的函数值记为

$$z\Big|_{\substack{x=x_0 \\ y=y_0}}, \quad z\Big|_{(x_0,y_0)} \quad 或 \quad f(x_0, y_0).$$

例 1 设 $z = \ln\sqrt{\mathrm{e}+x^2} - \sin(y-x)$，求 $f\left(0, \dfrac{\pi}{2}\right)$，$f(y,x)$．

解 $f\left(0,\dfrac{\pi}{2}\right) = \ln\sqrt{\mathrm{e}+0^2} - \sin\left(\dfrac{\pi}{2}-0\right) = \dfrac{1}{2} - 1 = -\dfrac{1}{2}$，

$$f(y,x) = \ln\sqrt{\mathrm{e}+y^2} - \sin(x-y).$$

类似地，可以定义三元函数 $u = f(x,y,z)$ 以及 n 元函数 $u = f(x_1, x_2, \cdots, x_n)$．二元及多于二元的函数统称为多元函数．

若 x 表示数轴上的点 P，则一元函数 $y = f(x)$ 可以表示为 $y = f(P)$；数组 (x, y, z) 表示空间一点 P，所以三元函数 $u = f(x,y,z)$ 可表示为 $u = f(P)$；$(x_1, x_2, \cdots, x_n)$ 称为点 P 的坐标．以点 P 表示自变量的函数称为点函数．这样不论是一元函数还是多元函数都可统一地表示为点 P 的函数 $u = f(P)$．

2．*二元函数的定义域*

与一元函数类似，二元函数的两要素也是定义域和对应法则．由解析式所表示的二元函数 $z = f(x,y)$，其定义域就是使式子有意义的自变量的变化范围；而由实际问题得到的二元函数，其定义域由实际意义确定．

二元函数的定义域比较复杂，它可以是一个点，也可能是一条曲线或由几条曲线所围成的部分平面，甚至可能是整个平面．整个平面或由曲线围成的部分平面称为区域；围成区域的曲线称为该区域的边界；不包括边界的区域称为开区域，连同边界在内的区域称为闭区域．以点 $P_0(x_0, y_0)$ 为中心、δ 为半径的圆内所有点的集合

$$\left\{(x,y) \,\middle|\, \sqrt{(x-x_0)^2+(y-y_0)^2} < \delta\right\},$$

称为点 P_0 的 δ 邻域，记作 $U(P_0, \delta)$．

如果一个区域可以被包含在原点的某个邻域内，则称该区域为有界区域，否则称为无界区域．

区域可以用不等式或不等式组表示．

例 2 求下列函数的定义域 D，并画出 D 的图形．

（1）$z = \ln\sqrt{1-x^2-y^2}$；（2）$z = \arcsin(x+y)$．

解 （1）要使函数有意义，应有

$$1-x^2-y^2>0，即 x^2+y^2<1.$$

定义域为有界开区域（如图 7.2.1 所示）

$$D=\{(x,y)\big|\, x^2+y^2<1\}.$$

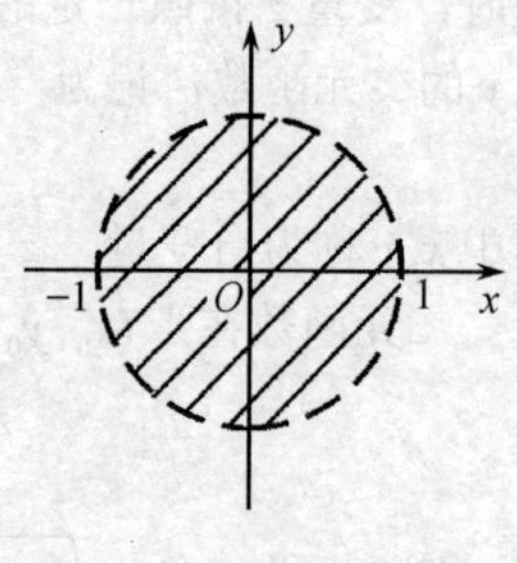

图 7.2.1

（2）要使函数有意义，应有

$$|x+y|\leqslant 1，即 -1\leqslant x+y\leqslant 1.$$

定义域为无界闭区域（如图 7.2.2 所示）

$$D=\{\ (x,y)\ -1\leqslant x+y\leqslant 1\}.$$

3. 二元函数的几何意义

设 $P(x,y)$ 是二元函数 $z=f(x,y)$ 的定义域 D 内的任一点，则相应的函数值为 $z=f(x,y)$，有序数组 x,y,z 确定了空间一点 $M(x,y,z)$，称点集

$$\{(x,y,z)\big|\, z=f(x,y),(x,y)\in D\}$$

为二元函数 $z=f(x,y)$ 的图形，它通常是一张曲面 $\varSigma$，定义域 D 就是曲面 $\varSigma$ 在 xOy 面上的投影区域（如图 7.2.3 所示）.

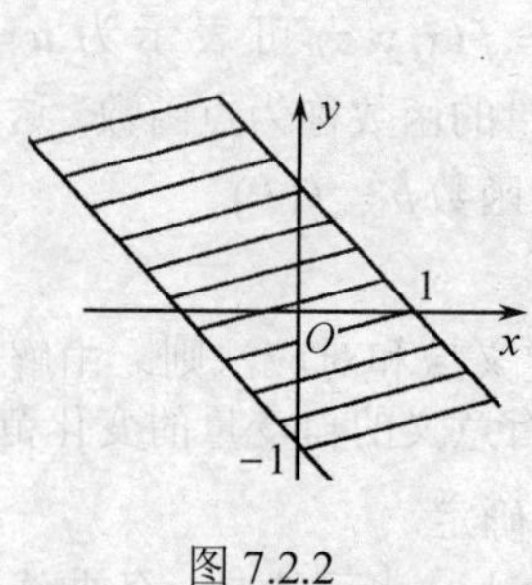

图 7.2.2

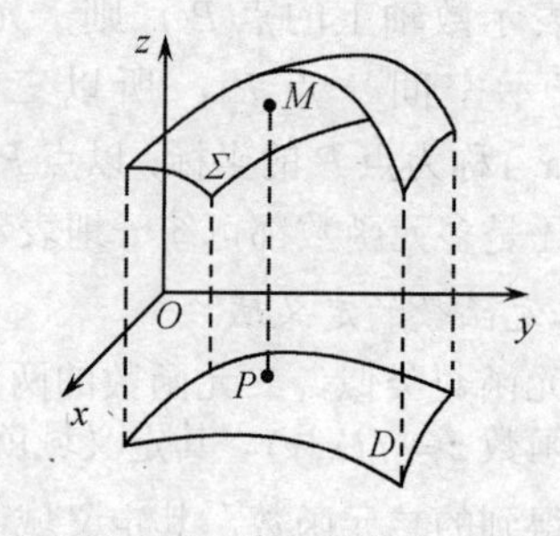

图 7.2.3

7.2.2 二元函数的极限与连续

1. 二元函数的极限

定义 2 设二元函数 $z=f(x,y)$ 在点 $P_0(x_0,y_0)$ 的某一邻域内有定义（点 P_0 可以除外），如果当点 $P(x,y)$ 沿任意路径趋于点 $P_0(x_0,y_0)$ 时，函数 $f(x,y)$ 无限趋于常数 A，那么称 A 为函数 $z=f(x,y)$ 当 $(x,y)\to(x_0,y_0)$ 时的极限，记为

$$\lim_{\substack{x\to x_0\\ y\to y_0}} f(x,y)=A \quad 或 \quad \lim_{P\to P_0} f(P)=A.$$

注意：在一元函数 $y=f(x)$ 的极限定义中，点 x 只是沿 x 轴趋向于点 x_0. 但二元函数的极限定义中，要求点 $P(x,y)$ 以任何方式趋于点 $P_0(x_0,y_0)$ 时，函数 $f(x,y)$ 都趋于常数 A. 如果当点 $P(x,y)$ 以不同方式趋于点 $P_0(x_0,y_0)$ 时，函数趋于不同的值，则函数极限不存在.

例 3 求$\lim\limits_{\substack{x\to 0\\ y\to 0}}\dfrac{\sin\ (x^2+y^2)}{x^2+y^2}$.

解 令$u=x^2+y^2$，当$x\to 0$，$y\to 0$时，$u\to 0$，所以

$$\lim_{\substack{x\to 0\\ y\to 0}}\frac{\sin\ (x^2+y^2)}{x^2+y^2}=\lim_{u\to 0}\frac{\sin\ u}{u}=1.$$

本例表明，有些二元函数的极限问题可转化为一元函数的极限问题.

例 4 讨论$\lim\limits_{\substack{x\to 0\\ y\to 0}}\dfrac{xy}{x^2+y^2}$是否存在.

解 设点(x,y)沿直线$y=kx(k\neq 0)$趋于点$(0,0)$，即当$y=kx$，$x\to 0$时，有

$$\lim_{\substack{x\to 0\\ y\to 0}}\frac{xy}{x^2+y^2}=\lim_{x\to 0}\frac{kx^2}{(1+k^2)x^2}=\frac{k}{1+k^2}.$$

当k取不同的值时，$\dfrac{k}{1+k^2}$的值也不同，故$\lim\limits_{\substack{x\to 0\\ y\to 0}}\dfrac{xy}{x^2+y^2}$不存在.

2. 二元函数的连续性

定义 3 设函数$z=f(x,y)$在点$P_0(x_0,y_0)$的某一邻域内有定义.

如果$\lim\limits_{\substack{x\to x_0\\ y\to y_0}}f(x,y)=f(x_0,y_0)$，则称函数$f(x,y)$在点$P_0(x_0,y_0)$处连续.

如果函数$z=f(x,y)$在区域D内每一点都连续，则称函数$f(x,y)$在区域D内连续.

如果函数$z=f(x,y)$在点$P_0(x_0,y_0)$不连续，则称点$P_0(x_0,y_0)$是函数$f(x,y)$的间断点.

如$f(x,y)=\sin\dfrac{1}{x^2+y^2-1}$在$x^2+y^2-1=0$处间断，所以该圆周上的点都是间断点，可见，二元函数的间断点可以形成一条线.

二元连续函数的和、差、积、商（分母不为零）及复合函数仍是连续函数. 所以有：二元初等函数在其定义区域内连续.

于是，初等函数$f(x,y)$在其定义域内总有

$$\lim_{\substack{x\to x_0\\ y\to y_0}}f(x,y)=f(x_0,y_0).$$

例 5 求$\lim\limits_{\substack{x\to 2\\ y\to 3}}\dfrac{x+y}{xy}$.

解 因为函数$f(x,y)=\dfrac{x+y}{xy}$是初等函数，且点$(2,3)$在该函数的定义域内，故

$$\lim_{\substack{x\to 2\\ y\to 3}}\frac{x+y}{xy}=f(2,3)=\frac{5}{6}.$$

例 6 讨论函数 $f(x,y)=\begin{cases}\dfrac{xy}{x^2+y^2}, & (x,y)\neq(0,0),\\ 0, & (x,y)=(0,0)\end{cases}$ 的连续性.

解 当 $(x,y)\neq(0,0)$ 时，$f(x,y)$ 为初等函数，故函数在 $(x,y)\neq(0,0)$ 点处连续. 当 $(x,y)=(0,0)$ 时，由例 4 知

$$\lim_{\substack{x\to 0\\ y\to 0}} f(x,y)=\lim_{\substack{x\to 0\\ y\to 0}}\frac{xy}{x^2+y^2}$$

不存在，所以函数 $f(x,y)$ 在点 $(0,0)$ 处不连续，即原点 $(0,0)$ 是函数的间断点.

3. 有界闭区域上连续函数的性质

性质 1（最值定理） 在有界闭区域上连续的二元函数，在该区域上一定有最大值和最小值.

性质 2（介值定理） 在有界闭区域上连续的二元函数，必能取得介于函数的最大值与最小值之间的任何值.

习题 7.2

1. 求下列函数的定义域，并画出定义域的图形：

（1）$z=\sqrt{1-x^2}+\sqrt{y^2-1}$；　（2）$z=\ln(xy)$；

（3）$z=\sqrt{1-\dfrac{x^2}{a^2}-\dfrac{y^2}{b^2}}$；　（4）$z=\dfrac{2-\sqrt{4x-y^2}}{\ln(1-x^2-y^2)}$；

（5）$z=\arcsin\dfrac{x^2+y^2}{4}+\dfrac{1}{\sqrt{x^2+y^2-1}}$；　（6）$u=\ln(-1-x^2-y^2+z^2)$.

2. 已知 $f\left(x+y,\dfrac{y}{x}\right)=x^2-y^2$，求 $f(x,y)$.

3. 求下列函数的极限：

（1）$\lim\limits_{\substack{x\to 0\\ y\to 0}}\dfrac{2-\sqrt{xy+4}}{xy}$；　（2）$\lim\limits_{\substack{x\to 0\\ y\to 0}}\dfrac{\sin\,(xy)}{x}$.

4. 证明 $\lim\limits_{\substack{x\to 0\\ y\to 0}}\dfrac{x+y}{x-y}$ 不存在.

5. 下列函数在何处间断：

（1）$z=\dfrac{y^2+x}{y^2-2x}$；　（2）$z=\sin\dfrac{1}{xy}$；

（3）$u=\dfrac{x+y+z}{xy-z}$；　（4）$z=\begin{cases}\dfrac{x^2-y^2}{x^2+y^2}, & x^2+y^2\neq 0,\\ 0, & x^2+y^2=0.\end{cases}$

7.3 偏导数与全微分

7.3.1 偏导数

1. 偏导数的定义

在一元函数微分学中，讨论的是函数对自变量的变化率问题. 对于多元函数，也经常需要研究函数对某个自变量的变化率，从而引出偏导数的概念.

定义 1 设函数 $z=f(x,y)$ 在点 (x_0,y_0) 的某邻域内有定义，固定 $y=y_0$，而 x 在 x_0 取得增量 Δx 时，函数 z 相应取得增量（称为偏增量）

$$\Delta_x z=f(x_0+\Delta x,y_0)-f(x_0,y_0).$$

如果极限 $\lim\limits_{\Delta x\to 0}\dfrac{\Delta_x z}{\Delta x}=\lim\limits_{\Delta x\to 0}\dfrac{f(x_0+\Delta x,y_0)-f(x_0,y_0)}{\Delta x}$ 存在，则称此极限值为函数 $z=f(x,y)$ 在点 (x_0,y_0) 处对 x 的偏导数，记为

$$\left.\frac{\partial z}{\partial x}\right|_{\substack{x=x_0\\y=y_0}},\quad \left.\frac{\partial f}{\partial x}\right|_{\substack{x=x_0\\y=y_0}},\quad z'_x\Big|_{\substack{x=x_0\\y=y_0}} \quad 或 \quad f'_x(x_0,y_0).$$

类似地，函数 $z=f(x,y)$ 在点 (x_0,y_0) 处对 y 的偏导数定义为

$$\lim_{\Delta y\to 0}\frac{\Delta_y z}{\Delta y}=\lim_{\Delta y\to 0}\frac{f(x_0,y_0+\Delta y)-f(x_0,y_0)}{\Delta y}.$$

记为

$$\left.\frac{\partial z}{\partial y}\right|_{\substack{x=x_0\\y=y_0}},\quad \left.\frac{\partial f}{\partial y}\right|_{\substack{x=x_0\\y=y_0}},\quad z'_y\Big|_{\substack{x=x_0\\y=y_0}} \quad 或 \quad f'_y(x_0,y_0).$$

如果对区域 D 内任意一点 (x,y) 极限

$$\lim_{\Delta x\to 0}\frac{f(x+\Delta x,y)-f(x,y)}{\Delta x} \quad 和 \quad \lim_{\Delta y\to 0}\frac{f(x,y+\Delta y)-f(x,y)}{\Delta y}$$

都存在，则它们都是 x,y 的函数，分别称为函数 $f(x,y)$ 在区域 D 内对 x 和 y 的偏导函数，简称偏导数，记为

$$\frac{\partial z}{\partial x},\ \frac{\partial f}{\partial x},\ z'_x \quad 或 \quad f'_x(x,y) \quad 和 \quad \frac{\partial z}{\partial y},\ \frac{\partial f}{\partial y},\ z'_y \quad 或 \quad f'_y(x,y).$$

偏导数的概念可以推广到二元以上的函数，不再赘述.

2. 偏导数的求法

由偏导数的定义可知，求多元函数对某个变量的偏导数时，只需将其余的变量看作常数，而对该变量求导，因此求偏导数的方法与一元函数的求导方法完全相同.

例 1 求函数 $z=x^2-3xy+2y^3$ 在点(1,2)处的两个偏导数.

解 因为 $\frac{\partial z}{\partial x}=2x-3y$，$\frac{\partial z}{\partial y}=-3x+6y^2$，所以 $\left.\frac{\partial z}{\partial x}\right|_{\substack{x=1\\y=2}}=-4$，$\left.\frac{\partial z}{\partial y}\right|_{\substack{x=1\\y=2}}=21$.

例 2 求函数 $f(x,y)=\arctan\frac{x}{y}$ 的偏导数.

解 $\frac{\partial z}{\partial x}=\frac{1}{1+\left(\frac{x}{y}\right)^2}\cdot\frac{1}{y}=\frac{y}{x^2+y^2}$，$\frac{\partial z}{\partial y}=\frac{1}{1+\left(\frac{x}{y}\right)^2}\cdot\left(-\frac{x}{y^2}\right)=-\frac{x}{x^2+y^2}$.

例 3 已知理想气体的状态方程为 $PV=RT$（R 为常数），证明 $\frac{\partial P}{\partial V}\cdot\frac{\partial V}{\partial T}\cdot\frac{\partial T}{\partial P}=-1$.

证 由 $P=\frac{RT}{V}$，得 $\frac{\partial P}{\partial V}=-\frac{RT}{V^2}$，由 $V=\frac{RT}{P}$，得 $\frac{\partial V}{\partial T}=\frac{R}{P}$，由 $T=\frac{PV}{R}$，得 $\frac{\partial T}{\partial P}=\frac{V}{R}$，所以

$$\frac{\partial P}{\partial V}\cdot\frac{\partial V}{\partial T}\cdot\frac{\partial T}{\partial P}=-\frac{RT}{V^2}\cdot\frac{R}{P}\cdot\frac{V}{R}=-\frac{RT}{VP}=-\frac{RT}{RT}=-1.$$

例 4 设 $u=\sqrt{x^2+y^2+z^2}$，证明：$\left(\frac{\partial u}{\partial x}\right)^2+\left(\frac{\partial u}{\partial y}\right)^2+\left(\frac{\partial u}{\partial z}\right)^2=1$.

证 因为 $\frac{\partial u}{\partial x}=\frac{x}{u}$，$\frac{\partial u}{\partial y}=\frac{y}{u}$，$\frac{\partial u}{\partial z}=\frac{z}{u}$，

所以
$$\left(\frac{\partial u}{\partial x}\right)^2+\left(\frac{\partial u}{\partial y}\right)^2+\left(\frac{\partial u}{\partial z}\right)^2=\frac{x^2+y^2+z^2}{u^2}=\frac{u^2}{u^2}=1.$$

例 5 设 $f(x,y)=\begin{cases}\frac{xy}{x^2+y^2}, & (x,y)\neq(0,0),\\ 0, & (x,y)=(0,0),\end{cases}$ 求 $f_x'(0,0)$，$f_y'(0,0)$.

解 $f(x,y)$ 在 $(0,0)$ 处的两个偏导数，必须分别按定义计算.

$$f_x'(0,0)=\lim_{\Delta x\to 0}\frac{f(0+\Delta x,0)-f(0,0)}{\Delta x}=\lim_{\Delta x\to 0}\frac{0-0}{\Delta x}=0,$$

$$f_y'(0,0)=\lim_{\Delta y\to 0}\frac{f(0,0+\Delta y)-f(0,0)}{\Delta y}=\lim_{\Delta y\to 0}\frac{0-0}{\Delta y}=0.$$

由上一节的讨论知函数 $f(x,y)$ 在点 $(0,0)$ 不存在极限，也不连续，因此，二元函数在某点存在偏导数，并不能保证函数在该点连续，与一元函数可导必连续是不相同的.

3. 偏导数的几何意义

一元函数 $y=f(x)$ 在点 x_0 处的导数的几何意义为曲线 $y=f(x)$ 过点 (x_0,y_0) 处

的切线的斜率．二元函数 $z=f(x,y)$ 在点 (x_0,y_0) 处的偏导数 $f_x'(x_0,y_0)$ 是曲面 $z=f(x,y)$ 与平面 $y=y_0$ 的交线在点 $(x_0,y_0,f(x_0,y_0))$ 处的切线对 x 轴的斜率，即 $f_x'(x_0,y_0)=\tan\alpha$（如图 7.3.1 所示）．

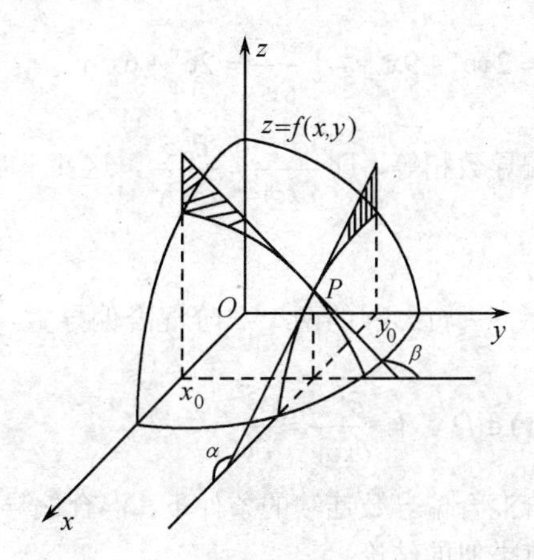

图 7.3.1

同理，偏导数 $f_y'(x_0,y_0)$ 是曲面 $z=f(x,y)$ 与平面 $x=x_0$ 的交线在点 $(x_0,y_0,f(x_0,y_0))$ 处的切线对 y 轴的斜率，即 $f_y'(x_0,y_0)=\tan\beta$．

7.3.2 高阶偏导数

函数 $z=f(x,y)$ 的两个偏导数

$$\frac{\partial z}{\partial x}=f_x'(x,y)\,,\quad \frac{\partial z}{\partial y}=f_y'(x,y)\,,$$

一般说来仍然是 x,y 的函数，如果这两个函数关于 x,y 的偏导数也存在，则称它们的偏导数是 $f(x,y)$ 的二阶偏导数．

由于每个二元函数都有两个一阶偏导数，所以 $z=f(x,y)$ 有四个二阶偏导数：

$$\frac{\partial}{\partial x}\left(\frac{\partial z}{\partial x}\right)=\frac{\partial^2 z}{\partial x^2}=f''_{xx}(x,y)=z''_{xx}\,,\quad \frac{\partial}{\partial y}\left(\frac{\partial z}{\partial x}\right)=\frac{\partial^2 z}{\partial x\partial y}=f''_{xy}(x,y)=z''_{xy}\,,$$

$$\frac{\partial}{\partial x}\left(\frac{\partial z}{\partial y}\right)=\frac{\partial^2 z}{\partial y\partial x}=f''_{yx}(x,y)=z''_{yx}\,,\quad \frac{\partial}{\partial y}\left(\frac{\partial z}{\partial y}\right)=\frac{\partial^2 z}{\partial y^2}=f''_{yy}(x,y)=z''_{yy}\,,$$

其中 $\dfrac{\partial^2 z}{\partial x\partial y}$ 和 $\dfrac{\partial^2 z}{\partial y\partial x}$ 称为二阶混合偏导数．类似地，可定义三阶、四阶以至 n 阶偏导数，二阶及二阶以上的偏导数称为高阶偏导数．

例 6 求函数 $z=y^2\mathrm{e}^x+x^3y^3+1$ 的所有二阶偏导数．

解 因为 $\frac{\partial z}{\partial x}=y^2\mathrm{e}^x+3x^2y^3$，$\frac{\partial z}{\partial y}=2y\mathrm{e}^x+3x^3y^2$，所以

$$\frac{\partial^2 z}{\partial x^2}=y^2\mathrm{e}^x+6xy^3,\quad \frac{\partial^2 z}{\partial x\partial y}=2y\mathrm{e}^x+9x^2y^2,$$

$$\frac{\partial^2 z}{\partial y\partial x}=2y\mathrm{e}^x+9x^2y^2,\quad \frac{\partial^2 z}{\partial y^2}=2\mathrm{e}^x+6x^3y.$$

本例中两个混合偏导数相等，即 $\frac{\partial^2 z}{\partial x\partial y}=\frac{\partial^2 z}{\partial y\partial x}$，这并不是一种巧合，是可以证明的（证略）.

定理 1 如果函数 $z=f(x,y)$ 的两个二阶混合偏导数 $\frac{\partial^2 z}{\partial x\partial y}$ 和 $\frac{\partial^2 z}{\partial y\partial x}$ 在区域 D 内连续，则对任何 $(x,y)\in D$，有 $\frac{\partial^2 z}{\partial x\partial y}=\frac{\partial^2 z}{\partial y\partial x}$.

此定理说明在二阶混合偏导数连续的条件下，混合偏导数与求导的次序无关，对更高阶的偏导数也有类似的结论.

例 7 设函数 $z=\arctan\frac{y}{x}$，求 $\frac{\partial^2 z}{\partial x\partial y}$，$\frac{\partial^2 z}{\partial y\partial x}$.

解 $$\frac{\partial z}{\partial x}=\frac{1}{1+\left(\frac{y}{x}\right)^2}\cdot\frac{-y}{x^2}=\frac{-y}{x^2+y^2},$$

$$\frac{\partial z}{\partial y}=\frac{1}{1+\left(\frac{y}{x}\right)^2}\cdot\frac{1}{x}=\frac{x}{x^2+y^2},$$

$$\frac{\partial^2 z}{\partial x\partial y}=\frac{\partial}{\partial y}\left(\frac{-y}{x^2+y^2}\right)=\frac{(-1)\cdot(x^2+y^2)-(-y)\cdot(0+2y)}{(x^2+y^2)^2}=\frac{y^2-x^2}{(x^2+y^2)^2},$$

$$\frac{\partial^2 z}{\partial y\partial x}=\frac{\partial}{\partial y}\left(\frac{x}{x^2+y^2}\right)=\frac{1\cdot(x^2+y^2)-x\cdot(2x+0)}{(x^2+y^2)^2}=\frac{y^2-x^2}{(x^2+y^2)^2}.$$

7.3.3 全微分

首先看一实例.

设有一矩形金属片，长为 x、宽为 y，则面积 $z=xy$，当边长 x,y 分别有增量 $\Delta x,\Delta y$ 时，面积的增量为

$$\Delta z=(x+\Delta x)(y+\Delta y)-xy=y\Delta x+x\Delta y+\Delta x\Delta y.$$

Δz 称为函数 $z=xy$ 的全增量，它由 $y\Delta x$，$x\Delta y$ 和 $\Delta x\Delta y$ 三项组成．记 $\rho=\sqrt{(\Delta x)^2+(\Delta y)^2}$，当 $\rho\to 0$ 时，即 $\Delta x\to 0$，且 $\Delta y\to 0$ 时，$\Delta x\Delta y$ 是比 ρ 高阶的

无穷小．Δz 的前两项和 $y\Delta x + x\Delta y$ 是关于 Δx 和 Δy 的线性函数．如果略去最后一项 $\Delta x\Delta y$，可得 Δz 的近似表达式

$$\Delta z \approx y\Delta x + x\Delta y,$$

其中 $y = \dfrac{\partial z}{\partial x}$，$x = \dfrac{\partial z}{\partial y}$，从而有

$$\Delta z \approx \frac{\partial z}{\partial x}\Delta x + \frac{\partial z}{\partial y}\Delta y.$$

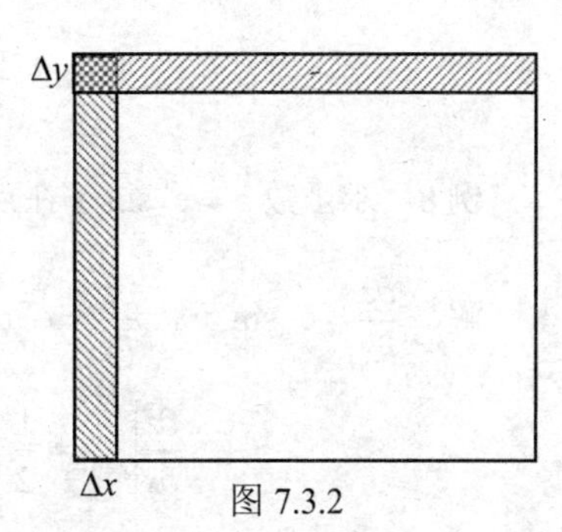

图 7.3.2

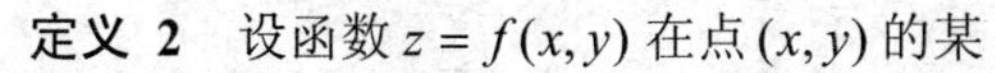

定义 2　设函数 $z = f(x,y)$ 在点 (x,y) 的某邻域内有定义，且 $\dfrac{\partial z}{\partial x}$ 和 $\dfrac{\partial z}{\partial y}$ 存在，如果 $z = f(x,y)$ 在点 (x,y) 处的全增量 Δz 可表示为

$$\Delta z = f(x+\Delta x, y+\Delta y) - f(x,y) = \frac{\partial z}{\partial x}\Delta x + \frac{\partial z}{\partial y}\Delta y + o(\rho),$$

其中 $\rho = \sqrt{(\Delta x)^2 + (\Delta y)^2}$，则称 $\dfrac{\partial z}{\partial x}\Delta x + \dfrac{\partial z}{\partial y}\Delta y$ 为函数 $z = f(x,y)$ 在点 (x,y) 处的全微分，记作

$$\mathrm{d}z = \frac{\partial z}{\partial x}\Delta x + \frac{\partial z}{\partial y}\Delta y,$$

此时也称函数 $z = f(x,y)$ 在点 (x,y) 处可微．

由定义 1 可知：

（1）如果函数 $z = f(x,y)$ 在点 (x,y) 处可微，则在该点处的两个偏导数 $\dfrac{\partial z}{\partial x}$ 和 $\dfrac{\partial z}{\partial y}$ 必都存在;

（2）函数 $z = f(x,y)$ 在点 (x,y) 处可微，由 $\Delta z = \dfrac{\partial z}{\partial x}\Delta x + \dfrac{\partial z}{\partial y}\Delta y + o(\rho)$，可得当 $\Delta x \to 0$，且 $\Delta y \to 0$ 时，有 $\Delta z \to 0$，这说明函数在点 (x,y) 处连续．

定理 2　如果函数 $z = f(x,y)$ 的两个偏导数在点 (x,y) 处存在且连续，则函数 $z = f(x,y)$ 在点 (x,y) 处必可微．

同一元函数一样，规定自变量的增量等于自变量的微分，即 $\Delta x = \mathrm{d}x$，$\Delta y = \mathrm{d}y$，则全微分又可记为

$$\mathrm{d}z = \frac{\partial z}{\partial x}\mathrm{d}x + \frac{\partial z}{\partial y}\mathrm{d}y.$$

全微分的概念可以推广到三元及三元以上的函数，例如，若三元函数 $u = f(x,y,z)$ 在区域 D 内具有连续的偏导数，则 $u = f(x,y,z)$ 在 D 内可微，其全微分为

$$\mathrm{d}u=\frac{\partial u}{\partial x}\mathrm{d}x+\frac{\partial u}{\partial y}\mathrm{d}y+\frac{\partial u}{\partial z}\mathrm{d}z\,.$$

例 8 求函数 $z=\mathrm{e}^x\sin y$ 在点 $\left(0,\frac{\pi}{6}\right)$ 处当 $\Delta x=0.04$，$\Delta y=0.02$ 的全微分.

解 $\frac{\partial z}{\partial x}=\mathrm{e}^x\sin y$，$\frac{\partial z}{\partial y}=\mathrm{e}^x\cos y$，

$$\left.\frac{\partial z}{\partial x}\right|_{\substack{x=0\\y=\frac{\pi}{6}}}=\frac{1}{2},\quad \left.\frac{\partial z}{\partial y}\right|_{\substack{x=0\\y=\frac{\pi}{6}}}=\frac{\sqrt{3}}{2},$$

$$\left.\mathrm{d}z\right|_{\substack{x=0\\y=\frac{\pi}{6}}}=\frac{\partial z}{\partial x}\Delta x+\frac{\partial z}{\partial y}\Delta y=\frac{1}{2}\times 0.04+\frac{\sqrt{3}}{2}\times 0.02\approx 0.037\,.$$

例 9 求函数 $z=x^y$ 的全微分.

解 $\frac{\partial z}{\partial x}=yx^{y-1}$，$\frac{\partial z}{\partial y}=x^y\ln x$，

$$\mathrm{d}z=\frac{\partial z}{\partial x}\mathrm{d}x+\frac{\partial z}{\partial y}\mathrm{d}y=yx^{y-1}\mathrm{d}x+x^y\ln x\,\mathrm{d}y\,.$$

习题 7.3

1．设 $f(x,y)=\sqrt{x^4-\sin^2 y}$，求 $f'_x(1,0)$ 和 $f'_y(1,0)$.

2．求下列各函数的一阶偏导数：

（1）$z=\mathrm{e}^{xy}$；（2）$z=xy+\frac{x}{y}$；

（3）$u=z^2\ln(x^2+y^2)$；（4）$z=(1+xy)^y$；

（5）$z=\sin\frac{x}{y}\cos\frac{y}{x}$；（6）$u=\sin(x^2+y^2+z^2)$；

（7）$u=\frac{\cos x^2}{y}$；（8）$z=\arcsin(y\sqrt{x})$；

（9）$z=\left(\frac{1}{3}\right)^{-\frac{y}{x}}$.

3．设 $z=\ln(\sqrt{x}+\sqrt{y})$，证明：$x\frac{\partial z}{\partial x}+y\frac{\partial z}{\partial y}=\frac{1}{2}$.

4．求下列函数的 $\frac{\partial^2 z}{\partial x^2}$，$\frac{\partial^2 z}{\partial y^2}$，$\frac{\partial^2 z}{\partial x\partial y}$.

（1）$z=x^4+y^4-4x^2y^2$；（2）$z=\ln(x^2+y^2)$；

（3）$z=y^x$；（4）$z=\sin^2(ax+by)$；

（5） $z=e^{-\frac{x}{y}}$；（6） $z=\dfrac{x}{\sqrt{x^2+y^2}}$.

5．验证函数 $z=\ln(e^x+e^y)$ 满足

$$\frac{\partial^2 z}{\partial x^2}\cdot\frac{\partial^2 z}{\partial y^2}-\left(\frac{\partial^2 z}{\partial x\partial y}\right)^2=0.$$

6．求函数 $z=x^3y^2$，当 $x=-1$，$y=2$，$\Delta x=0.01$，$\Delta y=-0.01$ 时的全微分．

7．求下列函数的全微分：

（1） $z=x^m y^n$；（2） $z=\sqrt{x^2+y^2}$；

（3） $z=\arcsin(xy)$；（4） $z=e^{x+y}\cos x\sin y$；

（5） $u=x^{yz}$；（6） $u=\dfrac{z}{x^2+y^2}$.

8．计算 $\sin 29°\cdot\tan 46°$ 的近似值．

9．计算 $\sqrt{(1.02)^3+(1.97)^3}$ 的近似值．

10．已知边长 $x=6\text{ m}$，$y=8\text{ m}$ 的矩形，如果 x 增加 5 cm，y 减少 10 cm，问这个矩形对角线近似变化多少？

7.4 多元复合函数与隐函数的微分法

7.4.1 多元复合函数的微分法

设函数 $z=f(u,v)$，$u=\varphi(x,y)$，$v=\psi(x,y)$，则称 $z=f[\varphi(x,y),\psi(x,y)]$ 是自变量 x,y 的复合函数，u,v 称为中间变量．

定理（复合函数的偏导数） 设函数 $u=\varphi(x,y)$，$v=\psi(x,y)$ 在点 (x,y) 处有偏导数，函数 $z=f(u,v)$ 在对应点 (u,v) 处有连续偏导数，则复合函数 $z=f[\varphi(x,y),\psi(x,y)]$ 在点 (x,y) 处的偏导数存在，且

$$\frac{\partial z}{\partial x}=\frac{\partial z}{\partial u}\frac{\partial u}{\partial x}+\frac{\partial z}{\partial v}\frac{\partial v}{\partial x},$$

$$\frac{\partial z}{\partial y}=\frac{\partial z}{\partial u}\frac{\partial u}{\partial y}+\frac{\partial z}{\partial v}\frac{\partial v}{\partial y}.$$

在求多元复合函数的偏导数时，要弄清楚哪些是中间变量，哪些是自变量以及它们之间的复合关系，常用图示法表达变量之间的关系，如图 7.4.1 所示．

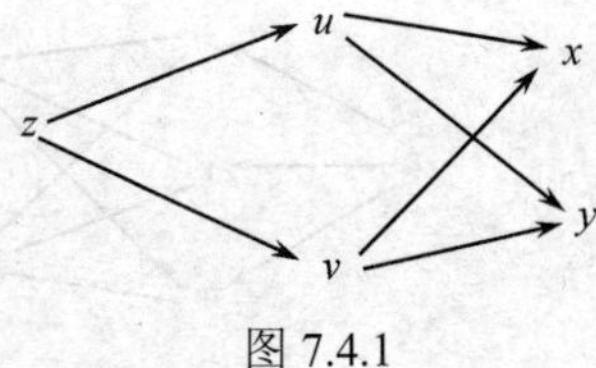

图 7.4.1

例 1 设 $z=e^u\sin v$，而 $u=xy$，$v=x+y$，求 $\dfrac{\partial z}{\partial x}$，$\dfrac{\partial z}{\partial y}$.

解 按图 7.4.1 给出的复合函数关系，可得

$$\begin{aligned}\frac{\partial z}{\partial x}&=\frac{\partial z}{\partial u}\frac{\partial u}{\partial x}+\frac{\partial z}{\partial v}\frac{\partial v}{\partial x}\\&=\mathrm{e}^u\sin\ v\cdot y+\mathrm{e}^u\cos\ v\cdot 1\\&=y\mathrm{e}^{xy}\sin\ (x+y)+\mathrm{e}^{xy}\cos\ (x+y)\\&=\mathrm{e}^{xy}[y\sin\ (x+y)+\cos\ (x+y)],\end{aligned}$$

$$\begin{aligned}\frac{\partial z}{\partial y}&=\frac{\partial z}{\partial u}\frac{\partial u}{\partial y}+\frac{\partial z}{\partial v}\frac{\partial v}{\partial y}\\&=\mathrm{e}^u\sin\ v\cdot x+\mathrm{e}^u\cos\ v\cdot 1\\&=x\mathrm{e}^{xy}\sin\ (x+y)+\mathrm{e}^{xy}\cos\ (x+y)\\&=\mathrm{e}^{xy}[x\sin\ (x+y)+\cos\ (x+y)].\end{aligned}$$

对于中间变量和自变量不是两个的情形，都可以类似地用复合关系图写出求导公式．

（1）设 $u=\varphi(x,y)$，$v=\psi(x,y)$，$w=w(x,y)$ 在点 (x,y) 处存在偏导数，而 $z=f(u,v,w)$ 在相应点 (u,v,w) 处存在连续偏导数，则复合函数 $z=f[\varphi(x,y),\psi(x,y),w(x,y)]$ 在点 (x,y) 处的偏导数 $\frac{\partial z}{\partial x}$，$\frac{\partial z}{\partial y}$ 存在，且按图 7.4.2 有

$$\frac{\partial z}{\partial x}=\frac{\partial z}{\partial u}\frac{\partial u}{\partial x}+\frac{\partial z}{\partial v}\frac{\partial v}{\partial x}+\frac{\partial z}{\partial w}\frac{\partial w}{\partial x},$$

$$\frac{\partial z}{\partial y}=\frac{\partial z}{\partial u}\frac{\partial u}{\partial y}+\frac{\partial z}{\partial v}\frac{\partial v}{\partial y}+\frac{\partial z}{\partial w}\frac{\partial w}{\partial y};$$

（2）设 $u=\varphi(x,y,z)$，$v=\psi(x,y,z)$ 在点 (x,y,z) 处存在偏导数，而 $s=f(u,v)$ 在相应点 (u,v) 处存在连续偏导数，则复合函数 $s=f[\varphi(x,y,z),\psi(x,y,z)]$ 在点 (x,y,z) 处的偏导数存在，且按图 7.4.3 有

$$\frac{\partial s}{\partial x}=\frac{\partial s}{\partial u}\frac{\partial u}{\partial x}+\frac{\partial s}{\partial v}\frac{\partial v}{\partial x},$$

$$\frac{\partial s}{\partial y}=\frac{\partial s}{\partial u}\frac{\partial u}{\partial y}+\frac{\partial s}{\partial v}\frac{\partial v}{\partial y},$$

$$\frac{\partial s}{\partial z}=\frac{\partial s}{\partial u}\frac{\partial u}{\partial z}+\frac{\partial s}{\partial v}\frac{\partial v}{\partial z};$$

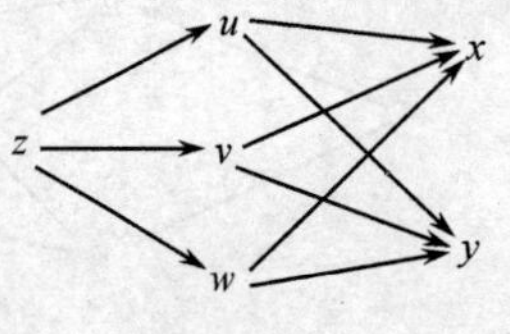

图 7.4.2

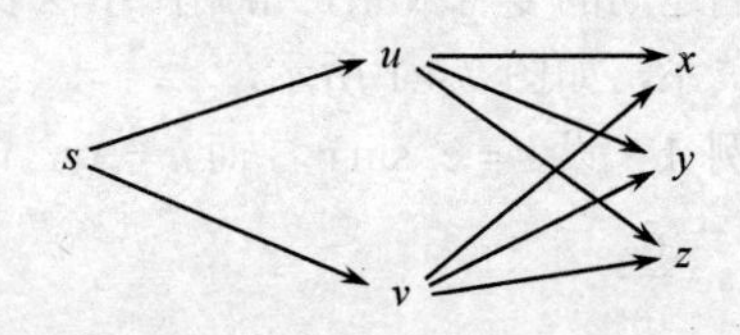

图 7.4.3

（3）设 $u=\varphi(x,y)$ 在点 (x,y) 处存在偏导数，而 $z=f(u)$ 在相应点 u 处存在连续的导数，则复合函数 $z=f[\varphi(x,y)]$ 在点 (x,y) 处的偏导数存在，且按图 7.4.4 有

$$\frac{\partial z}{\partial x}=\frac{\mathrm{d}z}{\mathrm{d}u}\frac{\partial u}{\partial x},$$

$$\frac{\partial z}{\partial y}=\frac{\mathrm{d}z}{\mathrm{d}u}\frac{\partial u}{\partial y};$$

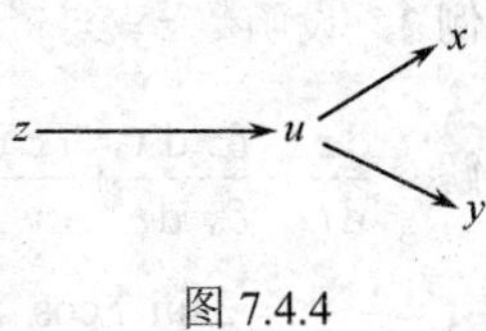

图 7.4.4

（4）设 $u=\varphi(x)$，$v=\psi(x)$ 在点 x 处可导，而 $z=f(u,v)$ 在相应点 (u,v) 处存在连续的偏导数，则复合函数 $z=f[\varphi(x),\psi(x)]$ 便是 x 的一元函数，它在点 x 处的导数存在，且

$$\frac{\mathrm{d}z}{\mathrm{d}x}=\frac{\partial z}{\partial u}\frac{\mathrm{d}u}{\mathrm{d}x}+\frac{\partial z}{\partial v}\frac{\mathrm{d}v}{\mathrm{d}x}.$$

这种通过多个中间变量复合而成的一元函数的导数称为全导数（如图 7.4.5 所示）；

（5）设 $u=\varphi(x,y)$ 在点 (x,y) 处存在偏导数，而 $z=f(u,x,y)$ 在相应点 (u,x,y) 处存在连续偏导数，则复合函数 $z=f[\varphi(x,y),x,y]$ 在点 (x,y) 处的偏导数存在（如图 7.4.6 所示），有

$$\frac{\partial z}{\partial x}=\frac{\partial z}{\partial u}\frac{\partial u}{\partial x}+\frac{\partial f}{\partial x},$$

$$\frac{\partial z}{\partial y}=\frac{\partial z}{\partial u}\frac{\partial u}{\partial y}+\frac{\partial f}{\partial y},$$

注意上式 $\frac{\partial f}{\partial x}\neq\frac{\partial z}{\partial x}$，$\frac{\partial f}{\partial y}\neq\frac{\partial z}{\partial y}$.

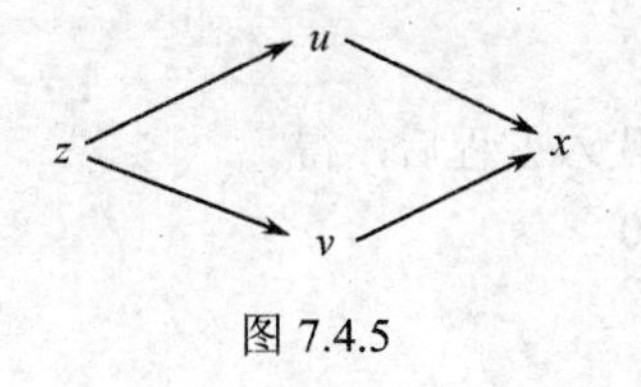

图 7.4.5

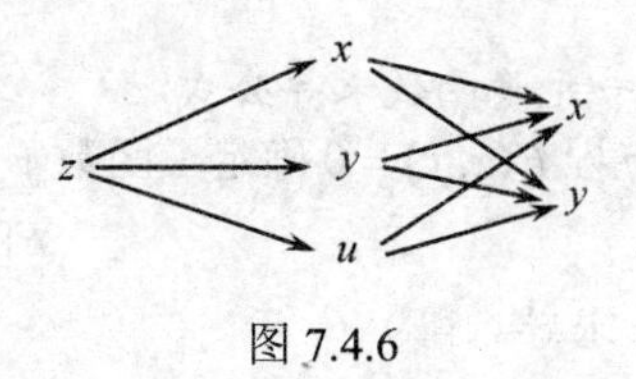

图 7.4.6

图 7.4.6 中 x,y 均是有中间变量和自变量的双重含义. 其中 $\frac{\partial f}{\partial x}$ 表示把 $f(u,x,y)$ 中 u,y 看作常量对中间变量 x 求偏导数，而 $\frac{\partial z}{\partial x}$ 表示复合函数 $z=f[\varphi(x,y),x,y]$ 对自变量 x 的偏导数.

同理 $\frac{\partial f}{\partial y}$ 和 $\frac{\partial z}{\partial y}$ 的含义也不相同.

多元复合函数的复合关系多种多样，一般先要正确画出各变量之间的复合关

系，再写出相应的公式进行计算.

例 2 设函数 $z=x^2y^2$，其中 $x=\sin t$，$y=\cos t$，求 $\dfrac{\mathrm{d}z}{\mathrm{d}t}$.

解 $\dfrac{\mathrm{d}z}{\mathrm{d}t}=\dfrac{\partial z}{\partial x}\dfrac{\mathrm{d}x}{\mathrm{d}t}+\dfrac{\partial z}{\partial y}\dfrac{\mathrm{d}y}{\mathrm{d}t}=2xy^2\cos t+2x^2y\cdot(-\sin t)$

$=2\sin t\cos^3 t-2\sin^3 t\cos t=2\sin t\cos t(\cos^2 t-\sin^2 t)$

$=\sin 2t\cos 2t=\dfrac{1}{2}\sin 4t$.

例 3 设 $z=\ln(x^2+y^2+u)$，而 $u=y\sin x$，求 $\dfrac{\partial z}{\partial x}$，$\dfrac{\partial z}{\partial y}$.

解

$$\frac{\partial z}{\partial x}=\frac{\partial f}{\partial x}+\frac{\partial z}{\partial u}\frac{\partial u}{\partial x}=\frac{2x}{x^2+y^2+u}+\frac{1}{x^2+y^2+u}\cdot y\cos x=\frac{2x+y\cos x}{x^2+y^2+y\sin x},$$

$$\frac{\partial z}{\partial y}=\frac{\partial f}{\partial y}+\frac{\partial z}{\partial u}\frac{\partial u}{\partial y}=\frac{2y}{x^2+y^2+u}+\frac{1}{x^2+y^2+u}\cdot\sin x=\frac{2y+\sin x}{x^2+y^2+y\sin x}.$$

例 4 设 $z=f(xy,y^2)$，求 $\dfrac{\partial z}{\partial x}$，$\dfrac{\partial z}{\partial y}$.

解 令 $u=xy$，$v=y^2$，则 $z=f(u,v)$，

$$\frac{\partial z}{\partial x}=\frac{\partial z}{\partial u}\frac{\partial u}{\partial x}+\frac{\partial z}{\partial v}\frac{\partial v}{\partial x}=\frac{\partial f}{\partial u}\cdot y+\frac{\partial f}{\partial v}\cdot 0=y\frac{\partial f}{\partial u},$$

$$\frac{\partial z}{\partial y}=\frac{\partial z}{\partial u}\frac{\partial u}{\partial y}+\frac{\partial z}{\partial v}\frac{\partial v}{\partial y}=\frac{\partial f}{\partial u}\cdot x+\frac{\partial f}{\partial v}\cdot 2y=x\frac{\partial f}{\partial u}+2y\frac{\partial f}{\partial v}.$$

7.4.2 隐函数微分法

1. 一元隐函数求导公式

设方程 $F(x,y)=0$ 确定了函数 $y=y(x)$，代入方程后，得

$$F[x,y(x)]\equiv 0.$$

两端对 x 求导，得

$$F'_x+F'_y\frac{\mathrm{d}y}{\mathrm{d}x}=0. \tag{7.4.1}$$

若 $F'_y\neq 0$，则

$$\frac{\mathrm{d}y}{\mathrm{d}x}=-\frac{F'_x}{F'_y}, \tag{7.4.2}$$

这就是一元隐函数的求导公式.

例 5 求方程 $xy+\ln x+\ln y=0$ 所确定的隐函数 $y=f(x)$ 的导数 $\dfrac{\mathrm{d}y}{\mathrm{d}x}$.

解 设 $F(x,y)=xy+\ln x+\ln y$，则 $F'_x=y+\dfrac{1}{x}$， $F'_y=x+\dfrac{1}{y}$，由（7.4.2）得

$$\frac{\mathrm{d}y}{\mathrm{d}x}=-\frac{F'_x}{F'_y}=-\frac{y+\dfrac{1}{x}}{x+\dfrac{1}{y}}=-\frac{y}{x}.$$

例 6 求由方程 $x^2+2xy-y^2=a^2$ 所确定的隐函数 $y=f(x)$ 的导数 $\dfrac{\mathrm{d}y}{\mathrm{d}x}$.

解 令 $F(x,y)=x^2+2xy-y^2-a^2$，则

$$F'_x=2x+2y\text{，}\quad F'_y=2x-2y\text{，}$$

由公式（7.4.2），得

$$\frac{\mathrm{d}y}{\mathrm{d}x}=-\frac{2x+2y}{2x-2y}=\frac{y+x}{y-x}\quad(y-x\neq 0).$$

2. 二元隐函数求导公式

设方程 $F(x,y,z)=0$ 确定了隐函数 $z=f(x,y)$，代入方程后，得

$$F[x,y,f(x,y)]\equiv 0.\tag{7.4.3}$$

设 F'_x,F'_y 连续，且 $F'_z\neq 0$.

将（7.4.3）式两边分别对 x,y 求导，得

$$F'_x+F'_z\frac{\partial z}{\partial x}=0\text{，}\quad F'_y+F'_z\frac{\partial z}{\partial y}=0\text{，}$$

因为 $F'_z\neq 0$，所以

$$\frac{\partial z}{\partial x}=-\frac{F'_x}{F'_z}\text{，}\quad\frac{\partial z}{\partial y}=-\frac{F'_y}{F'_z}\text{，}\tag{7.4.4}$$

即为二元隐函数求导公式.

例 7 求由 $\mathrm{e}^z=xyz$ 所确定的二元隐函数 $z=f(x,y)$ 的偏导数.

解 令 $F(x,y,z)=\mathrm{e}^z-xyz$，则

$$F'_x=-yz\text{，}\quad F'_y=-xz\text{，}\quad F'_z=\mathrm{e}^z-xy\text{，}$$

当 $F'_z=\mathrm{e}^z-xy\neq 0$ 时，有

$$\frac{\partial z}{\partial x}=-\frac{-yz}{\mathrm{e}^z-xy}=\frac{yz}{xyz-xy}=\frac{z}{x(z-1)}\text{，}$$

$$\frac{\partial z}{\partial y}=-\frac{-xz}{\mathrm{e}^z-xy}=\frac{xz}{xyz-xy}=\frac{z}{y(z-1)}.$$

习题 7.4

1. 求下列复合函数的一阶偏导数：

（1） $z=u^2\ln v$，而 $u=\frac{x}{y}$，$v=3x-2y$；

（2） $z=u^v$，而 $u=\frac{x}{y}$，$v=\mathrm{e}^{\frac{x}{y}}$；

（3） $z=x^2y-xy^2$，而 $x=u\cos v$，$y=u\sin v$；

（4） $z=\ln(x+\sin u)$，而 $u=\frac{x}{y}$.

2．求下列函数的全导数：

（1） $z=\arcsin(x-y)$，其中 $x=3t,\ y=4t^3$；

（2） $z=x^y$，其中 $x=\sin t,\ y=\tan t$.

3．求下列函数的一阶偏导数（其中 f 具有一阶连续偏导数）：

（1） $u=f(x^2+y^2)$；　　（2） $u=f\left(\frac{x}{y},y\right)$.

4．求下列隐函数的导数 $\frac{\mathrm{d}y}{\mathrm{d}x}$：

（1） $x\sin y+y\mathrm{e}^x=0$；　　（2） $\ln\sqrt{x^2+y^2}=\arctan\frac{x}{y}$.

5．求由下列方程所确定的隐函数 $z=f(x,y)$ 的偏导数：

（1） $x+2y-\ln z+2\sqrt{xyz}=0$；　　（2） $\mathrm{e}^z=\cos x\cos y$.

7.5　二元函数的极值

7.5.1　二元函数的极值

定义　设函数 $z=f(x,y)$ 在点 (x_0,y_0) 的某一邻域内有定义，如果对于该邻域内一切异于 (x_0,y_0) 的点 (x,y)，都有 $f(x,y)<f(x_0,y_0)$（或 $f(x,y)>f(x_0,y_0)$），则称 $f(x_0,y_0)$ 为函数 $f(x,y)$ 的极大值（或极小值）. 极大值和极小值统称为极值. 使函数取得极大值的点（或极小值的点）(x_0,y_0)，称为极大值点（或极小值点），极大值点和极小值点统称为极值点.

定理 1（极值存在的必要条件）　设函数 $z=f(x,y)$ 在点 (x_0,y_0) 的偏导数 $f_x'(x_0,y_0)$ 和 $f_y'(x_0,y_0)$ 存在，且在点 (x_0,y_0) 处有极值，则在该点的偏导数必为零，即

$$f_x'(x_0,y_0)=0,\quad f_y'(x_0,y_0)=0.$$

将同时满足 $f_x'(x_0,y_0)=0$，$f_y'(x_0,y_0)=0$ 的点 (x_0,y_0) 称为函数 $f(x,y)$ 的驻点.

定理 2（极值存在的充分条件）　设点 (x_0,y_0) 是函数 $z=f(x,y)$ 的驻点，且函数在点 (x_0,y_0) 的某邻域内二阶偏导数连续，令

$$A=f_{xx}''(x_0,y_0),\quad B=f_{xy}''(x_0,y_0),\quad C=f_{yy}''(x_0,y_0),$$

则

（1）当 $B^2-AC<0$ 时，点 (x_0,y_0) 是极值点，且

1）当 $A<0$ （或 $C<0$ ）时，点 (x_0,y_0) 是极大值点；

2）当 $A>0$ （或 $C>0$ ）时，点 (x_0,y_0) 是极小值点.

（2）当 $B^2-AC>0$ 时，点 (x_0,y_0) 不是极值点.

（3）当 $B^2-AC=0$ 时，点 (x_0,y_0) 可能是极值点也可能不是极值点.

例 1　求函数 $f(x,y)=x^3-4x^2+2xy-y^2+1$ 的极值.

解　（1）求偏导数 $f'_x(x,y)=3x^2-8x+2y$，$f'_y(x,y)=2x-2y$，

$$f''_{xx}(x,y)=6x-8，\quad f''_{xy}(x,y)=2，\quad f''_{yy}(x,y)=-2.$$

（2）解方程组 $\begin{cases} f'_x=3x^2-8x+2y=0, \\ f'_y=2x-2y=0, \end{cases}$ 得驻点(0,0)及(2,2).

列表判断极值点：

驻点 (x_0,y_0)	A	B	C	$\Delta=B^2-AC$ 的符号	结论
(0,0)	−8	2	−2	−	极大值 $f(0,0)=1$
(2,2)	4	2	−2	+	$f(2,2)$ 不是极值

与一元函数类似，二元可微函数的极值点一定是驻点，但对不可微函数来说，极值点不一定是驻点. 例如，点 (0,0) 是函数 $z=\sqrt{x^2+y^2}$ 的极小值点，但点 (0,0) 并不是驻点，因为函数在该点的偏导数不存在. 因此，二元函数的极值点可能是驻点，也可能是偏导数中至少有一个不存在的点.

7.5.2　二元函数的最大值与最小值

根据有界闭区域 D 上连续的函数一定存在最大值与最小值. 因此，求多元函数在有界闭区域上的最大值和最小值时，只需求出该区域内的一切驻点和偏导数不存在的点的函数值，再求出边界上的最大值与最小值，然后比较这些值，其中最大者就是最大值，最小者就是最小值.

在实际问题中，若能判断函数在区域 D 内一定存在最大值与最小值，而函数在 D 内可微，且只有唯一的驻点，则该驻点处的函数值就是函数的最大值或最小值.

例 2　在 xOy 坐标面上找一点 P，使它到点 $P_1(0,0),P_2(1,0),P_3(0,1)$ 的距离的平方和为最小.

解　设 $P(x,y)$ 为 xOy 坐标面上的任一点，则 P 到 P_1,P_2,P_3 三点距离的平方和为

$$\begin{aligned} S&=|PP_1|^2+|PP_2|^2+|PP_3|^2 \\ &=x^2+y^2+(x-1)^2+y^2+x^2+(y-1)^2 \\ &=3x^2+3y^2-2x-2y+2， \end{aligned}$$

求 x,y 的偏导数，有

$$S'_x=6x-2，\quad S'_y=6y-2，$$

解方程组 $\begin{cases}6x-2=0,\\6y-2=0,\end{cases}$ 得驻点 $\left(\dfrac{1}{3},\dfrac{1}{3}\right)$.

由问题的实际意义知，到三点距离的平方和最小的点一定存在，又只有一个驻点，因此 $\left(\dfrac{1}{3},\dfrac{1}{3}\right)$ 即为所求最小值点.

例 3　作一容积为 8 立方米的有盖长方体水箱，问长、宽、高应取怎样的尺寸，才能使用料最省？

解　设水箱的长、宽、高分别为 x,y,z，所用材料的面积为 $S=2(xy+xz+yz)$.

由于 $xyz=8$，则 $z=\dfrac{8}{xy}$，代入上式

$$S=2\left(xy+\frac{8}{x}+\frac{8}{y}\right)\quad(x>0，\ y>0)，$$

则

$$\begin{cases}S'_x=2\left(y-\dfrac{8}{x^2}\right)=0,\\[2mm]S'_y=2\left(x-\dfrac{8}{y^2}\right)=0.\end{cases}$$

解方程组得驻点(2.2).

根据问题的实际意义知，面积 S 在 $x>0$，$y>0$ 时，一定存在最小值，且仅有唯一驻点，因此，当长、宽、高都为 2 米时，用料最省.

7.5.3　条件极值

上面讨论的极值问题，自变量除了被限制在定义域内，没有其他条件的约束，也称为无条件极值. 但在例 3 中，求函数 $S=2(xy+yz+zx)$ 的最小值，自变量要受条件 $xyz=8$ 的约束，我们把对自变量有附加约束条件的极值称为条件极值.

有些条件极值问题可转化为无条件极值问题求解（如例 3）. 但是，一般的条件极值问题不易化成无条件极值问题. 下面介绍拉格朗日乘数法解决条件极值问题.

求函数 $z=f(x,y)$ 在约束条件 $\varphi(x,y)=0$ 下的极值，其步骤为：

（1）构造辅助函数 $F(x,y)=f(x,y)+\lambda\varphi(x,y)$，称为拉格朗日函数，其中参数 λ 称为拉格朗日乘数；

（2）解联立方程组

$$\begin{cases}F'_x(x,y)=f'_x(x,y)+\lambda\varphi'_x(x,y)=0,\\F'_y(x,y)=f'_y(x,y)+\lambda\varphi'_y(x,y)=0,\\\varphi(x,y)=0,\end{cases}$$

得可能极值点 (x,y)．在实际问题中，往往就是所求的极值点．

拉格朗日乘数法可以推广到自变量多于两个及约束条件多于一个的情况．

例 4 求表面积为 a^2，而体积为最大的长方体的体积．

解 设长方体的长、宽、高分别为 x，y，z，则长方体的体积为 $V=xyz$．约束条件为

$$2(xy+yz+xz)=a^2,$$

即
$$\varphi(x,y,z)=2(xy+yz+xz)-a^2=0.$$

构造辅助函数
$$F(x,y,z)=xyz+2\lambda\left(xy+yz+xz-\frac{a^2}{2}\right),$$

解联立方程组

$$\begin{cases} F'_x=yz+2\lambda(y+z)=0, \\ F'_y=xz+2\lambda(x+z)=0, \\ F'_z=xy+2\lambda(x+y)=0, \\ 2(xy+yz+xz)-a^2=0, \end{cases}$$

解得 $x=y=z=\dfrac{a}{\sqrt{6}}$，$\lambda=-\dfrac{a}{4\sqrt{6}}$．

因为 $\left(\dfrac{a}{\sqrt{6}},\dfrac{a}{\sqrt{6}},\dfrac{a}{\sqrt{6}}\right)$ 是唯一可能的极值点，所以由问题的实际意义知 $V_{\max}=\dfrac{\sqrt{6}}{36}a^3$．

例 5 经过点(1,1,1)的所有平面中，哪一个平面与坐标面在第一卦限所围的体积最小，并求此最小体积．

解 设所求平面方程为 $\dfrac{x}{a}+\dfrac{y}{b}+\dfrac{z}{c}=1$ $(a>0,\ b>0,\ c>0)$，

因为平面过点(1,1,1)，所以该点坐标满足方程，即

$$\frac{1}{a}+\frac{1}{b}+\frac{1}{c}=1.$$

又设所求平面与三个坐标面在第一卦限所围立体的体积为 V（如图 7.5.1 所示），所以 $V=\dfrac{1}{6}abc$．

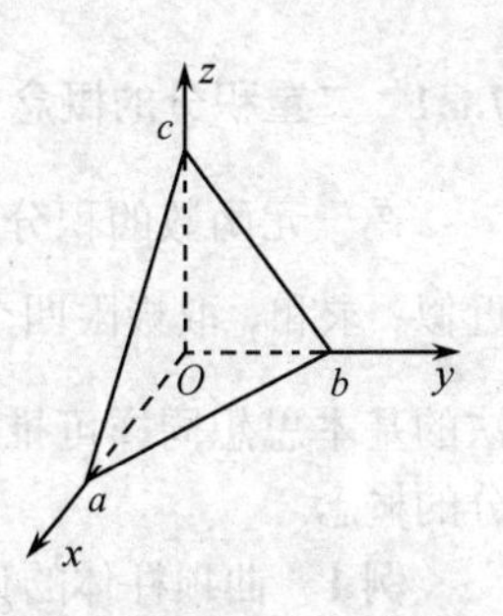

图 7.5.1

下面求函数 $V=\dfrac{1}{6}abc$ 在条件 $\dfrac{1}{a}+\dfrac{1}{b}+\dfrac{1}{c}=1$ 下的最小值．

构造辅助函数 $F(a,b,c)=\dfrac{1}{6}abc+\lambda\left(\dfrac{1}{a}+\dfrac{1}{b}+\dfrac{1}{c}-1\right)$，

解联立方程组

$$\begin{cases} F_a'(a,b,c)=\dfrac{1}{6}bc-\dfrac{\lambda}{a^2}=0, \\ F_b'(a,b,c)=\dfrac{1}{6}ac-\dfrac{\lambda}{b^2}=0, \\ F_c'(a,b,c)=\dfrac{1}{6}ab-\dfrac{\lambda}{c^2}=0, \\ \dfrac{1}{a}+\dfrac{1}{b}+\dfrac{1}{c}-1=0, \end{cases}$$

解得 $a=b=c=3$.

实际问题的确存在最小值，又驻点唯一，所以当平面为 $x+y+z=3$ 时，它与在第一卦限中的三个坐标面所围成立体的体积 V 最小，即 $V=\dfrac{1}{6}\cdot 3^3=\dfrac{9}{2}$.

习题 7.5

1．求下列各函数的极值：

（1）$f(x,y)=4(x-y)-x^2-y^2$；　　（2）$z=\mathrm{e}^{2x}(x+y^2+2y)$；

（3）$f(x,y)=\sin x+\cos y+\cos (x-y)$ $\left(0<x<\dfrac{\pi}{2}, 0<y<\dfrac{\pi}{2}\right)$.

2．在半径为 a 的球内，求体积最大的内接长方体.

3．建造容积为 V 的开顶长方体水池，长、宽、高应为多少时，才能使表面积最小？

4．求对角线长为 d 的最大长方体体积.

5．将周长为 $2P$ 的矩形绕它的一边旋转而构成一个圆柱体，问矩形边长各为多少时可使圆柱体体积最大？

7.6 二重积分

7.6.1 二重积分的概念

在一元函数的积分学中我们从求曲边梯形的面积这类问题入手，通过分割、近似、求和、取极限四个步骤归结到求一元函数的定积分 $\int_a^b f(x)\,\mathrm{d}x$ 问题. 这种方法的基本思想同样可推广到二元函数和一般的多元函数中，从而建立多元函数积分的概念.

例 1 曲顶柱体的体积.

曲顶柱体是指以 xOy 坐标平面上的有界区域 D 为底，侧面是以 D 的边界曲线为准线，母线平行于 z 轴的柱面，顶部则是以 D 为定义域的非负函数 $z=f(x,y)$ 所表示的连续曲面（如图 7.6.1 所示），曲顶柱体与平顶柱体的区别在于：平顶柱体的高是常量，其体积=底面积×高；而曲顶柱体的高 $f(x,y)$ 是随点 (x,y) 而变化的，是点 (x,y) 的函数．借鉴求曲边梯形面积的经验，按照下述步骤求曲顶柱体的体积 V.

（1）分割．把区域 D 分割成 n 个不同的小块 $\Delta\sigma_1,\Delta\sigma_2,\cdots,\Delta\sigma_n$ ，用 $\Delta\sigma_i$ 表示第 i 个小块的面积，相应的该曲顶柱体被分成 n 个小曲顶柱体 $\Delta V_1,\Delta V_2,\cdots,\Delta V_n$ ，仍用 ΔV_i 表示第 i 个小曲顶柱体的体积（如图 7.6.2 所示），则 $V=\sum\limits_{i=1}^{n}\Delta V_i$.

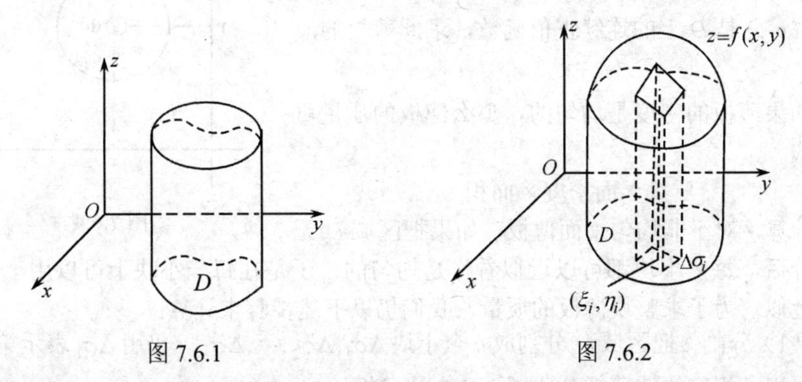

图 7.6.1　　　　图 7.6.2

（2）近似．由于 $f(x,y)$ 是连续的，在分割相当细的情况下，$\Delta\sigma_i$ 很小，于是可以把小曲顶柱体近似看成平顶柱体．因此，在 $\Delta\sigma_i$ 上任取一点 (ξ_i,η_i)（如图 7.6.3 所示），则第 i 个小曲顶柱体的体积就可以用底面积为 $\Delta\sigma_i$ ，高为 $f(\xi_i,\eta_i)$ 的平顶柱体的体积 $f(\xi_i,\eta_i)\Delta\sigma_i$ 来近似表示，即

$$\Delta V_i\approx f(\xi_i,\eta_i)\Delta\sigma_i\ .$$

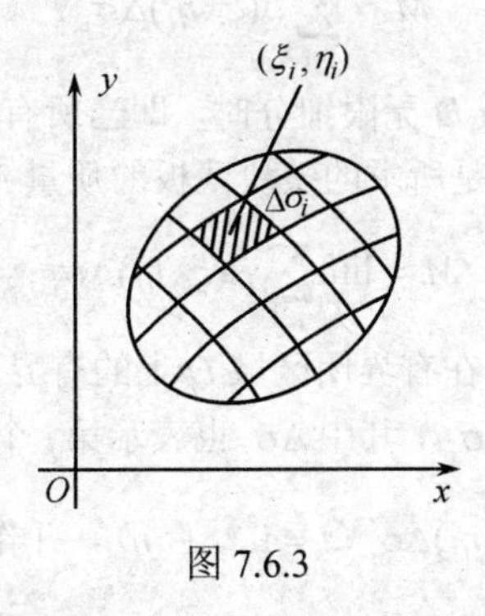

图 7.6.3

（3）求和．V 的近似值，即

$$V=\sum_{i=1}^{n}\Delta V_i\approx\sum_{i=1}^{n}f(\xi_i,\eta_i)\Delta\sigma_i\ .$$

（4）取极限．一般地，如果把 D 分得越细，则上述和式就越接近曲顶柱体的

体积V，当把区域D无限细分时，即当所有小区域的最大直径（平面或空间闭区域的直径是指区域D上任意两点间的距离的最大值）$\lambda \to 0$时，上述和式的极限就是所求的曲顶柱体的体积V，即

$$V=\lim_{\lambda \to 0}\sum_{i=1}^{n} f(\xi_i,\eta_i)\Delta\sigma_i .$$

例 2 非均匀平面薄板的质量.

设非均匀平面薄板可用xOy坐标平面上的区域D表示（如图 7.6.4 所示），在点(x,y)处的面密度$\rho=\rho(x,y)$是D上的连续正值函数，求此薄板的质量M.

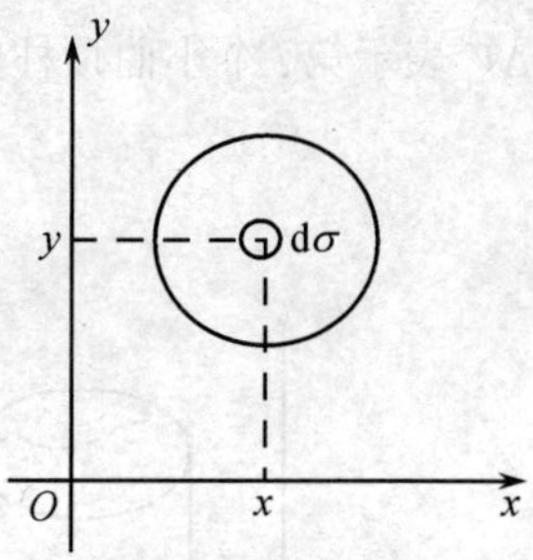

图 7.6.4

如果薄板的密度是均匀的，那么薄板的质量可用公式

质量＝面密度×面积

进行计算，对于非均匀平面薄板，如果把区域D无限细分后，每一小块都可以近似看作是均匀的，于是在每一小块上可以用上述公式来近似. 为了求整块薄板的质量，我们仍以下述步骤来计算.

（1）分割. 把区域D分割成n个小块$\Delta\sigma_1,\Delta\sigma_2,\cdots,\Delta\sigma_n$，仍用$\Delta\sigma_i$表示第$i$小块的面积，相应的该薄板分成了$n$个小块薄板.

（2）近似. 在$\Delta\sigma_i$上任取一点(ξ_i,η_i)，则第i个小块薄板的质量可用$\rho(\xi_i,\eta_i)\Delta\sigma_i$近似代替.

（3）求和. 把这些小块薄板的质量的近似值累加起来就得到整块薄板质量M的近似值，即

$$M \approx \sum_{i=1}^{n} \rho(\xi_i,\eta_i)\Delta\sigma_i .$$

（4）取极限. 当将区域D无限细分时，即当所有小块薄板的最大直径$\lambda \to 0$时，则上述和式的极限值就是所求的整块薄板的质量M，即

$$M=\lim_{\lambda \to 0}\sum_{i=1}^{n} \rho(\xi_i,\eta_i)\Delta\sigma_i .$$

定义 设$f(x,y)$是定义在有界闭区域D上的有界函数，将闭区域D任意分割成n个小区域$\Delta\sigma_1,\Delta\sigma_2,\cdots,\Delta\sigma_n$，其中$\Delta\sigma_i$也表示第$i$个小区域的面积. 在$\Delta\sigma_i$上任取一点$(\xi_i,\eta_i)$，作乘积$f(\xi_i,\eta_i)\Delta\sigma_i$（$i=1,2,\cdots,n$），并作和$\sum\limits_{i=1}^{n} f(\xi_i,\eta_i)\Delta\sigma_i$. 如果当各个小区域的直径的最大值$\lambda \to 0$时，这个和式的极限存在，则称$f(x,y)$在闭区域$D$上的二重积分存在，并称此极限值为函数$f(x,y)$在闭区域$D$上的二重积分，记作$\iint\limits_D f(x,y)\,\mathrm{d}\sigma$，即

$$\iint_D f(x,y)\,\mathrm{d}\sigma=\lim_{\lambda\to 0}\sum_{i=1}^{n} f\left(\xi_i,\eta_i\right)\Delta\sigma_i\,.$$

其中“$f(x,y)$”称为被积函数，“$f(x,y)\,\mathrm{d}\sigma$”称为被积表达式，“$\mathrm{d}\sigma$”称为面积元素，“x”与“y”称为积分变量，“D”称为积分区域.

如果$\lim\limits_{\lambda\to 0}\sum\limits_{i=1}^{n} f\left(\xi_i,\eta_i\right)\Delta\sigma_i$不存在，则称$f(x,y)$在$D$上不可积.

根据上述定义，我们可以分别把曲顶柱体的体积和非均匀平面薄板的质量表示为

$$V=\iint_D f(x,y)\,\mathrm{d}\sigma\,,$$

$$M=\iint_D \rho(x,y)\,\mathrm{d}\sigma\,.$$

下面对上述定义作两点说明：

（1）如果$\lim\limits_{\lambda\to 0}\sum\limits_{i=1}^{n} f(\xi_i,\eta_i)\Delta\sigma_i$存在，则称$f(x,y)$在$D$上可积．可以证明，当$f(x,y)$在有界闭区域$D$上连续时，$f(x,y)$在$D$上一定可积；

（2）若$f(x,y)$在D上可积，则$\lim\limits_{\lambda\to 0}\sum\limits_{i=1}^{n} f(\xi_i,\eta_i)\Delta\sigma_i$存在，其值与$D$的分法无关，因此在直角坐标系中，常用平行于$x$轴和$y$轴的两族直线分割$D$（如图 7.6.5 所示），除靠近边界的小区域外，大部分是小矩形，如果用$\Delta x_i,\Delta y_i$表示小矩形的边长，则$\Delta\sigma_i=\Delta x_i\Delta y_i$，故在直角坐标系中面积元素可记为$\mathrm{d}\sigma=\mathrm{d}x\,\mathrm{d}y$.

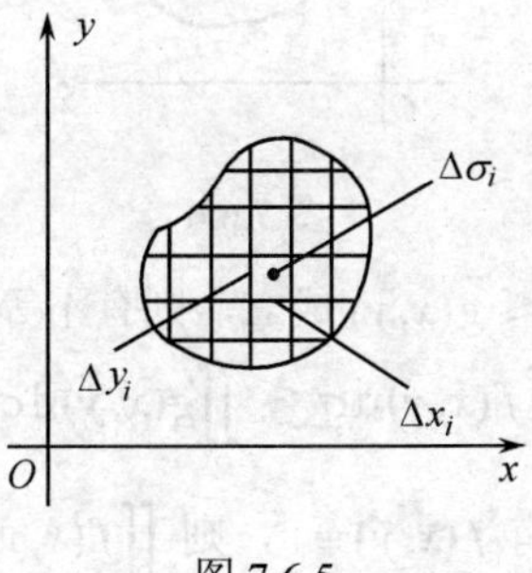

图 7.6.5

7.6.2　二重积分的几何意义

当$f(x,y)\geqslant 0$时，$\iint\limits_D f(x,y)\,\mathrm{d}\sigma$的几何意义就是曲顶柱体的体积；当$f(x,y)\leqslant 0$时，曲顶柱体在$xOy$坐标面的下方，$\iint\limits_D f(x,y)\,\mathrm{d}\sigma$的值是负的，而$\left|\iint\limits_D f(x,y)\,\mathrm{d}\sigma\right|$

就是曲顶柱体的体积；若 $f(x,y)$ 在 D 的若干子区域上是正的，在其他子区域上是负的，则积分值 $\iint\limits_D f(x,y)\mathrm{d}\sigma$ 是曲顶柱体在 xOy 坐标面上方的体积减去在 xOy 坐标面下方的体积.

7.6.3 二重积分的性质

二重积分具有与一元函数定积分类似的性质．下面涉及的函数均假定在闭区域 D 上可积．性质的证明从略，这些性质是：

（1）$\iint\limits_D kf(x,y)\mathrm{d}\sigma = k\iint\limits_D f(x,y)\mathrm{d}\sigma$ （k 为常数）.

（2）$\iint\limits_D [f(x,y)\pm g(x,y)]\mathrm{d}\sigma = \iint\limits_D f(x,y)\mathrm{d}\sigma \pm \iint\limits_D g(x,y)\mathrm{d}\sigma$.

这个性质表示两个函数代数和（差）的积分等于这两个函数积分的代数和（差）；

（3）$\iint\limits_D f(x,y)\mathrm{d}\sigma = \iint\limits_{D_1} f(x,y)\mathrm{d}\sigma + \iint\limits_{D_2} f(x,y)\mathrm{d}\sigma$.

这个性质表示二重积分对积分区域具有可加性．这里 $D = D_1 + D_2$（如图 7.6.6 所示）；

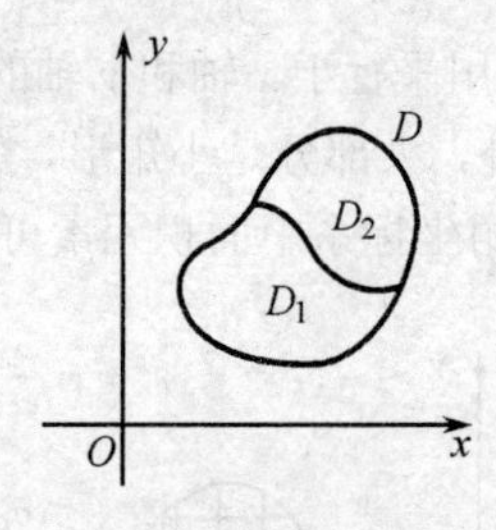

图 7.6.6

（4）若在 D 上 $f(x,y)\leqslant g(x,y)$ 成立，则有不等式

$$\iint\limits_D f(x,y)\mathrm{d}\sigma \leqslant \iint\limits_D g(x,y)\mathrm{d}\sigma .$$

（5）若在闭区域 D 上有 $f(x,y)\equiv 1$，则 $\iint\limits_D f(x,y)\mathrm{d}\sigma = \sigma$，$\sigma$ 是 D 的面积.

（6）设 M,m 是 $f(x,y)$ 在闭区域 D 上的最大值和最小值，σ 为 D 的面积，则有

$$m\sigma \leqslant \iint\limits_D f(x,y)\mathrm{d}\sigma \leqslant M\sigma .$$

这个性质的几何意义表示曲顶柱体的体积的数值介于分别以被积函数的最小值和最大值为高，以 D 为底的两个平顶柱体体积的数值之间.

（7）设函数 $f(x,y)$ 在有界闭区域 D 上连续，σ 为 D 的面积，则在 D 上至少存在一点 (ξ,η) 使得下式成立

$$\iint_D f(x,y)\,\mathrm{d}\sigma = f(\xi,\eta)\sigma .$$

此性质也称为二重积分的中值定理，其几何意义为此曲顶柱体的体积等于以 D 中某点处的函数值为高，同底平顶柱体的体积，并称 $f(\xi,\eta)=\dfrac{1}{\sigma}\iint_D f(x,y)\,\mathrm{d}\sigma$ 为 $f(x,y)$ 在 D 上的平均高度或平均值.

7.6.4　二重积分的计算

一般情况下，直接用定义计算二重积分是相当困难的，下面将从几何意义出发导出二重积分的计算方法.

1. *在直角坐标系下计算二重积分*

由于二重积分的定义中对区域 D 的分割是任意的，所以我们常用平行于 x 轴和 y 轴的直线网格把区域 D 分割成许多个小矩形，小矩形 $\Delta\sigma$ 的边长为 Δx 和 Δy，从而 $\Delta\sigma=\Delta x\Delta y$，故在直角坐标系中，面积元素 $\mathrm{d}\sigma=\mathrm{d}x\mathrm{d}y$，于是二重积分可记为 $\iint_D f(x,y)\,\mathrm{d}x\mathrm{d}y$.

当 $z=f(x,y)\geqslant 0$ 时，$\iint_D f(x,y)\,\mathrm{d}\sigma$ 表示一个曲顶柱体的体积，借助这个几何直观建立二重积分的计算公式.

设积分区域 D 由两条直线 $x=a$，$x=b$ 和两条连续曲线 $y=\varphi_1(x)$，$y=\varphi_2(x)$ 围成（如图 7.6.7 所示），即积分区域可表示成 $a\leqslant x\leqslant b$，$\varphi_1(x)\leqslant y\leqslant\varphi_2(x)$. 此区域 D 称为 X-型区域，其特点是穿过 D 的内部且平行于 y 轴的直线与 D 的边界曲线的交点不多于两个.

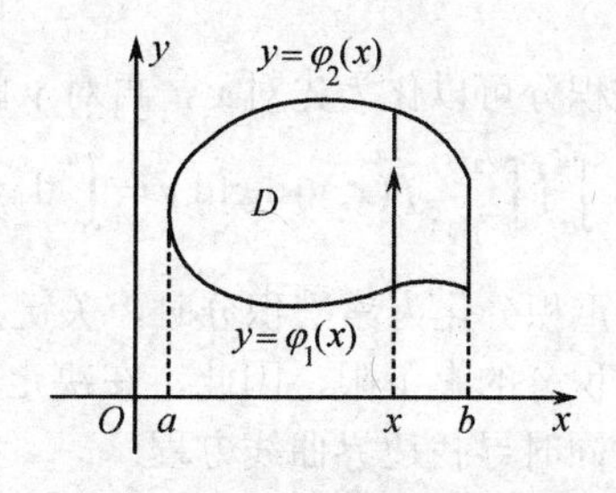

图 7.6.7

用定积分中“求平行截面面积为已知的立体的体积”的方法来求曲顶柱体的体积.

在 $[a,b]$ 上任取一点 x，过 x 作垂直于 x 轴的平面截曲顶柱体得到一个以 $[\varphi_1(x),\varphi_2(x)]$ 为底，以曲线 $z=f(x,y)$（当 x 固定时 $z=f(x,y)$ 是 y 的一元函数）为曲边的曲边梯形（如图 7.6.8 所示），其面积为 $A(x)=\int_{\varphi_1(x)}^{\varphi_2(x)} f(x,y)\,\mathrm{d}y$，从而得到曲顶柱体的体积为

$$\iint_D f(x,y)\,\mathrm{d}x\,\mathrm{d}y=\int_a^b\left[\int_{\varphi_1(x)}^{\varphi_2(x)} f(x,y)\,\mathrm{d}y\right]\mathrm{d}x,$$

上式可简记为 $\iint_D f(x,y)\,\mathrm{d}x\,\mathrm{d}y=\int_a^b \mathrm{d}x\int_{\varphi_1(x)}^{\varphi_2(x)} f(x,y)\,\mathrm{d}y$.

这就是二重积分在直角坐标系下的计算公式，讨论中假定了 $f(x,y)\geqslant 0$，事实上没有这个假定公式仍然成立.

公式右端成为先对 y 后对 x 的累次积分，它将二重积分的计算化为两次定积分的计算，即先把 x 看作常数，对 y 从 $y=\varphi_1(x)$ 到 $y=\varphi_2(x)$ 积分，然后对 x 从 a 到 b 积分.

类似地，可定义 Y-型区域 D 为

$$c\leqslant y\leqslant d,\ \psi_1(y)\leqslant x\leqslant \psi_2(y),$$

如图 7.6.9 所示.

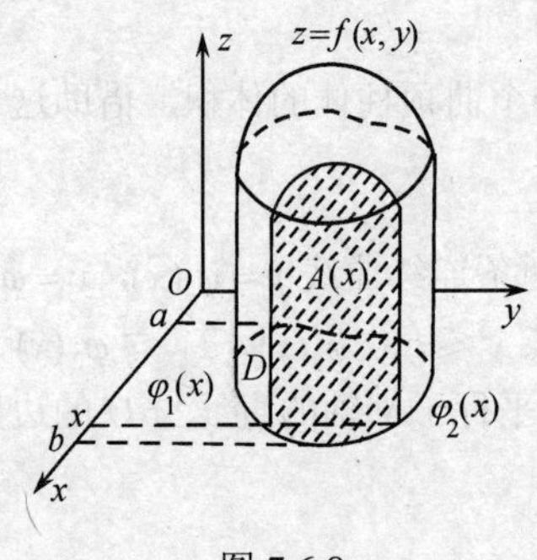

图 7.6.8

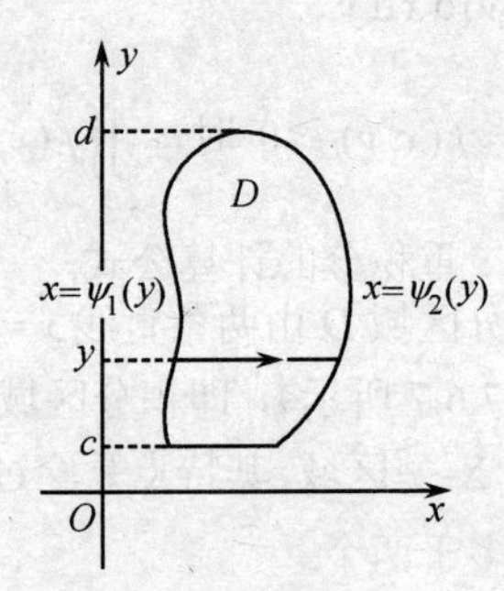

图 7.6.9

对于 Y-型区域，二重积分可以化为先对 x，再对 y 的累次积分

$$\iint_D f(x,y)\,\mathrm{d}x\,\mathrm{d}y=\int_c^d\left[\int_{\psi_1(y)}^{\psi_2(y)} f(x,y)\,\mathrm{d}x\right]\mathrm{d}y=\int_c^d \mathrm{d}y\int_{\psi_1(y)}^{\psi_2(y)} f(x,y)\,\mathrm{d}x.$$

根据上面的讨论，二重积分化为累次积分时，关键是如何根据积分区域 D 适当地选择积分次序和确定积分的上下限，因此，在决定积分次序之前最好先把积分区域 D 的图形画出来，同时寻找边界曲线方程.

例 3 计算 $I=\iint_D 2x^2y\,\mathrm{d}x\,\mathrm{d}y$，其中 D 是由直线 $y=x$ 和抛物线 $y=x^2$ 所围成的区域.

解 直线 $y=x$ 和抛物线 $y=x^2$ 的交点是 $(0,0)$ 与 $(1,1)$，如图 7.6.10 所示.

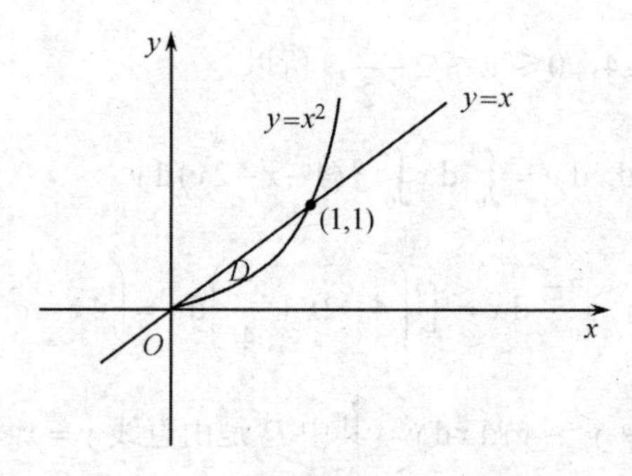

图 7.6.10

（1）将 D 看作 X-型区域，则 D 可表示为 $0\leqslant x\leqslant 1$，$x^2\leqslant y\leqslant x$，所以

$$I=\iint_D 2x^2y\mathrm{d}x\mathrm{d}y=\int_0^1\mathrm{d}x\int_{x^2}^{x}2x^2y\mathrm{d}y=\int_0^1(x^2y^2)\Big|_{x^2}^{x}\mathrm{d}x$$

$$=\int_0^1(x^4-x^6)\,\mathrm{d}x=\left(\frac{1}{5}x^5-\frac{1}{7}x^7\right)\Big|_0^1=\frac{2}{35};$$

（2）若将 D 看作 Y-型区域，则 D 可表示为 $0\leqslant y\leqslant 1$，$y\leqslant x\leqslant\sqrt{y}$，所以

$$I=\iint_D 2x^2y\mathrm{d}x\mathrm{d}y=\int_0^1\mathrm{d}y\int_y^{\sqrt{y}}2x^2y\mathrm{d}x=\int_0^1\left(\frac{2}{3}x^3y\right)\Big|_y^{\sqrt{y}}\mathrm{d}y$$

$$=\frac{2}{3}\int_0^1(y^{\frac{5}{2}}-y^4)\mathrm{d}y=\frac{2}{3}\left(\frac{2}{7}y^{\frac{7}{2}}-\frac{1}{5}y^5\right)\Big|_0^1=\frac{2}{35}.$$

由此可以看出，此二重积分先对 y，再对 x 的积分次序计算较简便.

例 4 计算 $I=\iint\limits_D(4-x-2y)\,\mathrm{d}x\,\mathrm{d}y$，其中 D 是以(0,0)，(4,0)，(0,2)为顶点的三角形.

解 画出积分区域 D 的图形，如图 7.6.11 所示，其斜边方程为

$$y=-\frac{1}{2}x+2\quad 或\quad x=4-2y.$$

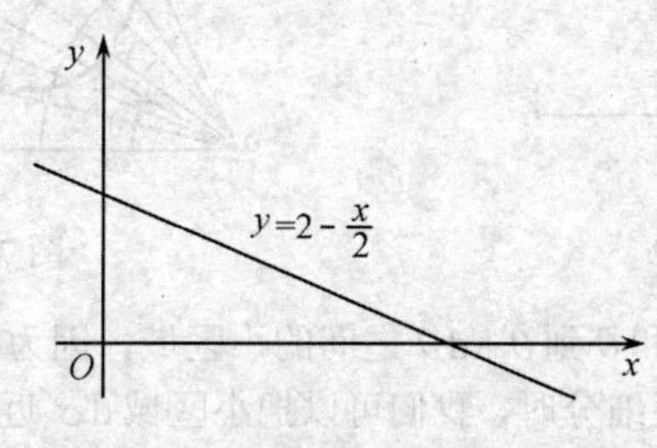

图 7.6.11

积分区域 D 既可看作 X-型区域又可看作 Y-型区域，若将 D 看作 X-型区域，

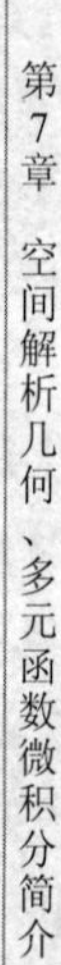

则 D 可表示为 $0\leqslant x\leqslant 4$，$0\leqslant y\leqslant 2-\dfrac{x}{2}$，所以

$$I=\iint_D(4-x-2y)\,\mathrm{d}x\,\mathrm{d}y=\int_0^4\mathrm{d}x\int_0^{2-\frac{x}{2}}(4-x-2y)\,\mathrm{d}y$$

$$=\int_0^4[(4-x)y-y^2]\Big|_0^{2-\frac{x}{2}}\mathrm{d}x=\int_0^4\left(4-2x+\frac{x^2}{4}\right)\mathrm{d}x=\left(4x-x^2+\frac{x^3}{12}\right)\Bigg|_0^4=\frac{16}{3}.$$

例 5　计算 $\iint_D(x^2+y^2-y)\,\mathrm{d}x\,\mathrm{d}y$，其中 D 是由直线 $y=x$，$y=2$，$y=\dfrac{x}{2}$ 所围成的区域.

解　显然 D 是 Y-型域（如图 7.6.12 所示）.

D 可表示为 $0\leqslant y\leqslant 2$，$y\leqslant x\leqslant 2y$，所以

$$I=\iint_D(x^2+y^2-y)\,\mathrm{d}x\,\mathrm{d}y=\int_0^2\mathrm{d}y\int_y^{2y}(x^2+y^2-y)\,\mathrm{d}x$$

$$=\int_0^2\left[\frac{x^3}{3}+(y^2-y)x\right]_y^{2y}\mathrm{d}y$$

$$=\int_0^2\left(\frac{10y^3}{3}-y^2\right)\mathrm{d}y=\left(\frac{10y^4}{3\times4}-\frac{y^3}{3}\right)\Bigg|_0^2=\frac{32}{3}.$$

2. 利用极坐标计算二重积分

因为极坐标与直角坐标之间的关系为 $x=r\cos\theta$，$y=r\sin\theta$．为了求得极坐标系下的面积元素 $\mathrm{d}\sigma$，我们用以极点为圆心的一族同心圆（$r=$常数）和一族由极点出发的射线（θ=常数）将 D 分割成许多小区域（如图 7.6.13 所示）.

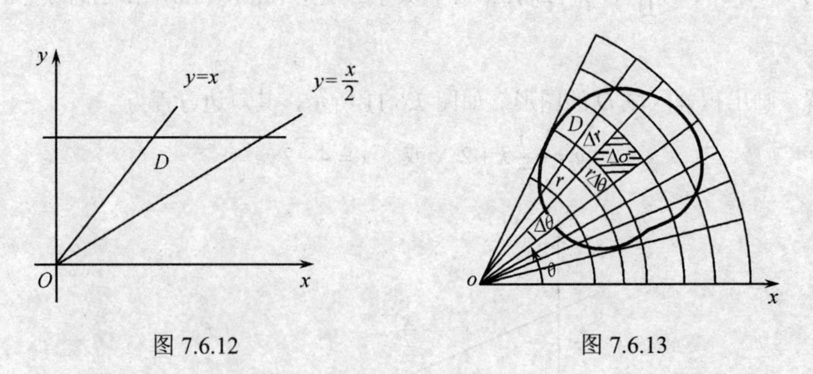

图 7.6.12　　　　图 7.6.13

设 $\mathrm{d}\sigma$ 是 r 到 $r+\mathrm{d}r$ 和 θ 到 $\theta+\mathrm{d}\theta$ 之间的小区域，因为射线与圆的交点处的切线互相垂直，所以当无限细分时，我们可以把小区域 $\mathrm{d}\sigma$ 近似地看作小矩形，它的边长分别为 $\mathrm{d}r$ 和 $r\mathrm{d}\theta$，因此得极坐标系下的面积元素 $\mathrm{d}\sigma=r\mathrm{d}r\mathrm{d}\theta$，于是，二重积分在极坐标系下可表示为

$$\iint_D f(x,y)\mathrm{d}\sigma = \iint_D f(r\cos\theta, r\sin\theta) r\,\mathrm{d}r\,\mathrm{d}\theta .$$

在极坐标系中，二重积分仍可化为累次积分来计算.只要将积分区域表示为

$$\alpha \leqslant \theta \leqslant \beta ,\ r_1(\theta) \leqslant r \leqslant r_2(\theta) .$$

例 6 把二重积分 $\iint_D f(x,y)\mathrm{d}\sigma$ 化为极坐标系下的二次积分

（1）D 为环形域：$2 \leqslant x^2 + y^2 \leqslant 4$；

（2）D 为圆域：$x^2 + y^2 \leqslant 2Ry$.

解 （1）区域 D（如图 7.6.14 所示），其边界的极坐标方程为 $r=1$ 和 $r=2$. 从极点出发的射线穿过区域 D，穿入曲线（第一次与射线相交的曲线）为 $r=1$，穿出曲线（第二次与射线相交的曲线）为 $r=2$，即 $1 \leqslant r \leqslant 2$，然后转动从极点出发的射线，得到 θ 的最小值 $\theta_1 = 0$，最大值 $\theta_2 = 2\pi$，即 $0 \leqslant \theta \leqslant 2\pi$，于是有

$$\iint_D f(x,y)\mathrm{d}\sigma = \int_0^{2\pi}\mathrm{d}\theta \int_1^2 f(r\cos\theta, r\sin\theta) r\,\mathrm{d}r .$$

（2）区域 D 如图 7.6.15 所示，其边界的极坐标方程为 $r = 2R\sin\theta$. 由于极点在 D 的边界上，从极点出发的射线穿过 D，从圆 $r = 2R\sin\theta$ 穿出，即 $0 \leqslant r \leqslant 2R\sin\theta$. 转动从极点出发的射线，得到 θ 的最小值 $\theta_1 = 0$，最大值 $\theta_2 = \pi$，于是有

$$\iint_D f(x,y)\mathrm{d}\sigma = \int_0^{\pi}\mathrm{d}\theta \int_0^{2R\sin\theta} f(r\cos\theta, r\sin\theta) r\,\mathrm{d}r .$$

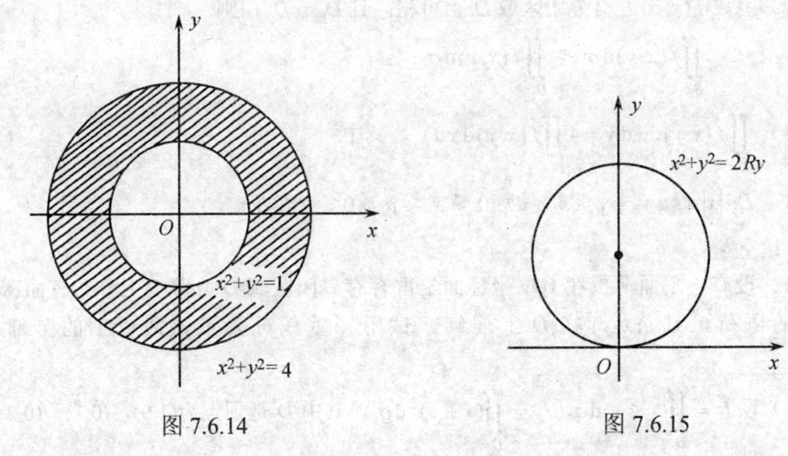

图 7.6.14　　　　图 7.6.15

例 7 计算 $I = \iint_D \mathrm{e}^{-x^2-y^2}\,\mathrm{d}x\,\mathrm{d}y$，其中 D 为圆域 $x^2 + y^2 \leqslant R^2$.

解 D 可以表示为 $0 \leqslant r \leqslant R$，$0 \leqslant \theta \leqslant 2\pi$，故

$$I=\iint_D e^{-x^2-y^2}\,dx\,dy=\int_0^{2\pi}d\theta\int_0^R e^{-r^2}r\,dr$$

$$=\int_0^{2\pi}\left(-\frac{1}{2}e^{-r^2}\right)\Big|_0^R d\theta=\frac{1}{2}(1-e^{-R^2})\int_0^{2\pi}d\theta=\pi(1-e^{-R^2}).$$

例 8　计算 $I=\iint_D \arctan\dfrac{y}{x}\,dx\,dy$，$D$ 为圆 $x^2+y^2=9$ 和 $x^2+y^2=1$ 与直线 $y=0$，$y=x$ 所围成的在第一象限的区域.

解　D 可以表示为 $0\leqslant r\leqslant R$，$0\leqslant\theta\leqslant\dfrac{\pi}{4}$，故

$$I=\iint_D \arctan\frac{y}{x}\,dx\,dy=\int_0^{\frac{\pi}{4}}d\theta\int_1^3\theta r\,dr$$

$$=\left(\int_0^{\frac{\pi}{4}}\theta\,d\theta\right)\left(\int_1^3 r\,dr\right)=\left(\frac{1}{2}\theta^2\Big|_0^{\frac{\pi}{4}}\right)\left(\frac{1}{2}r^2\Big|_1^3\right)=\frac{\pi^2}{32}\cdot 4=\frac{\pi^2}{8}.$$

习题 7.6

1．是非题

（1）二重积分 $\iint_D f(x,y)\,dx\,dy$，$f(x,y)\geqslant 0$ 的几何意义是以 $z=f(x,y)$ 为曲顶，以 D 为底的曲顶柱体的体积；　　（　　）

（2）函数 $f(x,y)$ 在有界闭区域 D_1 上可积，且 $D_1\supset D_2$，则

$$\iint_{D_1} f(x,y)\,d\sigma\geqslant\iint_{D_2} f(x,y)\,d\sigma\text{；}$$　　（　　）

（3）$\iint_D f(x,y)\,dx\,dy=4\iint_{D_1} f(x,y)\,dx\,dy$，其中

D: $|x|\leqslant a$，$|y|\leqslant b$，D_1: $0\leqslant x\leqslant a$，$0\leqslant y\leqslant b$.　　（　　）

2．填空题

（1）设有一平面薄板在 xOy 坐标面上占有有界闭区域 D，薄板上分布有面密度为 $u(x,y)$ 的电荷，且 $u(x,y)$ 在 D 上连续，试用二重积分表示该薄板上的全部电量 $Q=$________；

（2）设 $I_1=\iint_D (x+y)\,d\sigma$，$I_2=\iint_D (x+y)^2\,d\sigma$，其中 D 是顶点为(1,0)，(0,1)，(0,2)的三角形闭区域，则 I_1 与 I_2 的大小关系是________；

（3）设有界闭区域 D 的面积为 σ，则二重积分 $\iint_D d\sigma=$________；

（4）设函数 $z=f(x,y)x$ 在闭区域 D 上连续，σ 是 D 的面积，$f(x,y)$ 在 D 上的平均

高度为________；

（5）设 D 由 $y=x$ 及 $y^2=4x$ 围成，则积分 $I=\iint\limits_D f(x,y)\mathrm{d}\sigma$ 化为先 x 后 y 的累次积分是________；

（6）设 D 由 $y=x$，$x=2$ 及 $y=\dfrac{1}{x}$ 围成，则积分 $I=\iint\limits_D f(x,y)\mathrm{d}\sigma$ 化为先 y 后 x 的累次积分是________；

（7）设 $z=f(x,y)$ 在有界闭区域 D 上连续，则以 D 为底，以曲面 $z=f(x,y)$ 为顶的曲顶柱体的体积 $V=$________；

（8）设 D 是半径为 r 的半圆域，则 $\iint\limits_D \mathrm{d}x\mathrm{d}y=$________；

（9）设 D 是圆环 $1\leqslant x^2+y^2\leqslant 4$，将 $\iint\limits_D \mathrm{d}x\mathrm{d}y$ 化成极坐标系下的累次积分 $\iint\limits_D \mathrm{d}x\mathrm{d}y=$________.

3．选择题

（1）$I=\int_1^2\mathrm{d}x\int_{2-x}^{\sqrt{2x-x^2}} f(x,y)\mathrm{d}y$，则交换积分次序后，$I=$（　　）；

A）$\int_0^1\mathrm{d}y\int_{2-y}^{1-\sqrt{1-y^2}} f(x,y)\mathrm{d}x$　　B）$\int_0^1\mathrm{d}y\int_{2-y}^{1+\sqrt{1-y^2}} f(x,y)\mathrm{d}x$

C）$\int_0^1\mathrm{d}y\int_{2-y}^{\sqrt{1-y^2}-1} f(x,y)\mathrm{d}x$　　D）$\int_0^1\mathrm{d}y\int_{y-2}^{1+\sqrt{1-y^2}} f(x,y)\mathrm{d}x$

（2）$I=\int_0^1\mathrm{d}y\int_0^{2y} f(x,y)\mathrm{d}x+\int_1^3\mathrm{d}y\int_0^{3-y} f(x,y)\mathrm{d}x$，则交换积分次序后，$I=$（　　）；

A）$\int_0^2\mathrm{d}x\int_{\frac{x}{2}}^{3-x} f(x,y)\mathrm{d}y$　　B）$\int_0^1\mathrm{d}x\int_{\frac{x}{2}}^{3-x} f(x,y)\mathrm{d}y$

C）$\int_0^1\mathrm{d}x\int_{\frac{x}{2}}^{3-x} f(x,y)\mathrm{d}y$　　D）$\int_0^2\mathrm{d}x\int_{3-x}^{\frac{x}{2}} f(x,y)\mathrm{d}y$

4．计算下列二重积分：

（1）$\iint\limits_D \mathrm{e}^{x+y}\mathrm{d}\sigma$，$D$：$1\leqslant x\leqslant 2$，$0\leqslant y\leqslant 1$；

（2）$\iint\limits_D x^2y\mathrm{d}\sigma$，$D$：$1\leqslant x\leqslant 2$，$0\leqslant y\leqslant 2$；

（3）$\iint\limits_D xy\mathrm{d}\sigma$，$D$ 由 $y=1$，$x=2$，$y=x$ 围成；

（4）$\iint\limits_D y\mathrm{d}\sigma$，$D$ 由 $y^2=x$，$y=x-2$ 围成；

（5）设 D：$x^2+y^2 \leqslant 1$，计算二重积分 $\iint\limits_D \mathrm{e}^{-(x^2+y^2)}\mathrm{d}x\mathrm{d}y$；

（6）计算 $I=\iint\limits_D (x^2+y^2)\mathrm{d}x\mathrm{d}y$，其中 D: $x^2+y^2 \leqslant 1$.

（7）计算 $\iint\limits_D \sqrt{4-x^2-y^2}\,\mathrm{d}\sigma$，$D$: $x^2+y^2 \leqslant 4$，$x \geqslant 0$，$y \geqslant 0$.

7.7 数学实验

7.7.1 利用 Mathematica 做二元函数图形

利用函数 Plot3D 可以作出函数 $f(x,y)$ 在平面区域上的三维立体图形，它与 Plot 的工作方式和选项设置大同小异，其格式为：

（1）Plot3D[f[x,y],{x,x0,x1},{y,y0,y1},选项]: 在区域 $x\in[x_0,x_1]$ 和 $y\in[y_0,y_1]$ 上画出空间曲面 $f(x,y)$ 的图形，其中 $f(x,y)$ 为实值表达式;

（2）Plot3D[{f[x,y],s[x,y]},{x,x0,x1},{y,y0,y1},选项]：在区域 $x\in[x_0,x_1]$ 和 $y\in[y_0,y_1]$ 上画出空间曲面 $f(x,y)$ 和 $s(x,y)$ 的图形.

例 1 已知 $z=\sin\ (x\cos y)$，$x\in[-3,3]$，$y\in[-3,3]$，画出它的图形.

解 输入：Plot3D[Sin[xCos[y]],{x,-3,3},{y,-3,3}]，执行得如图 7.7.1 所示的图形.

为美观起见，可以加选项 PlotPoints->n，使函数在每个方向上所取样点数为 n，选项 Axes->False 时不包括坐标轴（默认值为 True 时包括坐标轴），Boxed->False 时曲面周围不加立体框（默认值为 True 时加立体框）.

如果输入 Plot3D[Sin[xCos[y]],{x,-3,3},{y,-3,3},PlotPoints->40,Axes->False，Boxed->False]，执行得如图 7.7.2 所示的图形.

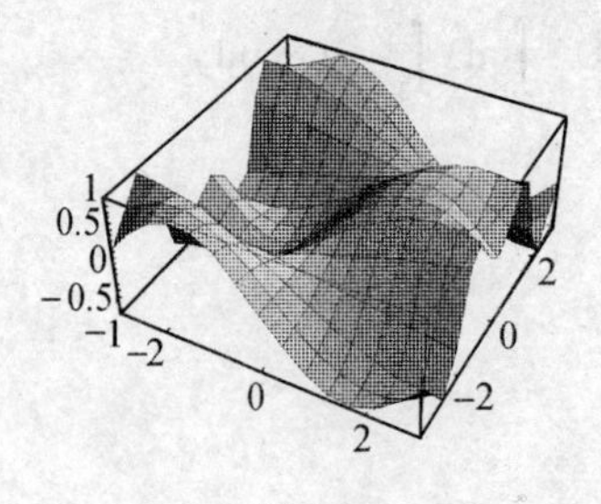

图 7.7.1

图 7.7.2

例 2 已知 $z=\cos\ (x+y)$，$x\in[-\pi,\pi]$，$y\in[-\pi,\pi]$，画出它的图形.

解 输入：Plot3D[Cos[x+y],{x,-Pi,Pi},{y,-Pi,Pi},PlotPoints->45,Axes->False, Boxed->False]，执行得如图 7.7.3 所示的图形.

例 3 已知 $z=-xy\mathrm{e}^{-x^2-y^2}$， $x\in[-3,3]$， $y\in[-3,3]$，画出它的图形.

解 输入：Plot3D[-x*y*Exp[-x^2-y^2],{x,-3,3},{y,-3,3},PlotPoints->30,Aspect-Radio->Automatic]，执行得如图 7.7.4 所示的图形.

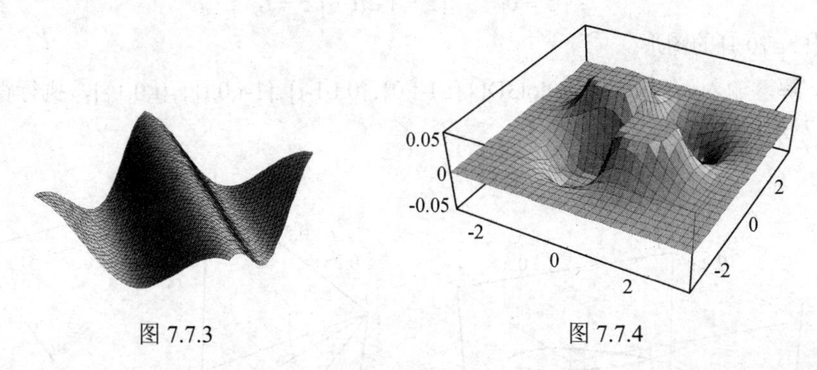

图 7.7.3 图 7.7.4

如果输入： Plot3D[-x*y*Exp[-x^2-y^2],{x,-3,3},{y,-3,3},PlotPoints->30, AspectRadio->Automatic,Axes->False,Boxed->False]，执行得如图 7.7.5 所示的图形.

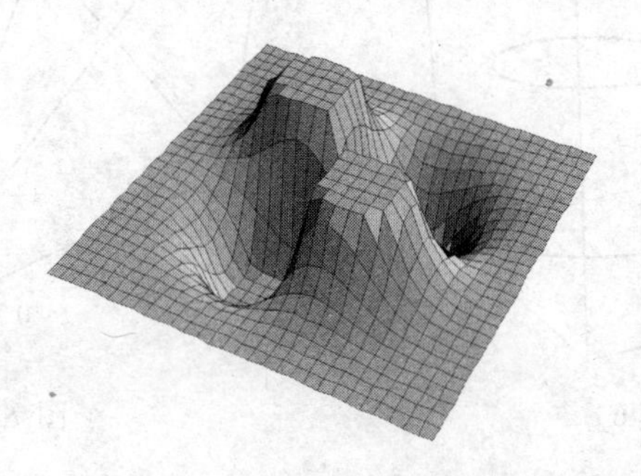

图 7.7.5

7.7.2 三维参数图形

1. 三维参数曲线

绘制三维参数曲线函数为：ParametricPlot3D[{x(t),y(t),z(t)},{t,t0,t1},选项]，其中 $t\in[t_0,t_1]$.

如果将{x(t),y(t),z(t)}改为{{x1(t),y1(t),z1(t)},{x2(t),y2(t),z2(t)},……}，可以同时画出多条曲线.

例 4 已知螺旋线的方程为 $x=\sin t$，$y=\cos t$，$z=\dfrac{t}{3}$，其中 $t\in[0,5\pi]$，画出它的图形.

解 输入：ParametricPlot3D[{Sin[t],Cos[t],t/3},{t,0,5Pi}]，执行得如图 7.7.6 所示的图形.

例 5　同时画出 3 条曲线：

$$\begin{cases} x=t, \\ y=1-t, \\ z=0; \end{cases} \quad \begin{cases} x=0, \\ y=t, \\ z=1-t; \end{cases} \quad \begin{cases} x=1-t, \\ y=0, \\ z=t, \end{cases}$$

其中 $t\in[0,1]$ 的图形.

解　输入：ParametricPlot3D[{{t,1-t,0},{0,t,1-t},{1-t,0,t}},{t,0,1}]，执行得如图 7.7.7 所示的图形.

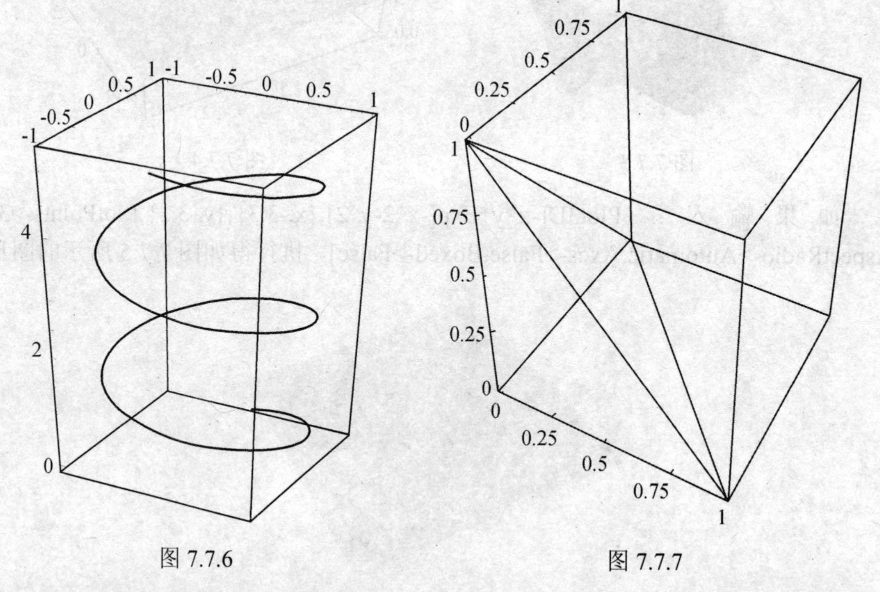

图 7.7.6　　　　图 7.7.7

2. 三维参数曲面

绘制三维参数曲面与绘制三维参数曲线的函数相同，只是参数有别：ParametricPlot3D[{x(u,v),y(u,v),z(u,v)},{u,u0,u1},{v,v0,v1},选项]，其中 $u\in[u_0,u_1]$，$v\in[v_0,v_1]$.

如果将 {x(u,v),y(u,v),z(u,v)} 改为 {{x1(u,v),y1(u,v),z1(u,v)},{x2(u,v),y2(u,v),z2(u,v)},……}，可以同时画出多个曲面.

例 6　已知球面参数方程 $\begin{cases} x=\cos u\cos v, \\ y=\sin u\cos v, \\ z=\sin v, \end{cases}$ 其中 $u\in[0,2\pi]$，$v\in\left[-\frac{\pi}{2},\frac{\pi}{2}\right]$，画出其图形.

解　输入：ParametricPlot3D[{Cos[u]Cos[v],Sin[u]Cos[v],Sin[v]},{u,0,2Pi},{v,-Pi/2,Pi/2}]

执行得如图 7.7.8 所示的图形.

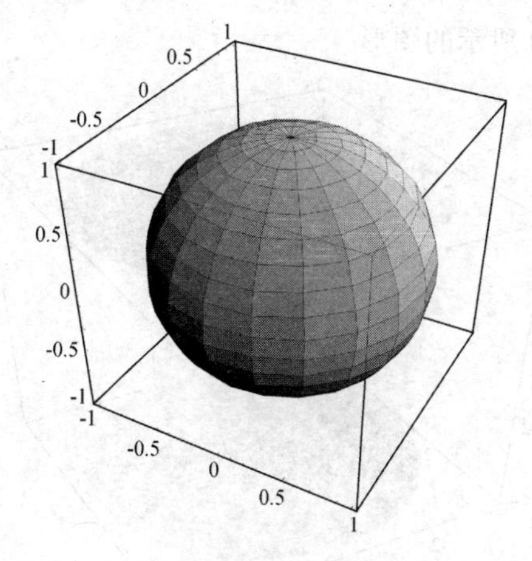

图 7.7.8

例 7　已知圆环参数方程$\begin{cases} x=\cos\ u(3+\cos\ v), \\ y=\sin\ u(3+\cos\ v), \\ z=\sin\ v, \end{cases}$其中$u\in[0,2\pi]$，$v\in[0,2\pi]$，画出其图形.

解　输入：ParametricPlot3D[{Cos[u](3+Cos[v]),Sin[u](3+Cos[v]),Sin[v]},{u,0,2Pi},{v,0,2Pi}]

执行得如图 7.7.9 所示的图形.

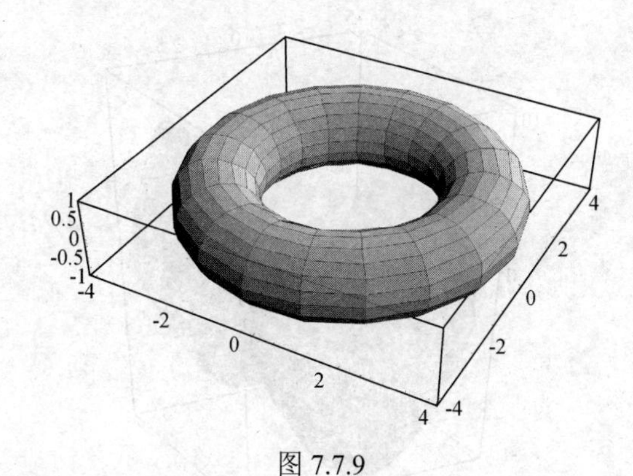

图 7.7.9

例 8　已知单叶双曲面方程$\begin{cases} x=\cosh u\cos\ v, \\ y=\cosh t\sin\ v, \\ z=2u, \end{cases}$其中$u\in[-2,2]$，$v\in[0,2\pi]$，画出其图形.

解　输入：ParametricPlot3D[{Cosh[u]*Cos[v],Cosh[u]*Sin[v],2u},{u,-2,2},{v,0,2Pi}]

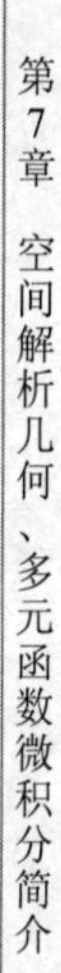

执行得如图 7.7.10 所示的图形.

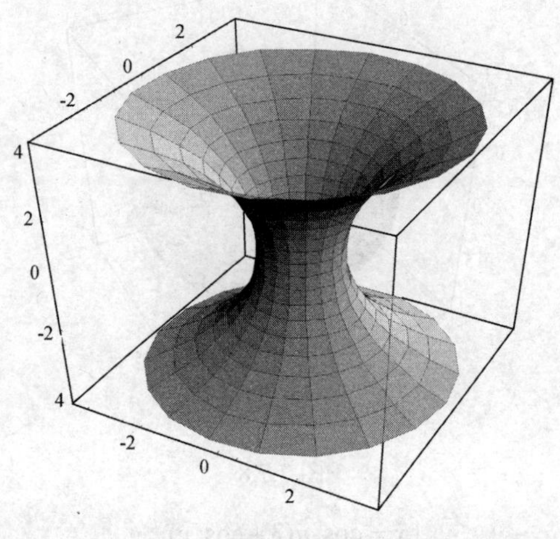

图 7.7.10

例 9　已知马鞍面方程 $x^2-y^2=2z$，其中 $x\in[-5,5]$，$y\in[-5,5]$，画出其图形.

解　将方程写成参数形式 $x=x$，$y=y$，$z=\dfrac{x^2-y^2}{2}$.

输入：ParametricPlot3D[{x,y,(x^2-y^2)/2},{x,-5,5},{y,-5,5}]，执行得如图 7.7.11 所示的图形.

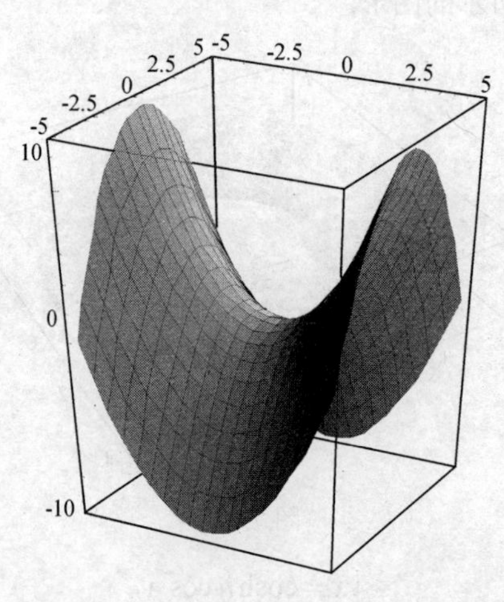

图 7.7.11

若限制 z 的取值范围，输入：ParametricPlot3D[{x,y,(x^2-y^2)/2},{x,-5,5},{y,-5,5},PlotRange {-5,5}]

执行得如图 7.7.12 所示的图形.

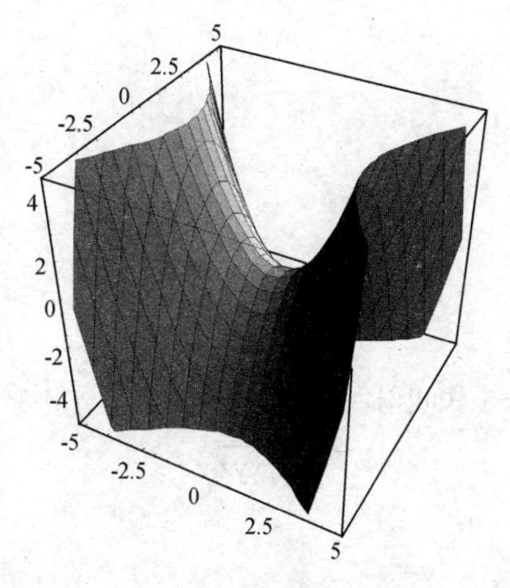

图 7.7.12

7.7.3 Mathematica 求偏导数

例 10 $z=\cos\sqrt{x^2+y^2}$，求$\dfrac{\partial z}{\partial x}$，$\dfrac{\partial z}{\partial y}$，$\dfrac{\partial^2 z}{\partial x\partial y}$.

解 输入：

$z=\cos[\text{sqrt}[x\wedge 2+y\wedge 2]]$

$zx=D[z,x]$

$zy=D[z,y]$

$zxy=D[z,x,y]$

输出：

$\text{out}[1]:=\cos[\sqrt{x^2+y^2}]$

$\text{out}[2]:=\dfrac{x\sin[\sqrt{x^2+y^2}]}{\sqrt{x^2+y^2}}$

$\text{out}[3]:=\dfrac{y\sin[\sqrt{x^2+y^2}]}{\sqrt{x^2+y^2}}$

$\text{out}[4]:=\dfrac{xy\text{Cos}[\sqrt{x^2+y^2}]}{x^2+y^2}+\dfrac{xy\sin[\sqrt{x^2+y^2}]}{(x^2+y^2)^{3/2}}$

例 11 $x+2y+z-2\sqrt{xyz}=0$确定了函数$z=z(x,y)$，求$\dfrac{\partial z}{\partial x}$，$\dfrac{\partial z}{\partial y}$.

解 输入：

$\text{in}[1]:=\text{clear}[x,y,z]$

$f=x+2y+z-\text{wsqrt}[x*y*z]$

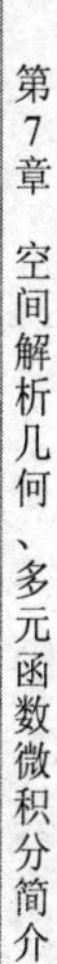

fx = D[f, x]

fy = D[f, y]

fz = D[f, z]

zx = −fx / fz

zy = −fy / fz

输出：

$$\text{out[1]} := \frac{-1+\frac{yz}{\sqrt{xyz}}}{1-\frac{yz}{\sqrt{xyz}}}，\text{out[2]} := \frac{-2+\frac{yz}{\sqrt{xyz}}}{1-\frac{yz}{\sqrt{xyz}}}$$

7.7.4 计算二元积分

Integrate[f[x,y],{x,x0,x1},{y,y0,y1}]：求函数 $f(x,y)$ 的二重积分，其中 y_0 和 y_1 可以是 x 的函数.

Eliminate[{$f[x,y]==0, g[x,y]==0$}, y]：从联立方程组中消去 y.

例 12 计算 $\iint_D xy\,\mathrm{d}x\mathrm{d}y$，其中 D: $0 \leqslant x \leqslant 1$，$x \leqslant y \leqslant x^2+1$.

解 输入：

in[1] = Integrate[x * y, {x, 0, 1}, {y, 2 * x, x ^ 2 + 1}

输出：out[1] = $\frac{1}{12}$

例 13 $\iint_D \mathrm{e}^{-(x^2+y^2)}\mathrm{d}x\mathrm{d}y$，其中 D：$x^2+y^2 \leqslant 1$.

解 用换元法，令 $x = \cos\ t$，$y = \sin\ t$.

输入：

in[2] := x = r * cos[t]

y = r * sin t

Z = E ^ (−x ^ 2 − y ^ 2)

Integrate[z * r, {r, 0, 1}, {t, 0, 2 * Pi}]

输出：

$\text{out[2]} := \mathrm{e}^{-r^2\cos[t]^2 - r^2\mathrm{Sint}[t]^2}$，$\text{out[3]} := 2\left(\frac{1}{2} - \frac{1}{2\mathrm{e}}\right)\pi$

本章小结

1. 二重积分的概念与性质

二重积分是在定积分的基础上把一元函数推广到二元函数，把积分区间推广到平面上的积分区域得来的．它们在定义和基本性质等方面有许多共同点．

2．二重积分的计算

掌握二重积分的计算是学习本章的重点．二重积分的计算就是把它化为两次定积分计算．

（1）在直角坐标系下计算二重积分．

选择积分次序、确定积分上限与下限是计算二重积分的关键，首先根据已知条件画出草图 D；根据图形决定积分次序，选择积分次序的原则是：

1）尽可能对积分区域在不分成或少分成子区域的情形下积分．

2）第一次积分的上、下限表达式要简单，并且容易根据第一次积分的结果作第二次积分．

3）不管用哪种次序的积分，必须能求出二次积分的被积函数的原函数．

选择二次积分的积分次序不仅与积分区域有关，还与被积函数有关．积分次序确定后，再定积分限，后积要先定限，二次积分的下限必须小于上限．

（2）利用极坐标计算二重积分．

极坐标下的积分次序一般是先对 r 积分，后对 θ 积分．将二重积分 $\iint\limits_D f(x,y)\mathrm{d}x\mathrm{d}y$ 化为极坐标下的二次积分的步骤是：

1）把积分区域 D 化为在极坐标下的不等式组，根据极点与区域 D 的位置来确定二次积分的上、下限；

2）把 $\iint\limits_D f(x,y)\mathrm{d}x\mathrm{d}y$ 化为 $\iint\limits_D f(r\cos\theta, r\sin\theta)r\mathrm{d}\theta\mathrm{d}r$；

3）当区域 D 的边界方程 $r(\theta)$ 出现不一致时，对区域 D 要相应地分块积分．

注意：选择极坐标计算二重积分，是根据被积函数的特点和积分区域的形状两个方面考虑的，一般积分区域为圆形、扇形或环形域等，并且被积函数为 $f(x^2+y^2)$ 或 $f\left(\dfrac{y}{x}\right)$ 时可选用极坐标，使运算简单．

（3）二重积分的应用．

同定积分的应用一样，应用二重积分计算平面图形的面积、立体的体积、曲面的面积等几何量及平面薄片的质量、重心等物理量，都可以利用微元法．

当然计算立体的体积时，从二重积分的几何意义来考虑要容易一些.计算平面图形的面积也可以从二重积分的性质或定积分的应用来考虑．

复习题 7

1．求下列各函数的定义域，并画出其图形：

（1）$z=\sqrt{x-\sqrt{y}}$；　　（2）$z=\sqrt{\cos(x^2+y^2)}$．

2．求极限 $\lim\limits_{\substack{x\to 0\\ y\to 1}}(1+xy)^{\frac{1}{x}}$．

3．设 $f(x,y)=\sqrt{x^2+y^4}$，求 $f_x'(0,0)$，$f_y'(0,0)$．

4．设 $z=\ln\sqrt{x^2+y^2}$，求全微分 $\mathrm{d}z$．

5．设 $z=u^2+v^2$，而 $u=x+y$，$v=x-y$，求 $\dfrac{\partial z}{\partial x},\dfrac{\partial z}{\partial y}$．

6．设 $z=x^2+xy+y^2$，而 $x=t^2$，$y=t$，求 $\dfrac{\mathrm{d}z}{\mathrm{d}t}$，$\dfrac{\mathrm{d}^2 z}{\mathrm{d}t^2}$．

7．设 $u=f(x^2+y^2+z^2)$，求 $\dfrac{\partial u}{\partial x},\dfrac{\partial^2 u}{\partial x^2},\dfrac{\partial u}{\partial y},\dfrac{\partial^2 u}{\partial x\partial y}$．

8．求下列隐函数的导数：

（1）$\sin y+\mathrm{e}^x-xy^2=0$，求 $\dfrac{\mathrm{d}y}{\mathrm{d}x}$；　　（2）$xy+\ln y+\ln x=0$，求 $\dfrac{\mathrm{d}y}{\mathrm{d}x}$；

（3）$x+2y+2z-2\sqrt{xyz}=0$，求 $\dfrac{\partial z}{\partial x},\dfrac{\partial z}{\partial y}$．

9．求下列函数的极值：

（1）$z=x^2+xy+y^2-3x-6y$；　　（2）$z=\mathrm{e}^{x-y}(x^2-2y^2)$．

10．窗子的上半部是半圆，下半部是矩形，如果窗子的周长为 L 固定，试求何时窗子的面积最大．

11．计算下列二重积分：

（1）$\iint\limits_D \mathrm{e}^{x+y}\,\mathrm{d}x\,\mathrm{d}y$，其中 D 是由直线 $x=0$，$x=1$，$y=0$，$y=1$ 围成的矩形区域；

（2）$\iint\limits_D xy^2\,\mathrm{d}x\,\mathrm{d}y$，其中 D 是由直线 $y=x$，$x=1$ 和 x 轴围成的平面区域；

（3）$\iint\limits_D \dfrac{x^2}{y^2}\,\mathrm{d}x\,\mathrm{d}y$，其中 D 是由直线 $x=2$，$y=x$ 及双曲线 $xy=1$ 围成的平面区域；

（4）$\iint\limits_D \dfrac{y}{x}\,\mathrm{d}x\,\mathrm{d}y$，其中 D 是由直线 $y=x$，$y=2x$，$x=4$ 围成的平面区域；

（5）$\iint\limits_D \ln(1+x^2+y^2)\,\mathrm{d}x\,\mathrm{d}y$，其中 D 为 $x^2+y^2\leqslant 1$，$x\geqslant 0$，$y\geqslant 0$ 围成的区域；

（6）$\iint\limits_D \sqrt{1-x^2-y^2}\,\mathrm{d}x\,\mathrm{d}y$，其中 D 为 $x^2+y^2\leqslant 1$ 与 $y\geqslant 0$ 围成的区域.

自测题 7

一、填空题

1．函数 $z=\ln(1-x^2)+\sqrt{y-x^2}+\sqrt[3]{x+y+1}$ 的定义域为________；

2．函数 $z=\ln\sqrt{x^2+y^2}$ 的间断点为________；

3．设 $f(x,y)=\ln\left(x+\dfrac{y}{2x}\right)$，则 $f_y'(1,0)=$ ________；

4． $z=\mathrm{e}^{xy}-\cos\mathrm{e}^{xy}$ ，则 $\mathrm{d}z=$ ________；

5．设 $z=x\sin\ (ax+by)$ ，则 $\dfrac{\partial^2 z}{\partial x\partial y}=$ ________.

6．设 D ：$0\leqslant x\leqslant 2$，$0\leqslant y\leqslant 1$，则 $\iint\limits_D xy\,\mathrm{d}x\,\mathrm{d}y=$ ________；

7．改变二次积分的次序： $\int_1^3\mathrm{d}y\int_1^y f(x,y)\mathrm{d}x+\int_3^9\mathrm{d}y\int_{\frac{y}{3}}^3 f(x,y)\mathrm{d}x=$ ________.

二、计算题

1．设 $z=x\mathrm{e}^y+y\mathrm{e}^x$ ，而 $x=u^2+v^2$， $y=u^2-v^2$ ，求 $\dfrac{\partial z}{\partial u}$， $\dfrac{\partial z}{\partial v}$.

2．设 $z=\ln(\mathrm{e}^x+\mathrm{e}^y)$ ，其中 $y=\dfrac{x^3}{3}+x$ ，求全导数 $\dfrac{\mathrm{d}z}{\mathrm{d}x}$.

3．求由方程 $z^3-xyz=a^3$ 所确定的隐函数 $z=f(x,y)$ 的偏导数.

4．求函数 $z=x^3+y^3-3xy$ 的极值.

三、计算题

1．设区域 D 由 $-1\leqslant x\leqslant 1$，$-1\leqslant y\leqslant 1$ 确定，求 $\iint\limits_D x(y-x)\mathrm{d}x\,\mathrm{d}y$.

2．计算二重积分 $\iint\limits_D xy\,\mathrm{d}x\,\mathrm{d}y$，其中 D 是由 $y=x$ 与 $y=x^2$ 所围成的区域.

3．求 $\iint\limits_D(1-x^2-y^2)\mathrm{d}x\,\mathrm{d}y$ ，其中 D 是由 $y=x,\ y=0,\ x^2+y^2=1$ 在第一象限内所围成的区域.

4．求 $\iint\limits_D(x^2+y^2)\mathrm{d}x\,\mathrm{d}y$，其中 D 是由 $x^2+y^2\leqslant R^2$， $x\geqslant 0$， $y\geqslant 0$ 所围成的区域.

四、应用题

设由平面 $x=1,\ x=-1,\ y=1,\ y=-1$ 围成的柱体被坐标平面 $z=0$ 和平面 $x+y+z=3$ 所截，求截下部分立体的体积.

第 8 章　行列式与矩阵

本章学习目标

- 理解行列式及矩阵的概念；掌握行列式的性质
- 熟练掌握定阶行列式的计算，了解 n 阶行列式的计算方法
- 掌握矩阵的初等变换，会用初等变换求矩阵的秩和逆矩阵

8.1　行列式

8.1.1　行列式的概念

定义 1　用 2^2 个数组成的记号 $\begin{vmatrix} a_{11} & a_{12} \\ a_{21} & a_{22} \end{vmatrix}$ 表示数值 $a_{11}a_{22}-a_{12}a_{21}$ 称为二阶行列式，其中 $a_{11},a_{12},a_{21},a_{22}$ 称为行列式的元素，横排称行，竖排称列，a_{11},a_{22} 称为主对角线上的元素，a_{12},a_{21} 称为副对角线上的元素.

例如，用消元法解二元一次方程组

$$\begin{cases} a_{11}x_1+a_{12}x_2=b_1, \\ a_{21}x_1+a_{22}x_2=b_2, \end{cases} \qquad (8.1.1)$$

得

$$\begin{cases} (a_{11}a_{22}-a_{12}a_{21})x_1=b_1a_{22}-b_2a_{12}, \\ (a_{11}a_{22}-a_{12}a_{21})x_2=b_2a_{11}-b_1a_{21}. \end{cases}$$

如果 $a_{11}a_{22}-a_{12}a_{21}\neq 0$，则方程组（8.1.1）有唯一解

$$x_1=\frac{b_1a_{22}-b_2a_{12}}{a_{11}a_{22}-a_{12}a_{21}},\quad x_2=\frac{b_2a_{11}-b_1a_{21}}{a_{11}a_{22}-a_{12}a_{21}}.$$

由定义 1，方程组（8.1.1）的解可以表示成

$$x_1=\frac{\begin{vmatrix} b_1 & a_{12} \\ b_2 & a_{22} \end{vmatrix}}{\begin{vmatrix} a_{11} & a_{12} \\ a_{21} & a_{22} \end{vmatrix}},\quad x_2=\frac{\begin{vmatrix} a_{11} & b_1 \\ a_{21} & b_2 \end{vmatrix}}{\begin{vmatrix} a_{11} & a_{12} \\ a_{21} & a_{22} \end{vmatrix}}.$$

类似地，用 3^2 个数组成的记号 $\begin{vmatrix} a_{11} & a_{12} & a_{13} \\ a_{21} & a_{22} & a_{23} \\ a_{31} & a_{32} & a_{33} \end{vmatrix}$ 来表示数值

$$a_{11}a_{22}a_{33}+a_{12}a_{23}a_{31}+a_{13}a_{21}a_{32}-a_{13}a_{22}a_{31}-a_{11}a_{23}a_{32}-a_{12}a_{21}a_{33}\text{，} \qquad (8.1.2)$$

称为三阶行列式.

例 1 计算三阶行列式$\begin{vmatrix}3 & 2 & -1\\ -5 & -1 & 3\\ 2 & 1 & 1\end{vmatrix}$.

解 $$\begin{vmatrix}3 & 2 & -1\\ -5 & -1 & 3\\ 2 & 1 & 1\end{vmatrix}=3\times(-1)\times1+2\times3\times2+(-1)\times(-5)\times1$$

$$-(-1)\times(-1)\times2-2\times(-5)\times1-3\times3\times1=13\text{，}$$

从三阶行列式（8.1.2）中各项提出第一行的元素可得

$$D=\begin{vmatrix}a_{11} & a_{12} & a_{13}\\ a_{21} & a_{22} & a_{23}\\ a_{31} & a_{32} & a_{33}\end{vmatrix}=a_{11}\begin{vmatrix}a_{22} & a_{23}\\ a_{32} & a_{33}\end{vmatrix}-a_{12}\begin{vmatrix}a_{21} & a_{23}\\ a_{31} & a_{33}\end{vmatrix}+a_{13}\begin{vmatrix}a_{21} & a_{22}\\ a_{31} & a_{32}\end{vmatrix}. \qquad (8.1.3)$$

其中（8.1.3）右端三项是三阶行列式D中第一行的三个元素a_{11},a_{12},a_{13}分别乘上三个二阶行列式，而所乘的二阶行列式是D中划去a_{1j}（$j=1,2,3$）所在的第一行与第j列元素后余下的元素保持原有相对位置所组成的二阶行列式，而每一项之前都要乘以一个$(-1)^{1+j}$，1和j正好是元素a_{1j}（$j=1,2,3$）的行标和列标.

即一个三阶行列式可用三个二阶行列式表示，按照这个规律，我们可以用三阶行列式定义四阶行列式. 依此类推，在定义了$n-1$阶行列式之后，便可得n阶行列式的定义.

定义 2 用n^2个数组成的记号$D=\begin{vmatrix}a_{11} & a_{12} & \dots & a_{1n}\\ a_{21} & a_{22} & \dots & a_{2n}\\ \dots & \dots & \dots & \dots\\ a_{n1} & a_{n2} & \dots & a_{nn}\end{vmatrix}$表示数值

$$(-1)^{1+1}a_{11}\begin{vmatrix}a_{22} & a_{23} & \dots & a_{2n}\\ a_{32} & a_{33} & \dots & a_{3n}\\ \dots & \dots & \dots & \dots\\ a_{n2} & a_{n3} & \dots & a_{nn}\end{vmatrix}+(-1)^{1+2}a_{12}\begin{vmatrix}a_{21} & a_{23} & \dots & a_{2n}\\ a_{31} & a_{33} & \dots & a_{3n}\\ \dots & \dots & \dots & \dots\\ a_{n1} & a_{n3} & \dots & a_{nn}\end{vmatrix}+\cdots$$

$$+(-1)^{1+n}a_{1n}\begin{vmatrix}a_{21} & a_{22} & \dots & a_{2,n-1}\\ a_{31} & a_{32} & \dots & a_{3,n-1}\\ \dots & \dots & \dots & \dots\\ a_{n1} & a_{n2} & \dots & a_{n,n-1}\end{vmatrix}, \qquad (8.1.4)$$

称为n阶行列式，这种用低阶行列式定义高阶行列式的方法称为递推定义法.

余子式：在n阶行列式中划去a_{ij}所在的第i行与第j列元素后，余下的元素保持原有的相对位置所组成的$n-1$阶行列式称为a_{ij}的余子式，记为M_{ij}，即

$$M_{ij}=\begin{vmatrix} a_{11} & \cdots & a_{1,j-1} & a_{1,j+1} & \cdots & a_{1n} \\ \cdots & \cdots & \cdots & \cdots & \cdots & \cdots \\ a_{i-1,1} & \cdots & a_{i-1,j-1} & a_{i-1,j+1} & \cdots & a_{i-1,n} \\ a_{i+1,1} & \cdots & a_{i+1,j-1} & a_{i+1,j+1} & \cdots & a_{i+1,n} \\ \cdots & \cdots & \cdots & \cdots & \cdots & \cdots \\ a_{n1} & \cdots & a_{n,j-1} & a_{n,j+1} & \cdots & a_{nn} \end{vmatrix}.$$

代数余子式：$(-1)^{i+j}M_{ij}$ 称为 a_{ij} 的代数余子式，记为 A_{ij}，即 $A_{ij}=(-1)^{i+j}M_{ij}$．

于是 n 阶行列式的递推式定义（8.1.4）可记为 $D=a_{11}A_{11}+a_{12}A_{12}+\ldots+a_{1n}A_{1n}$，（8.1.4）式又称为 n 阶行列式按第一行元素的展开式.

例 2 计算行列式

$$D=\begin{vmatrix} 2 & 0 & 0 & -1 \\ 3 & 0 & -2 & 0 \\ 4 & 5 & 6 & 2 \\ 1 & 3 & 2 & 4 \end{vmatrix}.$$

解 由于第一行有两个零元素，按该行展开得

$$D=\begin{vmatrix} 2 & 0 & 0 & -1 \\ 3 & 0 & -2 & 0 \\ 4 & 5 & 6 & 2 \\ 1 & 3 & 2 & 4 \end{vmatrix}=2\times(-1)^{1+1}\begin{vmatrix} 0 & -2 & 0 \\ 5 & 6 & 2 \\ 3 & 2 & 4 \end{vmatrix}+(-1)\times(-1)^{1+4}\begin{vmatrix} 3 & 0 & -2 \\ 4 & 5 & 6 \\ 1 & 3 & 2 \end{vmatrix}$$

$$=2\times(-2)\times(-1)^{1+2}\begin{vmatrix} 5 & 2 \\ 3 & 4 \end{vmatrix}+3\times(-1)^{1+1}\begin{vmatrix} 5 & 6 \\ 3 & 2 \end{vmatrix}+(-2)\times(-1)^{1+3}\begin{vmatrix} 4 & 5 \\ 1 & 3 \end{vmatrix}=18.$$

例 3 求下三角形行列式 $D=\begin{vmatrix} a_{11} & 0 & \cdots & 0 \\ a_{21} & a_{22} & \cdots & 0 \\ \cdots & \cdots & \cdots & \cdots \\ a_{n1} & a_{n2} & \cdots & a_{nn} \end{vmatrix}$.

解 因为第一行除 a_{11} 可能不为零外，其余元素均为零，因此按第一行展开只有一项 $a_{11}A_{11}$，依此逐次按第一行元素展开，得

$$D=\begin{vmatrix} a_{11} & 0 & \cdots & 0 \\ a_{21} & a_{22} & \cdots & 0 \\ \cdots & \cdots & \cdots & \cdots \\ a_{n1} & a_{n2} & \cdots & a_{nn} \end{vmatrix}=a_{11}(-1)^{1+1}\begin{vmatrix} a_{22} & 0 & \cdots & 0 \\ a_{32} & a_{33} & \cdots & 0 \\ \cdots & \cdots & \cdots & \cdots \\ a_{n2} & a_{n3} & \cdots & a_{nn} \end{vmatrix}=a_{11}a_{22}\begin{vmatrix} a_{33} & 0 & \cdots & 0 \\ a_{43} & a_{44} & \cdots & 0 \\ \cdots & \cdots & \cdots & \cdots \\ a_{n3} & a_{n4} & \cdots & a_{nn} \end{vmatrix}$$

$$=\cdots=a_{11}a_{22}\cdots a_{nn},$$

即下三角形行列式的值等于主对角线上所有元素的乘积.

显然，主对角线行列式$\begin{vmatrix} a_{11} & 0 & \dots & 0 \\ 0 & a_{22} & \dots & 0 \\ \dots & \dots & \dots & \dots \\ 0 & 0 & \dots & a_{nn} \end{vmatrix} = a_{11}a_{22}\cdots a_{nn}$.

8.1.2 行列式的性质与计算

性质 1 行列互换，行列式的值不变.

$$D=\begin{vmatrix} a_{11} & a_{12} & \dots & a_{1n} \\ a_{21} & a_{22} & \dots & a_{2n} \\ \dots & \dots & \dots & \dots \\ a_{n1} & a_{n2} & \dots & a_{nn} \end{vmatrix}=\begin{vmatrix} a_{11} & a_{21} & \dots & a_{n1} \\ a_{12} & a_{22} & \dots & a_{n2} \\ \dots & \dots & \dots & \dots \\ a_{1n} & a_{2n} & \dots & a_{nn} \end{vmatrix}.$$

上式右端的行列式称为左边行列式D的转置行列式，记作D^T，由性质 1 可知行列式D与它的转置行列式D^T相等，即$D=D^T$. 也就是说凡是对行列式的“行”成立的性质对“列”也同样成立，反之亦然.

例 4 计算上三角形行列式$D=\begin{vmatrix} a_{11} & a_{12} & \dots & a_{1n} \\ 0 & a_{22} & \dots & a_{2n} \\ \dots & \dots & \dots & \dots \\ 0 & 0 & \dots & a_{nn} \end{vmatrix}$.

解 由性质 1，得$D=D^T=\begin{vmatrix} a_{11} & 0 & \dots & 0 \\ a_{12} & a_{22} & \dots & 0 \\ \dots & \dots & \dots & \dots \\ a_{1n} & a_{2n} & \dots & a_{nn} \end{vmatrix}=a_{11}a_{22}\cdots a_{nn}$.

性质 2 行列式两行（列）互换，行列式的值变号.

通常我们用r_k表示行列式的第k行，用c_k表示行列式的第k列，第i行与第j行互换，记作$r_i \leftrightarrow r_j$；第i列与第j列互换，记作$c_i \leftrightarrow c_j$.

推论 1 行列式中如果有两行（列）对应元素相等，则行列式等于零.

性质 3 行列式等于它任一行（列）元素与其对应的代数余子式的乘积之和，即若

$$D=\begin{vmatrix} a_{11} & a_{12} & \dots & a_{1n} \\ a_{21} & a_{22} & \dots & a_{2n} \\ \dots & \dots & \dots & \dots \\ a_{n1} & a_{n2} & \dots & a_{nn} \end{vmatrix},$$

则$D=\sum_{k=1}^{n} a_{ik}A_{ik}(i=1,2,\dots,n)$或$D=\sum_{k=1}^{n} a_{kj}A_{kj}(j=1,2,\cdots,n)$.

推论 2 若行列式的某一行（列）元素全为零，则行列式等于零.

推论 3 行列式的某一行（列）元素与另一行（列）元素的代数余子式的乘积之和为零，即若 $D=\begin{vmatrix} a_{11} & a_{12} & \dots & a_{1n} \\ a_{21} & a_{22} & \dots & a_{2n} \\ \dots & \dots & \dots & \dots \\ a_{n1} & a_{n2} & \dots & a_{nn} \end{vmatrix}$，则

$$a_{i1}A_{j1}+a_{i2}A_{j2}+\dots+a_{in}A_{jn}=0\ (i\neq j)\text{或}a_{1i}A_{1j}+a_{2i}A_{2j}+\dots+a_{ni}A_{nj}=0\ (i\neq j).$$

性质 4 行列式的某行（列）所有元素乘数 k 等于数 k 乘行列式.

性质 5 行列式的某一行（列）所有元素乘以同一个数后加到另一行（列）的对应元素上去，行列式的值不变.

推论 4 行列式的如果有两行（列）对应元素成比例，则行列式等于零.

通常我们把以数 k 乘第 i 行的元素加到第 j 行对应元素上记作 r_j+kr_i，以数 k 乘第 i 列的元素加到第 j 列对应元素上记作 c_j+kc_i.

通常我们利用 kr_i+r_j 运算把行列式化为上三角形行列式计算较为简便.

例 5 计算行列式 $D=\begin{vmatrix} 3 & 1 & -1 & 2 \\ -5 & 1 & 3 & -4 \\ 2 & 0 & 1 & -1 \\ 1 & -5 & 3 & -3 \end{vmatrix}$ 的值.

解 利用行列式的性质，将 D 化成上三角形行列式：

$$D=\begin{vmatrix} 3 & 1 & -1 & 2 \\ -5 & 1 & 3 & -4 \\ 2 & 0 & 1 & -1 \\ 1 & -5 & 3 & -3 \end{vmatrix} \xlongequal{c_1\leftrightarrow c_2} -\begin{vmatrix} 1 & 3 & -1 & 2 \\ 1 & -5 & 3 & -4 \\ 0 & 2 & 1 & -1 \\ -5 & 1 & 3 & -3 \end{vmatrix} \xlongequal[5r_1+r_4]{(-1)r_1+r_2} -\begin{vmatrix} 1 & 3 & -1 & 2 \\ 0 & -8 & 4 & -6 \\ 0 & 2 & 1 & -1 \\ 0 & 16 & -2 & 7 \end{vmatrix}$$

$$\xlongequal{r_2\leftrightarrow r_3}\begin{vmatrix} 1 & 3 & -1 & 2 \\ 0 & 2 & 1 & -1 \\ 0 & -8 & 4 & -6 \\ 0 & 16 & -2 & 7 \end{vmatrix} \xlongequal[(-8)r_2+r_4]{4r_2+r_3}\begin{vmatrix} 1 & 3 & -1 & 2 \\ 0 & 2 & 1 & -1 \\ 0 & 0 & 8 & -10 \\ 0 & 0 & -10 & 15 \end{vmatrix} \xlongequal{\frac{5}{4}r_3+r_4}\begin{vmatrix} 1 & 3 & -1 & 2 \\ 0 & 2 & 1 & -1 \\ 0 & 0 & 8 & -10 \\ 0 & 0 & 0 & \frac{5}{2} \end{vmatrix}=40.$$

在实际计算中经常在行列式中化出尽可能多的零，然后再根据行列式的展开式进行计算.

例 6 计算行列式 $D=\begin{vmatrix} a+b & a & a & a \\ a & a+c & a & a \\ a & a & a+d & a \\ a & a & a & a \end{vmatrix}$.

解 将第四行乘以(−1)后，分别加到前三行上，再按第四列展开，得

$$D\xlongequal[k=1,2,3]{-r_4+r_k}\begin{vmatrix} b & 0 & 0 & 0 \\ 0 & c & 0 & 0 \\ 0 & 0 & d & 0 \\ a & a & a & a \end{vmatrix}=abcd\,.$$

性质 6　若行列式的某行（列）元素是两项之和，则行列式等于两个行列式的和.

例 7　计算行列式 $D=\begin{vmatrix} 6 & -1 & 3 \\ 2 & 2 & 2 \\ 196 & 203 & 199 \end{vmatrix}$ 的值.

解　将第三行的元素拆分得

$$D=\begin{vmatrix} 6 & -1 & 3 \\ 2 & 2 & 2 \\ 196 & 203 & 199 \end{vmatrix}=\begin{vmatrix} 6 & -1 & 3 \\ 2 & 2 & 2 \\ 200-4 & 200+3 & 200-1 \end{vmatrix}=\begin{vmatrix} 6 & -1 & 3 \\ 2 & 2 & 2 \\ 200 & 200 & 200 \end{vmatrix}+\begin{vmatrix} 6 & -1 & 3 \\ 2 & 2 & 2 \\ -4 & 3 & -1 \end{vmatrix},$$

由推论 4 知，$\begin{vmatrix} 6 & -1 & 3 \\ 2 & 2 & 2 \\ 200 & 200 & 200 \end{vmatrix}=0$，而 $\begin{vmatrix} 6 & -1 & 3 \\ 2 & 2 & 2 \\ -4 & 3 & -1 \end{vmatrix}\xlongequal{r_3+r_1}\begin{vmatrix} 2 & 2 & 2 \\ 2 & 2 & 2 \\ -4 & 3 & -1 \end{vmatrix}=0$，

故所求行列式 $D=0$.

若一个行列式各行（列）的和相等，则可以将这些行（列）加起来，提取公因子后往往比较容易计算出该行列式的值.

例 8　计算 n 阶行列式 $D=\begin{vmatrix} x & a & \dots & a & a \\ a & x & \dots & a & a \\ \dots & \dots & \dots & \dots & \dots \\ a & a & \dots & x & a \\ a & a & \dots & a & x \end{vmatrix}$.

解　$$D\xlongequal[k=2,3,\cdots,n]{c_k+c_1}\begin{vmatrix} x+(n-1)a & a & \dots & a & a \\ x+(n-1)a & x & \dots & a & a \\ \dots & \dots & \dots & \dots & \dots \\ x+(n-1)a & a & \dots & x & a \\ x+(n-1)a & a & \dots & a & x \end{vmatrix}=[x+(n-1)a]\begin{vmatrix} 1 & a & \dots & a & a \\ 1 & x & \dots & a & a \\ \dots & \dots & \dots & \dots & \dots \\ 1 & a & \dots & x & a \\ 1 & a & \dots & a & x \end{vmatrix}$$

$$\xlongequal[k=2,3,\cdots,n]{(-1)r_1+r_k}[x+(n-1)a]\begin{vmatrix} 1 & a & \cdots & a & a \\ 0 & x-a & \cdots & 0 & 0 \\ \dots & \dots & \dots & \dots & \dots \\ 0 & 0 & \dots & x-a & 0 \\ 0 & 0 & \dots & 0 & x-a \end{vmatrix}=[x+(n-1)a](x-a)^{n-1}\,.$$

例 9 计算行列式 $D=\begin{vmatrix}1&2&3&4&5\\2&3&4&5&1\\3&4&5&1&2\\4&5&1&2&3\\5&1&2&3&4\end{vmatrix}$ 的值.

解 利用各行的元素之和相等的特点，把 2,3,4,5 列加到第 1 列，得

$$D=\begin{vmatrix}15&2&3&4&5\\15&3&4&5&1\\15&4&5&1&2\\15&5&1&2&3\\15&1&2&3&4\end{vmatrix}=15\begin{vmatrix}1&2&3&4&5\\1&3&4&5&1\\1&4&5&1&2\\1&5&1&2&3\\1&1&2&3&4\end{vmatrix}\xlongequal[\substack{r_3-r_2\\r_2-r_1}]{\substack{r_5-r_4\\r_4-r_3}}15\begin{vmatrix}1&2&3&4&5\\0&1&1&1&-4\\0&1&1&-4&1\\0&1&-4&1&1\\0&-4&1&1&1\end{vmatrix}.$$

按第一列展开，然后把该行列式各行加到第一行并提取第一行的公因子（-1），得

$$-15\begin{vmatrix}1&1&1&1\\1&1&-4&1\\1&-4&1&1\\-4&1&1&1\end{vmatrix}\xlongequal[\substack{r_3-r_1\\r_4-r_1}]{r_2-r_1}-15\begin{vmatrix}1&1&1&1\\0&0&-5&0\\0&-5&0&0\\-5&0&0&0\end{vmatrix}=1875.$$

行列式的计算方法是比较灵活的，利用按某行某列展开式和行列式的性质进行计算是常用的方法．此外，数学归纳法、递推公式法、加边法等方法也是计算行列式的特殊方法，我们来通过下面的例题逐步认识和掌握这些方法．

例 10 证明副对角线行列式 $\begin{vmatrix}&&&a_1\\&&a_2&\\&\iddots&&\\a_n&&&\end{vmatrix}=(-1)^{\frac{n(n-1)}{2}}a_1a_2\cdots a_n$（其中未标出元素全为零）.

证 对行列式的阶数用数学归纳法证明．

当 $n=1$ 时，结论显然成立；

设 $n=k$ 时，结论成立，即设 $\begin{vmatrix}&&&a_1\\&&a_2&\\&\iddots&&\\a_k&&&\end{vmatrix}=(-1)^{\frac{k(k-1)}{2}}a_1a_2\cdots a_k$；

当 $n=k+1$ 时，按最后一行展开 $k+1$ 阶行列式，得

$$\begin{vmatrix} & & a_1 \\ & a_2 & \\ \iddots & & \\ a_{k+1} & & \end{vmatrix} = a_{k+1}(-1)^{k+1+1}\begin{vmatrix} & & a_1 \\ & a_2 & \\ \iddots & & \\ a_k & & \end{vmatrix}$$

$$= a_{k+1}(-1)^{k+2}(-1)^{\frac{k(k-1)}{2}}a_1a_2\cdots a_k = (-1)^{\frac{k(k+1)}{2}}a_1a_2\cdots a_k a_{k+1}.$$

所以

$$\begin{vmatrix} & & a_1 \\ & a_2 & \\ \iddots & & \\ a_n & & \end{vmatrix} = (-1)^{\frac{n(n-1)}{2}}a_1a_2\cdots a_n.$$

例 11 证明 vandermonde 行列式

$$D_n = \begin{vmatrix} 1 & 1 & \cdots & 1 \\ x_1 & x_2 & \cdots & x_n \\ x_1^2 & x_2^2 & \cdots & x_n^2 \\ \cdots & \cdots & \cdots & \cdots \\ x_1^{n-1} & x_2^{n-1} & \cdots & x_n^{n-1} \end{vmatrix} = \prod_{n\geqslant i>j\geqslant 1}(x_i - x_j) \ (n\geqslant 2).$$

证 用数学归纳法证明.

因为 $D_2 = \begin{vmatrix} 1 & 1 \\ x_1 & x_2 \end{vmatrix} = x_2 - x_1 = \prod_{2\geqslant i>j\geqslant 1}(x_i - x_j)$，所以当 $n=2$ 时等式成立，现在假设原式对于 $n-1$ 阶 vandermonde 行列式成立，需证其对 n 阶 vandermonde 行列式也成立.

为此，设法把 D_n 降阶：从第 n 行开始，后行减去前行的 x_1 倍，有

$$D_n = \begin{vmatrix} 1 & 1 & 1 & \cdots & 1 \\ 0 & x_2 - x_1 & x_3 - x_1 & \cdots & x_n - x_1 \\ 0 & x_2(x_2 - x_1) & x_3(x_3 - x_1) & \cdots & x_n(x_n - x_1) \\ \cdots & \cdots & \cdots & \cdots & \cdots \\ 0 & x_2^{n-2}(x_2 - x_1) & x_3^{n-2}(x_3 - x_1) & \cdots & x_n^{n-2}(x_n - x_1) \end{vmatrix},$$

按第一列展开，并把每列的公因子 $(x_i - x_1)$ 提出来，就有

$$D_n = (x_2 - x_1)(x_3 - x_1)\cdots(x_n - x_1)\begin{vmatrix} 1 & 1 & \cdots & 1 \\ x_2 & x_3 & \cdots & x_n \\ \cdots & \cdots & \cdots & \cdots \\ x_2^{n-2} & x_3^{n-2} & \cdots & x_n^{n-2} \end{vmatrix},$$

上式右端的行列式是 $n-1$ 阶行列式，按归纳法假设，它等于所有因子的乘积，其中 $n\geqslant i>j\geqslant 2$，故

$$D_n=(x_2-x_1)(x_3-x_1)\cdots(x_n-x_1)\prod_{n\geqslant i>j\geqslant 2}(x_i-x_j)=\prod_{n\geqslant i>j\geqslant 1}(x_i-x_j)$$，即证.

使用数学归纳法计算 n 阶行列式的关键步骤是假设 $n-1$ 阶时结论成立，再证对 n 阶时结论成立.

例 12 计算行列式 $D_5=\begin{vmatrix}2&1&0&0&0\\1&2&1&0&0\\0&1&2&1&0\\0&0&1&2&1\\0&0&0&1&2\end{vmatrix}$.

解 观察到行列式 D_5 各条对角线上的元素都相同，且 5 阶行列式 D_5 与 4 阶行列式 D_4 有相同的形式，按第一行展开，

$$D_5=2\begin{vmatrix}2&1&0&0\\1&2&1&0\\0&1&2&1\\0&0&1&2\end{vmatrix}+1\cdot(-1)^{1+2}\begin{vmatrix}1&1&0&0\\0&2&1&0\\0&1&2&1\\0&0&1&2\end{vmatrix},$$

等式右边的第二个行列式按第一列展开，得到 $D_5=2D_4-D_3$.

上式把 5 阶行列式 D_5 表示为具有相同形式的 4 阶和 3 阶行列式的代数和，这种关系式称为递推关系式，由递推关系式可得

$$D_5-D_4=D_4-D_3=D_3-D_2=D_2-D_1=\begin{vmatrix}2&1\\1&2\end{vmatrix}-2=1,$$

所以
$$D_5=D_4+1=D_3+1+1=D_3+2=D_2+3=6.$$

应用递推法计算行列式的关键是得到递推关系式.

8.1.3 克莱姆法则

含有 n 个未知量 $x_1,x_2,\cdots,x_n$ 和 n 个线性方程的线性方程组

$$\begin{cases}a_{11}x_1+a_{12}x_2+\ldots+a_{1n}x_n=b_1,\\a_{21}x_1+a_{22}x_2+\ldots+a_{2n}x_n=b_2,\\\qquad\qquad\ldots\\a_{n1}x_1+a_{n2}x_2+\ldots+a_{nn}x_n=b_n,\end{cases}\tag{8.1.5}$$

与二元线性方程组类似，在一定条件下，它的解也可用 n 阶行列式来表示，这个法则称为克莱姆法则.

定理（克莱姆法则） 如果线性方程组（8.1.5）的系数行列式不为零，即

$$D=\begin{vmatrix}a_{11}&a_{12}&\ldots&a_{1n}\\a_{21}&a_{22}&\ldots&a_{2n}\\\ldots&\ldots&\ldots&\ldots\\a_{n1}&a_{n2}&\ldots&a_{nn}\end{vmatrix}\neq 0,$$

则方程组（8.1.5）有唯一解：

$$x_1 = \frac{D_1}{D}, x_2 = \frac{D_2}{D}, \ldots, x_n = \frac{D_n}{D}, \tag{8.1.6}$$

其中 D_j $(j=1,2,\ldots,n)$ 是把系数行列式 D 中第 j 列的元素用方程组右端的常数项 $b_1, b_2, \cdots, b_n$ 代替后所得到的 n 阶行列式，即

$$D_j = \begin{vmatrix} a_{11} & a_{12} & \ldots & a_{1,j-1} & b_1 & a_{1,j+1} & \ldots & a_{1n} \\ a_{21} & a_{22} & \ldots & a_{2,j-1} & b_2 & a_{2,j+1} & \ldots & a_{2n} \\ \ldots & \ldots & \ldots & \ldots & \ldots & \ldots & \ldots & \ldots \\ a_{n1} & a_{n2} & \ldots & a_{n,j-1} & b_n & a_{n,j+1} & \ldots & a_{nn} \end{vmatrix}.$$

证明略.

当线性方程组（8.1.5）的常数项均为零，即 $b_1 = b_2 = \cdots = b_n = 0$ 时，称方程组

$$\begin{cases} a_{11}x_1 + a_{12}x_2 + \ldots + a_{1n}x_n = 0, \\ a_{21}x_1 + a_{22}x_2 + \ldots + a_{2n}x_n = 0, \\ \qquad \ldots \\ a_{n1}x_1 + a_{n2}x_2 + \ldots + a_{nn}x_n = 0 \end{cases} \tag{8.1.7}$$

为 n 元齐次线性方程组．显然 $x_1 = x_2 = \cdots = x_n = 0$ 是方程组（8.1.7）的解，这种全为零的解称为零解．根据克莱姆法则，如果齐次线性方程组（8.1.7）系数行列式 $D \neq 0$，则方程组（8.1.7）只有唯一的零解．反之，如果齐次线性方程组（8.1.7）还有不全为零的解（称为非零解），那么方程组（8.1.7）的系数行列式 $D=0$．因此，齐次线性方程组（8.1.7）有非零解的充分必要条件是其系数行列式 $D=0$．

克莱姆法则的优点是解的形式简单，理论上有重要价值，但当 n 较大时，计算量很大.

例 13 求线性方程组 $\begin{cases} x_1 - x_2 + x_3 - 2x_4 = 2, \\ 2x_1 - x_3 + 4x_4 = 4, \\ 3x_1 + 2x_2 + x_3 = -1, \\ -x_1 + 2x_2 - x_3 + 2x_4 = -4 \end{cases}$ 的解.

解 因为系数行列式 $D = \begin{vmatrix} 1 & -1 & 1 & -2 \\ 2 & 0 & -1 & 4 \\ 3 & 2 & 1 & 0 \\ -1 & 2 & -1 & 2 \end{vmatrix} = -2 \neq 0$，故方程组有唯一解.

$$D_1 = \begin{vmatrix} 2 & -1 & 1 & -2 \\ 4 & 0 & -1 & 4 \\ -1 & 2 & 1 & 0 \\ -4 & 2 & -1 & 2 \end{vmatrix} = -2, \quad D_2 = \begin{vmatrix} 1 & 2 & 1 & -2 \\ 2 & 4 & -1 & 4 \\ 3 & -1 & 1 & 0 \\ -1 & -4 & -1 & 2 \end{vmatrix} = -2,$$

$$D_3=\begin{vmatrix}1&-1&2&-2\\2&0&4&4\\3&2&-1&0\\-1&2&-4&2\end{vmatrix}=0，D_4=\begin{vmatrix}1&-1&1&2\\2&0&-1&4\\3&2&1&-1\\-1&2&-1&-4\end{vmatrix}=-1，$$

所以线性方程组的解为 $x_1=\dfrac{D_1}{D}=1$，$x_2=\dfrac{D_2}{D}=1$，$x_3=\dfrac{D_3}{D}=0$，$x_4=\dfrac{D_4}{D}=\dfrac{1}{2}$.

例 14 问 k 取何值时，齐次线性方程组 $\begin{cases}2x_1+4x_2+kx_3=0,\\-x_1+kx_2+x_3=0,\\x_1-x_2+3x_3=0\end{cases}$ 只有零解.

解 该方程组的系数行列式 $D=\begin{vmatrix}2&4&k\\-1&k&1\\1&-1&3\end{vmatrix}=-k^2+7k+18=(k+2)(9-k)$，所以当 $D\neq 0$，即 $k\neq -2,9$ 时，方程组只有零解.

习题 8.1

1．写出下列行列式中元素 a_{12},a_{23},a_{31} 的代数余子式 A_{12},A_{23},A_{31}.

（1）$\begin{vmatrix}3&2&1\\-1&4&0\\1&-2&2\end{vmatrix}$　　（2）$\begin{vmatrix}1&2&0&-2\\4&-1&3&1\\1&4&2&2\\5&0&-1&1\end{vmatrix}$.

2．计算下列行列式的值：

（1）$\begin{vmatrix}1&2&3\\3&1&2\\2&3&1\end{vmatrix}$；　（2）$\begin{vmatrix}a^2&ab&b^2\\2a&a+b&2b\\1&1&1\end{vmatrix}$；　（3）$\begin{vmatrix}1&0&0&1\\-1&3&2&-1\\2&1&0&2\\0&5&6&2\end{vmatrix}$；

（4）$\begin{vmatrix}a&1&0&0\\-1&b&1&0\\0&-1&c&1\\0&0&-1&d\end{vmatrix}$；　（5）$\begin{vmatrix}1+x&1&1&1\\1&1-x&1&1\\1&1&1+x&1\\1&1&1&1-x\end{vmatrix}$；

（6）$\begin{vmatrix}1&1&1&1\\a&b&c&d\\a^2&b^2&c^2&d^2\\a^3&b^3&c^3&d^3\end{vmatrix}$；　（7）$\begin{vmatrix}\lambda&0&0&\cdots&0&a_n\\-1&\lambda&0&\cdots&0&a_{n-1}\\0&-1&\lambda&\cdots&0&a_{n-2}\\\cdots&\cdots&\cdots&\cdots&\cdots&\cdots\\0&0&0&\cdots&\lambda&a_2\\0&0&0&\cdots&-1&\lambda+a_1\end{vmatrix}$.

3．λ 取何值时，下列行列式的值等于零.

（1）$\begin{vmatrix} \lambda-1 & 2 \\ 2 & \lambda+2 \end{vmatrix}$；　　（2）$\begin{vmatrix} \lambda-3 & -1 & 0 \\ 4 & \lambda+1 & 0 \\ -4 & 8 & \lambda+2 \end{vmatrix}$.

4．用克莱姆法则解下列线性方程组：

（1）$\begin{cases} 2x-3y=3, \\ 3x-y=8; \end{cases}$　　（2）$\begin{cases} x_1+2x_2-x_3=-3, \\ 2x_1-x_2+3x_3=9, \\ -x_1+x_2+4x_3=6. \end{cases}$

5．λ取何值时，齐次线性方程组$\begin{cases} \lambda x_1+x_2+x_3=0, \\ x_1+\lambda x_2+x_3=0, \\ x_1+x_2+\lambda x_3=0 \end{cases}$有非零解.

6．设水银密度 h 与温度 t 的关系为 $h=a_0+a_1t+a_2t^2+a_3t^3$，由实验测得如下数据：

t	0℃	10℃	20℃	30℃
h	13.60	13.57	13.55	13.52

求 $t=15$℃, 40℃时水银的密度.

8.2　矩阵及其运算

矩阵是线性代数的一个重要内容，也是解决其他学科问题的重要工具.

8.2.1　矩阵的概念

定义1　由 $m\times n$ 个数 $a_{ij}(i=1,2,\cdots,m;\ j=1,2,\cdots,n)$ 排成的 m 行 n 列的矩形数表

$$\begin{pmatrix} a_{11} & a_{12} & \cdots & a_{1n} \\ a_{21} & a_{22} & \cdots & a_{2n} \\ \cdots & \cdots & \cdots & \cdots \\ a_{m1} & a_{m2} & \cdots & a_{mn} \end{pmatrix}$$

称为 m 行 n 列矩阵，简称 $m\times n$ 矩阵，其中 a_{ij} 叫做矩阵的第 i 行第 j 列的元素. 一般用大写字母 $A,B,C,\cdots$ 表示矩阵.

例如记 $A=\begin{pmatrix} a_{11} & a_{12} & \cdots & a_{1n} \\ a_{21} & a_{22} & \cdots & a_{2n} \\ \cdots & \cdots & \cdots & \cdots \\ a_{m1} & a_{m2} & \cdots & a_{mn} \end{pmatrix}$，也可简记为 $A=(a_{ij})_{m\times n}$ 或 $A_{m\times n}$.

$n\times n$ 矩阵也称为 n 阶方阵，常用 A_n 表示，方阵左上角到右下角的连线称为主对角线，其上的元素 $a_{11},a_{22},\cdots,a_{nn}$ 称为主对角线上的元素.

下面介绍一些特殊的矩阵.

（1）零矩阵. 所有元素都是零的矩阵称为零矩阵，记为 O.

（2）行矩阵和列矩阵.

$1\times n$ 矩阵 $(a_1 \quad a_2 \quad \cdots \quad a_n)$ 称为行矩阵； $m\times 1$ 矩阵 $\begin{pmatrix} b_1 \\ b_2 \\ \vdots \\ b_m \end{pmatrix}$ 称为列矩阵.

（3）对角阵. 只有主对角线上的元素不全为零，其他元素全为零的方阵称为对角阵，一般形式为 $\begin{pmatrix} \lambda_1 & 0 & 0 & 0 \\ 0 & \lambda_2 & 0 & 0 \\ \cdots & \cdots & \cdots & \cdots \\ 0 & 0 & 0 & \lambda_n \end{pmatrix}$. 特别地，当 $\lambda_1 = \lambda_2 = \cdots = \lambda_n = 1$ 时，称此对角矩阵为 n 阶单位矩阵，常用 E_n 表示，或简记为 E.

（4）三角阵. 主对角线以下的元素全为零而主对角线以上的元素不全为零的方阵称为上三角阵，即 $\begin{pmatrix} a_{11} & a_{12} & \dots & a_{1n} \\ 0 & a_{22} & \dots & a_{2n} \\ \dots & \dots & \dots & \dots \\ 0 & 0 & \dots & a_{nn} \end{pmatrix}$；反之，主对角线以上的元素全为零而主对角线以下的元素不全为零的方阵称为下三角阵，即 $\begin{pmatrix} b_{11} & 0 & \dots & 0 \\ b_{21} & b_{22} & \dots & 0 \\ \dots & \dots & \dots & \dots \\ b_{n1} & b_{n2} & \dots & b_{nn} \end{pmatrix}$.

（5）对称阵. 满足条件 $a_{ij} = a_{ji}(i, j = 1, 2, \cdots, n)$ 的方阵称为对称阵，其特点是它的元素以主对角线为对称轴对应相等.

例如矩阵 $\begin{pmatrix} 4 & -1 & 5 \\ -1 & 0 & 2 \\ 5 & 2 & 3 \end{pmatrix}$ 就是对称阵.

定义 2 如果矩阵 $A = (a_{ij})$ 与 $B = (b_{ij})$ 都是 $m\times n$ 矩阵，且它们的对应元素分别相等，即 $a_{ij} = b_{ij}(i = 1, 2, \cdots, m;\ j = 1, 2, \cdots, n)$，则称矩阵 $A = (a_{ij})$ 与矩阵 $B = (b_{ij})$ 相等，记作 $A = B$.

8.2.2 矩阵的运算

矩阵的意义不仅在于确定了一些数表，而且还定义了一些有理论意义和实际意义的运算，从而使它成为进行理论研究和解决实际问题的有力工具.

1. 矩阵的加法

定义 3 两个同型矩阵 $A = (a_{ij})_{m\times n}$ 与 $B = (b_{ij})_{m\times n}$ 对应位置的元素相加得到的矩阵称为矩阵 A 与矩阵 B 的和，记作 $A + B$，即 $A + B = (a_{ij} + b_{ij})_{m\times n}$.

显然同型矩阵才能进行加法运算.

2. 数乘矩阵

定义 4 用数 k 乘矩阵 $A=(a_{ij})_{m\times n}$ 的每一个元素所得到的矩阵 $(ka_{ij})_{m\times n}$，称为数 k 与矩阵 A 的积，记作 kA 或 Ak，即 $kA=(ka_{ij})_{m\times n}$.

特别地，我们可以定义矩阵 A 的负矩阵为 $(-1)A$，简记为 $-A$，从而可以定义两个同型矩阵 $A=(a_{ij})_{m\times n}$ 与 $B=(b_{ij})_{m\times n}$ 的差为 $A-B=A+(-B)$.

由上述定义可知，矩阵的加法与数乘矩阵满足下面的运算律：

（1）$A+B=B+A$；

（2）$(A+B)+C=A+(B+C)$；

（3）$A+O=A$；

（4）$A+(-A)=O$;

（5）$k(A+B)=kA+kB$；

（6）$(k+l)A=kA+lA$；

（7）$k(lA)=(kl)A$.

例 1 设 $A=\begin{pmatrix}1 & -1 & 0\\ 2 & 3 & 4\end{pmatrix}$，$B=\begin{pmatrix}1 & 3 & 5\\ 2 & 4 & 6\end{pmatrix}$，求 $B+2A$.

解 由矩阵的加法与数乘的定义知

$$B+2A=\begin{pmatrix}1 & 3 & 5\\ 2 & 4 & 6\end{pmatrix}+2\begin{pmatrix}1 & -1 & 0\\ 2 & 3 & 4\end{pmatrix}=\begin{pmatrix}1 & 3 & 5\\ 2 & 4 & 6\end{pmatrix}+\begin{pmatrix}2 & -2 & 0\\ 4 & 6 & 8\end{pmatrix}=\begin{pmatrix}3 & 1 & 5\\ 6 & 10 & 14\end{pmatrix}.$$

例 2 设矩阵 X 满足 $\begin{pmatrix}1 & 2 & 4\\ 2 & 0 & 1\end{pmatrix}+2X=3\begin{pmatrix}3 & -1 & 2\\ 1 & 2 & 5\end{pmatrix}$，求 X.

解 $2X=3\begin{pmatrix}3 & -1 & 2\\ 1 & 2 & 5\end{pmatrix}-\begin{pmatrix}1 & 2 & 4\\ 2 & 0 & 1\end{pmatrix}=\begin{pmatrix}8 & -5 & 2\\ 1 & 6 & 14\end{pmatrix}$,

$$X=\begin{pmatrix}4 & -\dfrac{5}{2} & 1\\ \dfrac{1}{2} & 3 & 7\end{pmatrix}.$$

3. 矩阵的乘法

定义 5 设矩阵 $A=(a_{ij})_{m\times l}$，$B=(b_{ij})_{l\times n}$，则矩阵 $C=(c_{ij})_{m\times n}$ 称为矩阵 A 与矩阵 B 的乘积，记作 $C=AB$，其中 $c_{ij}=a_{i1}b_{1j}+a_{i2}b_{2j}+\cdots+a_{il}b_{lj}=\sum\limits_{k=1}^{l}a_{ik}b_{kj}$（$i=1,2,\cdots,m;\ j=1,2,\cdots,n$），即矩阵 $C=AB$ 的第 i 行第 j 列元素 c_{ij} 就是矩阵 A 的第 i 行与矩阵 B 的第 j 列的对应元素乘积之和.

两个矩阵相乘，只有当左边矩阵的列数等于右边矩阵的行数时，相乘才有意义.

例 3 设 $A=\begin{pmatrix}3&4\\2&1\end{pmatrix}$，$B=\begin{pmatrix}3&0&2\\5&1&0\end{pmatrix}$，求 AB.

解 由定义知

$$AB=\begin{pmatrix}3&4\\2&1\end{pmatrix}\begin{pmatrix}3&0&2\\5&1&0\end{pmatrix}=\begin{pmatrix}3\times3+4\times5&3\times0+4\times1&3\times2+4\times0\\2\times3+1\times5&2\times0+1\times1&2\times2+1\times0\end{pmatrix}=\begin{pmatrix}29&4&6\\11&1&4\end{pmatrix}.$$

例 4 已知（1）$A=\begin{pmatrix}0&0\\0&1\end{pmatrix}$，$B=\begin{pmatrix}0&1\\0&0\end{pmatrix}$；（2）$A=\begin{pmatrix}a\\b\\c\end{pmatrix}$，$B=\begin{pmatrix}0&1&0\\1&0&1\end{pmatrix}$，求 AB 与 BA.

解 （1）$AB=\begin{pmatrix}0&0\\0&1\end{pmatrix}\begin{pmatrix}0&1\\0&0\end{pmatrix}=\begin{pmatrix}0&0\\0&0\end{pmatrix}$，$BA=\begin{pmatrix}0&1\\0&0\end{pmatrix}\begin{pmatrix}0&0\\0&1\end{pmatrix}=\begin{pmatrix}0&1\\0&0\end{pmatrix}$；

（2）$BA=\begin{pmatrix}0&1&0\\1&0&1\end{pmatrix}\begin{pmatrix}a\\b\\c\end{pmatrix}=\begin{pmatrix}b\\a+c\end{pmatrix}$.

因为 $A=A_{3\times1}$，$B=B_{2\times3}$，A 的列数与 B 的行数不相等，所以 A 与 B 不能相乘，即 AB 无意义.

矩阵乘法一般不满足交换律，即 AB 不一定等于 BA.

两个非零矩阵的乘积可能是零矩阵，从而当 $AB=O$ 时，一般不能推出 $A=O$ 或 $B=O$；同样，当 $AB=AC$ 时，即使 $A\neq O$，也不一定有 $B=C$.

对单位矩阵，我们有：$A_{m\times n}E_n=E_mA_{m\times n}=A_{m\times n}$.

矩阵乘法满足以下运算律（假设运算可以进行）：

结合律：$A(BC)=(AB)C$，$k(AB)=(kA)B=A(kB)$.

分配律：$(A+B)C=AC+BC$，$C(A+B)=CA+CB$.

4. *方阵的行列式*

定义 6 由方阵 A 的元素（各元素位置不变）所构成的行列式，称为方阵 A 的行列式，记为 $|A|$.

显然单位矩阵的行列式等于 1，即 $|E|=1$.

注意，方阵与行列式是两个不同的概念，n 阶方阵是 n^2 个数按一定形式构成的数表，而 n 阶行列式是 n^2 个数按一定的运算法则所确定的一个数.

方阵 A 的行列式满足下列运算律：

（1）$|kA|=k^n|A|$　　（2）$|AB|=|A|\cdot|B|$.

例 5 设 $A=\begin{pmatrix}1&3\\2&2\end{pmatrix}$，$B=\begin{pmatrix}2&5\\4&3\end{pmatrix}$，求 $|2A|$，$|AB|$.

解 $|2A|=\begin{vmatrix}2&6\\4&4\end{vmatrix}=-16$，$|AB|=|A|\cdot|B|=\begin{vmatrix}1&3\\2&2\end{vmatrix}\begin{vmatrix}2&5\\4&3\end{vmatrix}=(-4)\times(-14)=56.$

5. 方阵的幂

定义 7 设 A 为 n 阶方阵，k 为自然数，称 k 个 A 的连乘积为方阵 A 的 k 次幂，记作 A^k，即 $A^k = \underbrace{AA\ldots A}_{k}$. 规定 $A^0 = E$，$A^1 = A$.

矩阵的幂满足如下运算法则：

（1）$A^k A^l = A^{k+l}$（k, l 为自然数）；

（2）$(A^k)^l = A^{kl}$（k, l 为自然数）.

因为矩阵乘法一般不满足交换律，所以对于两个 n 阶方阵 A 与 B，一般来说，$(AB)^k \neq A^k B^k$.

例 6 试求（1）$\begin{pmatrix} 3 & 2 \\ -4 & -3 \end{pmatrix}^5$；（2）$\begin{pmatrix} 1 & 1 \\ 0 & 1 \end{pmatrix}^n$（$n$ 为正整数）.

解 （1）因为 $\begin{pmatrix} 3 & 2 \\ -4 & -3 \end{pmatrix}^2 = \begin{pmatrix} 3 & 2 \\ -4 & -3 \end{pmatrix}\begin{pmatrix} 3 & 2 \\ -4 & -3 \end{pmatrix} = \begin{pmatrix} 1 & 0 \\ 0 & 1 \end{pmatrix}$，所以

$$\begin{pmatrix} 3 & 2 \\ -4 & -3 \end{pmatrix}^5 = \begin{pmatrix} 3 & 2 \\ -4 & -3 \end{pmatrix};$$

（2）由于 $\begin{pmatrix} 1 & 1 \\ 0 & 1 \end{pmatrix}^2 = \begin{pmatrix} 1 & 1 \\ 0 & 1 \end{pmatrix}\begin{pmatrix} 1 & 1 \\ 0 & 1 \end{pmatrix} = \begin{pmatrix} 1 & 2 \\ 0 & 1 \end{pmatrix}$，$\begin{pmatrix} 1 & 1 \\ 0 & 1 \end{pmatrix}^3 = \begin{pmatrix} 1 & 2 \\ 0 & 1 \end{pmatrix}\begin{pmatrix} 1 & 1 \\ 0 & 1 \end{pmatrix} = \begin{pmatrix} 1 & 3 \\ 0 & 1 \end{pmatrix}$，

依此类推，可得 $\begin{pmatrix} 1 & 1 \\ 0 & 1 \end{pmatrix}^n = \begin{pmatrix} 1 & n \\ 0 & 1 \end{pmatrix}$.

6. 矩阵的转置

定义 8 把 $m \times n$ 矩阵 A 的行换成同序数的列，所得的 $n \times m$ 矩阵称为 A 的转置矩阵，记为 A^T.

例如，$A = \begin{pmatrix} 3 & 0 & 2 \\ 5 & 1 & 0 \end{pmatrix}$ 的转置矩阵为 $A^T = \begin{pmatrix} 3 & 5 \\ 0 & 1 \\ 2 & 0 \end{pmatrix}$.

显然，方阵 A 为对称阵的充要条件是 $A = A^T$.

矩阵的转置满足下述运算律（假设运算是可行的，k 是常数）：

（1）$(A^T)^T = A$；

（2）$(A+B)^T = A^T + B^T$；

（3）$(kA)^T = kA^T$；

（4）$(AB)^T = B^T A^T$.

例 7 设 $A = \begin{pmatrix} 0 & 1 & 3 \\ 1 & -1 & 2 \\ 1 & 2 & 1 \end{pmatrix}$，$B = \begin{pmatrix} 1 & -1 \\ 3 & 1 \\ 2 & 2 \end{pmatrix}$，试验证 $(AB)^T = B^T A^T$.

解 $AB=\begin{pmatrix}0&1&3\\1&-1&2\\1&2&1\end{pmatrix}\begin{pmatrix}1&-1\\3&1\\2&2\end{pmatrix}=\begin{pmatrix}9&7\\2&2\\9&3\end{pmatrix}$，所以 $(AB)^T=\begin{pmatrix}9&2&9\\7&2&3\end{pmatrix}$，

而 $A^T=\begin{pmatrix}0&1&1\\1&-1&2\\3&2&1\end{pmatrix}$，$B^T=\begin{pmatrix}1&3&2\\-1&1&2\end{pmatrix}$，所以

$$B^TA^T=\begin{pmatrix}1&3&2\\-1&1&2\end{pmatrix}\begin{pmatrix}0&1&1\\1&-1&2\\3&2&1\end{pmatrix}=\begin{pmatrix}9&2&9\\7&2&3\end{pmatrix}，即 (AB)^T=B^TA^T.$$

习题 8.2

1．设 $A=\begin{pmatrix}2&4\\1&-2\end{pmatrix}$，$B=\begin{pmatrix}1&2\\3&0\end{pmatrix}$，求 $2A-3B$，AB，BA，AB^T，B^2．

2．设 $\begin{pmatrix}x&y\\2&x-y\end{pmatrix}=\begin{pmatrix}3&1\\2&z\end{pmatrix}$，求 x,y,z．

3．设 $A=\begin{pmatrix}1&-2&3\\4&3&-1\end{pmatrix}$，$B=\begin{pmatrix}2&0&2\\3&1&4\end{pmatrix}$，若矩阵 X 满足 $A+X-2B=O$，求矩阵 X；若矩阵 Y 满足 $2(A-Y)=3(B-Y)$，求矩阵 Y．

4．计算题

（1）$\begin{pmatrix}1&2&3&4\\0&2&-1&1\\1&-1&2&5\end{pmatrix}+\frac{1}{2}\begin{pmatrix}2&1&4&10\\0&-1&2&0\\0&2&3&-2\end{pmatrix}$；　（2）$\begin{pmatrix}1&2&0\\1&-1&1\end{pmatrix}\begin{pmatrix}1&3\\0&1\\1&-1\end{pmatrix}$；

（3）$\begin{pmatrix}2&1&-2\\1&0&4\\-3&1&0\\0&1&0\end{pmatrix}\begin{pmatrix}3&1&0\\0&0&1\\-1&2&0\end{pmatrix}$；

（4）$\begin{pmatrix}3&1&2&-1\\0&3&1&0\end{pmatrix}\begin{pmatrix}1&0&5\\0&2&0\\1&0&1\\0&3&0\end{pmatrix}\begin{pmatrix}-1&0\\1&5\\0&2\end{pmatrix}$；

（5）$\begin{pmatrix}2&1\\-1&3\end{pmatrix}^3$；　（6）$\begin{pmatrix}\cos\theta&\sin\theta\\-\sin\theta&\cos\theta\end{pmatrix}^n$；

（7）$\begin{pmatrix}a&0&0\\0&b&0\\0&0&c\end{pmatrix}^n$；　（8）$\begin{pmatrix}0&1&0&0\\0&0&1&0\\0&0&0&1\\0&0&0&0\end{pmatrix}^4$．

5．已知 $A=\begin{pmatrix}a\\b\\c\end{pmatrix}$，$B=(0\ \ 1\ \ 0)$，求 AB 和 BA．

6．设 $A=\begin{pmatrix}1&2\\1&3\end{pmatrix}$，$B=\begin{pmatrix}1&0\\1&2\end{pmatrix}$，

问：（1）$AB=BA$ 吗？

（2）$(A+B)^2=A^2+2AB+B^2$ 吗？

（3）$(A+B)(A-B)=A^2-B^2$ 吗？

7．举例说明下列命题是错误的：

（1）若 $A^2=O$，则 $A=O$；

（2）若 $A^2=A$，则 $A=O$ 或 $A=E$；

（3）若 $AX=AY$，且 $A\neq O$，则 $X=Y$．

8．设 $A=\begin{pmatrix}1&0\\\lambda&1\end{pmatrix}$，求 A^2，A^3，A^k（k 为正整数）．

9．设 $A=\begin{pmatrix}1&2&-1\\0&-1&2\end{pmatrix}$，$B=\begin{pmatrix}1&0&3\\2&1&-1\end{pmatrix}$，$C=\begin{pmatrix}1&-1&4\\0&0&2\end{pmatrix}$，求 $(2A+B)C^T$．

10．证明：（1）如果 $AA^T=O$，则 $A=O$；

（2）若 n 阶方阵 A 满足 $A^T=-A$，则 $a_{11}=a_{22}=\ldots=a_{nn}=0$．

11．已知矩阵 $A=\begin{pmatrix}1&1\\0&1\end{pmatrix}$，求与 A 可交换的所有矩阵．

8.3　矩阵的初等变换与矩阵的秩

8.3.1　矩阵的初等变换

定义 1　矩阵的初等行（列）变换指的是：

（1）互换两行（列）（互换第 i 行与第 j 行，记作 $r_i\leftrightarrow r_j$；互换第 i 列与第 j 列，记作 $c_i\leftrightarrow c_j$）；

（2）以不为零的数 k 乘矩阵的某一行（列）的所有元素（第 i 行乘 k，记作 kr_i，第 i 列乘 k，记作 kc_i）；

（3）把矩阵的某一行（列）的所有元素的 k 倍加到另一行（列）的对应元素上去（第 i 行的 k 倍加到第 j 行上去，记作 kr_i+r_j，第 i 列的 k 倍加到第 j 列上去，记作 kc_i+c_j）．

矩阵的初等行变换和初等列变换统称为矩阵的初等变换，其变换的过程用记号“$\to$”表示．

例如对矩阵 $A=\begin{pmatrix}3 & 7 & -3 & 1\\ -2 & -5 & 2 & 0\\ -4 & -10 & 4 & 0\end{pmatrix}$ 施行初等行变换，有

$$A\xrightarrow{r_2+r_1}\begin{pmatrix}1 & 2 & -1 & 1\\ -2 & -5 & 2 & 0\\ -4 & -10 & 4 & 0\end{pmatrix}\xrightarrow[4r_1+r_3]{2r_1+r_2}\begin{pmatrix}1 & 2 & -1 & 1\\ 0 & -1 & 0 & 2\\ 0 & -2 & 0 & 4\end{pmatrix}$$

$$\xrightarrow{(-2)r_2+r_3}\begin{pmatrix}1 & 2 & -1 & 1\\ 0 & -1 & 0 & 2\\ 0 & 0 & 0 & 0\end{pmatrix},$$

此矩阵称为行阶梯形矩阵.

定义 2 满足下列两个条件的矩阵称为行阶梯形矩阵：

矩阵的零行（元素全为零的行）在矩阵的最下方；

各个非零行（元素不全为零的行）第一个非零元素的列标随着行标的递增而严格增大.

例如矩阵 $\begin{pmatrix}2 & 3 & 7 & 0 & 3\\ 0 & -6 & 8 & 2 & 1\\ 0 & 0 & 0 & 1 & 2\\ 0 & 0 & 0 & 0 & 0\end{pmatrix}$，$\begin{pmatrix}1 & 2 & 4 & 0\\ 0 & 4 & 2 & 1\\ 0 & 0 & 0 & -3\\ 0 & 0 & 0 & 0\end{pmatrix}$，$\begin{pmatrix}1 & 2 & -1 & 3\\ 0 & 6 & 4 & 8\\ 0 & 0 & 8 & 1\\ 0 & 0 & 0 & 0\end{pmatrix}$ 就是行阶梯形矩阵.

定义 3 如果行阶梯形矩阵的所有首非零元都是 1，并且首非零元所在列的其余元素都是零，则称其为行最简阶梯形矩阵.

例如矩阵 $\begin{pmatrix}1 & 2 & 0 & -8 & 0 & 2\\ 0 & 0 & 1 & 4 & 0 & 4\\ 0 & 0 & 0 & 0 & 1 & 5\\ 0 & 0 & 0 & 0 & 0 & 0\end{pmatrix}$ 是一个行最简阶梯形矩阵.

定理 1 任意矩阵经过若干次初等行变换都可化为行阶梯形矩阵和行最简阶梯形矩阵.

例 1 将矩阵 $A=\begin{pmatrix}2 & -1 & 3 & 1\\ 4 & -2 & 5 & 4\\ -4 & 2 & -6 & -2\\ 2 & -1 & 4 & 0\end{pmatrix}$ 化为行最简阶梯形矩阵.

解 $A\xrightarrow[\substack{2r_1+r_3\\ (-1)r_1+r_4}]{(-2)r_1+r_2}\begin{pmatrix}2 & -1 & 3 & 1\\ 0 & 0 & -1 & 2\\ 0 & 0 & 0 & 0\\ 0 & 0 & 1 & -1\end{pmatrix}\xrightarrow{r_2+r_4}\begin{pmatrix}2 & -1 & 3 & 1\\ 0 & 0 & -1 & 2\\ 0 & 0 & 0 & 0\\ 0 & 0 & 0 & 1\end{pmatrix}$

$$\xrightarrow{r_3 \leftrightarrow r_4} \begin{pmatrix} 2 & -1 & 3 & 1 \\ 0 & 0 & -1 & 2 \\ 0 & 0 & 0 & 1 \\ 0 & 0 & 0 & 0 \end{pmatrix}$$（此矩阵已是行阶梯形矩阵）

$$\xrightarrow[(-2)r_3+r_2]{(-1)r_3+r_1} \begin{pmatrix} 2 & -1 & 3 & 0 \\ 0 & 0 & -1 & 0 \\ 0 & 0 & 0 & 1 \\ 0 & 0 & 0 & 0 \end{pmatrix} \xrightarrow{3r_2+r_1} \begin{pmatrix} 2 & -1 & 0 & 0 \\ 0 & 0 & -1 & 0 \\ 0 & 0 & 0 & 1 \\ 0 & 0 & 0 & 0 \end{pmatrix}$$

$$\xrightarrow[(-1)r_2]{\frac{1}{2}r_1} \begin{pmatrix} 1 & -\frac{1}{2} & 0 & 0 \\ 0 & 0 & 1 & 0 \\ 0 & 0 & 0 & 1 \\ 0 & 0 & 0 & 0 \end{pmatrix},$$

这样就把矩阵 A 化成了行最简阶梯形矩阵.

8.3.2 矩阵的秩

定义 4 在 $m \times n$ 矩阵 A 中，任取 k 行与 k 列（$k \leqslant \min\{m,n\}$），位于这些行列交叉处的所有元素保持原来的相对位置构成一个 k 阶行列式，称为矩阵 A 的一个 k 阶子式，如果子式的值不为零，则称为非零子式.

例如，在矩阵 $A = \begin{pmatrix} 1 & 1 & 3 & 1 \\ 0 & 2 & -1 & 4 \\ 0 & 0 & 0 & 5 \end{pmatrix}$ 中，选第一、二行和第一、四列交叉点上的元素所成的二阶行列式 $\begin{vmatrix} 1 & 1 \\ 0 & 4 \end{vmatrix}$ 就是矩阵 A 的一个二阶子式.

定义 5 设矩阵 A 中有一个 r 阶子式 $D \neq 0$，而所有 $r+1$ 阶子式（如果存在的话）全等于零，则称 D 为矩阵 A 的最高阶非零子式，称数 r 为矩阵 A 的秩，记作 $R(A)$.

显然零矩阵的秩为零，行阶梯形矩阵的秩等于它的非零行的行数.

定理 2 矩阵的初等变换不改变矩阵的秩.

如果矩阵 A 经过一系列的初等变换可以变为 B，则称 A 与 B 是等价矩阵，记作 $A \sim B$.

由定理 2，如果 $A \sim B$，则 $R(A) = R(B)$.

由此可见，用行初等变换化 $m \times n$ 矩阵 A 为行阶梯形矩阵，则该行阶梯形矩阵非零行的行数就是矩阵 A 的秩.

例 2 设 $A=\begin{pmatrix}1&-2&-1&0&2\\-2&4&2&6&-6\\2&-1&0&2&3\\3&3&3&3&4\end{pmatrix}$，求矩阵 A 的秩.

解 $A\xrightarrow[\substack{(-2)r_1+r_3\\(-3)r_1+r_4}]{2r_1+r_2}\begin{pmatrix}1&-2&-1&0&2\\0&0&0&6&-2\\0&3&2&2&-1\\0&9&6&3&-2\end{pmatrix}\xrightarrow[r_3\leftrightarrow r_4]{r_2\leftrightarrow r_3}\begin{pmatrix}1&-2&-1&0&2\\0&3&2&2&-1\\0&9&6&3&-2\\0&0&0&6&-2\end{pmatrix}$

$$\xrightarrow{(-3)r_2+r_3}\begin{pmatrix}1&-2&-1&0&2\\0&3&2&2&-1\\0&0&0&-3&1\\0&0&0&6&-2\end{pmatrix}\xrightarrow{2r_3+r_4}\begin{pmatrix}1&-2&-1&0&2\\0&3&2&2&-1\\0&0&0&-3&1\\0&0&0&0&0\end{pmatrix},$$

所以 $R(A)=3$.

例 3 求 $A=\begin{pmatrix}-1&1&0&5&3\\0&1&4&-2&3\\0&0&1&-1&6\\0&0&0&0&0\end{pmatrix}$ 和其转置矩阵的秩.

解 由于 A 本身就是一个阶梯形矩阵，其非零行的行数为 3，所以 $R(A^T)=3$.

对于 A^T，因为 A^T 中有一个三阶子式不为 0，而所有的四阶子式全为 0，所以 $R(A^T)=3$.

若 n 阶方阵 A 的行列式 $|A|\neq 0$，则 $R(A)=n$，则称 A 为满秩方阵或非奇异、非退化矩阵；若 $|A|=0$，则称 A 为降秩方阵或奇异、退化矩阵．由定理 1 可知，任何满秩矩阵都能经过初等行变换化为单位矩阵.

例 4 判断矩阵 $A=\begin{pmatrix}0&2&-1\\1&1&2\\-1&-1&-1\end{pmatrix}$ 是否为满秩矩阵，若是，化 A 为单位矩阵.

解 $A=\begin{pmatrix}0&2&-1\\1&1&2\\-1&-1&-1\end{pmatrix}\xrightarrow{r_1\leftrightarrow r_2}\begin{pmatrix}1&1&2\\0&2&-1\\-1&-1&-1\end{pmatrix}\xrightarrow{r_1+r_3}\begin{pmatrix}1&1&2\\0&2&-1\\0&0&1\end{pmatrix},$

显然 $R(A)=3$，所以 A 为满秩矩阵，对以上矩阵继续施行初等行变换，将其化为单位矩阵：

$$\begin{pmatrix}1&1&2\\0&2&-1\\0&0&1\end{pmatrix}\xrightarrow[(-2)r_3+r_1]{r_3+r_2}\begin{pmatrix}1&1&0\\0&2&0\\0&0&1\end{pmatrix}\xrightarrow{(-1/2)r_2+r_1}\begin{pmatrix}1&0&0\\0&2&0\\0&0&1\end{pmatrix}\xrightarrow{1/2 r_2}\begin{pmatrix}1&0&0\\0&1&0\\0&0&1\end{pmatrix}.$$

习题 8.3

1．将下列矩阵化为行最简阶梯形矩阵：

（1）$\begin{pmatrix} 2 & 4 & -2 & 0 \\ 1 & 0 & 1 & 2 \\ -3 & 1 & 5 & -3 \end{pmatrix}$；　　（2）$\begin{pmatrix} 1 & 2 & 1 & -1 \\ 3 & 6 & -1 & -3 \\ 5 & 4 & 1 & -5 \end{pmatrix}$；

（3）$\begin{pmatrix} 2 & 3 & -1 & 5 \\ 3 & 1 & 2 & -7 \\ 4 & 1 & -3 & 6 \\ 1 & -2 & 4 & -7 \end{pmatrix}$；　　（4）$\begin{pmatrix} 3 & 4 & -5 & 7 \\ 2 & -3 & 3 & 2 \\ 4 & 11 & -13 & 16 \\ 7 & -2 & 1 & 3 \end{pmatrix}$；

（5）$\begin{pmatrix} 1 & 4 & 1 & 0 \\ 2 & 1 & -1 & 3 \\ 1 & 0 & -3 & -1 \\ 0 & 2 & -6 & 3 \end{pmatrix}$.

2．用初等行变换求下列矩阵的秩．

（1）$\begin{pmatrix} 1 & -1 & 2 \\ 2 & -3 & 1 \\ -2 & 2 & -4 \end{pmatrix}$；　　（2）$\begin{pmatrix} 1 & 1 & 7 & 3 \\ 2 & -1 & 5 & 6 \\ 1 & 0 & 4 & -1 \end{pmatrix}$；

（3）$\begin{pmatrix} 0 & 1 & 1 & -1 & 2 \\ 0 & 2 & 2 & -2 & 0 \\ 0 & -1 & -1 & 1 & 1 \\ 1 & 1 & 0 & 1 & -1 \end{pmatrix}$.

3．求一个秩为 4 的方阵，使它的前两行是（1 0 1 0 1），（0 1 0 1 0）．

4．设矩阵 $A=\begin{pmatrix} \lambda & 1 & 1 \\ 1 & \lambda & 1 \\ 1 & 1 & \lambda \end{pmatrix}$，问 λ 取何值时，（1）$R(A)=1$；（2）$R(A)=2$；（3）$R(A)=3$．

8.4　矩阵的逆

在实数运算中，如果给定一个实数 $a\neq 0$，则存在相应的实数 $b=a^{-1}$，使得 $ab=ba=1$；类似地，在矩阵运算中，如果给定一个矩阵 A，是否存在相应的矩阵 B，使得 $AB=BA=E$，这就是本节要讨论的逆矩阵问题．

8.4.1　可逆阵及其判别

1．逆矩阵的概念

定义 1　对于 n 阶方阵 A，如果存在一个 n 阶方阵 B，使得 $AB=BA=E$，其中 E 为 n 阶单位矩阵，则称方阵 A 为可逆矩阵，B 称为 A 的逆矩阵，简称 A 的逆，记作 $B=A^{-1}$，即 $AA^{-1}=A^{-1}A=E$．

显然，若 A 为 B 的逆，则 B 也是 A 的逆．

如果一个矩阵可逆，则它的逆矩阵只有一个．事实上，如果 B_1，B_2 都是 A 的逆矩阵，就有 $AB_1 = B_1A = E$，$AB_2 = B_2A = E$，可知 $B_1 = B_1E = B_1AB_2 = EB_2 = B_2$．

根据逆矩阵的定义和 $EE = E$ 易知单位矩阵 E 的逆矩阵就是它本身．

2．可逆的条件

定义 2 设 A_{ij} 是方阵 $A=\begin{pmatrix} a_{11} & a_{12} & \dots & a_{1n} \\ a_{21} & a_{22} & \dots & a_{2n} \\ \vdots & \vdots & \dots & \vdots \\ a_{n1} & a_{n2} & \dots & a_{nn} \end{pmatrix}$ 所对应的行列式 $|A|$ 中元素 a_{ij} 的代数余子式，称方阵 $A^*=\begin{pmatrix} A_{11} & A_{21} & \dots & A_{n1} \\ A_{12} & A_{22} & \dots & A_{n2} \\ \vdots & \vdots & \dots & \vdots \\ A_{1n} & A_{2n} & \dots & A_{nn} \end{pmatrix}$ 为 A 的伴随矩阵．

显然 $AA^*=\begin{pmatrix} a_{11} & a_{12} & \dots & a_{1n} \\ a_{21} & a_{22} & \dots & a_{2n} \\ \vdots & \vdots & \dots & \vdots \\ a_{n1} & a_{n2} & \dots & a_{nn} \end{pmatrix}\begin{pmatrix} A_{11} & A_{21} & \dots & A_{n1} \\ A_{12} & A_{22} & \dots & A_{n2} \\ \vdots & \vdots & \dots & \vdots \\ A_{1n} & A_{2n} & \dots & A_{nn} \end{pmatrix}$ 是一个 n 阶方阵，其第 i 行第 j 列元素为 $a_{i1}A_{j1}+a_{i2}A_{j2}+\dots+a_{in}A_{jn}$，由行列式的性质可知：

$$a_{i1}A_{j1}+a_{i2}A_{j2}+\dots+a_{in}A_{jn}=\begin{cases} |A|, i=j \\ 0, i\neq j \end{cases}，于是 AA^*=\begin{pmatrix} |A| & 0 & \dots & 0 \\ 0 & |A| & \dots & 0 \\ \vdots & \vdots & \dots & \vdots \\ 0 & 0 & \dots & |A| \end{pmatrix}=|A|E，$$

同理可得

$$A^*A=|A|E. \tag{8.4.1}$$

定理 1 n 阶方阵 A 可逆的充分必要条件是方阵 A 的行列式 $|A|\neq 0$，并且当 A 可逆时，$A^{-1}=\frac{1}{|A|}A^*$，其中 A^* 是 A 的伴随矩阵．

证 必要性：

设 A 可逆，则存在逆矩阵 A^{-1}，使得

$$AA^{-1}=E.$$

两边取行列式，得

$$|AA^{-1}|=|E|,$$

即

$$|A|\cdot|A^{-1}|=1,$$

因而 $|A|\neq 0$.

充分性：

设 $|A|\neq 0$，构造 A 的伴随矩阵 A^*，由（8.4.1）式可得

$$AA^* = A^*A = |A|E,$$

因为$|A| \neq 0$，由上式可得

$$A\left(\frac{1}{|A|}A^*\right) = \left(\frac{1}{|A|}A^*\right)A = E,$$

此即表明A可逆，并且A的逆矩阵为

$$A^{-1} = \frac{1}{|A|}A^*.$$

推论 A,B为同阶方阵，若$AB = E$（或$BA = E$），则$B = A^{-1}$，$A = B^{-1}$.

例 1 设方阵$A = \begin{pmatrix} 1 & -1 & 2 \\ 0 & 1 & -1 \\ 2 & 1 & 0 \end{pmatrix}$，判断$A$是否可逆，若可逆，求$A^{-1}$.

解 因为$|A| = \begin{vmatrix} 1 & -1 & 2 \\ 0 & 1 & -1 \\ 2 & 1 & 0 \end{vmatrix} = -1 \neq 0$，所以$A$可逆.

$$A_{11} = \begin{vmatrix} 1 & -1 \\ 1 & 0 \end{vmatrix} = 1,\quad A_{12} = -\begin{vmatrix} 0 & -1 \\ 2 & 0 \end{vmatrix} = -2,\quad A_{13} = \begin{vmatrix} 0 & 1 \\ 2 & 1 \end{vmatrix} = -2,$$

$$A_{21} = -\begin{vmatrix} -1 & 2 \\ 1 & 0 \end{vmatrix} = 2,\quad A_{22} = \begin{vmatrix} 1 & 2 \\ 2 & 0 \end{vmatrix} = -4,\quad A_{23} = -\begin{vmatrix} 1 & -1 \\ 2 & 1 \end{vmatrix} = -3,$$

$$A_{31} = \begin{vmatrix} -1 & 2 \\ 1 & -1 \end{vmatrix} = -1,\quad A_{32} = -\begin{vmatrix} 1 & 2 \\ 0 & -1 \end{vmatrix} = 1,\quad A_{33} = \begin{vmatrix} 1 & -1 \\ 0 & 1 \end{vmatrix} = 1,$$

于是

$$A^{-1} = \frac{1}{|A|}A^* = \frac{1}{-1}\begin{pmatrix} 1 & 2 & -1 \\ -2 & -4 & 1 \\ -2 & -3 & 1 \end{pmatrix} = \begin{pmatrix} -1 & -2 & 1 \\ 2 & 4 & -1 \\ 2 & 3 & -1 \end{pmatrix}.$$

3. 逆矩阵的性质

设A, B为n阶方阵且可逆，则有：

性质 1 $(A^{-1})^{-1} = A$.

性质 2 $(kA)^{-1} = \frac{1}{k}A^{-1}$（$k \neq 0$）.

性质 3 $(AB)^{-1} = B^{-1}A^{-1}$.

性质 4 $(A^T)^{-1} = (A^{-1})^T$.

8.4.2 用初等行变换法求逆矩阵

根据前面的讨论我们得到了求n阶方阵A的逆矩阵的公式，下面介绍用矩阵的初等变换求逆矩阵的方法.

由 n 阶方阵 A 作 $n\times 2n$ 矩阵 $(A\vdots E)$；用若干矩阵初等行变换将 $(A\vdots E)$ 化为 $(E\vdots C)$，C 即为 A 的逆矩阵 A^{-1}．

例 2 求矩阵 $A=\begin{pmatrix}1&1&2\\2&1&-1\\1&-2&1\end{pmatrix}$ 的逆矩阵.

解 将矩阵 A 与单位矩阵 E 排在一起，并施以初等行变换，有

$$(A\vdots E)=\begin{pmatrix}1&1&2&1&0&0\\2&1&-1&0&1&0\\1&-2&1&0&0&1\end{pmatrix}\xrightarrow[(-1)r_1+r_3]{(-2)r_1+r_2}\begin{pmatrix}1&1&2&1&0&0\\0&-1&-5&-2&1&0\\0&-3&-1&-1&0&1\end{pmatrix}$$

$$\xrightarrow{(-1)r_2}\begin{pmatrix}1&1&2&1&0&0\\0&1&5&2&-1&0\\0&-3&-1&-1&0&1\end{pmatrix}\xrightarrow[3r_2+r_3]{(-1)r_2+r_1}\begin{pmatrix}1&0&-3&-1&1&0\\0&1&5&2&-1&0\\0&0&14&5&-3&1\end{pmatrix}$$

$$\xrightarrow{\frac{1}{14}r_3}\begin{pmatrix}1&0&-3&-1&1&0\\0&1&5&2&-1&0\\0&0&1&\frac{5}{14}&-\frac{3}{14}&\frac{1}{14}\end{pmatrix}\xrightarrow[(-5)r_3+r_2]{3r_3+r_1}\begin{pmatrix}1&0&0&\frac{1}{14}&\frac{5}{14}&\frac{3}{14}\\0&1&0&\frac{3}{14}&\frac{1}{14}&-\frac{5}{14}\\0&0&1&\frac{5}{14}&-\frac{3}{14}&\frac{1}{14}\end{pmatrix},$$

于是，$A^{-1}=\begin{pmatrix}\frac{1}{14}&\frac{5}{14}&\frac{3}{14}\\\frac{3}{14}&\frac{1}{14}&-\frac{5}{14}\\\frac{5}{14}&-\frac{3}{14}&\frac{1}{14}\end{pmatrix}$.

例 3 已知矩阵方程 $\begin{pmatrix}1&2\\1&1\end{pmatrix}X=\begin{pmatrix}1\\2\end{pmatrix}$，求矩阵 X．

解 设 $A=\begin{pmatrix}1&2\\1&1\end{pmatrix}$，$B=\begin{pmatrix}1\\2\end{pmatrix}$，等式 $AX=B$ 两边左乘 A^{-1}，得 $X=A^{-1}B$，而 $A^{-1}=\begin{pmatrix}-1&2\\1&-1\end{pmatrix}$，所以 $X=\begin{pmatrix}1&2\\1&1\end{pmatrix}^{-1}\begin{pmatrix}1\\2\end{pmatrix}=\begin{pmatrix}-1&2\\1&-1\end{pmatrix}\begin{pmatrix}1\\2\end{pmatrix}=\begin{pmatrix}3\\-1\end{pmatrix}$.

例 4 已知 $AX=B$，其中 $A=\begin{pmatrix}1&-1&2\\0&1&-1\\2&1&0\end{pmatrix}$，$B=\begin{pmatrix}1&0\\2&-1\\3&1\end{pmatrix}$，求矩阵 X．

解 由例 1 知 A 可逆，且其逆矩阵为

$$X=A^{-1}B=\begin{pmatrix}-1 & -2 & 1\\ 2 & 4 & -1\\ 2 & 3 & -1\end{pmatrix}\begin{pmatrix}1 & 0\\ 2 & -1\\ 3 & 1\end{pmatrix}=\begin{pmatrix}-2 & 3\\ 7 & -5\\ 5 & -4\end{pmatrix}.$$

例 5 用逆矩阵解线性方程组 $\begin{cases}3x_1-x_2=2,\\ -2x_1+x_2+x_3=5,\\ 2x_1-x_2+4x_3=10.\end{cases}$

解 用矩阵形式表示线性方程组为 $AX=B$，其中

$$A=\begin{pmatrix}3 & -1 & 0\\ -2 & 1 & 1\\ 2 & -1 & 4\end{pmatrix},\ X=\begin{pmatrix}x_1\\ x_2\\ x_3\end{pmatrix},\ B=\begin{pmatrix}2\\ 5\\ 10\end{pmatrix},$$

因为 $|A|=5\neq 0$，所以 A 可逆，且 $A^{-1}=\begin{pmatrix}1 & \frac{4}{5} & -\frac{1}{5}\\ 2 & \frac{12}{5} & -\frac{3}{5}\\ 0 & \frac{1}{5} & \frac{1}{5}\end{pmatrix}$，于是

$$X=A^{-1}B=\begin{pmatrix}1 & \frac{4}{5} & -\frac{1}{5}\\ 2 & \frac{12}{5} & -\frac{3}{5}\\ 0 & \frac{1}{5} & \frac{1}{5}\end{pmatrix}\begin{pmatrix}2\\ 5\\ 10\end{pmatrix}=\begin{pmatrix}4\\ 10\\ 3\end{pmatrix}.$$

因此方程组得解为 $x_1=4$，$x_2=10$，$x_3=3$.

习题 8.4

1．设 $A=\begin{pmatrix}1 & 2 & 3\\ 2 & 2 & 1\\ 3 & 4 & 3\end{pmatrix}$，$B=\begin{pmatrix}1 & 3 & -2\\ -\frac{3}{2} & -3 & \frac{5}{2}\\ 1 & 1 & -1\end{pmatrix}$，验证 $AB=BA=E$，并写出 A^{-1}，B^{-1}.

2．求下列矩阵的逆矩阵：

（1）$\begin{pmatrix}1 & -3 & 2\\ -3 & 0 & 1\\ 1 & 1 & -1\end{pmatrix}$；　　（2）$\begin{pmatrix}\cos\theta & -\sin\theta\\ \sin\theta & \cos\theta\end{pmatrix}$；

（3）$\begin{pmatrix}3 & -2 & 0 & -1\\ 0 & 2 & 2 & 1\\ 1 & -2 & -3 & -2\\ 0 & 1 & 2 & 1\end{pmatrix}$.

3．求解下列矩阵方程：

（1）$\begin{pmatrix}2&5\\1&3\end{pmatrix}X=\begin{pmatrix}4&-6\\2&1\end{pmatrix}$；（2）$X\begin{pmatrix}2&1&-1\\2&1&0\\1&-1&1\end{pmatrix}=\begin{pmatrix}1&-1&3\\4&3&2\end{pmatrix}$；

（3）$\begin{pmatrix}0&1&0\\1&0&0\\0&0&1\end{pmatrix}X\begin{pmatrix}1&0&0\\0&0&1\\0&1&0\end{pmatrix}=\begin{pmatrix}1&-4&3\\2&0&-1\\1&-2&0\end{pmatrix}$.

4．用逆矩阵解下列线性方程组：

（1）$\begin{cases}2x_1-5x_2=4,\\3x_1-8x_2=-5;\end{cases}$（2）$\begin{cases}x_1+x_3=2,\\2x_1+x_2=0,\\-3x_1+2x_2-5x_3=4.\end{cases}$

5．若 n 阶矩阵 A 满足 $A^k=0$（k 为大于 0 的自然段），求证 E_n-A 是可逆矩阵，且 $(E_n-A)^{-1}=E_n+A+A^2+\cdots+A^{k-1}$.

6．若 A,B 是 n 阶矩阵，E_n+AB 可逆，求证 E_n+BA 也可逆.

7．设 A 是非零实矩阵且 $A^*=A^T$，求证 A 是可逆矩阵.

8.5 用 Mathematica 进行行列式与矩阵的运算

1．Mathematica 软件中矩阵的输入方法

矩阵是线性代数的最基本的研究对象，要进行矩阵的运算，首先要掌握矩阵的输入．在 Mathematica 软件中矩阵的输入法有：

（1）按表的形式输入矩阵.

设 A 是 $m\times n$ 矩阵，输入格式为

$$A=\{\{a_{11},a_{12},\cdots,a_{1n}\},\{a_{21},a_{22},\cdots,a_{2n}\},\cdots,\{a_{m1},a_{m2},\cdots,a_{mn}\}\},$$

还可以用函数 $a(i,j)$ 生成一个矩阵，设 B 是 $m\times n$ 矩阵，输入格式为

$$B=Table\left[a(i,j),\{i,1,m\},\{j,1,n\}\right].$$

（2）按模板输入矩阵.

如果矩阵不大，可按以下步骤进行：

1）在输入模板中单击二阶方阵模块，得到一个空白的二阶方阵；

2）按 Ctrl+Shift+C 键，使矩阵增加一列；

3）按 Ctrl+Enter 键使矩阵增加一行；

4）在每个位置输入相应的值.

（3）由菜单输入矩阵.

如果输入行列数较大的矩阵，可以打开主菜单的 Input 项，单击 Creat Table/Matrix/Palette 项，即可打开一个创建矩阵的对话框，输入行数和列数，单击 OK 按钮即可得到一个空白的矩阵，输入相应的数值即可.

（4）单位阵、行列阵的输入.

在 Mathematica 软件中，n 阶单位矩阵可输入：IdentityMatyix[n]；

行矩阵可直接输入：$B=\{b_1,b_2,\cdots,b_n\}$；

列矩阵可输入：$B=ColumnForm[\{b_1,b_2,\cdots,b_n\}]$

在定义矩阵时不能使用 C,D,E 符号，因为在 Mathematica 软件中 C,D,E 代表特定的意义.

2. 矩阵的基本运算

在 Mathematica 软件中矩阵运算的输入格式分别为：

矩阵 A 加（减）矩阵 B：$A+B(A-B)$；

数 k 乘矩阵 A：$k*A$；

矩阵 A 乘矩阵 B：$A.B$；

矩阵 A 的转置矩阵：Transpose[A]；

方阵 A 的 k 次幂：MatrixPower[A, k]；

在 Mathematica 软件中矩阵的输出与输入形式类似，若要以矩阵形式输出则使用语句：MatrixForm[A]，直接将矩阵 A 以标准化形式输出可用语句：A // MatrixForm .

例 1 设 $A=\begin{pmatrix}1&7&-1\\4&2&3\\2&0&1\end{pmatrix}$，$B=\begin{pmatrix}1&2&3\\0&1&2\\-1&2&3\end{pmatrix}$，求 $2AB-BA$.

解 在 Mathematica 中输入以下命令：

```
A = {{1,7,-1},{4,2,3},{2,0,1}}
B = {{1,2,3},{0,1,2},{-1,2,3}}
2*A.B - B.A
MatrixForm[%]
```

执行即得结果：

{{-11,1,22},{-4,27,44},{-11,13,10}}

$$\begin{pmatrix}-11&1&22\\-4&27&44\\-11&13&10\end{pmatrix}$$

例 2 设 $A=\begin{pmatrix}1&-1&0\\2&1&1\end{pmatrix}$，$B=\begin{pmatrix}1&2&2\\0&-1&1\\-1&1&2\\1&0&1\end{pmatrix}$，计算 AB^T .

解 在 Mathematica 中输入以下命令：

A = {{1,−1,0},{2,1,1}}

B = {{1,2,2},{0,−1,1},{−1,1,2},{1,0,1}}

M = A.Transpose[B] // MatrixForm

执行，即得结果：

$$\begin{pmatrix} -1 & 1 & -2 & 1 \\ 6 & 0 & 1 & 3 \end{pmatrix}$$

例 3 设 $A=\begin{pmatrix} 1 & 0 \\ k & 1 \end{pmatrix}$，求 A^{10}.

解 在 Mathematica 中输入以下命令：

A = {{1,0},{k,1}}

MatrixForm[MatrixPower[A,10]]；

执行，即得结果：$\begin{pmatrix} 1 & 0 \\ 10k & 1 \end{pmatrix}$.

3. 计算行列式的值

在 Mathematica 软件中计算行列式输入命令格式为：Det[A].

例 4 计算行列式 $\begin{vmatrix} 2 & 3 & 1 & 0 \\ 4 & -2 & -1 & -1 \\ -2 & 1 & 2 & 1 \\ -4 & 3 & 2 & 1 \end{vmatrix}$ 的值.

解 在 Mathematica 中输入以下命令：

A = {{2,3,1,0},{4,−2,−1,−1},{−2,1,2,1},{−4,3,2,1}}

Det[A]

执行，即得结果为：8.

例 5 计算四阶 vandermonde 行列式 $\begin{vmatrix} 1 & 1 & 1 & 1 \\ a & b & c & d \\ a^2 & b^2 & c^2 & d^2 \\ a^3 & b^3 & c^3 & d^3 \end{vmatrix}$.

解 在 Mathematica 中输入以下命令：

Det[{{1,1,1,1},{a,b,c,d},{a^2,b^2,c^2,d^2},{a^3,b^3,c^3,d^3}}]

Factor[%]

执行，即得结果：$(-a+b)(-a+c)(-a+d)(-b+c)(-b+d)(-c+d)$.

执行第一个命令的结果是 24 项的和，很复杂，执行第二条命令使结果分解因式变简洁了.

4. 矩阵求逆

在 Mathematica 软件中求方阵 A 的逆矩阵输入命令格式为：Inverse[A]．

例 6 求方阵 $A=\begin{pmatrix}0 & 1 & 2\\ 1 & 1 & 4\\ 2 & -1 & 0\end{pmatrix}$ 的逆矩阵．

解 先计算行列式，判断可逆性．

在 Mathematica 中输入以下命令：

Det[{{0,1,2},{1,1,4},{2,−1,0}}]

执行得结果 5，说明可逆，则执行下列命令：

Inverse[{{0,1,2},{1,1,4},{2,−1,0}}]// MatrixForm

即得结果：$\begin{pmatrix}2 & -1 & 1\\ 4 & -2 & 1\\ -\frac{3}{2} & 1 & -\frac{1}{2}\end{pmatrix}$．

5. 求矩阵的秩

在 Mathematica 软件中求矩阵 A 的秩输入命令的格式为：RowReduce[A]．

例 7 求矩阵 $A=\begin{pmatrix}1 & -1 & 2 & 1 & 0\\ 2 & -2 & 4 & -2 & 0\\ 3 & 0 & 6 & -1 & 1\\ 2 & -2 & 4 & 2 & 0\end{pmatrix}$ 的秩．

解 在 Mathematica 中输入以下命令：

RowReduce[{{1,−1,2,1,0},{2,−2,4,−2,0},{3,0,6,−1,1},{2,−2,4,2,0}}]//
MatrixForm

执行，输出结果为：$\begin{pmatrix}1 & 0 & 2 & 0 & \frac{1}{3}\\ 0 & 1 & 0 & 0 & \frac{1}{3}\\ 0 & 0 & 0 & 1 & 0\\ 0 & 0 & 0 & 0 & 0\end{pmatrix}$，即得 $R(A)=3$．

6. 求矩阵方程

在 Mathematica 软件中求矩阵方程 $AX=B$ 使用的语句格式为：

LinearSolve[A,B] 或 Solve[A.X == B]，其中 Solve[A.X == B] 语句比 LinearSolve[A,B] 语句的使用范围更宽．

例 8 求解矩阵方程 $\begin{pmatrix}1 & 2\\ 2 & 1\end{pmatrix}X=\begin{pmatrix}1 & 0\\ 1 & 1\end{pmatrix}$．

解 在 Mathematica 中输入以下命令：

A = {{1,2},{2,1}}， B = {{1,0},{1,1}}

LinearSolve[A,B]// MatrixForm

执行，输出结果为：$\begin{pmatrix} \frac{1}{3} & \frac{2}{3} \\ \frac{1}{3} & -\frac{1}{3} \end{pmatrix}$.

本章小结

本章介绍了线性代数的基本概念行列式与矩阵的简单知识.

1. 行列式的概念

（1）行列式的定义.

二阶行列式、三阶行列式、对角线法则.

n阶行列式递推定义.

（2）行列式展开.

余子式、代数余子式、行列式按行按列展开.

2. 行列式的性质与计算

性质 1　行列互换，行列式的值不变.

性质 2　行列式两行（列）互换，行列式的值变号.

推论 1　行列式中有两行（列）对应元素相等，则行列式等于零.

性质 3　行列式等于它任一行（列）的元素与对应的代数余子式的乘积之和.

推论 2　行列式的某一行（列）的元素全为零，则行列式等于零.

推论 3　行列式的某一行（列）的元素与另一行（列）元素的代数余子式的乘积之和为零.

性质 4　行列式的某一行（列）的所有元素乘数 k 等于数 k 乘行列式.

性质 5　行列式的某一行（列）的所有元素乘以某个数 k 加到另一行（列）的对应元素上去，行列式的值不变.

推论 4　行列式的任意两行（列）的对应元素成比例，则行列式等于零.

性质 6　行列式的某行（列）的元素是两项之和，则行列式等于两个行列式的和.

行列式的计算可以利用按某行某列展开式和行列式的性质进行计算，也可以用数学归纳法、递推公式法等方法进行计算.

3. 克莱姆法则

如果线性方程组 $AX = B$ 的系数行列式不为零，则方程组有唯一解：

$x_1 = \frac{D_1}{D}, x_2 = \frac{D_2}{D}, ..., x_n = \frac{D_n}{D}$，其中 $D_j(j = 1,2,\cdots,n)$ 是把系数行列式 D 中第 j 列的元素用方程组右端的常数项 $b_1, b_2, \cdots, b_n$ 代替后所得到的 n 阶行列式.

齐次线性方程组 $AX=0$ 有非零解的充分必要条件是其系数行列式 $D=0$.

4. 矩阵及其运算

$m\times n$ 矩阵：由 $m\times n$ 个数 $a_{ij}(i=1,2,\cdots,m;\ j=1,2,\cdots,n)$ 排成的 m 行 n 列的矩形数表．其中，数 a_{ij} 叫做矩阵的第 i 行第 j 列的元素，可简记为 $A=(a_{ij})_{m\times n}$ 或 $A_{m\times n}$.

特殊矩阵：零矩阵、行矩阵、列矩阵、对角阵、三角阵、对称阵、单位阵.

矩阵运算：加法、数乘和乘法，要注意区别行列式与矩阵的运算规律.

5. 矩阵的初等变换与矩阵的秩

矩阵的初等变换：

（1）互换两行（列）；

（2）以不为零的数 k 乘矩阵某一行（列）的所有元素；

（3）把矩阵某一行（列）的所有元素的 k 倍加到另一行（列）的对应元素上去.

任意矩阵经过若干次初等行变换都可化为行阶梯形矩阵和行最简阶梯形矩阵.

矩阵 A 经过若干次初等行变换化成的行阶梯形矩阵中非零行的行数称为矩阵 A 的秩．用行初等变换化矩阵 A 为行阶梯形矩阵，该行阶梯形矩阵非零行的行数就是矩阵 A 的秩.

6. 逆矩阵

对于 n 阶方阵 A，如果存在矩阵 B，使得 $AB=BA=E$，则称方阵 A 为可逆矩阵，B 是 A 的逆矩阵，简称 A 的逆，记作 $B=A^{-1}$.

n 阶方阵 A 可逆的充分必要条件是方阵 A 的行列式 $|A|\neq 0$，并且当 A 可逆时，$A^{-1}=\dfrac{1}{|A|}A^{*}$，其中 A^{*} 是 A 的伴随矩阵.

逆矩阵的性质：$(A^{-1})^{-1}=A$，$(kA)^{-1}=\dfrac{1}{k}A^{-1}$（$k\neq 0$），$(AB)^{-1}=B^{-1}A^{-1}$，$(A^{T})^{-1}=(A^{-1})^{T}$.

用初等行变换法求逆矩阵的方法：由 n 阶方阵 A 作 $n\times 2n$ 矩阵 $(A\vdots E)$；用若干矩阵初等行变换将 $(A\vdots E)$ 化为 $(E\vdots C)$，C 即为 A 的逆矩阵 A^{-1}.

自测题 8

一、选择题

1. 若行列式 $\begin{vmatrix}1 & 2 & 5\\ 1 & 3 & -2\\ 2 & 5 & x\end{vmatrix}=0$，则 $x=$（　）.

A）2　　B）-2　　C）3　　D）-3

2．若行列式 $\begin{vmatrix} a_{11} & a_{12} & a_{13} \\ a_{21} & a_{22} & a_{23} \\ a_{31} & a_{32} & a_{33} \end{vmatrix} = d$，则 $\begin{vmatrix} 3a_{31} & 3a_{32} & 3a_{33} \\ 2a_{21} & 2a_{22} & 2a_{23} \\ -a_{11} & -a_{12} & -a_{13} \end{vmatrix} =$（　）．

A）$-6d$　　B）$6d$　　C）$4d$　　D）$-4d$

3．n 阶行列式 $\begin{vmatrix} 0 & 0 & \cdots & 0 & 1 \\ 0 & 0 & \cdots & 1 & 0 \\ \cdots & \cdots & \cdots & \cdots & \cdots \\ 0 & 1 & \cdots & 0 & 0 \\ 1 & 0 & \cdots & 0 & 0 \end{vmatrix}$ 的值为（　）．

A）$(-1)^{n^2}$　　B）$(-1)^{\frac{1}{2}n(n-1)}$

C）$(-1)^{\frac{1}{2}n(n+1)}$　　D）1

4．当（　）时齐次线性方程组 $\begin{cases} bx_1 + x_2 + 2x_3 = 0, \\ 2x_1 - x_2 + 2x_3 = 0, \\ 4x_1 + x_2 + 4x_3 = 0 \end{cases}$ 只有零解．

A）$b \neq 1$　　B）$b \neq 2$　　C）$b \neq 3$　　D）$b \neq -1$

5．下列论断正确的是（　）．

A）将 $n(n>1)$ 阶行列式每个元素都乘以 2，所得行列式的值是原行列式的 2 倍

B）某线性方程组的系数行列式的值为零，则方程组的解全为零

C）某上三角形行列式的值为零，则行列式主对角线上必有一个元素等于零

D）若上三角形行列式主对角线上方的所有元素等于零，则行列式的值为零

6．A 是 $m \times k$ 矩阵，B 是 $k \times t$ 矩阵，若 B 的第 j 列元素全为零，则下列结论正确的是（　）．

A）AB 的第 j 行元素全等于零　　B）AB 的第 j 列元素全等于零

C）BA 的第 j 行元素全等于零　　D）BA 的第 j 列元素全等于零

7．设 A,B,C 为 n 阶方阵，k 是常数，则下列各式未必成立的是（　）．

A）$AB + C = C + AB$　　B）$(AB)C = A(BC)$

C）$k(A+B) = (A+B)k$　　D）$C(A+B) = (A+B)C$

8．设矩阵 A 经过有限次初等变换后得到矩阵 B，下列结论正确的是（　）．

A）若 A 和 B 都是 n 阶方阵，则 $|A| = |B|$

B）若 A 和 B 都是 n 阶方阵，则 $|A|$ 和 $|B|$ 同时为零或同时不为零

C）若 A 是可逆矩阵，B 未必是可逆矩阵

D）$A = B$

9．设 A,B,C 为 n 阶方阵，下列命题正确的是（　）．

A）若 A 是可逆矩阵，从 $AB = AC$ 可推出 $BA = CA$

B）若 A 是可逆矩阵，必有 $AB = BA$

C）若 $A\neq 0$，从 $AB=AC$ 可推出 $B=C$

D）若 $B\neq C$，必有 $AB\neq AC$

10．设 A,B 为 n 阶方阵，且 $A\neq 0$，$AB=0$，则（　　）.

A）$B=0$　　B）$|A|=0$ 或 $|B|=0$

C）$BA=0$　　D）$(A+B)^2=A^2+B^2$

11．$A,B,A+B,A^{-1}+B^{-1}$ 均为 n 阶可逆矩阵，则 $(A^{-1}+B^{-1})^{-1}$ 为（　　）.

A）$A^{-1}+B^{-1}$　　B）$A+B$

C）$(A+B)^{-1}$　　D）$A(A+B)^{-1}B$

二、填空题

1．$\begin{vmatrix} a_1b_1 & a_1b_2 & a_1b_3 & a_1b_4 \\ a_2b_1 & a_2b_2 & a_2b_3 & a_2b_4 \\ a_3b_1 & a_3b_2 & a_3b_3 & a_3b_4 \\ a_4b_1 & a_4b_2 & a_4b_3 & a_4b_4 \end{vmatrix}=$____________.

2．设 A,B,C 为同阶方阵，且 $ABC=E$，则 $A^{-1}=$____________.

3．设方阵 A 满足 $A^2=A$，且 $A\neq E$，则 $|A|=$____________.

4．矩阵 $\begin{pmatrix} 1 & a & 0 \\ 2 & 1 & 0 \\ 1 & 3 & 1 \end{pmatrix}$ 不是可逆矩阵，则 $a=$____________.

5．矩阵 $\begin{pmatrix} 1 & 1 & 0 & 0 \\ 0 & 1 & 0 & 0 \\ 0 & 0 & 2 & 0 \\ 0 & 0 & 0 & 3 \end{pmatrix}$ 的 n 次方为____________.

6．矩阵方程 $\begin{pmatrix} 1 & 1 \\ 0 & 1 \end{pmatrix}X=\begin{pmatrix} 2 & 1 \\ 1 & -1 \end{pmatrix}$ 的解为____________.

7．设行列式 $|A|=\begin{vmatrix} 2 & 2 & 3 \\ 1 & 1 & 2 \\ 2 & x & y \end{vmatrix}$，$A_{11}+A_{12}+A_{13}=1$，则 $|A|=$____________.

8．n 阶行列式 A 的值为 d，若将 A 的每个元素 a_{ij} 换成 $(-1)^{i+j}a_{ij}$，则得到的行列式的值为____________.

9．设 A,B,C 为同阶可逆方阵，则 $(ABC)^{-1}=$____________.

10．设 A,B 为 n 阶方阵，则 $(A+B)^2=A^2+2AB+B^2$ 的充要条件是________.

三、解答题

1．已知 204，527，255 是 17 的倍数，证明 $\begin{vmatrix} 2 & 0 & 4 \\ 5 & 2 & 7 \\ 2 & 5 & 5 \end{vmatrix}$ 也是 17 的倍数.

2．线性方程组$\begin{cases}(1-\lambda)x_1-2x_2+4x_3=0,\\2x_1+(3-\lambda)x_2+x_3=0,\\x_1+x_2+(1+\lambda)x_3=0\end{cases}$有非零解，求$\lambda$的值．

3．求下列行列式的值：

（1）$\begin{vmatrix}x & y & x+y\\ y & x+y & x\\ x+y & x & y\end{vmatrix}$；　（2）$\begin{vmatrix}1 & 1 & 1 & 1\\ 1 & 2 & 3 & 4\\ 1 & 3 & 6 & 10\\ 1 & 4 & 10 & 20\end{vmatrix}$；

（3）$\begin{vmatrix}3 & 1 & 1 & 1\\ 1 & 3 & 1 & 1\\ 1 & 1 & 3 & 1\\ 1 & 1 & 1 & 3\end{vmatrix}$；　（4）$\begin{vmatrix}1 & 2 & 2 & \cdots & 2\\ 2 & 2 & 2 & \cdots & 2\\ 2 & 2 & 3 & \cdots & 2\\ \cdots & \cdots & \cdots & \cdots & \cdots\\ 2 & 2 & 2 & \cdots & n\end{vmatrix}$；

（5）$\begin{vmatrix}1 & a_1 & 0 & 0 & 0\\ -1 & 1-a_1 & a_2 & 0 & 0\\ 0 & -1 & 1-a_2 & a_3 & 0\\ 0 & 0 & -1 & 1-a_3 & a_4\\ 0 & 0 & 0 & -1 & 1-a_4\end{vmatrix}$．

4．设$A=\begin{pmatrix}3 & 0 & 7\\ 0 & 2 & 1\\ 1 & 6 & 0\end{pmatrix}$，$B=\begin{pmatrix}0 & 4 & 2\\ 0 & -1 & 0\\ 1 & 0 & 6\end{pmatrix}$，$C=\begin{pmatrix}1 & 0 & 4\\ -1 & 1 & 6\\ 2 & 0 & 6\end{pmatrix}$，求：

（1）若$A-3(B-X)=X-C$，求矩阵X;

（2）求$(AB)C^T$；

（3）求A^2．

5．求矩阵$A=\begin{pmatrix}1 & 4 & 1 & -1\\ 2 & -1 & 0 & 1\\ 1 & 6 & 2 & 1\\ 0 & 2 & 3 & 2\end{pmatrix}$和$B=\begin{pmatrix}1 & 4 & 1 & 0 & 0\\ 2 & 1 & -1 & -3 & 3\\ 1 & 0 & -3 & -1 & 2\\ 0 & 2 & -6 & 3 & 0\end{pmatrix}$的秩．

6．用逆矩阵求解：

（1）设$A=\begin{pmatrix}0 & 1 & 2\\ 1 & 1 & 4\\ 2 & -1 & 0\end{pmatrix}$，$B=\begin{pmatrix}2 & 1\\ 5 & 3\end{pmatrix}$，$C=\begin{pmatrix}1 & 3\\ 2 & 0\\ 3 & 1\end{pmatrix}$，求满足$AXB=C$的矩阵$X$;

（2）$\begin{cases}x_1-x_2-x_3=2,\\2x_1-x_2-3x_3=1,\\3x_1+2x_2-5x_3=0;\end{cases}$

（3）设矩阵$A=\begin{pmatrix}1 & 0 & 1\\ 0 & 2 & 6\\ 1 & 6 & 1\end{pmatrix}$，求满足$AX+E=A^2+X$的矩阵$X$.

7．如果 $A=\frac{1}{2}(B+E)$，证明 $A^2=A$ 的充要条件是 $B^2=E$．

8．对于方阵 A，若存在矩阵 $C\neq 0$，使得 $AC=0$，求证 A 为奇异阵．

9．已知三阶矩阵 A 的逆矩阵为 $A^{-1}=\begin{pmatrix}1 & 1 & 1\\ 1 & 2 & 1\\ 1 & 1 & 3\end{pmatrix}$，求 A^* 的逆矩阵．

10．设 A 是 n 阶方阵且 $A^2=A$，求证 E_n-2A 是可逆矩阵．

第 9 章　线性方程组

- 了解方程组的一般形式，掌握方程组的矩阵解法
- 会判断非齐次线性方程组解的存在性及唯一性
- 了解线性方程组解的结构，会求方程组的通解

9.1　线性方程组的消元解法

9.1.1　线性方程组的消元法

消元法的基本思路是通过方程组的消元变形把方程组化成容易求解的同解方程组.

设 n 个未知量、m 个方程的线性方程组为

$$\begin{cases} a_{11}x_1 + a_{12}x_2 + \ldots + a_{1n}x_n = b_1, \\ a_{21}x_1 + a_{22}x_2 + \ldots + a_{2n}x_n = b_2, \\ \qquad \ldots \\ a_{m1}x_1 + a_{m2}x_2 + \ldots + a_{mn}x_n = b_m. \end{cases} \tag{9.1.1}$$

当 $b_1, b_2, \cdots, b_m$ 不全为零时称为非齐次线性方程组，否则称为齐次线性方程组.

记 $\widetilde{A} = \begin{pmatrix} a_{11} & a_{12} & \cdots & a_{1n} & b_1 \\ a_{21} & a_{22} & \cdots & a_{2n} & b_2 \\ \cdots & \cdots & \cdots & \cdots & \cdots \\ a_{m1} & a_{m2} & \cdots & a_{mn} & b_m \end{pmatrix}$，$A = \begin{pmatrix} a_{11} & a_{12} & \ldots & a_{1n} \\ a_{21} & a_{22} & \ldots & a_{2n} \\ \ldots & \ldots & \ldots & \ldots \\ a_{m1} & a_{m2} & \ldots & a_{mn} \end{pmatrix}$，$X = \begin{pmatrix} x_1 \\ x_2 \\ \vdots \\ x_n \end{pmatrix}$，

$B = \begin{pmatrix} b_1 \\ b_2 \\ \vdots \\ b_m \end{pmatrix}$.

方程组可用矩阵形式表示为 $AX = B$．称矩阵 $\widetilde{A}$ 为（9.1.1）式的增广矩阵，A 为其系数矩阵．显然，方程组唯一地被其增广矩阵 $\widetilde{A}$ 确定．下面先看一个例子.

例 1　解线性方程组 $\begin{cases} x_1 + 2x_2 - 5x_3 = 19, \\ 2x_1 + 8x_2 + 3x_3 = -22, \\ x_1 + 3x_2 + 2x_3 = -11. \end{cases}$

解　我们用消元法解该方程组，并列出求解过程中相应增广矩阵的变换.

线性方程组	增广矩阵
$\begin{cases} x_1+2x_2-5x_3=19 & (1) \\ 2x_1+8x_2+3x_3=-22 & (2) \\ x_1+3x_2+2x_3=-11 & (3) \end{cases}$	$\tilde{A}=\begin{pmatrix} 1 & 2 & -5 & 19 \\ 2 & 8 & 3 & -22 \\ 1 & 3 & 2 & -11 \end{pmatrix}$
$(-2)\times(1)+(2),(-1)\times(1)+(3)$ $\begin{cases} x_1+2x_2-5x_3=19 & (1) \\ 4x_2+13x_3=-60 & (4) \\ x_2+7x_3=-30 & (5) \end{cases}$	$\xrightarrow[(-1)r_1+r_3]{(-2)r_1+r_2}\begin{pmatrix} 1 & 2 & -5 & 19 \\ 0 & 4 & 13 & -60 \\ 0 & 1 & 7 & -30 \end{pmatrix}$
交换（4）与（5）方程的位置 $\begin{cases} x_1+2x_2-5x_3=19 & (1) \\ x_2+7x_3=-30 & (5) \\ 4x_2+13x_3=-60 & (4) \end{cases}$	$\xrightarrow{r_2\leftrightarrow r_3}\begin{pmatrix} 1 & 2 & -5 & 19 \\ 0 & 1 & 7 & -30 \\ 0 & 4 & 13 & -60 \end{pmatrix}$
$(-4)\times(5)+(4)$ $\begin{cases} x_1+2x_2-5x_3=19 & (1) \\ x_2+7x_3=-30 & (5) \\ -15x_3=60 & (6) \end{cases}$	$\xrightarrow{(-4)r_2+r_3}\begin{pmatrix} 1 & 2 & -5 & 19 \\ 0 & 1 & 7 & -30 \\ 0 & 0 & -15 & 60 \end{pmatrix}$
$(-1/15)\times(6)$ $\begin{cases} x_1+2x_2-5x_3=19 & (1) \\ x_2+7x_3=-30 & (5) \\ x_3=-4 & (7) \end{cases}$	$\xrightarrow{(-1/15)r_3}\begin{pmatrix} 1 & 2 & -5 & 19 \\ 0 & 1 & 7 & -30 \\ 0 & 0 & 1 & -4 \end{pmatrix}$
$5\times(7)+(1),(-7)\times(7)+(5)$ $\begin{cases} x_1+2x_2=-1 & (9) \\ x_2=-2 & (8) \\ x_3=-4 & (7) \end{cases}$	$\xrightarrow[(-7)r_3+r_2]{5r_3+r_1}\begin{pmatrix} 1 & 2 & 0 & -1 \\ 0 & 1 & 0 & -2 \\ 0 & 0 & 1 & -4 \end{pmatrix}$
$(-2)\times(8)+(9)$ $\begin{cases} x_1=3 \\ x_2=2 \\ x_3=-4 \end{cases}$	$\xrightarrow{(-2)r_2+r_1}\begin{pmatrix} 1 & 0 & 0 & 3 \\ 0 & 1 & 0 & -2 \\ 0 & 0 & 1 & -4 \end{pmatrix}$

所以方程组的解为 $x_1=3$，$x_2=-2$，$x_3=-4$．

上述解线性方程组的方法称为高斯消元法．从例 1 可见，消元法实际上是对线性方程组进行如下变换：

（1）用一个非零的数乘某个方程的两端；

（2）用一个数乘某个方程后加到另一个方程上；

（3）互换两个方程的位置．

可以证明，线性方程组经过上述任意一种变换所得的方程组与原方程组同解．

由此可见，用消元法解线性方程组的过程与对其增广矩阵施行相应的初等行变换是一致的．因此，只要用初等行变换将线性方程组的增广矩阵化为行最简阶梯形矩阵，而行最简阶梯形矩阵对应的方程组的解就是原方程组的解．

例 2 解线性方程组 $\begin{cases} -3x_1-3x_2+14x_3+29x_4=-16, \\ x_1+x_2+4x_3-x_4=1, \\ -x_1-x_2+2x_3+7x_4=-4. \end{cases}$

解 对增广矩阵 $\widetilde{A}$ 施行初等行变换，将其化为行最简阶梯形矩阵

$$\widetilde{A}=\begin{pmatrix} -3 & -3 & 14 & 29 & -16 \\ 1 & 1 & 4 & -1 & 1 \\ -1 & -1 & 2 & 7 & -4 \end{pmatrix} \xrightarrow{r_1 \leftrightarrow r_2} \begin{pmatrix} 1 & 1 & 4 & -1 & 1 \\ -3 & -3 & 14 & 29 & -16 \\ -1 & -1 & 2 & 7 & -4 \end{pmatrix}$$

$$\xrightarrow[r_1+r_3]{3r_1+r_2} \begin{pmatrix} 1 & 1 & 4 & -1 & 1 \\ 0 & 0 & 26 & 26 & -13 \\ 0 & 0 & 6 & 6 & -3 \end{pmatrix} \xrightarrow{(-4)r_3+r_2} \begin{pmatrix} 1 & 1 & 4 & -1 & 1 \\ 0 & 0 & 2 & 2 & -1 \\ 0 & 0 & 6 & 6 & -3 \end{pmatrix}$$

$$\xrightarrow{(-3)r_2+r_3} \begin{pmatrix} 1 & 1 & 4 & -1 & 1 \\ 0 & 0 & 2 & 2 & -1 \\ 0 & 0 & 0 & 0 & 0 \end{pmatrix} \xrightarrow{\frac{1}{2}r_2} \begin{pmatrix} 1 & 1 & 4 & -1 & 1 \\ 0 & 0 & 1 & 1 & -\frac{1}{2} \\ 0 & 0 & 0 & 0 & 0 \end{pmatrix}$$

$$\xrightarrow{(-4)r_2+r_1} \begin{pmatrix} 1 & 1 & 0 & -5 & 3 \\ 0 & 0 & 1 & 1 & -\frac{1}{2} \\ 0 & 0 & 0 & 0 & 0 \end{pmatrix}.$$

以上行最简阶梯形矩阵对应的方程组为 $\begin{cases} x_1+x_2 \quad -5x_4=3, \\ x_3+x_4=-\frac{1}{2}. \end{cases}$

取 x_2,x_4 为自由未知量，将其移至等式右边，得 $\begin{cases} x_1=-x_2+5x_4+3, \\ x_3=-x_4-\frac{1}{2}. \end{cases}$

自由未知量 x_2,x_4 取任意实数 C_1,C_2，得方程组的解为 $\begin{cases} x_1=-C_1+5C_2+3, \\ x_2=C_1, \\ x_3=-C_2-\frac{1}{2}, \\ x_4=C_2. \end{cases}$

这样方程组有无穷多组解．

例 3 解线性方程组$\begin{cases}2x_1-3x_2+5x_3+7x_4=1,\\4x_1-6x_2+2x_3+3x_4=2,\\2x_1-3x_2-11x_3-15x_4=4.\end{cases}$

解 对增广矩阵$\widetilde{A}$施行初等行变换:

$$\widetilde{A}=\begin{pmatrix}2&-3&5&7&1\\4&-6&2&3&2\\2&-3&-11&-15&4\end{pmatrix}\xrightarrow[(-1)r_1+r_3]{(-2)r_1+r_2}\begin{pmatrix}2&-3&5&7&1\\0&0&-8&-11&0\\0&0&-16&-22&3\end{pmatrix}$$

$$\xrightarrow{(-2)r_2+r_3}\begin{pmatrix}2&-3&5&7&1\\0&0&-8&-11&0\\0&0&0&0&3\end{pmatrix}=B.$$

矩阵B对应的方程组中的第三个方程是“$0=3$”，这是一个矛盾方程，因此矩阵B对应的方程组无解，从而原线性方程组也无解.

综上所述，线性方程组的解可能会出现三种情况：唯一解、无解、无穷多解.

9.1.2 线性方程组解的判定

定理 1 给定线性方程组（9.1.1），若$R(A)<R(\widetilde{A})$，则方程组无解；若$R(A)=R(\widetilde{A})=r$，则方程组有解．如果$r=n$，则方程组有唯一解；如果$r<n$，则线性方程组有无穷多解.

由定理 1 可知，若线性方程组（9.1.1）有解，且其方程个数m小于未知量个数n时，由$R(A)\leqslant m<n$知方程组（9.1.1）有无穷多解.

例 4 问λ取何值时，线性方程组$\begin{cases}\lambda x_1+x_2+x_3=1,\\x_1+\lambda x_2+x_3=\lambda,\\x_1+x_2+\lambda x_3=\lambda^2\end{cases}$（1）有唯一解；（2）有无穷多解；（3）无解.

解法一 对增广矩阵$\widetilde{A}$施行初等行变换:

$$\widetilde{A}=\begin{pmatrix}\lambda&1&1&1\\1&\lambda&1&\lambda\\1&1&\lambda&\lambda^2\end{pmatrix}\xrightarrow{r_1\leftrightarrow r_3}\begin{pmatrix}1&1&\lambda&\lambda^2\\1&\lambda&1&\lambda\\\lambda&1&1&1\end{pmatrix}$$

$$\xrightarrow[(-\lambda)r_1+r_3]{(-1)r_1+r_2}\begin{pmatrix}1&1&\lambda&\lambda^2\\0&\lambda-1&1-\lambda&\lambda-\lambda^2\\0&1-\lambda&1-\lambda^2&1-\lambda^3\end{pmatrix}$$

$$\xrightarrow{r_2+r_3}\begin{pmatrix}1&1&\lambda&\lambda^2\\0&\lambda-1&1-\lambda&\lambda-\lambda^2\\0&0&2-\lambda-\lambda^2&1+\lambda-\lambda^2-\lambda^3\end{pmatrix}$$

$$=\begin{pmatrix}1 & 1 & \lambda & \lambda^2\\ 0 & \lambda-1 & 1-\lambda & \lambda(1-\lambda)\\ 0 & 0 & (2+\lambda)(1-\lambda) & (1+\lambda)^2(1-\lambda)\end{pmatrix}.$$

当 $\lambda\neq 1$ 且 $\lambda\neq -2$ 时，$R(A)=R(\widetilde{A})=3$，线性方程组有唯一解；

当 $\lambda=1$ 时，$R(A)=R(\widetilde{A})=1<3=n$，线性方程组有无穷多解；

当 $\lambda=-2$ 时，$R(A)=2$，$R(\widetilde{A})=3$，线性方程组无解.

解法二 这是三个未知量三个方程组成的线性方程组，先求其系数行列式

$$|A|=\begin{vmatrix}\lambda & 1 & 1\\ 1 & \lambda & 1\\ 1 & 1 & \lambda\end{vmatrix}=(\lambda-1)^2(\lambda+2).$$

当 $\lambda\neq 1$ 且 $\lambda\neq -2$ 时，$|A|\neq 0$（此时 $R(A)=R(\widetilde{A})=3$），由克莱姆法则知方程组有唯一解；

当 $\lambda=1$ 时，$|A|=0$（此时 $R(A)<3$），对其增广矩阵 $\widetilde{A}$ 施行初等行变换可得

$$\widetilde{A}=\begin{pmatrix}1&1&1&1\\1&1&1&1\\1&1&1&1\end{pmatrix}\xrightarrow[(-1)r_1+r_3]{(-1)r_1+r_2}\begin{pmatrix}1&1&1&1\\0&0&0&0\\0&0&0&0\end{pmatrix}$$

即 $R(A)=R(\widetilde{A})=1<3$，方程组有无穷多解；

当 $\lambda=-2$ 时，$|A|=0$（此时 $R(A)<3$），对其增广矩阵 $\widetilde{A}$ 施行初等行变换可得

$$\widetilde{A}=\begin{pmatrix}-2&1&1&1\\1&-2&1&-2\\1&1&-2&4\end{pmatrix}\xrightarrow{r_1\leftrightarrow r_3}\begin{pmatrix}1&1&-2&4\\1&-2&1&-2\\-2&1&1&1\end{pmatrix}$$

$$\xrightarrow[2r_1+r_3]{(-1)r_1+r_2}\begin{pmatrix}1&1&-2&4\\0&-3&3&-6\\0&3&-3&9\end{pmatrix}\xrightarrow{r_2+r_3}\begin{pmatrix}1&1&-2&4\\0&-3&3&-6\\0&0&0&3\end{pmatrix},$$

即 $R(A)=2<R(\widetilde{A})=3$，方程组无解.

特殊地，对于齐次线性方程组 $\begin{cases}a_{11}x_1+a_{12}x_2+\ldots+a_{1n}x_n=0,\\ a_{21}x_1+a_{22}x_2+\ldots+a_{2n}x_n=0,\\ \ldots\\ a_{m1}x_1+a_{m2}x_2+\ldots+a_{mn}x_n=0,\end{cases}$ 即 $AX=\mathbf{0}$，显然 $R(A)=R(\widetilde{A})$，所以齐次线性方程组一定有解．事实上，$X=(0\ \ 0\ \ \cdots\ \ 0)^T$ 是其零解．因此，对于齐次线性方程组解的判定，主要讨论在什么条件下它有非零解.

定理 2 齐次方程组 $AX=O$ 一定有解，若 $r=n$，则方程组只有零解；若 $r<n$，则方程组有非零解，其自由未知量的个数为 $n-r$.

由上述定理可知，若 m 是齐次方程组 $AX=0$ 的方程个数，n 为未知量个数：

当 $m<n$ 时，由 $R(A)\leqslant m<n$，方程组一定有非零解.

当 $m=n$ 时，方程组有非零解的充要条件是其系数行列式 $|A|=0$.

当 $m=n$ 且 $R(A)=n$ 时，方程组只有零解.

例 5 判定齐次线性方程组 $\begin{cases} x_1-2x_2+x_3-x_4=0, \\ 2x_1+x_2-x_3+x_4=0, \\ x_1+2x_3-x_4=0, \\ x_2-x_3-x_4=0 \end{cases}$ 是否有非零解.

解 对系数矩阵 A 施行初等行变换：

$$A=\begin{pmatrix} 1 & -2 & 1 & -1 \\ 2 & 1 & -1 & 1 \\ 1 & 0 & 2 & -1 \\ 0 & 1 & -1 & -1 \end{pmatrix} \xrightarrow[(-1)r_1+r_3]{(-2)r_1+r_2} \begin{pmatrix} 1 & -2 & 1 & -1 \\ 0 & 5 & -3 & 3 \\ 0 & 2 & 1 & 0 \\ 0 & 1 & -1 & -1 \end{pmatrix} \xrightarrow{r_2\leftrightarrow r_4} \begin{pmatrix} 1 & -2 & 1 & -1 \\ 0 & 1 & -1 & -1 \\ 0 & 2 & 1 & 0 \\ 0 & 5 & -3 & 3 \end{pmatrix}$$

$$\xrightarrow[(-5)r_2+r_4]{(-2)r_2+r_3} \begin{pmatrix} 1 & -2 & 1 & -1 \\ 0 & 1 & -1 & -1 \\ 0 & 0 & 3 & 2 \\ 0 & 0 & 2 & 8 \end{pmatrix} \xrightarrow{(-1)r_4+r_3} \begin{pmatrix} 1 & -2 & 1 & -1 \\ 0 & 1 & -1 & -1 \\ 0 & 0 & 1 & -6 \\ 0 & 0 & 2 & 8 \end{pmatrix}$$

$$\xrightarrow{(-2)r_3+r_4} \begin{pmatrix} 1 & -2 & 1 & -1 \\ 0 & 1 & -1 & -1 \\ 0 & 0 & 1 & -6 \\ 0 & 0 & 0 & 20 \end{pmatrix},$$

显然，$R(A)=4=n$，所以方程组只有零解.

习题 9.1

1. 判定下列线性方程组是否有解？若有解，判别是唯一解还是无穷多解？若为无穷多解，求出其一般解，并指出自由未知量的个数.

（1）$\begin{cases} 2x+y+z+t=1, \\ 4x+2y-2z+2t=2, \\ x+\frac{1}{2}y-\frac{1}{2}z-\frac{1}{2}t=\frac{1}{2}; \end{cases}$
（2）$\begin{cases} x_1+x_2-3x_3=-1, \\ 2x_1+x_2-2x_3=1, \\ x_1+x_2+x_3=3, \\ x_1+2x_2-3x_3=1; \end{cases}$

（3）$\begin{cases} 2x_1+7x_2+3x_3+x_4=6, \\ 3x_1+5x_2+2x_3+2x_4=4, \\ 9x_1+4x_2+x_3+7x_4=2; \end{cases}$
（4）$\begin{cases} x_1-x_2-x_3=0, \\ x_1+x_2+x_3=1, \\ x_1-x_2+2x_3=2, \\ 2x_1-2x_2+x_3=2. \end{cases}$

2．λ 为何值时，线性方程组 $\begin{cases} -2x_1+x_2+x_3=-2, \\ x_1-2x_2+x_3=\lambda, \\ x_1+x_2-2x_3=\lambda^2 \end{cases}$

（1）有唯一解？（2）有无穷多解？（3）无解？

3．确定 λ 的值，λ 为何值时，线性方程组

$$\begin{cases} x_1-x_2+2x_3=0, \\ x_1-2x_2+3x_3=-1, \\ 2x_1-x_2+\lambda x_3=2 \end{cases}$$

（1）有唯一解？（2）有无穷多解？（3）无解？

4．判别下列齐次线性方程组是否有非零解. 若有，写出其一般解，并指出自由未知量的个数.

（1）$\begin{cases} x_1+x_2+x_3+x_4=0, \\ 2x_1+x_2+3x_3+5x_4=0, \\ x_1-x_2+3x_3-2x_4=0, \\ 3x_1+x_2+5x_3+6x_4=0; \end{cases}$
（2）$\begin{cases} x_1-x_2+2x_3-3x_4=0, \\ x_1-3x_2+2x_3-x_4=0, \\ 2x_1-4x_2+4x_3-3x_4=0, \\ x_1-x_2+x_3-2x_4=0; \end{cases}$

（3）$\begin{cases} 2x_1+3x_2-x_3+5x_4=0, \\ 3x_1+x_2+2x_3-7x_4=0, \\ 4x_1+x_2-3x_3+6x_4=0, \\ x_1-2x_2+4x_3-7x_4=0; \end{cases}$
（4）$\begin{cases} x_1+2x_2+x_3-x_4=0, \\ 3x_1+6x_2-x_3-3x_4=0, \\ 5x_1+10x_2+x_3-5x_4=0. \end{cases}$

5．λ 为何值时，齐次线性方程组 $\begin{cases} x_1+x_2+x_3+\lambda x_4=0, \\ x_1+x_2+\lambda x_3+x_4=0, \\ x_1+\lambda x_2+x_3+x_4=0, \\ \lambda x_1+x_2+x_3+x_4=0 \end{cases}$

（1）只有零解？（2）有非零解？

9.2 线性方程组解的结构

当线性方程组有无穷多解时，解与解之间的关系如何？解的基本构成如何？能否用有限个解把无穷多个解全部表示出来？这就是本节要讨论的问题.

9.2.1 n 维向量、向量组的线性相关性与秩

定义 1 由 n 个有序的数 $a_1,a_2,\cdots,a_n$ 组成的数组 $\alpha=(a_1,a_2,\cdots,a_n)$ 称为 n 维向量，a_i 称为向量 α 的第 i 个分量（$i=1,2,\cdots,n$）.

常用黑体小写希腊字母 $\alpha,\beta,\gamma\cdots$ 表示向量.

n 维向量有时也写成一列的形式，如 $\beta=\begin{pmatrix}b_1\\b_2\\\vdots\\b_n\end{pmatrix}$. 写成行形式的向量称为行向量，写成列形式的向量称为列向量.

所有分量都为零的向量称为零向量，记为 O，即 $O=(0,0,\cdots,0)$. 向量可以看作是矩阵的特例，n 维行向量可理解为 $1\times n$ 矩阵，n 维列向量可理解为 $n\times 1$ 矩阵.

由于向量可以看作矩阵，因此两向量的相等、向量 α 与 β 的和（记作 $\alpha+\beta$）、数 λ 与向量 α 的乘积（记作 $\lambda\alpha$）、向量 α 的负向量（记作 $-\alpha$）都可以借助矩阵运算进行定义，其运算律与矩阵的运算律一致.

例 1 对于线性方程组 $\begin{cases}x_1-x_2-2x_3=2,\\2x_1+3x_2-4x_3=-6,\\-x_1-2x_2+x_3=3,\end{cases}$ 若设 $\alpha_1=\begin{pmatrix}1\\2\\-1\end{pmatrix}$，$\alpha_2=\begin{pmatrix}-1\\3\\-2\end{pmatrix}$，$\alpha_3=\begin{pmatrix}-2\\-4\\1\end{pmatrix}$，$\beta=\begin{pmatrix}2\\-6\\3\end{pmatrix}$，则线性方程组可写成向量方程的形式 $x_1\alpha_1+x_2\alpha_2+x_3\alpha_3=\beta$，由克莱姆法则，线性方程组的解为 $x_1=2$，$x_2=-2$，$x_3=1$，所以 $\beta=2\alpha_1-2\alpha_2+\alpha_3$，我们称向量 β 可由向量 $\alpha_1,\alpha_2,\alpha_3$ 线性表示.

一般地，对于线性方程组

$$\begin{cases}a_{11}x_1+a_{12}x_2+\ldots+a_{1n}x_n=b_1,\\a_{21}x_1+a_{22}x_2+\ldots+a_{2n}x_n=b_2,\\\qquad\qquad\ldots\\a_{m1}x_1+a_{m2}x_2+\ldots+a_{mn}x_n=b_m,\end{cases}\tag{9.2.1}$$

设 $\alpha_j=\begin{pmatrix}a_{1j}\\a_{2j}\\\vdots\\a_{mj}\end{pmatrix}$ $(j=1,2,\cdots,n)$，$\beta=\begin{pmatrix}b_1\\b_2\\\vdots\\b_m\end{pmatrix}$，若方程组有解，则线性方程组可写成向量方程的形式 $x_1\alpha_1+x_2\alpha_2+\cdots+x_n\alpha_n=\beta$，我们称向量 β 可由向量 $\alpha_1,\alpha_2,\cdots,\alpha_n$ 线性表示.

定义 2 设向量 $\alpha_1,\alpha_2,\cdots,\alpha_m$ 和 α 都是 n 维行（列）向量，若存在一组数 $k_1,k_2,\cdots,k_m$，使 $\alpha=k_1\alpha_1+k_2\alpha_2+\cdots+k_m\alpha_m$，则称向量 α 是向量 $\alpha_1,\alpha_2,\cdots,\alpha_m$ 的线性组合，或称向量 α 可由向量 $\alpha_1,\alpha_2,\cdots,\alpha_m$ 线性表示.

显然，对于 n 维向量 $\alpha=(a_1,a_2,\cdots,a_n)$ 和 n 维向量组 $\varepsilon_1=(1,0,\cdots,0)$，$\varepsilon_2=(0,1,\cdots,0)$，$\cdots$，$\varepsilon_n=(0,0,\cdots,1)$，因为有 $\alpha=(a_1,a_2,\cdots,a_n)=a_1\varepsilon_1+a_2\varepsilon_2+\cdots+a_n\varepsilon_n$，所以任一 n 维向量 α 都是向量组 $\varepsilon_1,\varepsilon_2,\cdots,\varepsilon_n$ 的线性组合. 向量组 $\varepsilon_1,\varepsilon_2,\cdots,\varepsilon_n$ 称为 n

维单位向量组．

若方程组（9.2.1）有解，向量β是向量组$\alpha_1,\alpha_2,\cdots,\alpha_n$的线性组合；反之，若向量$\beta$是向量组$\alpha_1,\alpha_2,\cdots,\alpha_n$的线性组合，即存在一组数$k_1,k_2,\cdots,k_n$使得$\beta=k_1\alpha_1+k_2\alpha_2+\cdots+k_n\alpha_n$，因此$x_1=k_1,x_2=k_2,\cdots,x_n=k_n$是方程组（9.2.1）的解．所以方程组有解的充要条件是向量β可由$\alpha_1,\alpha_2,\cdots,\alpha_n$线性表示．

例 2　设有向量$\alpha_1=(1,-1,1)$，$\alpha_2=(2,5,-7)$，$\beta=(-4,-17,23)$，问β是否为向量α_1,α_2的线性组合．

解　如果β是向量α_1，α_2的线性组合，则存在一组数k_1,k_2使得$\beta=k_1\alpha_1+k_2\alpha_2$，即$(-4,-17,23)=k_1(1,-1,1)+k_2(2,5,-7)$，得线性方程组$\begin{cases}k_1+2k_2=-4,\\-k_1+5k_2=-17,\\k_1-7k_2=23,\end{cases}$解之得$k_1=2$，$k_2=-3$．所以向量$\beta$是向量$\alpha_1,\alpha_2$的线性组合，且有$\beta=2\alpha_1-3\alpha_2$．

例 3　已知向量$\alpha_1=(1,-2)$，$\alpha_2=(-2,4)$，$\beta=(1,-4)$，试问向量β是否可用向量组α_1,α_2线性表示．

解　设$\beta=k_1\alpha_1+k_2\alpha_2$，得线性方程组$\begin{cases}k_1-2k_2=1,\\-2k_1+4k_2=-4,\end{cases}$显然两方程矛盾，所以方程组无解，因而$\beta$不能用向量组$\alpha_1,\alpha_2$线性表示．

定义 3　设有n维向量组$\alpha_1,\alpha_2,\cdots,\alpha_m$，如果存在一组不全为零的数$k_1,k_2,\cdots,k_m$使得$k_1\alpha_1+k_2\alpha_2+\cdots+k_m\alpha_m=0$成立，则称向量组$\alpha_1,\alpha_2,\cdots,\alpha_m$线性相关，否则只有当$k_1=k_2=\cdots=k_m=0$时，才有$k_1\alpha_1+k_2\alpha_2+\cdots+k_m\alpha_m=0$成立，则称向量组$\alpha_1,\alpha_2,\cdots,\alpha_m$线性无关．

也就是说，如果向量组$\alpha_1,\alpha_2,\cdots,\alpha_m$中至少有一个向量可由其余向量线性表示，则向量组线性相关；相反，如果向量组$\alpha_1,\alpha_2,\cdots,\alpha_m$中没有某个向量可由其余向量线性表示，则向量组线性无关．

例 4　判定向量组$\alpha_1=(1,2,1)$，$\alpha_2=(-1,1,1)$，$\alpha_3=(-1,7,5)$是否线性相关．

解　设$k_1\alpha_1+k_2\alpha_2+k_3\alpha_3=0$，即$k_1(1,2,1)+k_2(-1,1,1)+k_3(-1,7,5)=0$，得$\begin{cases}k_1-k_2-k_3=0,\\2k_1+k_2+7k_3=0,\\k_1+k_2+5k_3=0,\end{cases}$应用消元法得方程组的解为$k_1=-2C$，$k_2=-3C$，$k_3=C$（$C$为任意实数），所以向量组$\alpha_1,\alpha_2,\alpha_3$线性相关．

由上例可知，讨论向量组$\alpha_1,\alpha_2,\cdots,\alpha_m$的线性相关性就是考虑由

$$k_1\alpha_1+k_2\alpha_2+\cdots+k_m\alpha_m=0$$

所得的齐次线性方程组是否有非零解．若有非零解，则向量组$\alpha_1,\alpha_2,\cdots,\alpha_m$线性相关；若只有零解，则向量组线性无关．

一般地，设 A 为 $m\times n$ 矩阵，且 $R(A)=r$，如果 $r<m$（或 $r<n$），则矩阵 A 的行向量组（或列向量组）线性相关；如果 $r=m$（或 $r=n$），则矩阵 A 的行向量组（或列向量组）线性无关.

例 5 判别向量组（1）$\alpha_1=(1,1,0,0)$，$\alpha_2=(0,2,0,2)$，$\alpha_3=(0,0,3,0)$；

（2）$\alpha_1=\begin{pmatrix}3\\1\\0\\2\end{pmatrix}$，$\alpha_2=\begin{pmatrix}1\\-1\\2\\-1\end{pmatrix}$，$\alpha_3=\begin{pmatrix}1\\3\\-4\\4\end{pmatrix}$的线性相关性.

解 （1）由向量组 $\alpha_1,\alpha_2,\alpha_3$ 为行作矩阵 $A=\begin{pmatrix}1&1&0&0\\0&2&0&2\\0&0&3&0\end{pmatrix}$，显然 $R(A)=3$，所以 $\alpha_1,\alpha_2,\alpha_3$ 线性无关.

（2）由向量组 $\alpha_1,\alpha_2,\alpha_3$ 为列作矩阵 $A=\begin{pmatrix}3&1&1\\1&-1&3\\0&2&-4\\2&-1&4\end{pmatrix}$，对 A 施行初等变换得 $\begin{pmatrix}1&-1&3\\0&1&-2\\0&0&0\\0&0&0\end{pmatrix}$，即 $R(A)=2$，所以向量组 $\alpha_1,\alpha_2,\alpha_3$ 线性相关.

定义 4 在向量组 $\alpha_1,\alpha_2,\cdots,\alpha_m$ 中，若有 r 个向量 $\alpha_1,\alpha_2,\cdots,\alpha_r$（$r\leqslant m$）线性无关，任意添加一个（$r$ 个外若还有）都线性相关，则称这 r 个向量构成的部分向量组为原向量组 $\alpha_1,\alpha_2,\cdots,\alpha_m$ 的最大线性无关组，简称极大无关组.

显然设 $\alpha_1,\alpha_2,\cdots,\alpha_r$ 是向量组 $\alpha_1,\alpha_2,\cdots,\alpha_m$ 的一个极大无关组，则向量组 $\alpha_1,\alpha_2,\cdots,\alpha_m$ 中的任一向量都可由向量组 $\alpha_1,\alpha_2,\cdots,\alpha_r$ 线性表示.

一般地，有如下结论：一个向量组的极大无关组不是唯一的，但向量组的任意两个极大无关组所含向量的个数是相同的，这就是向量组的秩. 矩阵 A 的行向量组的秩称为行秩，列向量组的秩称为列秩. 矩阵 A 的行秩等于列秩等于矩阵 A 的秩.

求向量组 $\alpha_1,\alpha_2,\cdots,\alpha_m$ 的秩和一个极大无关组的方法和步骤如下：

（1）以向量组 $\alpha_1,\alpha_2,\cdots,\alpha_m$ 为矩阵的列向量组，构造矩阵 A；

（2）用矩阵初等行变换将 A 化为行阶梯形矩阵 B，于是向量组的秩为 $R(B)$；

（3）与矩阵 B 的每个非零行首非零元对应的矩阵 A 的列向量构成向量组 $\alpha_1,\alpha_2,\cdots,\alpha_m$ 的一个极大无关组.

例 6 求向量组 $\alpha_1=(1,2,3,-1)$，$\alpha_2=(3,2,1,-1)$，$\alpha_3=(4,4,4,-2)$，

$\alpha_4=(2,0,-2,0)$，$\alpha_5=(2,3,1,1)$ 的秩和它的一个极大无关组.

解 由向量$\alpha_1,\alpha_2,\alpha_3,\alpha_4,\alpha_5$作$4\times5$矩阵$A$，并对$A$施行初等行变换，即

$$A=\begin{pmatrix}1&3&4&2&2\\2&2&4&0&3\\3&1&4&-2&1\\-1&-1&-2&0&1\end{pmatrix}\xrightarrow[r_1+r_4]{\substack{(-2)r_1+r_2\\(-3)r_1+r_3}}\begin{pmatrix}1&3&4&2&2\\0&-4&-4&-4&-1\\0&-8&-8&-8&-5\\0&2&2&2&3\end{pmatrix}$$

$$\xrightarrow{r_2\leftrightarrow r_4}\begin{pmatrix}1&3&4&2&2\\0&2&2&2&3\\0&-8&-8&-8&-5\\0&-4&-4&-4&-1\end{pmatrix}\xrightarrow[2r_2+r_4]{4r_2+r_3}\begin{pmatrix}1&3&4&2&2\\0&2&2&2&3\\0&0&0&0&7\\0&0&0&0&5\end{pmatrix}$$

$$\xrightarrow[(-5)r_3+r_4]{\frac{1}{7}r_3}\begin{pmatrix}1&3&4&2&2\\0&2&2&2&3\\0&0&0&0&1\\0&0&0&0&0\end{pmatrix},$$

所以$R(A)=3$，即向量组的秩是 3，因而极大无关组中有 3 个向量．由于第 1,2,3 非零行的首非零元所在列的位置分别为第 1,2,5 列，于是矩阵A的第 1,2,5 列对应的向量$\alpha_1,\alpha_2,\alpha_5$就是向量组的一个极大无关组.

对于线性方程组，我们已经解决了解的判别问题，而无穷多解的情况给出了它的一般解，它是关于$n-r$个自由未知量的线性函数．下面我们应用向量关系进一步讨论无穷多解之间的关系，即线性方程组解的结构.

9.2.2 齐次线性方程组解的结构

齐次线性方程组$\begin{cases}a_{11}x_1+a_{12}x_2+\ldots+a_{1n}x_n=0,\\a_{21}x_1+a_{22}x_2+\ldots+a_{2n}x_n=0,\\\quad\ldots\\a_{m1}x_1+a_{m2}x_2+\ldots+a_{mn}x_n=0\end{cases}$的矩阵方程形式为

$$AX=O.\tag{9.2.2}$$

如果$x_1=\lambda_1,x_2=\lambda_2,\cdots,x_n=\lambda_n$是方程组的解，则$X=\begin{pmatrix}\lambda_1\\\lambda_2\\\vdots\\\lambda_n\end{pmatrix}$称为方程组的解向量，也是矩阵方程$AX=O$的解.

设齐次线性方程组有非零解，则它的解有如下性质：

性质 1 若ξ_1和ξ_2是方程组$AX=O$的两个解向量，k_1,k_2是任意实数，则$k_1\xi_1+k_2\xi_2$也是方程组的解.

证 由 $A\xi_1 = O$，$A\xi_2 = O$ 知

$$A(k_1\xi_1 + k_2\xi_2) = A(k_1\xi_1) + A(k_2\xi_2) = k_1 A\xi_1 + k_2 A\xi_2 = O,$$

所以 $k_1\xi_1 + k_2\xi_2$ 也是方程组的解.

推论 若 $\xi_1, \xi_2, \cdots, \xi_n$ 是方程组 $AX = O$ 的解，则它们的任意一个线性组合

$$k_1\xi_1 + k_2\xi_2 + \cdots + k_n\xi_n$$

也是方程组的解.

若齐次线性方程组 $AX = O$ 有非零解，则一定有无穷多解，这无穷多解就构成了一个解向量空间. 显然，我们不能用列举法列出全部的解向量，但总能找到解向量空间的一个最大无关组，然后用这有限个解向量的线性组合表示方程组的全部解. 而这个解向量空间的极大无关组就称为方程组的一个基础解系.

定义 5 设 $\xi_1, \xi_2, \cdots, \xi_s$ 是方程组 $AX = O$ 的一组解向量，并且满足:

（1）$\xi_1, \xi_2, \cdots, \xi_s$ 线性无关;

（2）方程组 $AX = O$ 的任意一个解向量都可由 $\xi_1, \xi_2, \cdots, \xi_s$ 线性表示，则称 $\xi_1, \xi_2, \cdots, \xi_s$ 是方程组 $AX = O$ 的一个基础解系.

从而其线性组合 $k_1\xi_1 + k_2\xi_2 + \cdots + k_s\xi_s$ 就是方程组的全部解，也称为通解.

定理 1 如果齐次线性方程组 $AX = O$ 的系数矩阵 A 的秩 $R(A) = r < n$，则方程组的基础解系存在，且基础解系中含有 $n - r$ 个解向量.

证略.

可以证明向量组 $\xi_1, \xi_2, \cdots, \xi_{n-r}$ 是齐次线性方程组 $AX = O$ 的一个基础解系，从而齐次线性方程组的通解为 $X = c_1\xi_1 + c_2\xi_2 + \cdots + c_{n-r}\xi_{n-r}$，其中 $c_1, c_2, \cdots, c_{n-r}$ 为任意实数.

由上述定理可知方程组的基础解系不唯一，但它们所含解向量的个数是相同的，该定理也给出了求齐次线性方程组基础解系的一般方法.

例 7 求方程组 $\begin{cases} x_1 + x_2 - x_3 - x_4 = 0, \\ 2x_1 - 5x_2 + 3x_3 + 2x_4 = 0, \\ 7x_1 - 7x_2 + 3x_3 + x_4 = 0 \end{cases}$ 的基础解系与通解.

解 对系数矩阵 A 作初等行变换，变为行最简阶梯形矩阵，有

$$A = \begin{pmatrix} 1 & 1 & -1 & -1 \\ 2 & -5 & 3 & 2 \\ 7 & -7 & 3 & 1 \end{pmatrix} \xrightarrow[-7r_1+r_3]{-2r_1+r_2} \begin{pmatrix} 1 & 1 & -1 & -1 \\ 0 & -7 & 5 & 4 \\ 0 & -14 & 10 & 8 \end{pmatrix} \xrightarrow{-2r_2+r_3} \begin{pmatrix} 1 & 1 & -1 & -1 \\ 0 & -7 & 5 & 4 \\ 0 & 0 & 0 & 0 \end{pmatrix}$$

$$\xrightarrow[-r_2+r_1]{-\frac{1}{7}r_2} \begin{pmatrix} 1 & 0 & -\frac{2}{7} & -\frac{3}{7} \\ 0 & 1 & -\frac{5}{7} & -\frac{4}{7} \\ 0 & 0 & 0 & 0 \end{pmatrix}$$，得一般解 $\begin{cases} x_1 = \frac{2}{7}x_3 + \frac{3}{7}x_4, \\ x_2 = \frac{5}{7}x_3 + \frac{4}{7}x_4, \end{cases}$ 其中 x_3, x_4 为自由未

知量.

令 $\begin{pmatrix} x_3 \\ x_4 \end{pmatrix} = \begin{pmatrix} 1 \\ 0 \end{pmatrix}, \begin{pmatrix} 0 \\ 1 \end{pmatrix}$，则得基础解系为 $\xi_1 = \begin{pmatrix} \frac{2}{7} \\ \frac{5}{7} \\ 1 \\ 0 \end{pmatrix}$，$\xi_2 = \begin{pmatrix} \frac{3}{7} \\ \frac{4}{7} \\ 0 \\ 1 \end{pmatrix}$，写出其通解为

$$\begin{pmatrix} x_1 \\ x_2 \\ x_3 \\ x_4 \end{pmatrix} = c_1 \begin{pmatrix} 2/7 \\ 5/7 \\ 1 \\ 0 \end{pmatrix} + c_2 \begin{pmatrix} 3/7 \\ 4/7 \\ 0 \\ 1 \end{pmatrix} \quad (c_1,\ c_2 \text{为任意实数}).$$

有时为了便于计算可令 $\begin{pmatrix} x_3 \\ x_4 \end{pmatrix} = \begin{pmatrix} 7 \\ 0 \end{pmatrix}, \begin{pmatrix} 0 \\ 7 \end{pmatrix}$，则基础解系 $\xi_1 = \begin{pmatrix} 2 \\ 5 \\ 7 \\ 0 \end{pmatrix}$，$\xi_2 = \begin{pmatrix} 3 \\ 4 \\ 0 \\ 7 \end{pmatrix}$，其通

解为 $\begin{pmatrix} x_1 \\ x_2 \\ x_3 \\ x_4 \end{pmatrix} = c_1 \begin{pmatrix} 2 \\ 5 \\ 7 \\ 0 \end{pmatrix} + c_2 \begin{pmatrix} 3 \\ 4 \\ 0 \\ 7 \end{pmatrix}$（$c_1, c_2$ 为任意实数），两种结果的实质是相同的.

9.2.3 非齐次线性方程组解的结构

设非齐次线性方程组 $\begin{cases} a_{11}x_1 + a_{12}x_2 + \ldots + a_{1n}x_n = b_1, \\ a_{21}x_1 + a_{22}x_2 + \ldots + a_{2n}x_n = b_2, \\ \quad \ldots \\ a_{m1}x_1 + a_{m2}x_2 + \ldots + a_{mn}x_n = b_m, \end{cases}$ 其矩阵方程形式为 $AX = B$.

非齐次线性方程组的解与它所对应的齐次线性方程组的解之间有密切的关系，有如下性质：

性质 2 若 η 是方程组 $AX = B$ 的一个解，η_0 是其对应的齐次方程组 $AX = O$ 的一个解，则 $\eta + \eta_0$ 必是方程组 $AX = B$ 的解.

证 由 $A\eta = B$，$A\eta_0 = O$，得 $A(\eta + \eta_0) = A\eta + A\eta_0 = B + O = B$，即证.

性质 3 若 η_1, η_2 是方程组 $AX = B$ 的两个解，则 $\eta_1 - \eta_2$ 是其对应的齐次方程组 $AX = O$ 的一个解.

证 由 $A\eta_1 = B$，$A\eta_2 = B$，得 $A(\eta_1 - \eta_2) = A\eta_1 - A\eta_2 = B - B = O$，即证.

由以上性质可得如下定理：

定理 2　若非齐次线性方程组 $AX=B$ 满足 $R(A)=R(\widetilde{A})=r<n$，且 η^* 是方程组的一个解，$\xi_1,\xi_2,\cdots,\xi_{n-r}$ 是它对应的齐次方程组的一个基础解系，则方程组 $AX=B$ 的通解为 $\eta=\eta^*+k_1\xi_1+k_2\xi_2+\cdots+k_{n-r}\xi_{n-r}$，其中 $k_1,k_2,\cdots,k_{n-r}$ 为任意实数.

证　先证 η 是方程组 $AX=B$ 的一个解.

由于 $A\eta=A(\eta^*+k_1\xi_1+k_2\xi_2+\cdots+k_{n-r}\xi_{n-r})$

$$=A\eta^*+k_1A\xi_1+k_2A\xi_2+\cdots+k_{n-r}A\xi_{n-r}=B+O+\cdots+O=B\text{，即证.}$$

下面证方程组的任意解都可以用 $\eta=\eta^*+k_1\xi_1+k_2\xi_2+\cdots+k_{n-r}\xi_{n-r}$ 表示．事实上，η 和 η^* 是方程组 $AX=B$ 的两个解，由性质 2 知 $\eta-\eta^*$ 可由其对应的齐次方程组的一个基础解系线性表示，即有 $\eta-\eta^*=k_1\xi_1+k_2\xi_2+\cdots+k_{n-r}\xi_{n-r}$，即证.

一般地，特解 η^* 可从一般解表达式中令自由未知量全为零得到.

例 8　求线性方程组 $\begin{cases}x_1-x_2-x_3+x_4=0,\\ x_1-x_2+x_3-3x_4=1,\\ x_1-x_2-2x_3+3x_4=-\dfrac{1}{2}\end{cases}$ 的全部解.

解　对方程组的增广矩阵作初等行变换.

$$\widetilde{A}\begin{pmatrix}1&-1&-1&1&0\\1&-1&1&-3&1\\1&-1&-2&3&-\dfrac{1}{2}\end{pmatrix}\xrightarrow[-r_1+r_3]{-r_1+r_2}\begin{pmatrix}1&-1&-1&1&0\\0&0&2&-4&1\\0&0&-1&2&-\dfrac{1}{2}\end{pmatrix}$$

$$\xrightarrow[r_2+r_3]{\substack{-r_3+r_1\\ \frac{1}{2}r_2}}\begin{pmatrix}1&-1&0&-1&\dfrac{1}{2}\\0&0&1&-2&\dfrac{1}{2}\\0&0&0&0&0\end{pmatrix},$$

可见 $R(A)=R(\widetilde{A})=2<4$ 知方程组有无穷多解，其一般解为

$$\begin{cases}x_1=x_2+x_4+\dfrac{1}{2},\\ x_3=2x_4+\dfrac{1}{2},\end{cases}$$

其中 x_2,x_4 为自由未知量.

令 $\begin{pmatrix}x_2\\x_4\end{pmatrix}=\begin{pmatrix}0\\0\end{pmatrix}$，则 $x_1=x_3=\dfrac{1}{2}$，得原方程组的一个特解：$\eta^*=\begin{pmatrix}\dfrac{1}{2}\\0\\\dfrac{1}{2}\\0\end{pmatrix}$.

由原方程的一般解可得其对应的齐次方程组的一般解为$\begin{cases} x_1 = x_2 + x_4, \\ x_3 = 2x_4, \end{cases}$

取自由未知量为$\begin{pmatrix} x_2 \\ x_4 \end{pmatrix} = \begin{pmatrix} 1 \\ 0 \end{pmatrix}, \begin{pmatrix} 0 \\ 1 \end{pmatrix}$，则得到其对应的齐次方程组的一个基础解系

$\xi_1 = \begin{pmatrix} 1 \\ 1 \\ 0 \\ 0 \end{pmatrix}$，$\xi_2 = \begin{pmatrix} 1 \\ 0 \\ 2 \\ 1 \end{pmatrix}$，所求的通解为$\begin{pmatrix} x_1 \\ x_2 \\ x_3 \\ x_4 \end{pmatrix} = \begin{pmatrix} \frac{1}{2} \\ 0 \\ \frac{1}{2} \\ 0 \end{pmatrix} + k_1 \begin{pmatrix} 1 \\ 1 \\ 0 \\ 0 \end{pmatrix} + k_2 \begin{pmatrix} 1 \\ 0 \\ 2 \\ 1 \end{pmatrix}$（$k_1, k_2$为任意实数）.

习题 9.2

1．问向量β是否可用向量$\alpha_1, \alpha_2, \alpha_3$线性表示：

（1）$\beta = (1,2,3)$，$\alpha_1 = (1,0,2)$，$\alpha_2 = (1,1,2)$，$\alpha_3 = (-1,1,-2)$；

（2）$\beta = (4,4,5)$，$\alpha_1 = (1,1,0)$，$\alpha_2 = (2,1,3)$，$\alpha_3 = (0,1,2)$.

2．判断下列向量组是否线性相关：

（1）$\alpha_1 = (1,1,1)$，$\alpha_2 = (1,2,3)$，$\alpha_3 = (1,6,3)$；

（2）$\alpha_1 = \begin{pmatrix} 1 \\ 2 \\ 3 \end{pmatrix}$，$\alpha_2 = \begin{pmatrix} 1 \\ -4 \\ 1 \end{pmatrix}$，$\alpha_3 = \begin{pmatrix} 1 \\ 14 \\ 7 \end{pmatrix}$；

（3）$\alpha_1 = (4,-5,2,6)$，$\alpha_2 = (2,-2,1,3)$，$\alpha_3 = (6,-3,3,9)$，$\alpha_4 = (4,-1,5,6)$.

3．证明：

（1）向量组$\alpha_1, \alpha_2, \alpha_3$线性无关，则向量组$\alpha_1 + \alpha_2 - 3\alpha_3$，$\alpha_1 + 3\alpha_2 - \alpha_3$，$\alpha_2 + \alpha_3$也线性无关；

（2）向量组$\alpha_1, \alpha_2, \alpha_3$线性相关，则向量组$\alpha_1, \alpha_2, \alpha_3, \alpha_4$也线性相关；

（3）向量组$\alpha_1, \alpha_2, \alpha_3, \alpha_4$线性无关，则向量组$\alpha_1, \alpha_2, \alpha_3$也线性无关.

4．求下列向量组的秩和一个极大无关组：

（1）$\alpha_1 = (1,2,-1,4)$，$\alpha_2 = (-2,0,4,1)$，$\alpha_3 = (-7,1,2,4)$；

（2）$\alpha_1 = (0,1,1,-1,2)$，$\alpha_2 = (0,2,-2,-2,0)$，$\alpha_3 = (0,-1,-1,1,1)$，$\alpha_4 = (1,1,0,1,-1)$；

（3）$\alpha_1 = \begin{pmatrix} 1 \\ -1 \\ 1 \\ 2 \end{pmatrix}$，$\alpha_2 = \begin{pmatrix} -1 \\ -1 \\ -3 \\ -4 \end{pmatrix}$，$\alpha_3 = \begin{pmatrix} 0 \\ 3 \\ 3 \\ 3 \end{pmatrix}$，$\alpha_4 = \begin{pmatrix} 1 \\ 1 \\ 3 \\ 4 \end{pmatrix}$.

5．向量组$\alpha_1 = (1,2,\lambda+1)$，$\alpha_2 = (1,\lambda,2\lambda+1)$，$\alpha_3 = (2-\lambda,4-2\lambda,0)$的秩为 3，求$\lambda$.

6．求下列齐次线性方程组的一个基础解系及通解.

（1）$\begin{cases}3x_1+7x_2+8x_3=0,\\ x_1+2x_2+5x_3=0,\\ x_1+3x_2-2x_3=0,\\ x_1+4x_2-9x_3=0;\end{cases}$　（2）$\begin{cases}2x_1-x_2+8x_3+7x_4=0,\\ x_1+3x_2-x_3+2x_4=0,\\ 4x_1+5x_2+6x_3+11x_4=0;\end{cases}$

（3）$\begin{cases}3x_1+5x_2+6x_3-4x_4=0,\\ x_1+2x_2+4x_3-3x_4=0,\\ 4x_1+5x_2-2x_3+3x_4=0,\\ 3x_1+8x_2+24x_3-19x_4=0;\end{cases}$　（4）$\begin{cases}2x_1-4x_2+6x_3+2x_4+x_5=0,\\ 3x_1-6x_2+9x_3+3x_4+x_5=0,\\ 4x_1-8x_2+12x_3+4x_4+x_5=0.\end{cases}$

7．求解下列非齐次线性方程组.

（1）$\begin{cases}2x_1-3x_2+5x_3+7x_4=1,\\ 4x_1-6x_2+2x_3+3x_4=2,\\ 2x_1-3x_2-11x_3-15x_4=1;\end{cases}$　（2）$\begin{cases}4x_1+2x_2-x_3=2,\\ 3x_1-x_2+2x_3=10,\\ 11x_1+3x_2=8;\end{cases}$

（3）$\begin{cases}2x_1+x_2-x_3=1,\\ x_1+2x_2+x_3=2,\\ x_1+x_2+2x_3=3.\end{cases}$

9.3　用 Mathematica 求解线性方程组

1．用 Mathematica 软件判断向量组的线性相关性

在 Mathematica 环境下，还可用 RowReduce[A] 语句讨论有关向量组线性相关性的问题.

例 1　判别下列向量组的线性相关性，并求出它的一个极大无关组，将其他向量由该极大无关组线性表示.

（1）$\alpha_1=(5,6,7,7)$，$\alpha_2=(2,0,0,0)$，$\alpha_3=(0,1,0,0)$，$\alpha_4=(0,-1,-1,0)$；

（2）$\beta_1=(6,4,1,-1,2)$，$\beta_2=(1,0,2,3,-4)$，$\beta_3=(1,4,-9,-16,22)$，$\beta_4=(7,1,0,-1,3)$.

解　（1）把向量组 $\alpha_1,\alpha_2,\alpha_3,\alpha_4$ 作为行向量构成矩阵 A，对 A 进行初等行变换. 在 Mathematica 软件中输入以下指令：

```
A = {{5,6,7,7},{2,0,0,0},{0,1,0,0},{0,-1,-1,0}}
RowReduce[%]
```

执行即得结果：

```
{{1,0,0,0},{0,1,0,0},{0,0,1,0},{0,0,0,1}}
```

所以 $R(A)=4$，即向量组线性无关，其极大无关组就是向量组本身.

（2）把向量组 $\beta_1,\beta_2,\beta_3,\beta_4$ 作为列向量构成矩阵 B，对 B 进行初等行变换. 在 Mathematica 软件中输入以下指令：

```
B = {{6,1,1,7},{4,0,4,1},{1,2,-9,0},{-1,3,-16,-1},{2,-4,22,3}}
```

RowReduce[%]

执行即得结果：

$\{\{1,0,1,0\},\{0,1,-5,0\},\{0,0,0,1\},\{0,0,0,0\},\{0,0,0,0\}\}$

所以 $R(B)=3$，因此向量组 $\beta_1,\beta_2,\beta_3,\beta_4$ 线性相关，且 β_1,β_2,β_4 为向量组的一个极大无关组．从矩阵 B 的行最简阶梯形矩阵容易看出 $\beta_3=\beta_1-5\beta_2$．

2. 用 Mathematica 软件求齐次线性方程组的基础解系

在 Mathematica 软件环境下，求齐次线性方程组 $AX=O$ 的基础解系，使用的语句格式为： NullSpace[A]．

例 2　用基础解系表示 $\begin{cases}2x_1+x_2+x_3-x_4-2x_5=0,\\ x_1-x_2+2x_3+x_4-x_5=0,\\ x_1-3x_2+4x_3+3x_4-x_5=0\end{cases}$ 的全部解．

解　在 Mathematica 中输入以下命令：

NullSpace[{{2,1,1,−1,−2},{1,−1,2,1,−1},{1,−3,4,3,−1}}]

执行即得结果：$\{\{1,0,0,0,1\},\{0,1,0,1,0\},\{-1,1,1,0,0\}\}$

所以该方程组的基础解系为：$\xi_1=\begin{pmatrix}1\\0\\0\\0\\1\end{pmatrix}$，$\xi_2=\begin{pmatrix}0\\1\\0\\1\\0\end{pmatrix}$，$\xi_3=\begin{pmatrix}-1\\1\\1\\0\\0\end{pmatrix}$，

则该方程组的全部解为：$c_1\begin{pmatrix}1\\0\\0\\0\\1\end{pmatrix}+c_2\begin{pmatrix}0\\1\\0\\1\\0\end{pmatrix}+c_3\begin{pmatrix}-1\\1\\1\\0\\0\end{pmatrix}$（$c_1,c_2,c_3$ 为任意实数）．

3. 用 Mathematica 软件判定非齐次线性方程组解的存在性

根据线性方程组解的存在性定理，只要确定系数矩阵和增广矩阵的秩，即可判定方程组的解是否存在．

在 Mathematica 软件中可用命令 Length[NullSpaceet[A]] 求出齐次线性方程组 $AX=O$ 的基础解系所含解向量的个数．求非齐次线性方程组系数矩阵和增广矩阵的秩除了可用 RowReduce[A] 命令外还可用命令 n-Length[NullSpaceet[A]]，其中 n 是矩阵 A 的列数．

例 3　判定方程组 $\begin{cases}x_1-2x_2+3x_3-x_4=1,\\ 3x_1-x_2+5x_3-3x_4=2,\\ 2x_1+x_2+2x_3-2x_4=3\end{cases}$ 是否有解．

解 在 Mathematica 中输入以下命令：

```
A = {{1,-2,3,-1},{3,-1,5,-3},{2,1,2,-2}}
B = {{1,-2,3,-1,1},{3,-1,5,-3,2},{2,1,2,-2,3}}
4-Length[NullSpaceet[A]]
5-Length[NullSpaceet[B]]
```

执行即得结果：2，3.

由于 2 不等于 3，所以方程组无解.

4. *用 Mathematica 软件求非齐次线性方程组的解*

在 Mathematica 环境下求解线性方程组 $AX=B$ 的方法有：

（1）先输入线性方程组的增广矩阵，采用 Row Re duce[ ] 语句将其化为行最简阶梯形矩阵，然后就可以确定方程组是否有解，若有解，很容易直接写出其解.

（2）直接采用 Solve[ ] 语句得出结论．若方程组无解，则它不给出任何结果；若方程组有无穷多解，则它以通解的形式给出全部解.

（3）采用 NullSpace[ ] 语句先求出对应的齐次线性方程组的一个基础解系，再用 LinearSolve[ ] 语句求出非齐次线性方程组的任何一个特解，最后写出通解形式.

例 4 求解线性方程组 $\begin{cases} x_1-2x_2+3x_3-4x_4=4, \\ x_2-x_3+x_4=-3, \\ x_1+3x_2+x_4=1, \\ -7x_2+3x_3+x_4=-3. \end{cases}$

解 先输入线性方程组的增广矩阵，并求其秩，在 Mathematica 中输入以下命令：

```
B = {{1,-2,3,-4,4},{0,1,-1,1,-3},{1,3,0,1,1},{0,-7,3,1,-3}}
Row Re duce[B]
MatrixForm[%]
```

执行，输出结果为：$\begin{pmatrix} 1 & 0 & 0 & 0 & -8 \\ 0 & 1 & 0 & 0 & 3 \\ 0 & 0 & 1 & 0 & 6 \\ 0 & 0 & 0 & 1 & 0 \end{pmatrix}$.

可知 $R(A)=R(B)=4$，所以方程组有唯一解：$x_1=-8$，$x_2=3$，$x_3=6$，$x_4=0$.

例 5 求解线性方程组 $\begin{cases} 2x_1+x_2-x_3+x_4=1, \\ 3x_1-2x_2+2x_3-3x_4=2, \\ 5x_1+x_2-x_3+2x_4=-1, \\ 2x_1-x_2+x_3-3x_4=4. \end{cases}$

解 可以先输入线性方程组的增广矩阵并求其秩，在 Mathematica 中输入以下命令：

```
B = {{2,1,-1,1,1},{3,-2,2,-3,2},{5,1,-1,2,-1},{2,-1,1,-3,4}}
RowReduce[B]
MatrixForm[%]
```

执行，输出结果为：$\begin{pmatrix} 1 & 0 & 0 & 0 & 0 \\ 0 & 1 & -1 & 0 & 0 \\ 0 & 0 & 0 & 1 & 0 \\ 0 & 0 & 0 & 0 & 1 \end{pmatrix}$.

因为 $R(B)=4$，$R(A)=3$，所以方程组无解．或在 Mathematica 中输入以下命令：

```
Solve[{2x1+x2-x3+x4==1,3x1-2x2+2x3-3x4==2,5x1+x2-x3+2x4==-1,
    2x1-x2+x3-3x4==4}]
```

输出结果为：{ }.

没有输出任何解，说明方程组无解．

例 6　求解线性方程组 $\begin{cases} x_1+x_2+x_3+x_4+x_5=1, \\ 3x_1+2x_2+x_3+x_4-3x_5=0, \\ x_2+2x_3+2x_4+6x_5=3, \\ 5x_1+4x_2+3x_3+3x_4-x_5=2. \end{cases}$

解法一　先求线性方程组增广矩阵的秩，在 Mathematica 中输入以下命令：

```
B = {{1,1,1,1,1,1},{3,2,1,1,-3,0},{0,1,2,2,6,3},{5,4,3,3,-1,2}}
RowReduce[B]
MatrixForm[%]
```

执行，输出结果为：$\begin{pmatrix} 1 & 0 & -1 & -1 & -5 & -2 \\ 0 & 1 & 2 & 2 & 6 & 3 \\ 0 & 0 & 0 & 0 & 0 & 0 \\ 0 & 0 & 0 & 0 & 0 & 0 \end{pmatrix}$.

因为 $R(B)=R(A)=2<5=n$，所以方程组有无穷多解．

由输出的行最简阶梯形矩阵可知，原方程组的同解方程组为

$$\begin{cases} x_1-x_3-x_4-5x_5=-2, \\ x_2+2x_3+2x_4+6x_5=3, \end{cases}$$

令 $\begin{pmatrix} x_3 \\ x_4 \\ x_5 \end{pmatrix}=\begin{pmatrix} 0 \\ 0 \\ 0 \end{pmatrix}$ 可以得到方程组的一个特解 $\eta^*=\begin{pmatrix} -2 \\ 3 \\ 0 \\ 0 \\ 0 \end{pmatrix}$．而原方程组所对应的齐次方

程组与方程组 $\begin{cases} x_1 - x_3 - x_4 - 5x_5 = 0, \\ x_2 + 2x_3 + 2x_4 + 6x_5 = 0 \end{cases}$ 等价，令 $\begin{pmatrix} x_3 \\ x_4 \\ x_5 \end{pmatrix} = \begin{pmatrix} 1 \\ 0 \\ 0 \end{pmatrix}, \begin{pmatrix} 0 \\ 1 \\ 0 \end{pmatrix}, \begin{pmatrix} 0 \\ 0 \\ 1 \end{pmatrix}$，可得到其齐次线性方程组的一个基础解系为

$$\xi_1 = \begin{pmatrix} 1 \\ -2 \\ 1 \\ 0 \\ 0 \end{pmatrix}, \ \xi_2 = \begin{pmatrix} 1 \\ -2 \\ 0 \\ 1 \\ 0 \end{pmatrix}, \ \xi_3 = \begin{pmatrix} 5 \\ -6 \\ 0 \\ 0 \\ 1 \end{pmatrix},$$

因此原方程组的通解为

$X = \eta^* + k_1\xi_1 + k_2\xi_2 + k_3\xi_3$，其中 k_1, k_2, k_3 为任意实数.

解法二 在 Mathematica 中直接输入以下命令：

```
Solve[{x1+x2+x3+x4+x5==1,3x1+2x2+x3+x4-3x5==0,x2+2x3+2x4+6x5==3,
    5x1+4x2+3x3+3x4-x5==2}]
```

输出结果为：{{x1 → −2 + x3 + x4 + 5x5, x2 → 3 − 2x3 − 2x4 − 6x5}}

以下做法与解法一相同.

解法三 在 Mathematica 中输入以下命令：

```
A = {{1,1,1,1,1},{3,2,1,1,−3},{0,1,2,2,6},{5,4,3,3,−1}}
LinearSolve[A,{1,0,3,2}]
```

输出结果为：{−2,3,0,0,0}（得到了原方程组的一个特解）

```
NullSpace[A]
```

输出结果为：{{5,−6,0,0,1},{1,−2,0,1,0},{1,−2,1,0,0}}（得到了一组基础解系），

于是该方程组的通解为：$X = \begin{pmatrix} -2 \\ 3 \\ 0 \\ 0 \\ 0 \end{pmatrix} + k_1 \begin{pmatrix} 5 \\ -6 \\ 0 \\ 0 \\ 1 \end{pmatrix} + k_2 \begin{pmatrix} 1 \\ -2 \\ 0 \\ 1 \\ 0 \end{pmatrix} + k_3 \begin{pmatrix} 1 \\ -2 \\ 1 \\ 0 \\ 0 \end{pmatrix}$，其中 k_1, k_2, k_3 为任意实数.

本章小结

本章系统地介绍了线性方程组的消元法与解的判定以及线性方程组解的结构.

1. 线性方程组的消元法

用消元法解线性方程组的过程与对其增广矩阵施行相应的初等行变换是一致

的．因此，只要将线性方程组的增广矩阵化为行最简阶梯形矩阵，而行最简阶梯形矩阵的同解方程组就是原方程组的解．

线性方程组的解可能会出现 3 种情况：唯一解、无解、无穷多解．

2．线性方程组解的判定

线性方程组（9.1.1）有解的充分必要条件是方程组的系数矩阵与增广矩阵的秩相等，即 $R(A)=R(\widetilde{A})=r$．

设线性方程组（9.1.1）有解，即 $R(A)=R(\widetilde{A})=r$．如果 $r=n$，则方程组（9.1.1）有唯一解；如果 $r<n$，则线性方程组（9.1.1）有无穷多解（n 为未知量个数）．

齐次线性方程组 $AX=O$ 一定有解，若 $R(A)=r=n$，则方程组只有零解；若 $r<n$，则方程组有非零解，其自由未知量的个数为 $n-r$（n 为未知量个数）．

3．n 维向量、向量组的线性相关性与秩

由 n 个有序的数 $a_1,a_2,\cdots,a_n$ 组成的数组 $\alpha=(a_1,a_2,\cdots,a_n)$ 称为 n 维向量，向量 α 与 β 的和（记作 $\alpha+\beta$）、数 λ 与向量 α 的乘积（记作 $\lambda\alpha$）、向量 α 的负向量（记作 $-\alpha$）都可以借助矩阵运算进行定义，其运算律与矩阵的运算律一致．

若存在一组数 $k_1,k_2,\cdots,k_m$ 使 $\alpha=k_1\alpha_1+k_2\alpha_2+\cdots+k_m\alpha_m$，则称向量 α 是向量组 $\alpha_1,\alpha_2,\cdots,\alpha_m$ 的线性组合，或称向量 α 可由 $\alpha_1,\alpha_2,\cdots,\alpha_m$ 线性表示．设有 n 维向量组 $\alpha_1,\alpha_2,\cdots,\alpha_m$，如果存在一组不全为零的数 $k_1,k_2,\cdots,k_m$ 使得 $k_1\alpha_1+k_2\alpha_2+\cdots+k_m\alpha_m=0$ 成立，则称向量组 $\alpha_1,\alpha_2,\cdots,\alpha_m$ 线性相关，否则只有当 $k_1=k_2=\cdots=k_m=0$ 时才有 $k_1\alpha_1+k_2\alpha_2+\cdots+k_m\alpha_m=0$ 成立，则称向量组 $\alpha_1,\alpha_2,\cdots,\alpha_m$ 线性无关．

也就是说，如果向量组 $\alpha_1,\alpha_2,\cdots,\alpha_m$ 中至少有一个向量可由其余向量线性表示，则向量组线性相关；相反，如果向量组 $\alpha_1,\alpha_2,\cdots,\alpha_m$ 中没有某个向量可由其余向量线性表示，则向量组线性无关．讨论向量组 $\alpha_1,\alpha_2,\cdots,\alpha_m$ 的线性相关性，就是考虑由 $k_1\alpha_1+k_2\alpha_2+\cdots+k_m\alpha_m=0$ 所得的齐次线性方程组是否有非零解．若有非零解，则向量组 $\alpha_1,\alpha_2,\cdots,\alpha_m$ 线性相关；若只有零解，则向量组线性无关．

在向量组 $\alpha_1,\alpha_2,\cdots,\alpha_m$ 中，若有 r 个向量 $\alpha_1,\alpha_2,\cdots,\alpha_r$（$r\leqslant m$）线性无关，任意添加一个（$r$ 个外若还有）都线性相关，则称这 r 个向量构成的部分向量组为原向量组 $\alpha_1,\alpha_2,\cdots,\alpha_m$ 的极大线性无关组，简称极大无关组．设 $\alpha_1,\alpha_2,\cdots,\alpha_r$ 是向量组 $\alpha_1,\alpha_2,\cdots,\alpha_m$ 的一个极大无关组，则向量组 $\alpha_1,\alpha_2,\cdots,\alpha_m$ 中的任一向量都可由向量组 $\alpha_1,\alpha_2,\cdots,\alpha_r$ 线性表示．一个向量组的极大无关组所含向量的个数就是向量组的秩．

若线性方程组有无穷多解，其解向量空间的极大无关组就是方程组的一个基础解系．

4．线性方程组解的结构

对于齐次线性方程组 $AX=O$，如果其系数矩阵 A 的秩 $R(A)=r<n$，则方程组存在非零解，其基础解系中含有 $n-r$ 个解向量．

方程组的基础解系为 $\xi_1,\xi_2,\cdots,\xi_{n-r}$，则齐次线性方程组的通解为

$$X=c_1\xi_1+c_2\xi_2+\cdots+c_{n-r}\xi_{n-r},$$

其中 $c_1, c_2, \cdots, c_{n-r}$ 为任意实数.

对于非齐次线性方程组 $AX = B$，若满足 $R(A) = R(\widetilde{A}) = r < n$，且 η^* 是方程组的一个特解，$\xi_1, \xi_2, \cdots, \xi_{n-r}$ 是它对应的齐次方程组的一个基础解系，则方程组 $AX = B$ 的通解为 $\eta = \eta^* + k_1\xi_1 + k_2\xi_2 + \cdots + k_{n-r}\xi_{n-r}$，其中 $k_1, k_2, \cdots, k_{n-r}$ 为任意实数. 这里 η^* 的确定可以从一般解中设自由未知量全为零得到.

自测题 9

一、选择题

1．适用于任意线性方程组的解法是（　　）.

A）逆矩阵求法　　B）克莱姆法则

C）高斯消元法　　D）以上方法都行

2．设 A 是 $m \times n$ 矩阵，则齐次线性方程组 $AX = O$ 有非零解的充要条件是（　　）.

A）$R(A) \leqslant m$　　B）$R(A) \leqslant n$　　C）$R(A) < m$　　D）$R(A) < n$

3．设有齐次线性方程组 $AX = O$，A 是 n 阶方阵，且 $R(A) < n$，则该方程组（　　）.

A）有唯一解　　B）有无穷多解　　C）无解　　D）以上都不对

4．设 A 是 $m \times n$ 矩阵，若非齐次线性方程组 $AX = B$ 的解不唯一，则（　　）结论成立.

A）$R(A) < m$　　B）$m < n$

C）A 是零矩阵　　D）$AX = O$ 有非零解

5．非齐次线性方程组 $A_{5\times5}X = B$，当下列（　　）成立时方程组有无穷多解.

A）$R(A) = 5$　　B）$R(\widetilde{A}) = 5$

C）$R(A) = R(\widetilde{A}) = 5$　　D）$R(A) = R(\widetilde{A}) = 4$

6．已知 $\alpha_1, \alpha_2, \alpha_3$ 是齐次线性方程组 $AX = O$ 的基础解系，则基础解系还可以是（　　）.

A）$k_1\alpha_1 + k_2\alpha_2 + k_3\alpha_3$　　B）$\alpha_1 + \alpha_2,\ \alpha_2 + \alpha_3,\ \alpha_3 + \alpha_1$

C）$\alpha_1 - \alpha_2,\ \alpha_2 - \alpha_3$　　D）$\alpha_1,\ \alpha_1 - \alpha_2 + \alpha_3,\ \alpha_3 - \alpha_2$

7．设 A 是 $m \times n$ 矩阵，$R(A) = r$，则方程组 $AX = B$（　　）.

A）当 $r = m$ 时必有解　　B）当 $r = n$ 时必有唯一解

C）当 $m = n$ 时必有唯一解　　D）当 $r < n$ 时必有无穷多解

8．如果非齐次线性方程组 $AX = B$ 有唯一解，则其对应的齐次方程组（　　）.

A）基础解系不存在　　B）基础解系中仅有一个解

C）基础解系中至少有两个解　　D）以上都不对

9．具有 s 个向量的向量组 $\alpha_1, \alpha_2, \cdots, \alpha_s$ 中有 s 个向量线性无关，则向量组的秩（　　）.

A）$= r$　　B）$\geqslant r$　　C）$\leqslant r$　　D）$> r$

10．已知非齐次线性方程组 $AX = B$ 解向量组的一个极大无关组为 $\eta_1, \eta_2, \cdots, \eta_s$，则其通解为（　　）.

A）$k_1\eta_1+k_2\eta_2+\cdots+k_s\eta_s$

B）$k_1\eta_1+k_2\eta_2+\cdots+k_{s-1}\eta_{s-1}$

C）$k_1\eta_1+k_2\eta_2+\cdots+k_s\eta_s$ 且 $k_1+k_2+\cdots+k_s=1$

D）$\eta_s-\eta_1+k_2\eta_2+\cdots+k_s\eta_s$

（上述 $k_1,k_2,\cdots,k_s$ 为实数）

二、填空题

1．如果一个向量组的秩等于该向量组中所含向量的个数，则这个向量组必线性________关．

2．设 η_1 和 η_2 是非齐次线性方程组 $AX=B$ 的两个解，则 $\eta_1-\eta_2$________齐次线性方程组 $AX=O$ 的解．

3．方程组 $\begin{cases}x_1+x_2+ax_3=1,\\ ax_1+x_2+x_3=-1,\\ x_1+ax_2+x_3=1\end{cases}$ 无解，则 $a=$________．

4．线性方程组中若方程式的个数多于未知量个数，此方程组是否必无解？________．

5．现有齐次线性方程组 $AX=O$，其中 $R(A)=r$，未知量个数为 n，是否任意 $n-r$ 个解向量都是它的一个基础解系？________．

6．非齐次线性方程组 $AX=B$ 的系数矩阵 A 是 $m\times n$ 矩阵，若 A 的行向量组线性无关，问该方程组是否一定有解？________．

7．设 A 是一个秩等于 r 的 $m\times n$ 矩阵，$AX=B$ 是一个非齐次线性方程组，则该方程组最多有________个线性无关的解．

8．设线性方程组 $\begin{cases}x_1-x_2+x_3=1,\\ 2x_1+x_2-3x_3=5,\\ x_1+4x_2+ax_3=b\end{cases}$ 有解且其对应的齐次线性方程组的基础解系只含有一个解向量，则 $a=$________，$b=$________．

9．向量 $\alpha=(a_1,a_2)$ 与 $\beta=(b_1,b_2)$ 线性相关的充要条件是________．

10．设 A 是 $m\times n$ 矩阵，且 $R(A)=n$，B 是 $n\times s$ 矩阵，且 $R(B)=r$，则齐次线性方程组 $ABX=O$ 的基础解系含有________个解向量．

三、解答题

1．λ 为何值时线性方程组 $\begin{cases}2x_1-x_2+x_3+x_4=1,\\ x_1+2x_2-x_3+4x_4=2,\\ x_1+7x_2-4x_3+11x_4=\lambda\end{cases}$ 有解？

2．当 a，b 为何值时，线性方程组 $\begin{cases}x_1+x_2+x_3+x_4+x_5=1,\\ 3x_1+2x_2+x_3+x_4-3x_5=a,\\ x_2+2x_3+2x_4+6x_5=3,\\ 5x_1+4x_2+3x_3+3x_4-x_5=b\end{cases}$ 有解？有多少解？

3．讨论方程组$\begin{cases} kx_1+x_2+x_3=-2, \\ x_1+kx_2+x_3=-2, \\ x_1+x_2+kx_3=-2 \end{cases}$的解．

4．问 a,b 为何值时，线性方程组$\begin{cases} x_1+x_2+x_3+x_4=0, \\ x_2+2x_3+2x_4=1, \\ -x_2+(a-3)x_3-2x_4=b, \\ 3x_1+2x_2+x_3+ax_4=-1 \end{cases}$有唯一解、无解、无穷多解？当有无穷多解时，写出通解表达式．

5．讨论 k 为何值时，线性方程组$\begin{cases} x_1+x_2+kx_3=4, \\ -x_1+kx_2+x_3=k^2, \\ x_1-x_2+2x_3=-4 \end{cases}$有唯一解、无解、无穷多解？在有解的情形，求出解．

6．设有线性方程组$\begin{cases} x_1+x_2-2x_3+3x_4=0, \\ 2x_1+x_2-6x_3+4x_4=-1, \\ 3x_1+2x_2+px_3+7x_4=-1, \\ x_1-x_2-6x_3-x_4=t, \end{cases}$讨论当 p,t 为何值时，方程组无解、有解；当有解时求其通解．

7．设有齐次线性方程组（$n\geqslant 2$）

$$\begin{cases} (1+a)x_1+x_2+\cdots+x_n=0, \\ 2x_1+(2+a)x_2+\cdots+2x_n=0, \\ \cdots \\ nx+nx_2+\cdots+(n+a)x_n=0, \end{cases}$$

当 a 为何值时，上述线性方程组有非零解？这时求出其通解．

8．设$\alpha_1, \alpha_2, \alpha_3$是齐次线性方程组 $AX=O$ 的一个基础解系，证明$\alpha_1+\alpha_2+\alpha_3, \alpha_1-\alpha_2, \alpha_2+3\alpha_3$也是该方程组的基础解系．

9．问 λ 为何值时，方程组$\begin{cases} -2x_1+x_2+x_3=-2, \\ x_1-2x_2+x_3=\lambda, \\ x_1+x_2-2x_3=\lambda^2 \end{cases}$有解，并求其解．

10．试确定当 a 满足什么条件时，$\alpha_1,\alpha_2,\alpha_3$是向量组$\alpha_1=(1,-1,0,a)$，$\alpha_2=(2,0,3,-1)$，$\alpha_3=(1,1,3,-2)$，$\alpha_4=(0,2,3,-3)$的极大无关组．

第 10 章　概率论基础

10.1　随机事件与概率

10.1.1　随机实验

1. 随机现象

自然界和社会实践中有各种各样的自然现象，在一定的条件下有着必然结果的现象称为确定性现象，这类现象我们在微积分等其他学科中已经充分讨论；在确定的条件下无法预知其结果的现象称为随机现象．例如，掷一枚硬币，观察哪面向上；掷一枚骰子，观察出现的点数；检查一批产品的质量，记录出现的次品数；今天本地区是否有雨等都是随机现象．

随机现象就某次观察或试验来说，其结果是不确定的，如掷硬币，就某次试验而言，正面反面哪面向上是随机的，是不确定的，概率论就是研究这种随机现象的一门学科．

2. 随机试验

要研究随机现象，就要构造数学模型，在概率论中我们把对随机现象的观察或试验称为随机试验（记作 E），如果一个现象或试验满足以下 3 个条件，则称为随机试验：

（1）可以在相同的条件下重复进行；

（2）每次试验的可能结果不止一个，并且能事先明确知道所有可能的试验结果；

（3）进行一次试验之前不能确定哪一个结果会出现．

例如：

E_1：将硬币抛掷 3 次，记录正面向上的次数；

E_2：将一颗质地均匀的骰子连投 3 次，记录出现的点数；

E_3：一批灯泡中任取一只，测试它的寿命．

随机试验的结果不是唯一的，并且所有可能的结果是已知的．

样本点：随机试验的每个可能结果称为一个基本事件或样本点，记为 ω．

样本空间：所有样本点的集合称为样本空间，记为 Ω．

随机事件：样本空间的子集称为随机事件，简称为事件，用大写英文字母表示．

随机事件是我们的主要讨论对象，一般来说，随机事件是由某些样本点组成的．例如，掷骰子，共有 6 种可能结果：1,2,3,4,5,6，每个可能结果就是一个样本点，由某些样本点组成的集合是一个事件．如 A：“出现奇数点”，表示出现 1,3,5

点，即 $A=\{1,3,5\}$．如果在某次试验中，出现了奇数点，则说事件 A 发生了．

必然事件：如果某事件包含了样本空间中所有的样本点，则称为必然事件，记为 Ω．必然事件在每次试验中一定发生．

不可能事件：如果某事件不包含任何样本点，则称为不可能事件，记为 $\varnothing$．不可能事件在每次试验中一定不能发生．

10.1.2 事件间的关系及运算

1. 包含

若事件 A 发生必然导致事件 B 发生，则称事件 B 包含事件 A，记作 $A\subset B$ 或 $B\supset A$（如图 10.1.1 所示）．例如：

A：掷骰子试验中出现奇数点；

B：掷骰子试验中出现的点数为 1,3，

则事件

$$B\subset A.$$

2. 相等

如果两事件同时发生或同时不发生，则称为两事件相等．

相等的两事件包含相同的样本点．

3. 事件的和

由事件 A 和 B 至少有一个发生构成的事件称为事件 A 与事件 B 的和事件，记作 $A\cup B$（如图 10.1.2 所示）．例如：

A：掷骰子试验中出现奇数点；

B：掷骰子试验中出现的点数为 1,2,3，

则

$$A\cup B=\{1,2,3,5\}.$$

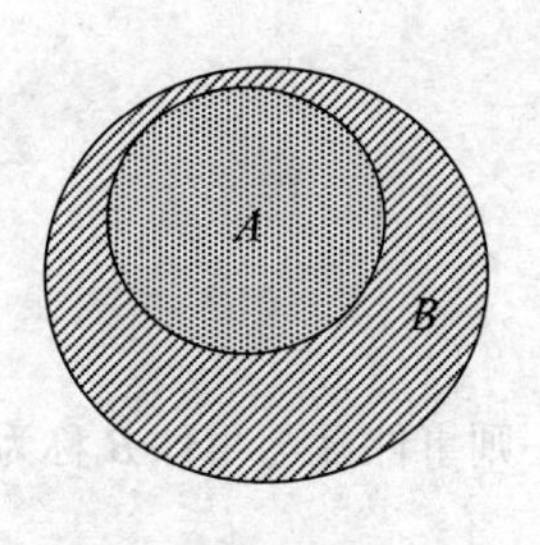

图 10.1.1

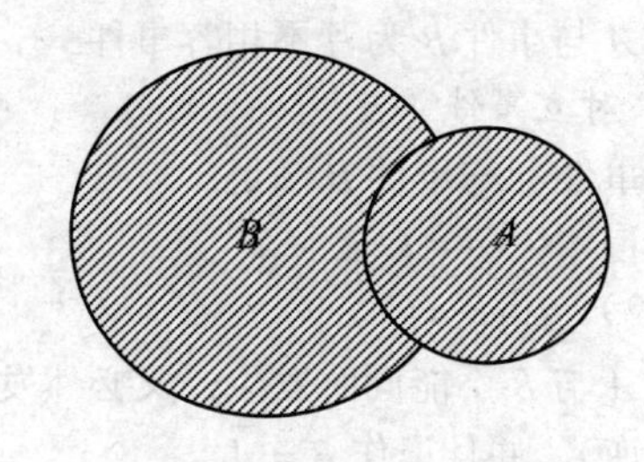

图 10.1.2

4. 事件的积

由事件 A 与 B 同时发生构成的事件称为事件 A 与事件 B 的积事件，记作 $A\cap B$（如图 10.1.3 所示）．例如：

A：掷骰子试验中出现奇数点；

B：掷骰子试验中出现的点数为 1,2,3，

则

$$A \cap B = \{1,3\}.$$

5. 事件的差

由事件 B 发生而事件 A 不发生构成的事件称为事件 B 与事件 A 的差，记作 $B-A$（如图 10.1.4 所示）. 例如：

B：掷骰子试验中出现奇数点；

A：掷骰子试验中出现的点数为 1,2,3，

则

$$B-A=\{5\}.$$

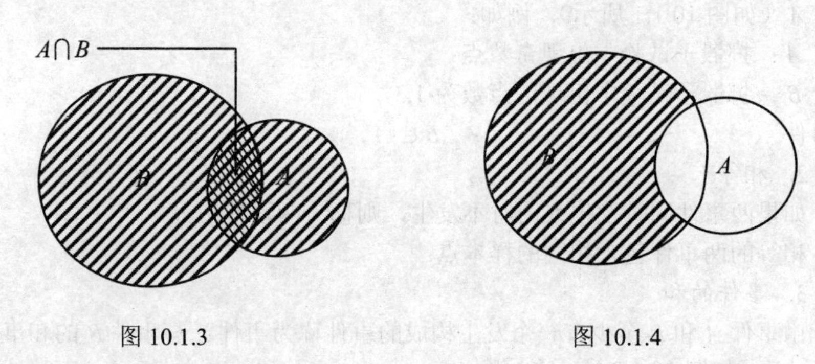

图 10.1.3　　　　图 10.1.4

6. 互不相容（互斥）事件

若事件 A 与事件 B 不能同时发生，即 $AB=\varnothing$，则称事件 A 与事件 B 互不相容，又称事件 A 与事件 B 为互斥事件. 例如：

A：掷骰子试验中出现奇数点；

B：掷骰子试验中出现两点，

则事件 A 与事件 B 为互不相容事件.

7. 对立事件（互逆）

若事件 A 与事件 B 满足：

（1）$A \cup B = \Omega$；

（2）$A \cap B = \varnothing$.

即事件 A 与 B 不能同时发生，又必然发生一个，则事件 A 与事件 B 称为对立事件（或互逆），并且记作 $B=\overline{A}$.

例如：

A：掷骰子试验中出现奇数点；

B：掷骰子试验中出现偶数点.

则 A 与 B 是对立事件.

10.1.3　概率

1. 频率

在相同条件下进行了 n 次试验，如果事件 A 发生了 k 次，则称 $\frac{k}{n}$ 为事件 A 在这 n 次试验中发生的频率，记为 $f_n(A)=\frac{k}{n}$.

显然，频率具有以下性质：

（1）对任何事件 A，$0\leqslant f_n(A)\leqslant 1$；

（2）$f(\Omega)=1, f(\varnothing)=0$；

（3）互斥事件和的频率等于频率的和.

一般来说，当试验次数很大时，事件 A 的频率在一定程度上反映了事件 A 发生的可能性的大小．例如，掷硬币试验．就少数试验来说，正面反面出现的次数可能是没有什么规律，但当试验次数增加时，则反映出一种规律性．历史上著名的掷硬币试验见下表：

试验者	n	n_A	$f_n(A)$
蒲丰	4040	2048	0.5069
皮尔逊	12000	6019	0.5016
皮尔逊	24000	12012	0.5005

从表中可以看出，试验次数越多，正面出现的次数越接近于 0.5．频率的这种特性称为频率的稳定性.

2. 概率的统计定义

当试验次数增大时，事件的频率 $\frac{k}{n}$ 将趋于稳定，如果当试验次数 n 无限增大时，$f_n(A)$ 稳定地在某常数 p 附近摆动，则称 p 为事件 A 发生的概率，记为

$$P(A)=p.$$

概率是大量统计结果所反映出来的规律性，用这种方法求概率是不可能的．但当试验次数足够多时，往往把频率作为概率的近似值.

概率和频率具有类似的性质：

（1）非负性：对于每一个事件 A，有 $P(A)\geqslant 0$；

（2）规范性：对于必然事件 Ω，有 $P(\Omega)=1$.

10.2 古典概型

10.2.1 古典概型

如果随机试验满足如下条件：

（1）有限性：样本空间的样本点数（即基本事件数）只有有限个，记为$\{\omega_1,\omega_2,\cdots,\omega_n\}$；

（2）等可能性：每个基本事件发生的可能性相等，即$P\{\omega_1\}=P\{\omega_2\}=\cdots=P\{\omega_n\}$，则称为古典概型.

对于古典概型，其概率的计算公式为

$$P(A)=\frac{A\text{中所含的基本事件数}}{\text{基本事件总数}}.$$

例 1 某宾馆共有职工 200 人，其中女性有 160 人，现从所有职工中任选一人，选到男性的概率是多少？

解 样本点总数为 200，事件A“选到男性”的样本点数为男职工人数，为$200-160=40$（人），因此

$$P(A)=\frac{40}{200}=0.2.$$

例 2 在盒子中放有 10 个球，分别标有号码$1,2,\cdots,10$，现从中任取一球，求取得号码为偶数的概率.

解 设A：取出的球的号码是偶数；

A_i：表示取出的球的号码为i，$i=1,2,\cdots,10$，

则A中所含基本事件有A_2,A_4,A_6,A_8,A_{10}，基本事件个数为 5，而事件总数为 10，故

$$P(A)=\frac{5}{10}=0.5.$$

10.2.2 概率的性质

（1）有限可加性：设$A_1,A_2,\cdots,A_n$是两两互不相容的事件，即对于$i\neq j$，$A_iA_j=\varnothing$，$i,j=1,2,\cdots,n$，则有

$$P(A_1\cup A_2\cup\cdots\cup A_n)=P(A_1)+P(A_2)+\cdots+P(A_n).$$

（2）对任意事件A，$P(\overline{A})=1-P(A)$；

（3）若$A\subset B$，则$P(B-A)=P(B)-P(A)$.

10.2.3 概率的加法公式

对于任意两事件A,B有

$$P(A+B)=P(A)+P(B)-P(AB),$$

若事件 A 与事件 B 互不相容，即 $AB=\varnothing$，则

$$P(A+B)=P(A)+P(B).$$

例 3 某班学生共有 40 人，其中订数学杂志的有 25 人，订英语杂志的有 20 人，两种都订的有 15 人，求该班中订这两种杂志的人数占总人数的比例是多少.

解 从班级中任意抽取一人，设 A 表示“此人订数学杂志”；B 表示“此人订英语杂志”，则

$$P(A)=\frac{25}{40},\ P(B)=\frac{20}{40},\ P(AB)=\frac{15}{40},$$

因此

$$P(A+B)=P(A)+P(B)-P(AB)=\frac{25}{40}+\frac{20}{40}-\frac{15}{40}=0.75,$$

即全班有 75% 的人订了这两种杂志.

习题 10.2

1．5 个人抓阄，5 张阄中只有一张上面写上“有”字，求第三个人抓到该阄的概率.

2．房间里有 10 个人，分别佩戴着 1 至 10 号的纪念章，任选其中的三个人，记录其纪念章的号码，求：

（1）最小号码为 5 的概率；

（2）最大号码为 5 的概率.

3．袋中有 10 件产品，其中 3 件次品，7 件正品，现从中任取 3 件，求恰好取到两件次品的概率.

4．设有 N 件产品，其中有 M 件次品，现从中任取 n 件，求取到的 n 件中恰有 m 件次品的概率.

5．从一批由 45 件正品、5 件次品组成的产品中任取 3 件产品，求下列事件的概率：

（1）恰有一件次品；

（2）至少有一件次品；

（3）最多有两件次品.

6．设 A 与 B 为两个事件，则一定有 $P(A+B)=$ ________.

7．设 $\Omega=\{1,2,\cdots,10\}$，$A=\{2,3,4\}$，$B=\{3,4,5\}$，具体写出下列各事件.

（1）$\overline{A}B$；（2）$\overline{A}+B$；（3）$\overline{A+B}$.

8．设 A 与 B 为两事件且 $P(A)=0.6$，$P(B)=0.7$，求：

（1）在什么条件下 $P(AB)$ 取到最大值，最大值是多少？

（2）在什么条件下 $P(AB)$ 取到最小值，最小值是多少？

10.3 条件概率、乘法公式与事件的独立性

10.3.1 条件概率

条件概率是概率论中一个重要的概念，所考虑的是在某事件已发生的条件下另一事件发生的概率.

定义 1 设 A，B 是两个事件，且 $P(A)>0$，称

$$P(B|A)=\frac{P(AB)}{P(A)}$$

为在事件 A 发生的条件下事件 B 发生的条件概率.

显然，条件概率符合概率定义中的三个性质，即

（1）非负性：对于每一事件 B 有 $P(B|A)\geqslant 0$；

（2）规范性：对于必然事件 Ω 有 $P(\Omega|A)=1$；

（3）有限可加性：设 $B_1,B_2,\cdots,B_n$ 是两两互不相容的事件，则有

$$P\left(\bigcup_{i=1}^{n}B_i\,|\,A\right)=\sum_{i=1}^{n}P(B_i|A).$$

例 1 袋中装有 $2n-1$ 个白球，$2n$ 个黑球，从中一次取出 n 个球，发现都是同一种颜色的，求这种颜色是黑色的概率.

解 设 A 表示“取出的 n 个球是同一种颜色的”；B 表示“取出的 n 个球是黑色的”，则

$$P(A)=\frac{\mathrm{C}_{2n-1}^{n}+\mathrm{C}_{2n}^{n}}{\mathrm{C}_{4n-1}^{n}},\ P(AB)=\frac{\mathrm{C}_{2n}^{n}}{\mathrm{C}_{4n-1}^{n}}.$$

由条件概率公式得

$$P(B|A)=\frac{P(AB)}{P(A)}=\frac{\dfrac{\mathrm{C}_{2n}^{n}}{\mathrm{C}_{4n-1}^{n}}}{\dfrac{\mathrm{C}_{2n-1}^{n}+\mathrm{C}_{2n}^{n}}{\mathrm{C}_{4n-1}^{n}}}=\frac{2}{3}.$$

10.3.2 乘法公式

对任意两事件 A,B，若 $P(A)>0$，由条件概率公式 $P(B|A)=\dfrac{P(AB)}{P(A)}$ 得

$$P(AB)=P(A)P(B|A).$$

同样由 $P(A|B)=\dfrac{P(AB)}{P(B)}$ 可得

$$P(AB)=P(B)P(A|B).$$

以上两式称为乘法公式.

例 2 10 个零件中有 3 个次品，从中顺次取出两件，求第一件是正品及两件都是正品的概率.

解 设 A,B 分别表示“第一件是正品”和“第二件是正品”，

$$P(A)=\frac{7}{10},$$

$$P(AB)=P(A)P(B|A)=\frac{7}{10}\cdot\frac{6}{9}=\frac{7}{15}.$$

10.3.3 事件的独立性

条件概率反映了某一事件 B 对另一事件 A 的影响，一般来说，$P(A)$ 与 $P(A|B)$ 是不同的，但在某些情况下，事件 B 发生或不发生对事件 A 不产生影响. 换句话说，事件 A 与事件 B 之间存在着某种“独立性”.

定义 2 若事件 A 和 B 满足 $P(AB)=P(A)P(B)$，则称它们是相互独立的.

若事件 A 和 B 是相互独立的，意味着 A 的发生对 B 没有影响，B 的发生对 A 也没有影响，那么直观地说，A 不发生（即 $\overline{A}$ 发生）对 B 也没有影响，B 不发生（即 $\overline{B}$ 发生）对 A 也没有影响，因此有下面的定理.

定理 若事件 A 和 B 相互独立，则事件 A 与 $\overline{B}$，$\overline{A}$ 与 B，$\overline{A}$ 与 $\overline{B}$ 也相互独立.

例 3 甲、乙、丙三人各自独立地向同一目标射击一次，命中率分别为 $\frac{1}{3},\frac{1}{2},\frac{1}{4}$，求目标被击中的概率.

解 设 A 表示目标被击中，A_1,A_2,A_3 分别表示甲、乙、丙击中目标，则目标被击中即三人中至少有一人击中目标，其对立事件为三人均未击中目标，因此有

$$P(A)=1-P(\overline{A})P(\overline{B})P(\overline{C}).$$

又由于甲、乙、丙三人射击是相互独立的，因此有

$$P(A)=1-P(\overline{A})P(\overline{B})P(\overline{C})=1-\frac{2}{3}\times\frac{1}{2}\times\frac{3}{4}=\frac{3}{4}.$$

10.3.4 全概公式与逆概公式

定义 3 设 Ω 为样本空间，一组事件 $A_1,A_2,\cdots,A_n$ 若满足以下两个条件：

（1）A_i 两两互不相容，即 $A_iA_j=\varnothing\ (i\neq j)$；

（2）$\bigcup\limits_{i=1}^{n}A_i=\Omega$，则称 $A_1,A_2,\cdots,A_n$ 为样本空间的一个划分或称 $A_1,A_2,\cdots,A_n$ 为一个完备事件组.

1. 全概公式

设事件 $A_1,A_2,\cdots,A_n$ 是样本空间的一个划分，则对任一事件 B 有

$$P(B)=\sum_{i=1}^{n}P(A_i)P(B\mid A_i).$$

全概公式是概率论中的一个基本公式．当事件 B 比较复杂，而 $P(A_i)$ 与 $P(B\mid A_i)$ 都比较容易计算或为已知时，可以利用全概公式来求解．

例 4 某批产品由甲、乙、丙三个车间生产，产量分别为 40%, 35%, 25%，各车间的次品率分别为 2%, 3%, 4%，求全部产品的次品率．

解 从这批产品中任取出一件，A_1,A_2,A_3 分别表示取到甲、乙、丙三个车间生产的，B 表示取到的产品为次品，则有

$$P(A_1)=0.4,\ P(A_2)=0.35,\ P(A_3)=0.25.$$

于是由全概公式有

$$P(B)=\sum_{i=1}^{3}P(A_i)P(B\mid A_i)=0.4\times0.02+0.35\times0.03+0.25\times0.04=0.0285.$$

2．逆概公式

设事件 $A_1,A_2,\cdots,A_n$ 是样本空间的一个划分，则对任一事件 B 有

$$P(A_iB)=P(A_i)P(B\mid A_i),$$

因此有

$$P(A_i\mid B)=\frac{P(A_iB)}{P(B)}=\frac{P(A_i)P(B\mid A_i)}{P(B)}.$$

由全概公式有

$$P(A_i\mid B)=\frac{P(A_i)P(B\mid A_i)}{P(B)}=\frac{P(A_i)P(B\mid A_i)}{\sum_{j=1}^{n}P(A_j)P(B\mid A_j)}.$$

上式称为逆概公式，又称为贝叶斯（Bayes）公式．

例 5 如上例，若取出的一件产品是次品，求该次品是甲、乙、丙生产的概率分别是多少？

解 由上例知 $P(B)=0.0285$，由贝叶斯公式得

$$P(A_1\mid B)=\frac{P(A_1)P(B\mid A_1)}{P(B)}=\frac{0.4\times0.02}{0.0285}=0.281,$$

$$P(A_2\mid B)=\frac{P(A_2)P(B\mid A_2)}{P(B)}=\frac{0.35\times0.03}{0.0285}=0.368,$$

$$P(A_3\mid B)=\frac{P(A_3)P(B\mid A_3)}{P(B)}=\frac{0.25\times0.04}{0.0285}=0.351.$$

习题 10.3

1．假设 $P(A)=0.4$，$P(A+B)=0.7$，求：

（1）A,B 互不相容时 $P(B)$ 的值；

（2）A,B 相互独立时 $P(B)$ 的值．

2．某种类型的灯泡用满 5000 小时未坏的概率为 $\frac{3}{4}$，用满 10000 小时未坏的概率为 $\frac{1}{2}$，现有一个该种类型的灯泡，已经用到 5000 小时，问它能用到 10000 小时的概率是多少？

3．已知 $P(A)=\frac{1}{4}$，$P(B|A)=\frac{1}{3}$，$P(A|B)=\frac{1}{2}$，求 $P(A\cup B)$．

4．一名工人照看 A,B,C 三台机床，已知在 1 小时内三台机床各自不需要工人照看的概率为 $P(\overline{A})=0.9$，$P(\overline{B})=0.8$，$P(\overline{C})=0.7$，求 1 小时内三台机床至多有一台需要照看的概率．

5．在一盒中装有 15 个球，其中有 9 个新球，第一次比赛从中拿了 3 个，用后再放回去，第二次比赛时再从盒中任取 3 个球，求：

（1）第二次取出的球都是新球的概率；

（2）已知第二次取出的球都是新球，求第一次仅取出两个新球的概率．

6．设有来自三个地区的各 10 名、15 名和 25 名考生的报名表，其中女生的报名表分别为 3 份、7 份和 5 份．随机地取一个地区的报名表，从中先后抽两份，求：

（1）先抽到的一份是女生表的概率；

（2）已知后抽到的一份是男生表，求先抽到的一份是女生表的概率．

本章小结

本章首先介绍了概率论的两个基本概念：随机事件以及随机事件的概率．其次介绍了古典概型，并在此基础上系统地学习了条件概率、乘法公式、全概公式和逆概公式；两事件 A 和 B 互不相容和相互独立是两个极易混淆的概念，一定要从它们的各自定义入手进行比较，加以区别，掌握其各自的特点和性质．本章的主要要求是熟练掌握有关概率的计算问题，主要体现在以下几个方面：

（1）利用古典概型的定义进行概率计算；

（2）利用概率的性质进行计算；

（3）利用条件概率、乘法公式进行概率计算；

（4）利用全概公式和逆概公式进行概率计算．

自测题 10

一、填空题

1．对两事件 A,B，若________则称 A 与 B 相互独立，若________则称 A 与 B 互不相容．

2．已知 $P(A)=\frac{1}{3}$，$P(B|A)=\frac{1}{2}$，$P(B)=\frac{1}{4}$，则 $P(AB)=$________，$P(A|B)=$________．

3．某市有 50%的住户订日报，有 65%的住户订晚报，有 85%的住户至少订两种报纸中的一种，则同时订这两种报纸的住户的百分比是________．

4．若袋内有 3 个红球，12 个白球，从中不放回地取 10 次，每次取一个，则第 1 次取到红球的概率为________，第 5 次取到红球的概率为________．

二、选择题

1．设 A,B 是两事件，则一定有 $P(A+B)=$（　）．

A）$P(A)+P(B)$　　B）$P(A)+P(B)-P(A)P(B)$

C）$1-P(\overline{A})P(\overline{B})$　　D）$P(A)+P(B)-P(AB)$

2．设 A,B 是随机事件，则 $P(A-B)=0$ 的充要条件是（　）．

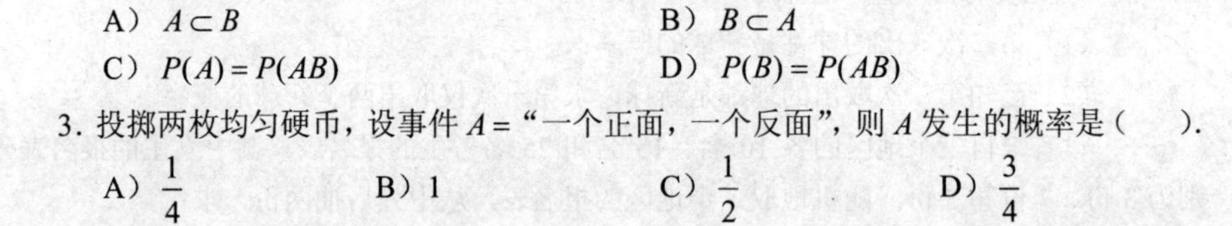

A）$A\subset B$　　B）$B\subset A$

C）$P(A)=P(AB)$　　D）$P(B)=P(AB)$

3．投掷两枚均匀硬币，设事件 $A=$“一个正面，一个反面”，则 A 发生的概率是（　）．

A）$\dfrac{1}{4}$　　B）1　　C）$\dfrac{1}{2}$　　D）$\dfrac{3}{4}$

4．书架上有 5 本中文书、3 本英文书、2 本日文书，从中任取一本是外文书的概率为（　）．

A）0.5　　B）0.3　　C）0.2　　D）0.1

5．袋中有同样的 50 个球，分别标号为$1,2,\cdots,50$，从袋中任意取一球，则取到前 10 号球的概率为（　）．

A）0.5　　B）0.3　　C）0.2　　D）0.1

6．一批产品共 50 件，其中有 45 件是合格品，从这批产品中任取 3 件，则其中有不合格品的概率为（　）．

A）$\dfrac{C_{45}^3}{C_{50}^3}$　　B）$\dfrac{C_5^3}{C_{50}^3}$　　C）$1-\dfrac{C_{45}^3}{C_{50}^3}$　　D）$\dfrac{1-C_{45}^3}{C_{50}^3}$

7．甲、乙两炮同时向一架飞机射击，甲炮击中的概率为 0.6，乙炮击中的概率为 0.4，则飞机被击中的概率为（　）．

A）1　　B）0.5　　C）0.5　　D）前三者都不是

三、计算题

1．某旅行社 100 人中有 43 人会讲英语，35 人会讲日语，32 人会讲日语和英语，9 人会讲法语、英语和日语，且每人至少会讲英、日、法三种语言中的一种，从中任选一人，求：

（1）此人会讲英语和日语，但不会讲法语的概率；

（2）此人只会讲法语的概率．

2．设有产品 40 件，其中有 10 件是次品，其余是正品，现从中任取 5 件，求取出的 5 件产品中至少有 4 件是次品的概率．

第 11 章　随机变量的分布与数字特征

11.1　随机变量的分布

11.1.1　随机变量

概率论研究的对象是随机试验，而随机试验的结果又具有较大的随机性，在对其进行描述和研究过程中，人们发现如果把随机试验的每一个不同结果与一个具体的数值对应起来，那么就会大大方便对它的研究，采用分析的方法研究随机试验，这种对应就显得更为重要和必需．我们把这种用来表示随机试验的不同结果的变量称为随机变量．

这里只讨论两种随机变量，一种是变量所可能取到的值是有限个或至多可列个，这种随机变量称为离散型随机变量；另一种随机变量的取值不止可列个，而是可能取到某个区间上的一切值，这样的随机变量称为连续型随机变量．

11.1.2　离散型随机变量及其概率分布

定义 1　设离散型随机变量 X 的全部可能取值为 x_k（$k=1,2,\cdots$），且取 x_k 的概率为 p_k，即

$$P\{X=x_k\}=p_k \qquad (k=1,2,\cdots),$$

则称上式为离散型随机变量 X 的概率分布或分布列．离散型随机变量 X 的分布列也可表示为下表形式：

X	x_1	x_2	$\cdots$	x_k	$\cdots$
$P\{X=x_k\}$	p_1	p_2	$\cdots$	p_k	$\cdots$

由概率的性质可知，分布列具有如下性质：

（1）$p_k \geqslant 0$（$k=1,2,\cdots$）；　　　　（2）$\sum_{k=1}^{\infty} p_k = 1$．

例 1　袋中有 5 个球，其中 3 个黑球，2 个白球，现从中随机地抽取 3 个，求取到白球的分布列．

解　设 X 表示取出的白球的个数，则 X 的可能取值为 0,1,2，并且有

$$P\{X=0\}=\frac{C_3^3}{C_5^3}=\frac{1}{10},$$

$$P\{X=1\}=\frac{C_2^1C_3^2}{C_5^3}=\frac{3}{5},$$

$$P\{X=2\}=\frac{C_2^2C_3^1}{C_5^3}=\frac{3}{10}.$$

于是 X 的分布列为

X	0	1	2
P	0.1	0.6	0.3

例 2 某设备由三个独立工作的元件构成，该设备在一次试验中每个元件发生故障的概率为 0.1，试求该设备在一次试验中发生故障的元件数的分布列.

解 设 X 为一次试验中发生故障的元件数，则 X 的可能取值为 0,1,2,3．该试验可看成三重独立试验，于是有

$$P\{X=0\}=C_3^0p^0q^3=0.729,$$

$$P\{X=1\}=C_3^1p^1q^2=0.243,$$

$$P\{X=2\}=C_3^2p^2q^1=0.027,$$

$$P\{X=3\}=C_3^3p^3q^0=0.001.$$

于是 X 的分布列为

X	0	1	2	3
P	0.729	0.243	0.027	0.001

例 3 设随机变量 X 的分布列为

$$P\{X=k\}=\frac{k}{15}\quad(k=1,2,3,4,5),$$

求：（1）$P\left\{\frac{1}{2}<X<\frac{5}{2}\right\}$；（2）$P\{1\leqslant X\leqslant 3\}$；（3）$P\{X>3\}$.

解 由随机变量 X 的分布列知，X 的可能取值为 1,2,3,4,5．因此

$$P\left\{\frac{1}{2}<X<\frac{5}{2}\right\}=P\{X=1\}+P\{X=2\}=\frac{1}{15}+\frac{2}{15}=\frac{1}{5},$$

$$P\{1\leqslant X\leqslant 3\}=P\{X=1\}+P\{X=2\}+P\{X=3\}=\frac{1}{15}+\frac{2}{15}+\frac{3}{15}=\frac{2}{5},$$

$$P\{X>3\}=P\{X=4\}+P\{X=5\}=\frac{4}{15}+\frac{5}{15}=\frac{3}{5}.$$

下面介绍几种常见的离散型随机变量 X 的概率分布.

1．两点分布

若随机变量 X 的分布列为

$$P\{X=x_k\}=p^k(1-p)^{1-k} \qquad (k=0,1;\ 0<p<1),$$

其分布列为

X	0	1
P	$1-p$	p

则称 X 服从参数为 p 的两点分布.

2．二项分布

若随机变量 X 的值为 $0,1,2,\cdots,n$，并且

$$P\{X=x_k\}=\mathrm{C}_n^k p^k q^{n-k},$$

其中 $k=0,1,2,\cdots,n$，$0<p<1$，$q=1-p$，n 为非负整数，则称 X 服从参数为 n,p 的二项分布，简记为 $X\sim B(n,p)$.

二项分布满足：

（1）$P\{X=x_k\}=\mathrm{C}_n^k p^k q^{n-k}>0(k=0,1,2,\cdots,n)$，

（2）$\sum\limits_{k=1}^{\infty}P\{X=k\}=\sum\limits_{k=1}^{\infty}\mathrm{C}_n^k p^k q^{n-k}=(p+q)^n=1$，

当 $n=1$ 时二项分布即为两点分布.

例 4 某人进行射击，设每次射击的命中率为 0.02，独立射击 400 次，求至少击中两次的概率.

解 将一次射击看成一次实验，设击中的次数为 X，则 $X\sim B(400,0.02)$，于是所求的概率为

$$\begin{aligned}P\{X\geqslant 2\}&=1-P\{X=0\}-P\{X=1\}\\&=1-(0.98)^{400}-400\times 0.02\times(0.98)^{399}\\&=0.9972.\end{aligned}$$

3．泊松分布

若随机变量 X 的概率分布为

$$P\{X=k\}=\frac{\lambda^k}{k!}\mathrm{e}^{-\lambda} \qquad (\lambda>0,k=0,1,2,\cdots),$$

则称 X 服从参数为 λ 的泊松分布，简记为 $X\sim P(\lambda)$.

泊松分布是概率论中的一种重要分布，满足泊松分布的随机变量在实际应用中是很多的，电话交换机在单位时间内收到用户的呼叫次数、某公共汽车站在单位时间内来站乘车的乘客数、地面上单位面积内杂草的数目等都服从泊松分布.

显然，$P\{X=k\}=\dfrac{\lambda^k}{k!}\mathrm{e}^{-\lambda}>0 \qquad (\lambda>0,\ k=0,1,2,\cdots)$，

且 $$\sum_{k=0}^{\infty}P\{X=k\}=\sum_{k=0}^{\infty}\frac{\lambda^k}{k!}\mathrm{e}^{-\lambda}=\mathrm{e}^{-\lambda}\sum_{k=0}^{\infty}\frac{\lambda^k}{k!}=\mathrm{e}^{-\lambda}\cdot\mathrm{e}^{\lambda}=1.$$

11.1.3 连续型随机变量及其概率分布

为了研究连续型随机变量，我们先引入一个重要概念——概率密度.

定义 2 对于随机变量 X，若存在非负可积函数 $f(x)$ $(-\infty<x<+\infty)$ 使得对任意的 x_1,x_2 $(x_1<x_2)$ 都有

$$P\{x_1<X\leqslant x_2\}=\int_{x_1}^{x_2}f(x)\mathrm{d}x$$

成立，则 X 称为连续型随机变量，$f(x)$ 称为随机变量 X 的密度函数或概率密度.

密度函数具有如下性质：

（1）$f(x)\geqslant 0$；

（2）$\int_{-\infty}^{+\infty}f(x)\mathrm{d}x=1$.

对于连续型随机变量 X 有

$$0\leqslant P\{X=a\}\leqslant\lim_{\Delta x\to 0}\int_a^{a+\Delta x}f(x)\mathrm{d}x=0,$$

所以 $P\{X=a\}=0$，即对于连续型随机变量 X，在任一点处的概率均为零. 因此有

$$P\{a<X\leqslant b\}=P\{a\leqslant X\leqslant b\}=P\{a<X<b\}=P\{a\leqslant X<b\}.$$

下面介绍几种常见的连续型随机变量的概率分布.

1. 均匀分布

若随机变量 X 的概率密度为

$$f(x)=\begin{cases}\dfrac{1}{b-a}, & a\leqslant x\leqslant b,\\ 0, & \text{其他},\end{cases}$$

则称 X 服从 $[a,b]$ 上的均匀分布，记作 $X\sim U[a,b]$，如图 11.1.1 所示.

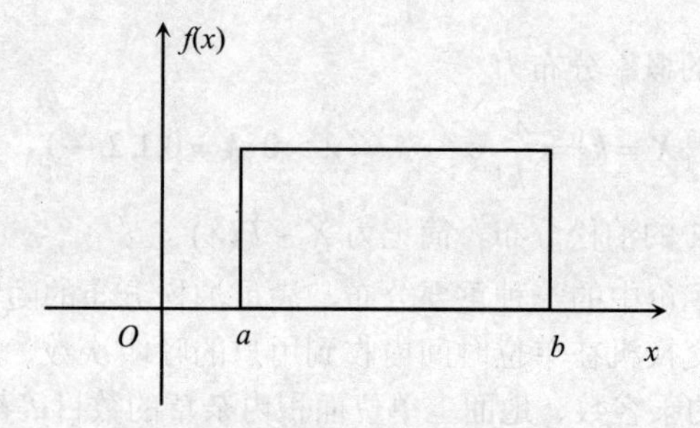

图 11.1.1

均匀分布的密度函数具有下列性质：

（1）$f(x) \geqslant 0$；

（2）$\int_{-\infty}^{+\infty} f(x)\mathrm{d}x = \int_a^b \frac{1}{b-a}\mathrm{d}x = 1$.

例如某公共汽车站每隔 5 分钟有一辆汽车通过，一位乘客对于汽车通过该站的时间是完全不知道的，他在任一时间到达该站都是等可能的，那么他的候车时间 X 就服从 $[a,b]$ 上的均匀分布，其密度函数为

$$f(x)=\begin{cases}\frac{1}{5}, & 0 \leqslant x \leqslant 5, \\ 0, & \text{其他}.\end{cases}$$

2. 指数分布

若随机变量 X 的概率密度为

$$f(x)=\begin{cases}\lambda \mathrm{e}^{-\lambda x}, & x>0, \\ 0, & \text{其他},\end{cases}$$

则称 X 服从参数为 λ 的指数分布，记作 $X \sim E(\lambda)$，其中参数 $\lambda > 0$.

指数分布的密度函数具有下列性质：

（1）$f(x) \geqslant 0$；

（2）$\int_{-\infty}^{+\infty} f(x)\mathrm{d}x = \int_0^{+\infty} \lambda \mathrm{e}^{-\lambda x}\mathrm{d}x = 1$.

例 5 假设某元件的寿命服从参数为 $\lambda = 0.0015$ 的指数分布，求它使用 1000 小时后还没有损坏的概率.

解 设 X 为该元件的寿命，则

$$P\{X>1000\} = \int_{1000}^{+\infty} 0.0015\mathrm{e}^{-0.0015x}\mathrm{d}x = 0.223.$$

3. 正态分布

若随机变量 X 的概率密度为

$$f(x)=\frac{1}{\sqrt{2\pi}\sigma}\mathrm{e}^{-\frac{(x-\mu)^2}{2\sigma^2}} \quad (-\infty < x < +\infty),$$

其中 μ 和 σ 为大于零的常数，则称 X 服从参数为 μ 和 σ 的正态分布，记作

$$X \sim N(\mu, \sigma^2).$$

经验表明，许多实际问题中的变量，如测量误差、射击时弹着点与靶心的距离、热力学中理想气体的分子速度、成年人的身高等都可以认为服从正态分布.

正态分布的密度函数具有下列性质：

（1）$f(x) > 0$；

（2）$\int_{-\infty}^{+\infty} f(x)\mathrm{d}x = \int_{-\infty}^{+\infty} \frac{1}{\sqrt{2\pi}\sigma}\mathrm{e}^{-\frac{(x-\mu)^2}{2\sigma^2}}\mathrm{d}x = 1$.

图 11.1.2 为正态分布的密度函数曲线，利用导数可知该函数曲线具有如下性质：

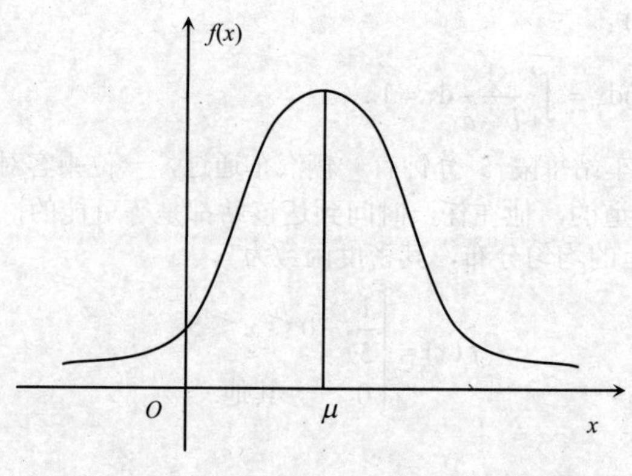

图 11.1.2

（1）$f(x)$ 在 $(-\infty,+\infty)$ 内处处连续；

（2）$f(x)$ 的图形关于 $x=\mu$ 对称；

（3）在 $x=\mu$ 处，$f(x)$ 取得最大值 $\dfrac{1}{\sqrt{2\pi}\sigma}$；

（4）曲线在点 $x=\mu\pm\sigma$ 处对应有拐点；

（5）参数 μ 确定图形的位置，而参数 σ 决定图形的陡峭程度.

特别地，对于 $\mu=0$，$\sigma=1$ 的正态分布，我们称之为标准正态分布，简记为 $X\sim N(0,1)$，其密度函数记为

$$\varphi(x)=\frac{1}{\sqrt{2\pi}}\mathrm{e}^{-\frac{x^2}{2}}\quad(-\infty<x<+\infty).$$

显然，标谁正态分布对称于 y 轴.

11.1.4 分布函数

1. 分布函数的概念

定义 3 设 X 是一个随机变量，x 是任意实数，函数

$$F(x)=P\{X\leqslant x\}$$

称为 X 的分布函数.

对于任意实数 $x_1,x_2(x_1<x_2)$ 有

$$\begin{aligned}P\{x_1<X\leqslant x_2\}&=P\{X\leqslant x_2\}-P\{X\leqslant x_1\}\\&=F(x_2)-F(x_1).\end{aligned}$$

亦即随机变量 X 在某区间上的概率等于其分布函数在该区间上的增量.

2. 分布函数的性质

（1）$F(x)$ 是一个单调不减函数，即若 $x_2>x_1$，那么 $F(x_2)\geqslant F(x_1)$；

（2）$0\leqslant F(x)\leqslant 1$ 并且有 $\lim\limits_{x\to-\infty}F(x)=0$，$\lim\limits_{x\to+\infty}F(x)=1$；

（3） $F(x+0)=F(x)$，即 $F(x)$ 满足右连续.

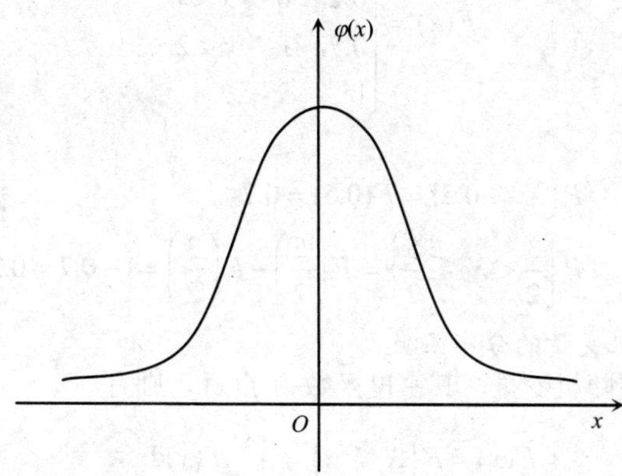

图 11.1.3

3. 离散型随机变量的分布函数

设离散型随机变量 X 的分布列为

$$P\{X=x_k\}=p_k \quad (k=1,2,\cdots),$$

由概率的可列可加性得

$$F(x)=P\{X\leqslant x\}=\sum_{x_k\leqslant x}P\{X=x_k\},$$

即

$$F(x)=\sum_{x_k\leqslant x}p_k .$$

例 6 设随机变量 X 的分布列为

X	0	1	2
p	0.2	0.5	0.3

求 X 的分布函数 $F(x)$，并求 $P\{X\leqslant 0.5\}$，$P\left\{\dfrac{3}{2}<X\leqslant\dfrac{5}{2}\right\}$.

解 由于 X 仅在 $x=0,1,2$ 三点处取值，故

当 $x<0$ 时，$F(x)=P\{X\leqslant x\}=0$；

当 $0\leqslant x<1$ 时，$F(x)=P\{X\leqslant x\}=P\{X=0\}=0.2$；

当 $1\leqslant x<2$ 时，$F(x)=P\{X\leqslant x\}=P\{X=0\}+P\{X=1\}=0.2+0.5=0.7$；

当 $x\geqslant 2$ 时，$F(x)=P\{X\leqslant x\}=P\{X=0\}+P\{X=1\}+P\{X=2\}=1$，

故

$$F(x)=\begin{cases}0, & x<0,\\ 0.2, & 0\leqslant x<1,\\ 0.7, & 1\leqslant x<2,\\ 1, & x\geqslant 2,\end{cases}$$

所以

$$P\{X\leqslant 0.5\}=F(0.5)=0.2,$$

$$P\left\{\frac{3}{2}<X\leqslant\frac{5}{2}\right\}=F\left(\frac{5}{2}\right)-F\left(\frac{3}{2}\right)=1-0.7=0.3.$$

4. 连续型随机变量的分布函数

设 X 为连续型随机变量，其密度函数为 $f(x)$，则有

$$F(x)=P\{X\leqslant x\}=\int_{-\infty}^{x}f(x)\mathrm{d}x,$$

对上式两端求关于 x 的导数得

$$F'(x)=\left[\int_{-\infty}^{x}f(x)\mathrm{d}x\right]'=f(x).$$

这正是连续型随机变量 X 的分布函数与密度函数之间的关系.

例 7 设 X 的分布函数为

$$F(x)=\begin{cases}0, & x<0,\\ x^2, & 0\leqslant x<1,\\ 1, & x\geqslant 1,\end{cases}$$

求其密度函数 $f(x)$，$P\{0.5<X<2\}$.

解 $f(x)=F'(x)=\begin{cases}2x, & 0\leqslant x<1,\\ 0, & \text{其他},\end{cases}$

$$P\{0.5<X<2\}=F(2)-F(0.5)=1-0.25=0.75.$$

5. 几种常见的连续型随机变量的分布函数

（1）设 $X\sim U[a,b]$，则随机变量 X 的分布函数为

$$F(x)=\begin{cases}0, & x\leqslant a,\\ \dfrac{x-a}{b-a}, & a<x\leqslant b,\\ 1, & x\geqslant b;\end{cases}$$

（2）设 $X\sim E(\lambda)(\lambda>0)$，则随机变量 X 的分布函数为

$$F(x)=\begin{cases}0, & x<0,\\ 1-\mathrm{e}^{-\lambda x}, & x\geqslant 0;\end{cases}$$

（3）设 $X\sim N(\mu,\sigma^2)$，则随机变量 X 的分布函数为

$$F(x)=\frac{1}{\sqrt{2\pi}\sigma}\int_{-\infty}^{x}\mathrm{e}^{-\frac{(t-\mu)^2}{2\sigma^2}}\mathrm{d}t \quad (-\infty<x<+\infty),$$

对于 $X\sim N(0,1)$，其分布函数为

$$\Phi(x)=\int_{-\infty}^{x}\frac{1}{\sqrt{2\pi}}\mathrm{e}^{-\frac{t^2}{2}}\mathrm{d}t \quad (-\infty<x<+\infty),$$

并且通过变换 $t=\frac{x-\mu}{\sigma}$ 可以将一个服从参数为 μ 和 σ 的正态分布转化为标准正态分布.

事实上，

$$P\{X\leqslant b\}=\int_{-\infty}^{b}\frac{1}{\sqrt{2\pi}\sigma}\mathrm{e}^{-\frac{(x-\mu)^2}{2\sigma^2}}\mathrm{d}x$$

$$\overset{令t=\frac{x-\mu}{\sigma}}{=\!=\!=\!=}\int_{-\infty}^{\frac{x-\mu}{\sigma}}\frac{1}{\sqrt{2\pi}\sigma}\mathrm{e}^{-\frac{t^2}{2}}\cdot\sigma\mathrm{d}t=\Phi\left(\frac{x-\mu}{\sigma}\right).$$

书后附有标准正态分布表，以供计算时通过查表得出相应的概率值.

特别地，对任意 $x\in(-\infty,+\infty)$ 有

$$\Phi(-x)=1-\Phi(x).$$

例 8 设 $X\sim N(\mu,\sigma^2)$，求 $P\{a\leqslant X\leqslant b\}$.

解
$$P\{a\leqslant X\leqslant b\}=\int_{a}^{b}\frac{1}{\sqrt{2\pi}\sigma}\mathrm{e}^{-\frac{(x-\mu)^2}{2\sigma^2}}\mathrm{d}x$$

$$=\int_{\frac{a-\mu}{\sigma}}^{\frac{b-\mu}{\sigma}}\frac{1}{\sqrt{2\pi}\sigma}\mathrm{e}^{-\frac{t^2}{2}}\cdot\sigma\mathrm{d}t \quad （设 t=\frac{x-\mu}{\sigma}）$$

$$=\int_{\frac{a-\mu}{\sigma}}^{\frac{b-\mu}{\sigma}}\frac{1}{\sqrt{2\pi}}\mathrm{e}^{-\frac{t^2}{2}}\mathrm{d}t=\Phi\left(\frac{b-\mu}{\sigma}\right)-\Phi\left(\frac{a-\mu}{\sigma}\right).$$

例 9 设随机变量 $X\sim N(3,2^2)$，求 $P\{1\leqslant X\leqslant 4\}$.

解
$$P\{1\leqslant X\leqslant 4\}=\Phi\left(\frac{4-3}{2}\right)-\Phi\left(\frac{1-3}{2}\right)$$

$$=\Phi(0.5)-\Phi(-1)=0.6915+0.8413-1=0.5328.$$

11.1.5 随机变量函数的分布

设 X 是一个随机变量，则 $Y=g(x)$ （$g(x)$ 为连续函数），作为随机变量 X 的函数，仍是随机变量，下面我们对 X 是离散型的情况进行讨论.

设 X 是一个离散型随机变量，其分布列为

X	x_1	x_2	…	x_k	…
$P\{X=x_k\}$	p_1	p_2	…	p_k	…

$Y=g(x)$ 是随机变量 X 的函数，则随机变量 Y 的分布列为

$Y=g(x)$	$g(x_1)$	$g(x_2)$	…	$g(x_k)$	…
$P\{Y=g(x_k)\}$	p_1	p_2	…	p_k	…

但要注意，若 $g(x_k)$ 中的值有相等的，应把那些相等的函数值所对应的概率相加作为该值的概率.

例 10 设离散型随机变量 X 的分布列为

X	0	1	2
P	0.1	0.6	0.3

求 $Y=2X$ 的分布列.

解 $Y=2X$ 的取值为 0,2,4，其对应的概率分别为

$$P\{Y=0\}=P\{X=0\}=0.1,$$
$$P\{Y=2\}=P\{X=1\}=0.6,$$
$$P\{Y=4\}=P\{X=2\}=0.3,$$

因此 $Y=2X$ 的分布列为

Y	0	2	4
P	0.1	0.6	0.3

例 11 设离散型随机变量 X 的分布列为

X	−1	0	1	2
P	0.1	0.4	0.3	0.2

求 $Y=X^2$ 的分布列.

解 $Y=X^2$ 的取值为 0,1,4，其对应的概率分别为

$$P\{Y=0\}=P\{X=0\}=0.4,$$
$$P\{Y=1\}=P\{X=-1\}+P\{X=1\}=0.4,$$
$$P\{Y=4\}=P\{X=2\}=0.2.$$

因此 $Y=x^2$ 的分布列为

Y	0	1	4
P	0.4	0.4	0.2

习题 11.1

1．设随机变量 X 的分布列为

$$P\{X=k\}=c\frac{1}{2^k}\quad (k=1,2,\cdots),$$

试确定常数 c .

2．设 $X\sim B(1,p)$，若 X 取 1 的概率是它取 0 的概率的两倍，试求 X 的分布列和分布函数.

3．设随机变量 X 的分布函数为

$$F(x)=\begin{cases}1-\mathrm{e}^{-x}, & x\geqslant 0,\\ 0, & x<0,\end{cases}$$

试求：(1) $P\{X\leqslant 2\}$；(2) $P\{X>3\}$；(3) 密度函数 $f(x)$.

4．设 $X\sim N(2.5,4)$，试求：$P\{X>5\}$，$P\{X<-1\}$，$P\{|X-2|<3\}$.

11.2 随机变量的数字特征

在一些实际问题中，与随机变量有关的某些数值，虽然不能完整地描述随机变量，但能描述随机变量在某些方面的重要特征，本章介绍随机变量常用的数字特征：数学期望和方差.

11.2.1 数学期望

1．离散型随机变量的数学期望

定义 1 设离散型随机变量的分布列为

$$P\{X=x_k\}=p_k\quad (k=1,2,\cdots),$$

若级数 $\sum_k x_k p_k$ 绝对收敛，则称其和为随机变量 X 的数学期望，简称期望，记作 $E(X)$，即

$$E(X)=\sum_k x_k p_k ,$$

期望又简称均值.

例 1 袋中装有 10 件产品，其中有 2 件是次品，某人从中一次取一个进行检测，直到取到正品为止，求取得正品前已取出次品数的数学期望.

解 设 X 表示取得正品前已取出的次品数，则 X 的可能取值为 0,1,2，于是有

$$P\{X=0\}=\frac{C_8^1}{C_{10}^1}=\frac{4}{5},$$

$$P\{X=1\}=\frac{C_2^1}{C_{10}^1}\frac{C_8^1}{C_9^1}=\frac{8}{45},$$

$$P\{X=2\}=\frac{C_2^1}{C_{10}^1}\frac{C_1^1}{C_9^1}\frac{C_8^1}{C_8^1}=\frac{1}{45},$$

于是随机变量 X 的数学期望为

$$E(X)=0\times\frac{4}{5}+1\times\frac{8}{45}+2\times\frac{1}{45}=\frac{2}{9}.$$

下面介绍几种常见的随机变量的数学期望.

（1）两点分布.

若随机变量 X 服从两点分布，其分布列为

X	0	1
P	$1-p$	p

则

$$E(X)=0\times(1-p)+1\times p=p.$$

（2）二项分布.

若随机变量 $X\sim B(n,p)$，即 $P\{X=x_k\}=C_n^k p^k q^{n-k}$，则

$$\begin{aligned}E(X)&=\sum_k x_k p_k=\sum_{k=0}^{+\infty}kC_n^k p^k q^{n-k}\\&=\sum_{k=0}^{+\infty}k\frac{n!}{k!(n-k)!}p^k q^{n-k}=\sum_{k=1}^{+\infty}k\frac{n!}{k!(n-k)!}p^k q^{n-k}\\&=np\sum_{k=1}^{+\infty}\frac{(n-1)!}{(k-1)![(n-1)-(k-1)]!}p^{k-1}q^{(n-1)-(k-1)}\\&=np\sum_{r=0}^{+\infty}\frac{(n-1)!}{r![(n-1)-r]!}p^r q^{(n-1)-r}\quad(k-1=r)\\&=np\sum_{r=0}^{+\infty}C_{n-1}^r p^r q^{(n-1)-r}=np(p+q)^{n-1}=np.\end{aligned}$$

即服从二项分布的随机变量 X，其数学期望为参数 n,p 的乘积，亦即

$$E(X)=np.$$

（3）泊松分布.

若随机变量 $X\sim P(\lambda)$，即 $P\{X=k\}=\frac{\lambda^k}{k!}e^{-\lambda}\quad(\lambda>0，k=0,1,2,\cdots)$，则

$$\begin{aligned}E(X)&=\sum_k x_k p_k=\sum_{k=0}^{+\infty}k\frac{\lambda^k}{k!}e^{-\lambda}\\&=\lambda e^{-\lambda}\sum_{k=1}^{+\infty}\frac{\lambda^{k-1}}{(k-1)!}=\lambda e^{-\lambda}e^{\lambda}=\lambda.\end{aligned}$$

2. 连续型随机变量的数学期望

定义 2 设连续型随机变量 X 的密度函数为 $f(x)$，若积分

$$\int_{-\infty}^{+\infty} xf(x)\mathrm{d}x$$

绝对收敛，则称该积分值为随机变量 X 的数学期望，简称期望，记为 $E(X)$，即

$$E(X)=\int_{-\infty}^{+\infty} xf(x)\mathrm{d}x .$$

例 2 设随机变量 X 具有密度函数

$$f(x)=\begin{cases} x, & 0\leqslant x\leqslant 1, \\ 2-x, & 1<x\leqslant 2, \\ 0, & \text{其他}, \end{cases}.$$

求 X 的数学期望.

解 $E(X)=\int_0^1 x^2\mathrm{d}x+\int_1^2 x(2-x)\mathrm{d}x=\frac{1}{3}+(4-1)-\frac{1}{3}(8-1)=1$.

下面介绍几种常见的连续型随机变量的数学期望.

例 3 设 $X\sim U\left[a,b\right]$，求 $E(X)$.

解 $E(X)=\int_a^b x\cdot\frac{1}{b-a}\mathrm{d}x=\frac{1}{b-a}\cdot\frac{1}{2}x^2\Big|_a^b=\frac{1}{2}(a+b)$.

例 4 设 $X\sim E(\lambda)$ （$\lambda>0$），求 $E(X)$.

解 $E(X)=\int_{-\infty}^{+\infty} x\cdot f(x)\mathrm{d}x=\int_0^{+\infty}\lambda x\mathrm{e}^{-\lambda x}\mathrm{d}x$

$$=-\int_0^{+\infty} x\mathrm{d}\mathrm{e}^{-\lambda x}=-x\mathrm{e}^{-\lambda x}\Big|_0^{+\infty}+\int_0^{+\infty}\mathrm{e}^{-\lambda x}\mathrm{d}x$$

$$=0-\frac{1}{\lambda}\mathrm{e}^{-\lambda x}\Big|_0^{+\infty}=\frac{1}{\lambda} .$$

例 5 设 $X\sim N(\mu,\sigma^2)$，求 $E(X)$.

解 $E(X)=\int_{-\infty}^{+\infty} x\cdot\frac{1}{\sqrt{2\pi}\sigma}\mathrm{e}^{-\frac{(x-\mu)^2}{2\sigma^2}}\mathrm{d}x$

$$=\int_{-\infty}^{+\infty}(\sigma t+\mu)\cdot\frac{1}{\sqrt{2\pi}\sigma}\mathrm{e}^{-\frac{t^2}{2}}\cdot\sigma\cdot\mathrm{d}t \qquad （令 t=\frac{x-\mu}{\sigma}）$$

$$=\frac{1}{\sqrt{2\pi}}\left[\sigma\int_{-\infty}^{+\infty} t\mathrm{e}^{-\frac{t^2}{2}}\mathrm{d}t+\mu\int_{-\infty}^{+\infty}\mathrm{e}^{-\frac{t^2}{2}}\mathrm{d}t\right]=\frac{1}{\sqrt{2\pi}}\left[0+\mu\sqrt{2\pi}\right]=\mu .$$

3. 数学期望的性质

（1）设 C 为一常数，则 $E(C)=C$；

（2）设 k 为一常数，则 $E(kX)=kE(X)$；

（3）设 X、Y 均为随机变量，则 $E(X+Y)=E(X)+E(Y)$；

对于任意 n 个随机变量 $X_1,X_2,\cdots,X_n$，也有

$$E(X_1+X_2+\cdots+X_n)=E(X_1)+E(X_2)+\cdots+E(X_n);$$

（4）设 X、Y 均为随机变量且相互独立，则 $E(XY)=E(X)E(Y)$；

对于任意 n 个相互独立的随机变量 $X_1,X_2,\cdots,X_n$，也有

$$E(X_1X_2\cdots X_n)=E(X_1)E(X_2)\cdots E(X_n).$$

11.2.2 随机变量函数的数学期望

设随机变量 Y 是随机变量 X 的函数，且 $Y=g(x)$（$g(x)$ 为连续函数），那么

（1）若 X 是离散型随机变量，其概率分布为 $P\{X=k\}=p_k$，且 $\sum\limits_k g(x)p_k$ 绝对收敛，则 $E(Y)=\sum\limits_k g(x)p_k$；

（2）若 X 是连续型随机变量，其密度函数为 $f(x)$，且 $\int_{-\infty}^{+\infty}g(x)f(x)\mathrm{d}x$ 绝对收敛，则

$$E(Y)=\int_{-\infty}^{+\infty}g(x)f(x)\mathrm{d}x.$$

例 6 设离散型随机变量 X 的分布列为

X	-1	0	1	2
P	0.1	0.4	0.3	0.2

求 $Y=2X$ 的数学期望.

解 $E(Y)=\sum\limits_k g(x)p_k$

$=(-2)\times0.1+0\times0.4+2\times0.3+4\times0.3=1.6.$

例 7 设随机变量 X 服从参数为 3 的指数分布，求 $E(X^2)$.

解 由题知 X 的密度函数为

$$f(x)=\begin{cases}3\mathrm{e}^{-3x}, & x\geqslant0,\\ 0, & x<0,\end{cases}$$

则

$$E(X^2)=\int_0^{+\infty}x^2\cdot3\mathrm{e}^{-3x}\mathrm{d}x=\frac{2}{9}.$$

11.2.3 方差

1. *方差的概念*

随机变量的期望体现了随机变量取值平均的大小，它是随机变量的重要的数字特征，另外，分散程度也是重要特征之一．为此我们引入方差的概念，方差反映了随机变量在均值附近的波动情况.

定义 3　设离散型随机变量 X 的分布列为

$$P\{X=x_k\}=p_k \quad (k=1,2,\cdots),$$

如果 $E\left\{[X-E(X)]^2\right\}$ 存在，则称之为随机变量 X 的方差，记为 $D(X)$，即

$$D(X)=E\left\{[X-E(X)]^2\right\},$$

并称 $\sqrt{D(X)}$ 为 X 的标准差或根方差.

我们经常使用下面的公式进行计算：

$$D(X)=E(X^2)-[E(X)]^2,$$

这是因为

$$\begin{aligned}D(X)&=E\left\{[X-E(X)]^2\right\}=E\left\{X^2-2XE(X)+[E(X)]^2\right\}\\&=E(X^2)-2E(X)E(X)+[E(X)]^2=E(X^2)-[E(X)]^2.\end{aligned}$$

如例 1 中 $E(X)=\dfrac{2}{9}$，而

$$E(X^2)=0\times\frac{4}{5}+1\times\frac{1}{45}+4\times\frac{1}{45}=\frac{1}{9},$$

所以

$$D(X)=E(X^2)-[E(X)]^2=\frac{1}{9}-\left(\frac{2}{9}\right)^2=\frac{5}{81}.$$

2. 常见的随机变量的方差

（1）两点分布.

服从两点分布的随机变量 X，其数学期望为 $E(X)=p$，而

$$E(X^2)=0\times(1-p)+1\times p=p,$$

因此

$$D(X)=E(X^2)-[E(X)]^2=p-p^2=pq.$$

（2）二项分布.

服从二项分布的随机变量 X，其数学期望为 $E(X)=np$，而

$$E(X^2)=n(n-1)p^2+np \qquad \text{（计算过程略）},$$

因此

$$\begin{aligned}D(X)&=E(X^2)-[E(X)]^2\\&=n(n-1)p^2+np-n^2p^2=npq.\end{aligned}$$

（3）泊松分布.

对于服从泊松分布的随机变量 X，其数学期望为 $E(X)=\lambda$，而

$$E(X^2)=\lambda^2+\lambda \qquad \text{（计算过程略）},$$

因此

$$D(X) = E(X^2) - [E(X)]^2$$
$$= \lambda^2 + \lambda - \lambda^2 = \lambda .$$

3. 方差的基本性质

（1）设 C 为一常数，则 $D(C) = 0$；

（2）设 k 为一常数，则 $D(kX) = k^2 D(X)$；

（3）设 X、Y 均为随机变量，则 $D(X \pm Y) = D(X) + D(Y)$；

（4）设 X 为随机变量，C 为一常数，则 $D(X + C) = D(X)$.

习题 11.2

1．某自动流水线在单位时间内生产的产品中含有的次品数的分布列如下表：

X	0	1	2	3	4	5
P	$\frac{1}{12}$	$\frac{1}{6}$	$\frac{1}{4}$	$\frac{1}{4}$	$\frac{1}{6}$	$\frac{1}{12}$

求该流水线在单位时间内生产的次品数的数学期望和方差.

2．设 X 为连续型随机变量，其概率密度为

$$f(x) = \begin{cases} 2x, & 0 \leqslant x \leqslant 1, \\ 0, & \text{其他}, \end{cases}$$

求 $E(X)$，$D(X)$.

11.3 数学实验

一、实验目的

1．学习用 Mathematica 进行离散分布的有关计算；

2．学习用 Mathematica 进行连续分布的有关计算.

二、内容与步骤

（1）用 Mathematica 进行离散分布的有关计算.

Mathematica 中含有用于离散分布计算的函数，其中包含我们学过的几种常见的离散分布，它们是：

BinomialDistribution[n,p]　　二项分布

PoissonDistribution[λ]　　泊松分布

常用的求值函数有：

Domain[dist]　　求分布 [dist] 的定义域

PDF[dist,x]　　求点 x 处的概率值或连续分布的密度函数值

CDF[dist,x]	求点 x 处的分布函数值
Quantile[dist,q]	求 x 使分布函数值达到 q
Mean[dist]	求分布 dist 的数学期望
Variance[dist]	求分布 dist 的方差

要进行有关离散分布的计算，需要首先调入相应的程序包，调入命令如下：

<< Statistics`BinomialDistribution`，这里符号`是用键盘上 Esc 键下方的键敲入的，不是单引号.

例 1 已知 $X \sim B(10,0.3)$，求 10 次重复独立试验中恰有 5 次发生的概率，分布函数值 $F(3.9)$，数学期望和方差.

输入命令：

```
b=BinomialDistribution[10,0.3]
PDF[b,5]          求 10 次重复独立试验中恰有 5 次发生的概率 P10(5)
CDF[b,3.9]        求分布函数值 F(3.9)
Mean[b]           求数学期望
Variance[b]       求方差
```

（2）用 Mathematica 进行连续分布的有关计算.

几种常见的连续分布如下：

UniformDistribution[a, b]	均匀分布 $U(a,b)$
ExponentialDistribution[λ]	指数分布 $E(\lambda)$
NormalDistribution[μ, σ²]	正态分布 $N(\mu,\sigma^2)$

要进行有关连续分布的计算，需要首先调入相应的程序包，调入命令如下：

<< Statistics`ContinuousDistribution`

例 2 已知 $X \sim N(8,0.5)$，求分布函数值 $F(9)$ 及 $P\{7.5 < X < 8.5\}$.

输入命令：

```
n = NormalDistribution[8, 0.5]
CDF[n,9]
CDF[n,8.6] − CDF[n,7.5]
```

例 3 用 Mathematica 查询常见分布的密度函数、数学期望、方差等.

输入下面的命令进行实验：

PDF[NormalDistribution[0,1], x]	求标准正态分布的密度函数
CDF[NormalDistribution[0,1],1.96]	求标准正态分布的分布函数值
Mean[NormalDistribution[μ, σ]]	求正态分布的数学期望
Variance[NormalDistribution[μ, σ]]	求正态分布的方差
Mean[ExponentialDistribution[λ]]	求指数分布的数学期望
Variance[ExponentialDistribution[λ]]	求指数分布的方差

本章小结

本章介绍了随机变量及其概率分布，用随机变量来研究、刻画随机事件的发生可能性大小大大提高了对随机现象的认识能力，主要以离散型和连续型两种随机变量为研究对象，并介绍了几种常见的随机变量的概率分布．另外，随机变量的期望和方差也是刻画随机变量的有效手段．应熟记以下结论：

（1）0－1分布．

概率分布：

X	0	1
P	$1-p$	p

其中$0 \leqslant p \leqslant 1$，

数学期望：$E(X)=p$；

方差：$D(X)=p(1-p)$．

（2）二项分布．

概率分布：$P\{X=k\}=\mathrm{C}_n^k p^k q^{n-k}$　（$k=1,2,\cdots$；$0 \leqslant p \leqslant 1$；$q=1-p$）．

数学期望：$E(X)=np$．

方差：$D(X)=np(1-p)$．

（3）泊松分布．

概率分布：$P\{X=k\}=\dfrac{\lambda^k}{k!}\mathrm{e}^{-\lambda}$　（$k=1,2,\cdots$；$\lambda>0$）；

数学期望：$E(X)=\lambda$；

方差：$D(X)=\lambda$．

（4）均匀分布．

密度函数 $f(x)=\begin{cases}\dfrac{1}{b-a}, & a \leqslant x \leqslant b, \\ 0, & \text{其他},\end{cases}$，分布函数 $F(x)=\begin{cases}0, & x<a, \\ \dfrac{x-a}{b-a}, & a \leqslant x<b, \\ 1, & x \geqslant b;\end{cases}$

数学期望：$E(X)=\dfrac{a+b}{2}$；方差：$D(X)=\dfrac{(b-a)^2}{12}$．

（5）指数分布．

密 度 函 数 ： $f(x)=\begin{cases}\lambda \mathrm{e}^{-\lambda x}, & x \geqslant 0, \\ 0, & x<0,\end{cases}$ 其 中 $\lambda>0$ ； 分 布 函 数 ：

$$F(x)=\begin{cases}1-\mathrm{e}^{-\lambda x}, & x\geqslant 0,\\ 0, & 其他;\end{cases}$$

数学期望：$E(X)=\dfrac{1}{\lambda}$；方差：$D(X)=\dfrac{1}{\lambda^2}$.

（6）正态分布.

密度函数：$f(x)=\dfrac{1}{\sqrt{2\pi}\sigma}\mathrm{e}^{-\frac{(x-\mu)^2}{2\sigma^2}}$ $(-\infty<x<+\infty)$；

分布函数：$F(x)=\dfrac{1}{\sqrt{2\pi}\sigma}\int_{-\infty}^{x}\mathrm{e}^{-\frac{(t-\mu)^2}{2\sigma^2}}\mathrm{d}t$ $(-\infty<x<+\infty)$；

数学期望：$E(X)=\mu$；方差：$D(X)=\sigma^2$.

（7）标准正态分布.

密度函数：$\varphi(x)=\dfrac{1}{\sqrt{2\pi}}\mathrm{e}^{-\frac{x^2}{2}}$ $(-\infty<x<+\infty)$；

分布函数：$\Phi(x)=\dfrac{1}{\sqrt{2\pi}}\int_{-\infty}^{x}\mathrm{e}^{-\frac{t^2}{2}}\mathrm{d}t$ $(-\infty<x<+\infty)$；

数学期望：$E(X)=0$；方差：$D(X)=1$.

自测题 11

一、填空题

1．设随机变量 X 的概率密度为

$$f(x)=\begin{cases}kx^b, & 0<x<1,\ k>0,\ b>0,\\ 0, & 其他,\end{cases}$$

且 $P\left\{X>\dfrac{1}{2}\right\}=0.75$，则 $k=$________，$b=$________.

2．设离散型随机变量 X 的分布函数为

$$F(x)=\begin{cases}0, & x<-1,\\ a, & -1\leqslant x<1,\\ \dfrac{2}{3}-a, & 1\leqslant x<2,\\ a+b, & x\geqslant 2,\end{cases}$$

且 $P\{X=2\}=\dfrac{1}{2}$，则 $a=$________，$b=$________.

3．设 $F(x)$ 是离散型随机变量的分布函数，若 $P\{X=b\}=$________，则 $P\{a<X<b\}=$

$F(b)-F(a)$ 成立.

4．设随机变量 X 在 $(1,6)$ 上服从均匀分布，则方程 $x^2+Xx+1=0$ 有实根的概率是______.

5. 已知随机变量 X 只能取 $-1, 0, 1, 2$ 四个数值，其相应的概率依次为 $\frac{1}{2c}, \frac{3}{4c}, \frac{5}{8c}, \frac{1}{8c}$，则 $c=$________.

6．设随机变量 X 在某区间上服从均匀分布，且 $E(X)=3$，$D(X)=\frac{1}{3}$，则 X 的概率密度为________，$P(X=2)=$________，$P\{1<X<3\}=$________.

二、选择题

1．设连续型随机变量 X 的密度函数和分布函数分别为 $\varphi(x), F(x)$，则下列选项中正确的是（　）.

A）$0\leqslant\varphi(x)\leqslant 1$　　B）$P\{X=x\}\leqslant F(X)$

C）$P\{X=x\}=F(X)$　　D）$P\{X=x\}=\varphi(x)$

2．$P\{X=x_k\}=\frac{2}{p_k}(k=1,2,\cdots)$ 为一随机变量 X 的概率分布的必要条件是（　）.

A）x_k 非负　　B）x_k 为整数

C）$0\leqslant p_k\leqslant 2$　　D）$p_k\geqslant 2$

3．如果 $F(x)$ 是（　），则 $F(x)$ 一定不是连续型随机变量的分布函数.

A）非负函数　　B）连续函数　　C）有界函数　　D）单调减少函数

4．某型号收音机晶体二极管的寿命（单位为 h）的密度函数为

$$f(x)=\begin{cases}0, & x\leqslant 1000,\\ \frac{1000}{x^2}, & x>1000,\end{cases}$$

装有 5 个这种晶体二极管的收音机在使用的前 1500h 内正好有两个管子需要更换的概率为（　）.

A）$\frac{1}{3}$　　B）$\frac{40}{243}$　　C）$\frac{80}{243}$　　D）$\frac{2}{3}$

5．设函数 $F(x)=\begin{cases}0, & x\leqslant 0,\\ \frac{x}{2}, & 0<x\leqslant 1,\\ 1, & x\geqslant 1,\end{cases}$ 则（　）.

A）$F(x)$ 是随机变量的分布函数　　B）$F(x)$ 不是随机变量的分布函数

C）$F(x)$ 是离散型随机变量的分布函数　　D）$F(x)$ 是连续型随机变量的分布函数

6．设 $X\sim N(1,1)$，概率密度为 $\varphi(x)$，则（　）.

A）$P\{X\leqslant 0\}=P\{X\geqslant 0\}=0.5$　　B）$\varphi(x)=\varphi(-x)\ x\in(-\infty,+\infty)$

C）$P\{X\leqslant 1\}=P\{X\geqslant 1\}=0.5$　　D）$F(x)=1-F(-x), x\in(-\infty,+\infty)$

三、计算题

1．掷两颗骰子，所得点数之和记为 X，求 X 的分布列.

2．设随机变量 X 的分布函数为

$$F(X)=A+B\arctan x \quad (-\infty<x<+\infty),$$

试求：（1）系数 A 与 B；（2）X 落在 $(-1,1)$ 内的概率；（3）X 的密度函数.

3．一袋中有 5 个乒乓球，编号分别为 1,2,3,4,5，从中任意地取 3 个，以 X 表示取出的 3 个球中的最大号码，试写出 X 的分布列和分布函数.

4．设 X 的分布列如下表所示：

X	-2	-1	0	1
P	$\frac{1}{4}$	$\frac{1}{3}$	$\frac{1}{12}$	$\frac{1}{3}$

求（1）$Y_1=2X+1$；（2）$Y_2=X^2-1$；（3）$Y_3=3-\frac{1}{2}X$ 的分布列.

5．设随机变量 $X\sim N(108,9)$，求：

（1）$P\{101.1<X<117.6\}$；（2）常数 a，使 $P\{X<a\}=0.9015$.

6．假设 100 个产品中有 10 个次品，求任取 5 个产品中次品数的数学期望与方差.

第 12 章　数理逻辑

本章学习目标

数理逻辑是用数学方法研究推理规律的数学学科．所谓数学的方法主要是指引进一套符号体系的方法．使用这种方法，在形式逻辑的研究中引入一套形式语言，形成了一个形式系统，使得对形式逻辑的研究归结为对一套符号所组成的形式系统的研究，着重于推理过程以及推理是否正确．数理逻辑不仅是数学学科的基础，而且与人工智能、语言学等学科，特别是计算机科学有着密切的关系，是计算机专业的基础课程“离散数学”的重要组成部分．通过本章的学习，读者应掌握以下内容:

- 命题、命题联结词等基本概念
- 命题演算的基本等价式和蕴涵式
- 运用等价式和蕴涵式等进行命题演算和推理
- 谓词、量词、个体域和个体的概念
- 谓词逻辑公式、谓词公式的解释
- 谓词演算的永真式、等价式、蕴涵式等概念
- 常用的谓词演算的等价式和蕴涵式
- 谓词演算的推理理论

12.1　命题及其符号化

12.1.1　命题概念

1．命题概念

数理逻辑是用数学方法来研究推理的科学．推理的前提和结论都必须是表达判断的陈述句．因而，陈述句成为研究推理的基本要素．数理逻辑将能够判断真假的陈述句称为命题．这种陈述句的判断只有两种可能的结果：“真”或“假”，称为命题的真值，其中真值为真（用“1”或 T 表示）的命题为真命题，真值为假（用“0”或 F 表示）的命题为假命题．因此，又可以称为命题是具有唯一真值的陈述句．

例 1　判断下列语句是否为命题，若是命题，再判断其真值．

（1）12 是偶数；　　（2）煤是白色的；

（3）3+6=9；　　（4）其他星球上有生命存在；

（5）如果我有时间，那么我去书店；　　（6）张三和李四是三好学生；

（7）今天你放假吗？　　（8）$x+y=7$；

（9）我在说谎；　　（10）请勿喧哗！

解　（1）～（6）是命题，因为它们都是具有真假意义的陈述句，（5）和（6）是复合命题，（4）在目前可能无法确定真值，但从本质而论，它们是有真假值的，所以我们也认为是命题；（2）是假命题，（1）、（3）和（4）是真命题；（7）～（10）都不是命题，（7）是疑问句，在（8）中，x,y 是变量，无法判断其真假，（9）是无法判断真假的悖论，（10）是祈使句.

由上例可以看出，一个句子如果是命题，需要满足以下条件：

（1）该句子是判断性陈述语句；

（2）它有确定的真值，非真即假.

这两个条件都满足时，这个句子就是一个命题.

2. 命题的分类

命题有两种类型：原子命题和复合命题．原子命题指命题不能再分解为更简单的陈述句；复合命题指由原子命题、标点符号、联结词复合构成的命题.

在例 1 中，（1）～（4）是原子命题，（5）和（6）是复合命题.

12.1.2　命题联结词

1. 否定联结词

定义 1　设 P 为一个命题，复合命题“非 P”（或“P 的否定”）称为 P 的否定式，记作 $\neg P$．称 $\neg$ 为否定联结词．$\neg P$ 的真值为真当且仅当 P 的真值为假．真值表如表 12-1 所示.

表 12-1　P 与 $\neg P$ 的真值表

P	$\neg P$
0	1
1	0

2. 合取联结词

定义 2　设 P 和 Q 为命题，复合命题“P 和 Q”或“P 并且 Q”称为 P 和 Q 的合取，记作 $P\wedge Q$，称 $\wedge$ 为合取联结词．$P\wedge Q$ 的真值为真当且仅当 P 和 Q 的真值同时为真，否则为假．合取联结词的真值表如表 12-2 所示.

例如，设 P：张明是班长；Q：张明是三好学生，则 $P\wedge Q$：张明既是班长又是三好学生.

合取的含义与自然语言中的“与”很类似，但又不完全相同．在数理逻辑中，合取并不考虑自然语言的含义，而是仅仅根据命题的真值来确定复合命题的真值.

表 12-2　P、Q 和 $P\wedge Q$ 的真值表

P	Q	$P\wedge Q$
0	0	0
0	1	0
1	0	0
1	1	1

3. 析取联结词

定义 3　设 P、Q 为两个命题，则复合命题"P 或 Q"称为 P 与 Q 的析取式，记作 $P\vee Q$，$\vee$ 称为析取联结词，$P\vee Q$ 为假当且仅当 P、Q 均为假，否则 $P\vee Q$ 的真值为真．其真值表如表 12-3 所示．

表 12-3　P、Q 和 $P\vee Q$ 的真值表

P	Q	$P\vee Q$
0	0	0
0	1	1
1	0	1
1	1	1

例如，若用 P 和 Q 分别表示"10 是素数"和"10 是奇数"，则 $P\vee Q$ 表示"10 是素数或 10 是奇数"，由于 P 和 Q 的真值都为假，因此 $P\vee Q$ 的真值为假．

从析取联结词的定义可以看出，联结词 $\vee$ 与自然语言中的"或"含义也不完全相同，因为自然语言中的"或"既可表示"排斥或"，也可表示"可兼或"；而析取指的是"可兼或"．"排斥或"是指联结词所联结的两个命题不可以兼容，而"可兼或"是指联结词所联结的两个命题可以兼容．

4. 条件联结词

定义 4　设 P、Q 为命题，则复合命题"如果 P，那么 Q"或"若 P，则 Q"称为 P、Q 的条件命题，记作 $P\to Q$，其中，$\to$ 称为条件联结词，P、Q 分别称为条件命题 $P\to Q$ 的前、后件．当且仅当 P 的真值为真，Q 的真值为假时，$P\to Q$ 的真值为假，否则 $P\to Q$ 的真值为真．其真值表如表 12-4 所示．

表 12-4　P、Q 和 $P\to Q$ 的真值表

P	Q	$P\to Q$
0	0	1
0	1	1
1	0	0
1	1	1

例如，用 P、Q 分别表示“2+3=5”和“雪是黑的”，则 $P \to Q$ 表示“如果 2+3=5，那么雪是黑的”．由于 P 的真值为 1，Q 的真值为 0，因此 $P \to Q$ 的真值为 0．

5．双条件联结词

定义 5 设 P、Q 为两个命题，则复合命题 $P \leftrightarrow Q$ 称为 P 与 Q 的双条件命题，$\leftrightarrow$称为双条件联结词．$P \leftrightarrow Q$ 真值为 1 当且仅当 P、Q 真值相同，否则 $P \leftrightarrow Q$ 的真值为 0．P、Q 和 $P \leftrightarrow Q$ 的真值表如表 12-5 所示．

表 12-5 P、Q 和 $P \leftrightarrow Q$ 的真值表

P	Q	$P \leftrightarrow Q$
0	0	1
0	1	0
1	0	0
1	1	1

双条件命题 $P \leftrightarrow Q$ 又称为等价命题，双条件联结词$\leftrightarrow$又称为等价联结词．

双条件联结词表示的逻辑关系是 P 与 Q 互为充分必要条件．只要 P 与 Q 同时为真或同时为假，$P \leftrightarrow Q$ 的真值就为真，否则 $P \leftrightarrow Q$ 的真值就为假．

12.1.3 命题的符号化

命题通常使用大写字母 A，B，C，…或带下标的大写字母或数字表示，如 A_i，[10]，R 等，例如

A_1：我是一名大学生．

A_1 可表示“我是一名大学生”这个命题，也可以用数字或大写字母表示命题，例如

[10]：我是一名大学生．

R：我是一名大学生．

表示命题的符号称为命题标识符，A_1、[10]和 R 都是标识符．

如果一个命题标识符表示某个确定的命题，称之为命题常量．如果命题标识符只表示任意命题的位置标志，它可以表示任意的命题，则该命题标识符就称为命题变元．因为命题变元表示的命题不能确定，因此它的真值不能确定，所以命题变元不是命题．当把一个特定的命题赋值给命题变元时，其真值才能确定，这时称为对命题变元进行指派．当命题变元表示原子命题时，该变元称为原子变元．

例 2 对下列命题进行符号化．

（1）假如上午不下雨，我去看电影，否则就在家里读书或看报．

（2）我今天进城，除非下雨．

（3）仅当你走，我将留下．

（4）上海到北京的 14 次列车是下午五点半或六点开．

（5）张三或李四都可以做这件事．

解　（1）设 P：上午下雨；Q：我去看电影；R：我在家里读书；S：我在家里看报．本例可表示为：$(\neg P\rightarrow Q)\wedge(P\rightarrow(R\vee S))$．

（2）设 P：我今天进城；Q：今天下雨；

这句话的意思是“如果今天不下雨，那么我就进城”，本例可表示为$\neg Q\rightarrow P$．

（3）设 P：你走；Q：我留下；这句话中“你走”是“我留下”的必要条件．因此本例可表示为 $Q\rightarrow P$．

（4）设 P：上海到北京的 T14 次列车是五点半开；Q：上海到北京的 T14 次列车是六点开．T14 次列车只能有一个开车时间，因此本例可表示为：$(P\wedge\neg Q)\vee(\neg P\wedge Q)$．

（5）设 P：张三可以做这件事；Q：李四可以做这件事．由于张三和李四同时可以做这件事，因此本例可表示为：$P\wedge Q$．

习题 12.1

1．判断下列句子是否为命题，若是，请判断是简单命题还是复合命题．

（1）3 是素数；

（2）$5x-8>0$；

（3）9 能被 2 整除；

（4）6 是偶数并且 11 是奇数；

（5）请保持安静！

（6）明天刮大风；

（7）公元 3000 年，人类将移居火星；

（8）如果小明今年高考不成功，他将去学汽车修理；

（9）你下午有空吗？

（10）所有的颜色都可以用红、绿、蓝三色调配而成．

2．将下列命题符号化并讨论其真值．

（1）如果你努力学习，你的成绩一定很好；

（2）小李一边看电视，一边吃零食；

（3）仅当我有时间，我去上街；

（4）因为“六一”儿童节，所以小学生都没有上课；

（5）如果天不下雨并且我有时间，那么我上街；

（6）他很忙，但他很充实；

（7）我既不看电视也不看书，我在睡觉；

（8）实函数 $f(x)$ 可导当且仅当 $f(x)$ 连续．

12.2 命题公式与公式等值

12.2.1 命题公式

定义 1 命题公式，简称公式，定义为：

（1）单个命题变元是公式；

（2）如果 P 是公式，则 $\neg P$ 是公式；

（3）如果 P、Q 是公式，则 $P\wedge Q$、$P\vee Q$、$P\to Q$、$P\leftrightarrow Q$ 都是公式；

（4）当且仅当能够有限次地应用（1）、（2）、（3）所得到的包括命题变元、联结词和括号的符号串是公式.

上面的公式是以递归的形式给出的，其中（1）是基础；（2）、（3）是归纳；（4）是界限.

通过上面的公式可以看出，公式是由命题变元、联结词和括号组成的，但并不是由命题变元、联结词和括号组成的符号串都能成为命题公式. 例如，下面的符号串：

$((((\neg P)\wedge Q)\to R)\vee S)$、$((P\to\neg Q)\leftrightarrow(\neg R\wedge S))$、$(\neg P\vee Q)\wedge R$ 都是公式；而$((P\vee Q)\leftrightarrow(\wedge Q))$、$(\wedge Q)$都不是公式.

从上面的例子可以发现，一个公式中会出现很多括号，为了减少括号的数量，规定整个公式的最外层括号可以省略，并且规定联结词的优先顺序为$\neg$、$\wedge$、$\vee$、$\to$、$\leftrightarrow$. 因此，公式$(((\neg P\wedge Q)\to R)\vee S)$可写成$(\neg P\wedge Q\to R)\vee S$.

12.2.2 真值表

定义 2 在命题公式 G 中，对各分量指派所有可能的真值，从而确定命题公式的真值，把它列成一个表，称为 G 的真值表. 真值表的构造方法如下：

（1）列出公式 G 中的全部命题变元，并按一定的顺序排列成 $P_1,P_2,\cdots,P_n$.

（2）列出 G 的 2^n 个解释，赋值从$\overbrace{00\cdots0}^{n个}$（$n$ 个）开始，按二进制递加顺序依次写出各赋值，直到$\overbrace{11\cdots1}^{n个}$为止（或从$\overbrace{11\cdots1}^{n个}$开始，按二进制递减顺序写出各赋值，直到$\overbrace{00\cdots0}^{n个}$为止），然后从低到高的顺序列出 G 的层次.

（3）根据赋值依次计算各层次的真值并最终计算出 G 的真值.

例 1 求下列公式的真值表.

（1）$G=(\neg P\vee Q)\leftrightarrow(P\to Q)$；

（2）$G=(\neg P\wedge Q)\to(P\vee\neg Q)$；

（3）$G=\neg(P\to Q)\wedge Q$.

解 （1）公式 G 有两个命题变元，分 4 个层次，其真值表为：

P	Q	$\neg P$	$\neg P\vee Q$	$P\to Q$	$(\neg P\vee Q)\leftrightarrow(P\to Q)$
0	0	1	1	1	1
0	1	1	1	1	1
1	0	0	0	0	1
1	1	0	1	1	1

（2）公式 G 有两个命题变元，分 5 个层次，其真值表为：

P	Q	$\neg P$	$\neg P\wedge Q$	$\neg Q$	$P\vee\neg Q$	$(\neg P\wedge Q)\to(P\vee\neg Q)$
0	0	1	0	1	1	1
0	1	1	1	0	0	0
1	0	0	0	1	1	1
1	1	0	0	0	1	1

（3）公式 G 有两个命题变元，分 3 个层次，其真值表为：

P	Q	$P\to Q$	$\neg(P\to Q)$	$\neg(P\to Q)\wedge Q$
0	0	1	0	0
0	1	1	0	0
1	0	0	1	0
1	1	1	0	0

以上真值表是一步一步构造出来的，如果对构造真值表的方法比较熟练，中间过程可以省略．

由上例可以看出，公式（1）在各种赋值情况下取值都为真；公式（2）在 P 指定为假、Q 指定为真的情况下取值为假，其余赋值情况下取值为真；公式（3）在各种赋值情况下取值为假．根据公式在各种赋值下的取值情况，可以对公式进行分类．

12.2.3 等价公式

定义 3 设 G 为命题公式：

（1）如果 G 在分量所有不同的指派下均为真，则称 G 是永真式或重言式；

（2）如果 G 在分量所有不同的指派下均为假，则称 G 是永假式或矛盾式；

（3）如果至少存在分量的一种指派使公式 G 取值为真，则称 G 是可满足式．

根据上述定义可以看出：

（1）永真式一定是可满足式，但反之不成立，即可满足式不一定是永真式．永真式的真值表最后一列全为 1，可满足式真值表的最后一列至少有一个 1，即可满足式至少有一个值为真的解释.

（2）永假式一定是不可满足式，永假式真值表的最后一列全为 0.

给定一个命题公式，判断其类型的最直接的方法是利用公式的真值表. 如果真值表最后一列全为 1，则对应的命题公式为永真式；如果真值表最后一列全为 0，则对应的命题公式为永假式；如果最后一列的值有 1 也有 0，则对应的命题公式为非永真式的可满足式.

给定 n（$n>2$）个命题变元，按命题公式的规则可以组合成无数的命题公式，但在这些公式中，有些具有相同的真值情况. 例如，$n=2$ 时，$P\rightarrow Q$，$\neg P\vee Q$，$\neg(P\wedge\neg Q)$，…，形式上看来是不同的命题公式，但具有相同的真值情况，即在任意赋值情况下，上述命题公式都具有相同的真值，如何判断哪些公式具有相同真值？

定义 4　设 A 和 B 是两个命题公式，如果 A 和 B 在任意赋值情况下都具有相同的真值，则称 A 和 B 是等价公式，记为 $A\Leftrightarrow B$.

由等价公式的定义可知，因为 A、B 的真值总是相等，$A\Leftrightarrow B$ 当且仅当 $A\leftrightarrow B$ 为永真式（或重言式），因此判断公式 A、B 是否等价的最直接方法是利用真值表法判断 A、B 的真值表是否相等或判断公式 $A\leftrightarrow B$ 是否为永真式.

例 2　证明：$(P\vee Q)\wedge R\Leftrightarrow(P\wedge R)\vee(Q\wedge R)$.

表 12-6　$(P\vee Q)\wedge R$ 和$(P\wedge R)\vee(Q\wedge R)$的真值表

P	Q	R	$P\vee Q$	$P\wedge R$	$Q\wedge R$	$(P\vee Q)\wedge R$	$(P\wedge R)\vee(Q\wedge R)$
0	0	0	0	0	0	0	0
0	0	1	0	0	0	0	0
0	1	0	1	0	0	0	0
0	1	1	1	0	1	1	1
1	0	0	1	0	0	0	0
1	0	1	1	1	0	1	1
1	1	0	1	0	0	0	0
1	1	1	1	1	1	1	1

由表 12-6 可知，$(P\vee Q)\wedge R\Leftrightarrow(P\wedge R)\vee(Q\wedge R)$.

定理 1　设 A、B、C 是公式，则

（1）$A\Leftrightarrow A$；

（2）若 $A\Leftrightarrow B$，则 $B\Leftrightarrow A$；

（3）若 $A\Leftrightarrow B$ 且 $B\Leftrightarrow C$，则 $A\Leftrightarrow C$.

定理 2　设 A、B、C 是公式，则下述等价公式成立：

（1）双重否定律　　$\neg\neg A\Leftrightarrow A$；

（2）等幂律　　$A\wedge A\Leftrightarrow A$；

　　$A\vee A\Leftrightarrow A$；

（3）交换律　$A\wedge B\Leftrightarrow B\wedge A$；

$A\vee B\Leftrightarrow B\vee A$；

（4）结合律　$(A\wedge B)\wedge C\Leftrightarrow A\wedge(B\wedge C)$；

$(A\vee B)\vee C\Leftrightarrow A\vee(B\vee C)$；

（5）分配律　$(A\wedge B)\vee C\Leftrightarrow(A\vee C)\wedge(B\vee C)$；

$(A\vee B)\wedge C\Leftrightarrow(A\wedge C)\vee(B\wedge C)$；

（6）德·摩根律　$\neg(A\vee B)\Leftrightarrow\neg A\wedge\neg B$；

$\neg(A\wedge B)\Leftrightarrow\neg A\vee\neg B$；

（7）吸收律　$A\vee(A\wedge B)\Leftrightarrow A$；

$A\wedge(A\vee B)\Leftrightarrow A$；

（8）零一律　$A\vee 1\Leftrightarrow 1$；

$A\wedge 0\Leftrightarrow 0$；

（9）同一律　$A\vee 0\Leftrightarrow A$；

$A\wedge 1\Leftrightarrow A$；

（10）排中律　$A\vee\neg A\Leftrightarrow 1$；

（11）矛盾律　$A\wedge\neg A\Leftrightarrow 0$；

（12）蕴涵等值式　$A\rightarrow B\Leftrightarrow\neg A\vee B$；

（13）假言易位　$A\rightarrow B\Leftrightarrow\neg B\rightarrow\neg A$；

（14）等价等值　$A\leftrightarrow B\Leftrightarrow(A\rightarrow B)\wedge(B\rightarrow A)$；

（15）等价否定等值式　$A\leftrightarrow B\Leftrightarrow\neg A\leftrightarrow\neg B\Leftrightarrow\neg B\leftrightarrow\neg A$；

（16）归缪式　$(A\rightarrow B)\wedge(A\rightarrow\neg B)\Leftrightarrow\neg A$.

在上述等价式中，A、B、C 代表的是任意公式，因而，每个公式都是一个模式，它可以代表无数多个同类型的命题公式．例如 $P\wedge\neg P\Leftrightarrow 0$，$(P\vee Q)\wedge\neg(P\vee Q)\Leftrightarrow 0$，$\neg P\wedge\neg(\neg P)\Leftrightarrow 0$ 等都是矛盾律的具体形式，每个具体的命题形式称为对应模式的一个实例．因此，在判断命题公式是否等价时，要做到灵活运用．

根据上述基本等价公式，不用真值表就可以推演出更多的等价公式来．根据上述的等价公式，将一个命题公式推演出另外一个与之等价的公式的过程称为等值演算．在进行等值演算时，往往用到置换规则．

定理 3（置换规则）　设 $\phi(A)$ 是一个含有子公式 A 的命题公式，$\phi(B)$ 是用公式 B 置换了 $\phi(A)$ 中的子公式 A 后得到的公式，如果 $A\Leftrightarrow B$，那么 $\phi(A)\Leftrightarrow\phi(B)$.

例 3　用等值演算计算下列等式：

（1）$\neg P\rightarrow(P\rightarrow\neg Q)\Leftrightarrow P\rightarrow(Q\rightarrow P)$；

（2）$(P\wedge Q)\vee(P\wedge\neg Q)\Leftrightarrow P$；

（3）$P\rightarrow(Q\vee R)\Leftrightarrow(P\wedge\neg Q)\rightarrow R$.

证：

（1）$\neg P\rightarrow(P\rightarrow\neg Q)\Leftrightarrow\neg P\rightarrow(\neg P\vee\neg Q)$　（蕴涵等值式）

$\Leftrightarrow\neg\neg P\vee(\neg P\vee\neg Q)$　（蕴涵等值式）

$\Leftrightarrow P\vee(\neg P\vee\neg Q)$ （双重否定律）

$\Leftrightarrow P\vee(\neg Q\vee\neg P)$ （交换律）

$\Leftrightarrow(P\vee\neg Q)\vee\neg P$ （结合律）

$\Leftrightarrow\neg P\vee(P\vee\neg Q)$ （交换律）

$\Leftrightarrow\neg P\vee(\neg Q\vee P)$ （交换律）

$\Leftrightarrow\neg P\vee(Q\to P)$ （蕴涵等值式）

$\Leftrightarrow P\to(Q\to P)$ （蕴涵等值式）

（2）$(P\wedge Q)\vee(P\wedge\neg Q)\Leftrightarrow P\wedge(Q\vee\neg Q)$ （分配律）

$\Leftrightarrow P\wedge 1$ （排中律）

$\Leftrightarrow P$ （同一律）

（3）$P\to(Q\vee R)\Leftrightarrow\neg P\vee(Q\vee R)$ （蕴涵等值式）

$\Leftrightarrow(\neg P\vee Q)\vee R$ （结合律）

$\Leftrightarrow\neg(P\wedge\neg Q)\vee R$ （德·摩根律）

$\Leftrightarrow(P\wedge\neg Q)\to R$ （蕴涵等值式）

习题 12.2

1．求下列命题的真值表：

（1）$P\to(Q\vee R)$； （2）$(P\vee R)\to(P\to Q)$；

（3）$(P\vee R)\leftrightarrow(Q\vee R)$； （4）$(P\vee\neg R)\wedge Q$；

（5）$(P\to(Q\to R))\to((P\to Q)\to(P\to R))$．

2．化简并判断下列公式的类型：

（1）$P\vee(\neg P\vee(Q\wedge\neg Q))$； （2）$((P\to Q)\leftrightarrow(\neg Q\to\neg P))\wedge R$；

（3）$\neg(Q\to P)\wedge P$； （4）$P\to(P\vee Q\vee R)$；

（5）$(P\wedge(P\to Q))\to Q$； （6）$(P\wedge Q\wedge R)\vee(\neg P\wedge Q\wedge R)$．

3．证明下列等值式成立：

（1）$P\to(Q\to P)\Leftrightarrow\neg P\to(P\to\neg Q)$； （2）$P\to(Q\vee R)\Leftrightarrow(P\wedge\neg Q)\to R$；

（3）$(P\to R)\wedge(Q\to R)\Leftrightarrow(P\vee Q)\to R$； （4）$\neg(P\leftrightarrow Q)\Leftrightarrow(P\vee Q)\wedge\neg(P\wedge Q)$；

（5）$((P\wedge Q)\to R)\wedge(Q\to(S\vee R))\Leftrightarrow(Q\wedge(S\to P))\to R$；

（6）$(((P\wedge Q\wedge R)\to S)\wedge(R\to(P\vee Q\vee S)))\Leftrightarrow((R\wedge(P\leftrightarrow Q)\to S))$．

12.3 命题逻辑推理理论

12.3.1 蕴涵及基本蕴涵式

逻辑的重要应用在于研究推理．逻辑等价可以用来推理，但在推理中用到更多的是蕴含关系．

定义 1 设 G、H 是两个公式，若 $G\to H$ 是永真式，则称 G 蕴涵 H，记作 $G\Rightarrow H$．

需要注意的是，⇒与⇔一样，不是逻辑联结词，因此 $G\Rightarrow H$ 也不是公式．

蕴涵关系有如下性质：

（1）对于任意公式 G，有 $G\Rightarrow G$；

（2）对任意公式 G、H，若 $G\Rightarrow H$ 且 $H\Rightarrow G$，则 $G\Leftrightarrow H$；

（3）若 $G\Rightarrow H$ 且 $H\Rightarrow \mathrm{L}$，则 $G\Rightarrow \mathrm{L}$．

定义 2 设 $G_1,G_2,\cdots,G_n$，H 是公式，如果 $(G_1\wedge G_2\wedge\cdots\wedge G_n)\rightarrow H$ 是永真式，则称 $G_1,G_2,\cdots,G_n$ 蕴涵 H，又称 H 是 $G_1,G_2,\cdots,G_n$ 的逻辑结果，记作 $(G_1\wedge G_2\wedge\cdots\wedge G_n)\Rightarrow H$ 或 $(G_1,G_2,\cdots,G_n)\Rightarrow H$．

例 1 证明 $P\rightarrow Q$，P 蕴涵 Q．

证 只需要证明 $((P\rightarrow Q)\wedge P)\rightarrow Q$ 为永真式即可．

因为 $((P\rightarrow Q)\wedge P)\rightarrow Q$

$\Leftrightarrow\neg((\neg P\vee Q)\wedge P)\vee Q\Leftrightarrow\neg(\neg P\vee Q)\vee\neg P\vee Q$

$\Leftrightarrow(P\wedge\neg Q)\vee\neg P\vee Q\quad\Leftrightarrow(P\vee\neg P\vee Q)\wedge(\neg Q\vee\neg P\vee Q)\Leftrightarrow 1$，

因此 $P\rightarrow Q$，P 蕴涵 Q．

下面列出了一些基本的蕴涵式：

（1）$P\wedge Q\Rightarrow P$；

（2）$P\wedge Q\Rightarrow Q$；

（3）$P\Rightarrow P\vee Q$；

（4）$Q\Rightarrow P\vee Q$；

（5）$\neg P\Rightarrow(P\rightarrow Q)$；

（6）$Q\Rightarrow(P\rightarrow Q)$；

（7）$\neg(P\rightarrow Q)\Rightarrow P$；

（8）$\neg(P\rightarrow Q)\Rightarrow\neg Q$；

（9）P，$P\rightarrow Q\Rightarrow Q$；

（10）$\neg Q$，$P\rightarrow Q\Rightarrow\neg P$；

（11）$\neg P$，$P\vee Q\Rightarrow Q$；

（12）$P\rightarrow Q$，$Q\rightarrow R\Rightarrow P\rightarrow R$；

（13）$P\vee Q$，$P\rightarrow R$，$Q\rightarrow R\Rightarrow R$；

（14）$P\rightarrow Q$，$R\rightarrow S\Rightarrow(P\wedge R)\rightarrow(Q\wedge S)$；

（15）P，$Q\Rightarrow P\wedge Q$．

12.3.2 命题逻辑推理理论

推理是从一些已知的判断推出另一个判断的思维过程，已知的判断称为前提，从前提推导出的判断称为结论．下面给出前提、结论的严格定义．

定义 3 如果 $G_1,G_2,\cdots,G_n$ 蕴涵 H，则称 H 能够由 $G_1,G_2,\cdots,G_n$ 有效推出，$G_1,G_2,\cdots,G_n$ 称为 H 的前提，H 称为 $G_1,G_2,\cdots,G_n$ 的有效结论．称 $(G_1\wedge G_2\wedge\cdots\wedge G_n)\rightarrow H$ 是由前提 $G_1,G_2,\cdots,G_n$ 推结论 H 的推理的形式结构．

例 2 判断下列推理是否有效：

（1）如果他是理科学生，他必学好数学．他是理科学生，所以他要学好数学．

（2）如果天气热，我去游泳．天气不热，所以，我没去游泳．

解 为判断这种形式结构的有效性，首先将形式的前提和结论符号化，写出前提、结论的形式结构，最后判断该形式结构是否为永真公式．

（1）P：他是理科学生；Q：他必学好数学．

前提：$P\rightarrow Q$，P

结论：Q

证 $((P\rightarrow Q)\wedge P)\rightarrow Q$

$\Leftrightarrow((\neg P\vee Q)\wedge P)\rightarrow Q\Leftrightarrow((\neg P\wedge P)\vee(Q\wedge P))\rightarrow Q$

$\Leftrightarrow(Q\wedge P)\rightarrow Q\Leftrightarrow\neg(Q\wedge P)\vee Q$

$\Leftrightarrow\neg Q\vee\neg P\vee Q\Leftrightarrow\neg P\vee(\neg Q\vee Q)$

$\Leftrightarrow\neg P\vee 1\Leftrightarrow 1$，

所以$((P\rightarrow Q)\wedge P)\rightarrow Q$是永真公式，从而证明（1）的推理形式是有效的．

（2）P：天气热．Q：我去游泳．

前提：$P\rightarrow Q$，$\neg P$

结论：$\neg Q$

因为

$$((P\rightarrow Q)\wedge(\neg P))\rightarrow\neg Q$$
$$\Leftrightarrow((\neg P\vee Q)\wedge(\neg P))\rightarrow\neg Q$$
$$\Leftrightarrow\neg P\rightarrow\neg Q$$
$$\Leftrightarrow P\vee\neg Q.$$

因为 $P\vee\neg Q$ 存在一个成假赋值（0,1），不是永真公式，因而$((P\rightarrow Q)\wedge(\neg P))\rightarrow\neg Q$也不是永真公式，因此，（3）不是有效的推理形式．

12.3.3 推理常用方法

推理中常用的推理规则：

（1）前提引入规则：可以在证明的任何时候引入前提；

（2）结论引入规则：在证明的任何时候，已证明的结论都可以作为后续证明的前提；

（3）置换规则：在证明的任何时候，命题公式中的任何子命题公式都可以用与之等价的命题公式置换．

由公式蕴涵的定义，$(G_1\wedge G_2\wedge\cdots\wedge G_n)\rightarrow H$ 可等价表示为$(G_1\wedge G_2\wedge\cdots\wedge G_n)\Rightarrow H$，因此判断推理是否正确的方法就是判断蕴涵式的方法，如等值演算方法、真值表方法、利用主范式方法等．

构造方法在具体应用时主要有两种方法：直接证法和间接证法．下面分别通过例子加以说明．

1．直接证法

直接证法就是根据一组前提，利用前面提供的一些推理规则，根据已知的等价公式和蕴涵式推演得到有效的结论的方法，即由前提直接推导出结论．

例 3 构造下列推理的证明．

前提：$P\vee Q$，$P\rightarrow R$，$Q\rightarrow S$

结论：$S\vee R$

证：

（1）$P\vee Q$　　前提引入规则

（2）$P\to R$　　前提引入规则

（3）$Q\to S$　　前提引入规则

（4）$S\vee R$　　（1）、（2）、（3）构造性二难规则

例 4　构造下列推理的证明.

前提：$(W\vee R)\to V$，$V\to(C\vee S)$，$S\to U$，$\neg C\wedge\neg U$

结论：$\neg W$

证：

（1）$\neg C\wedge\neg U$　　前提引入规则

（2）$\neg U$（1）　　化简规则

（3）$S\to U$　　前提引入规则

（4）$\neg S$　　（2）、（3）拒取式规则

（5）$\neg C$　　（1）化简规则

（6）$\neg C\wedge\neg S$　　（4）、（5）合取引入规则

（7）$\neg(C\vee S)$　　（6）置换规则

（8）$(W\vee R)\to V$　　前提引入规则

（9）$V\to(C\vee S)$　　前提引入规则

（10）$(W\vee R)\to(C\vee S)$　　（8）、（9）假言三段论规则

（11）$\neg(W\vee R)$　　（7）、（10）拒取式规则

（12）$\neg W\wedge\neg R$　　（11）置换规则

（13）$\neg W$　　（12）化简规则

2. 间接证法

间接证法主要有如下两种情况：

1）附加前提证明法.

有时要证明的结论以蕴涵式的形式出现，即推理的形式结构为：

$$(G_1\wedge G_2\wedge\cdots\wedge G_n)\Rightarrow(R\to C)$$

设$(G_1\wedge G_2\wedge\cdots\wedge G_n)$为 S，则上述推理可表示为证明 $S\Rightarrow(R\to C)$，即证明 $S\to(R\to C)$为永真式.

因为 $S\to(R\to C)\Leftrightarrow\neg S\vee(\neg R\vee C)$

$\Leftrightarrow(\neg S\vee\neg R)\vee C$

$\Leftrightarrow\neg(S\wedge R)\vee C$

$\Leftrightarrow(S\wedge R)\to C$，

所以上述推理过程等价于证明$(S\wedge R)\to C$ 为永真式，即证明$(S\wedge R)\Rightarrow C$. 这时，原先结论中的前件已经变成前提了，这种将结论中的前件作为前提的证明方法称为附加前提证明法. 在证明过程中任意时候都可以引入结论中的前件，此规则称为附加前提引入规则.

例 5　用附加前提证明法证明以下推理：

前提：$P\rightarrow(Q\rightarrow R)$，$\neg S\vee P$，$Q$

结论：$S\rightarrow R$

证：

（1）$\neg S\vee P$　　前提引入规则

（2）S　　附加前提引入规则

（3）P　　（1）、（2）析取三段论规则

（4）$P\rightarrow(Q\rightarrow R)$　　前提引入规则

（5）$Q\rightarrow R$　　（3）、（4）假言推理规则

（6）Q　　前提引入规则

（7）R　　（5）、（6）假言推理规则

2）归缪法.

定义 4　设 $G_1,G_2,\cdots,G_n$ 是 n 个命题公式，如果 $G_1\wedge G_2\wedge\cdots\wedge G_n$ 是可满足式，则称 $G_1,G_2,\cdots,G_n$ 是相容的，否则（即 $G_1\wedge G_2\wedge\cdots\wedge G_n$ 是矛盾式）称 $G_1,G_2,\cdots,G_n$ 是不相容的.

现将不相容的概念应用于命题公式的证明.

设由一组前提 $G_1,G_2,\cdots,G_n$ 要推出结论 H，即证 $G_1\wedge G_2\wedge\cdots\wedge G_n\Rightarrow H$，设 $G_1\wedge G_2\wedge\cdots\wedge G_n$ 为 S，即证 $S\Rightarrow H$. 只要证明 $S\rightarrow H$ 为永真式，而 $S\rightarrow H\Leftrightarrow\neg S\vee H\Leftrightarrow\neg(S\wedge\neg H)$，只需要证明 $S\wedge\neg H$ 为矛盾式，即 S 与 $\neg H$ 不相容.

因此，要证明 $G_1\wedge G_2\wedge\cdots\wedge G_n\Rightarrow H$，只需要证明 $G_1\wedge G_2\wedge\cdots\wedge G_n$ 与 $\neg H$ 不相容. 这种将结论的否定 $\neg H$ 作为附加前提推出矛盾来证明结论的方法称为归缪法，又称反证法.

例 6　证明 $P\rightarrow(\neg(R\wedge S)\rightarrow\neg Q)$，$P$，$\neg S\Rightarrow\neg Q$ 的有效性.

证：

（1）$P\rightarrow(\neg(R\wedge S)\rightarrow\neg Q)$　　前提引入规则

（2）P　　前提引入规则

（3）$\neg(R\wedge S)\rightarrow\neg Q$　　（1）、（2）假言推理规则

（4）Q　　附加前提引入规则

（5）$R\wedge S$　　（3）、（4）拒取式规则

（6）S　　（5）化简规则

（7）$\neg S$　　前提引入规则

（8）$S\wedge\neg S$　　（6）、（7）合取引入规则

由（8）得出矛盾，根据归缪法说明推理正确.

习题 12.3

1. 证明下列蕴涵式：

（1）$(P\rightarrow Q)\rightarrow Q\Rightarrow P\vee Q$；

（2）$(P\rightarrow Q)\Rightarrow P\rightarrow(P\wedge Q)$；

（3）$P\to(Q\to R)\Rightarrow(P\to Q)\to(P\to R)$；

（4）$(P\vee Q)\wedge(P\to R)\wedge(Q\to R)\Rightarrow R$.

2. 证明下列推理的有效性：

（1）$\neg(P\wedge\neg Q)$，$\neg Q\vee R$，$\neg R\Rightarrow\neg P$；

（2）$P\to Q$，$(\neg Q\vee R)\wedge\neg R$，$\neg(\neg P\wedge S)\Rightarrow\neg S$；

（3）$Q\to P$，$Q\leftrightarrow S$，$S\leftrightarrow T$，$T\wedge R\Rightarrow P\wedge Q\wedge R\wedge S$；

（4）$(A\vee B)\to(C\wedge D)$，$(D\vee E\to F)\Rightarrow A\to F$.

3. 用命题公式描述下列推理的形式，并证明这些推理的有效性.

（1）如果我学习数字电路课程，那么我的数字电路课程不会不及格. 如果我不热衷于玩游戏，那么我将学习数字电路课程，但我的数字电路课程不及格，因此我热衷于玩游戏.

（2）如果天下雨，春游就改期；如果没有球赛，春游就不改期. 结果没有球赛，所以没有下雨.

12.4 谓词逻辑及其应用

在命题逻辑中，主要研究对象是命题，命题是一些原子命题或由原子命题经联结词组合而成的复合命题. 原子命题是进行命题演算的最基本单位，谓词逻辑将简单命题进一步划分，分析出个体词、谓词和量词，能够表达出个体与总体之间的内在联系和数量关系. 谓词逻辑也称为一阶逻辑或一阶谓词逻辑.

12.4.1 个体词、谓词和量词

1. 个体词

个体词是指研究对象中不依赖于人的主观而独立存在的具体的或抽象的客观实体. 例如，小李、整数、事件、$\sqrt{3}$等都可作为个体词. 将表示具体或特定客体的个体词称为个体常项或个体常元. 一般用小写字母$a,b,c,\cdots$等表示. 将表示抽象的或泛指的个体词称为个体变项或个体变元. 一般用小写字母$x,y,z\cdots$等表示. 将个体变元的取值范围称为个体域或论域. 个体域可以是有限集合，例如$\{1,3,5,7,9\}$、$\{a,b,c,d\}$等；也可以是无限集合，例如正整数集合、实数集合等. 特别地，有一个特殊的个体域，它是由宇宙间一切事物和概念构成的集合作为个体域，称为全总个体域.

2. 谓词

把用来刻画个体词的性质或个体词之间关系的词称为谓词. 考虑下面的几个命题：

（1）5 是质数；

（2）x 是无理数；

（3）2 大于 1；

（4）点 a 在点 b 与点 c 之间.

在（1）中，5 是个体常项，“…是质数”是谓词，记为 G，并用 $G(5)$表示（1）中的命题. 在（2）中，x 是个体变项，“…是有理数”是谓词，记为 H，并用 $H(x)$表示（2）中的命题. 在（3）中，2,1 是个体常项，“…大于…”是谓词，记为 L，则（3）中的命题符号化为 $L(x,y)$，其中 x 表示 2，y 表示 1. 在（4）中，a,b,c 是个体变项，谓词为“…在…与…之间”，记为 M，故（4）中的命题可以符号化为 $M(a,b,c)$. 用谓词表达命题时，必须包括个体词和谓词两部分. 一般来说，“x 是 A”类型的命题可以用 $A(x)$表达. 对于“x 大于 y”这种两个个体之间关系的命题，可表达为 $B(x,y)$，这里 B 表示“…大于…”谓词. 我们把 $A(x)$称为一元谓词，$B(x,y)$称为二元谓词，$M(a,b,c)$称为三元谓词，依次类推. 通常把二元以上的谓词称为多元谓词.

一般地，用 $G(a)$表示个体常项具有性质 G（G 是一元谓词），用 $G(x)$表示个体变项具有性质 G（G 是一元谓词）；用 $L(a,b)$表示个体常项 a,b 具有关系 L（L 是二元谓词），用 $L(x,y)$表示个体变项 x,y 具有关系 L（L 是二元谓词）；更一般地，用 $P(x_1,x_2,\cdots,x_n)$表示含 n 个个体变项 $x_1,x_2,\cdots,x_n$ 的 n 元谓词. 实际上，n 元谓词 $P(x_1,x_2,\cdots,x_n)$不是命题，只有当 n 个个体常项代替 $x_1,x_2,\cdots,x_n$ 这 n 个个体变项后，才能确定它的真值，因而也就成了命题.

注意，代表个体名称的字母，它在多元谓词表示式中出现的次序与事先的约定有关.

例 1 将下列命题在谓词逻辑中符号化，并讨论它们的真值：

（1）只有 2 是素数，4 才是素数；

（2）如果 2 小于 3，则 8 小于 7.

解 （1）设谓词 $G(x)$：x 是素数，a：2，b：4；（1）中的命题符号化为谓词的蕴涵式：

$$G(a)\rightarrow G(b),$$

由于此蕴涵式的前件为假，所以（1）中的命题为真.

（2）设谓词 $H(x,y)$：x 小于 y，a：2，b：3，c：8，d：7；（2）中的命题符号化为谓词的蕴涵式：

$$H(a,b)\rightarrow H(c,d),$$

由于此蕴涵式的前件为真，后件为假，所以（2）中的命题为假.

3. 量词

有了个体词和谓词的概念之后，对有些命题来说，还是不能准确地符号化，例如下面的两个命题：

（1）所有的人都是要死的；

（2）有些人是要死的.

这两个命题中的个体词和谓词都相同，区别在于“所有的”和“有些”这两个表示个体常项或个体变项之间数量关系的词. 称表示个体常项或个体变项之间数量关系的词为量词．量词包括全称量词和存在量词两种．

（1）全称量词．对于日常生活和数学中的“一切的”、“任意的”、“所有的”、“每一个”、“都”、“凡”等词统称为全称量词，用符号“$\forall$”表示，并用$\forall x$ 表示个体域中的所有个体，用$\forall x\, F(x)$表示个体域中的所有个体具有性质 F.

（2）存在量词．对于日常生活和数学中的“存在”、“有一个”、“至少有一个”、“有些”、“有的”等词统称为存在量词，用符号“$\exists$”表示，并用$\exists x$ 表示个体域中有的个体，用$\exists x\, F(x)$表示个体域中有的个体具有性质 F.

下面讨论谓词逻辑中的命题符号化问题．

例 2 在个体域分别限制为（a）和（b）条件时，将下面的命题符号化：

（1）所有人都是要死的；

（2）有的人天生就近视．

其中：（a）个体域 D_1 为人类集合；

（b）个体域 D_2 为全总个体域．

解 （a）令 $F(x)$：x 要死的；$G(x)$：x 天生就近视．

（1）在个体域 D_1 中除人外，没有其他的事物，因而（1）可符号化为：

$$\forall x\, F(x);$$

（2）在个体域 D_1 中有些人是天生就近视，因而（2）可符号化为：

$$\exists x\, G(x);$$

（b）在个体域 D_2 中除人外，还有其他的事物，因而在将（1）、（2）符号化时，必须考虑先将人分离出来，令 M（x）：x 是人．在 D_2 中，（1）、（2）可分别描述如下：

（1）对于宇宙间的一切事物，如果事物是人，则他是要死的．

（2）在宇宙间存在着天生就近视的人．

将（1）、（2）分别符号化为：

（1）$\forall x(M(x)\to F(x))$;

（2）$\exists x(M(x)\to G(x))$.

在个体域 D_1、D_2 中命题（1）、（2）都是真命题．

例 3 将下列命题符号化，并指出真值情况．

（1）没有人登上过月球；

（2）所有人的头发未必都是黑色的．

解 个体域为全总个体域，令 $M(x)$：x 是人．

（1）令 $F(x)$：x 登上过月球．命题（1）符号化为：

$$\neg\exists x(M(x)\wedge F(x)).$$

设 a 是 1969 年登上月球完成阿波罗计划的一名美国人，则 $M(a)\wedge F(a)$为真，故命题（1）为假．

（2）令 $H(x)$：x 的头发是黑色的．命题（2）可符号化为：

$$\neg\forall x(M(x)\to H(x)).$$

我们知道有的人头发是褐色的，所以$\forall x(M(x)\to H(x))$为假，故命题（2）为真.

例 4 将下列命题符号化：

（1）猫比老鼠跑得快；

（2）有的猫比所有老鼠跑得快；

（3）并不是所有的猫比老鼠跑得快；

（4）不存在跑得同样快的两只猫.

解 设个体域为全总个体域．令 $C(x)$：x 是猫；$M(y)$：y 是老鼠；$Q(x,y)$：x 比 y 跑得快；$L(x,y)$：x 和 y 跑得同样快．这 4 个命题分别符号化为：

（1）$\forall x\,\forall y(C(x)\wedge M(y)\to Q(x,y))$；

（2）$\exists x(C(x)\wedge\forall y(M(y)\to Q(x,y)))$；

（3）$\neg\forall x\,\forall y(C(x)\wedge M(y)\to Q(x,y))$；

（4）$\neg\exists x\exists\, y(C(x)\wedge C(y)\wedge L(x,y)))$.

12.4.2 谓词逻辑公式与解释

为了使命题的符号化更加规范与准确，能正确进行谓词逻辑的演算和推理，下面介绍谓词演算合式公式的概念.

定义 1 设 $P(x_1,x_2,\cdots,x_n)$是 n 元谓词公式，其中，$x_1,x_2,\cdots,x_n$ 是个体变项，则称 $P(x_1,x_2,\cdots,x_n)$为谓词演算的原子公式.

定义 2 谓词演算的合式公式定义如下：

（1）原子公式是合式公式；

（2）若 A 是合式公式，则$(\neg A)$也是合式公式；

（3）若 A，B 是合式公式，则$(A\wedge B)$、$(A\vee B)$、$(A\to B)$、$(A\leftrightarrow B)$是合式公式；

（4）若 A 是合式公式，则$\forall x\, A$、$\exists x\, A$ 是合式公式；

（5）只有有限次地应用（1）～（4）构成的符号串才是合式公式.

谓词演算的合式公式简称为谓词公式．谓词公式的最外层的括号可以省略.

例 5 在谓词逻辑中将下列命题符号化.

（1）不存在最大的数.

（2）计算机系的学生都要学离散数学.

解 取个体域为全总个体域.

（1）令 $F(x)$：x 是数，$L(x,y)$：x 大于 y；则命题（1）符号化为

$$\neg\exists x(F(x)\wedge\forall y(F(y)\to L(x,y)))；$$

（2）令 $C(x)$：x 是计算机系的学生，$G(x)$：x 要学离散数学；则命题（2）可符号化为：

$$\forall x(C(x)\to G(x)).$$

一般来说，对命题的符号化可采用以下步骤：

（1）正确理解给定的命题，必要时对命题换一个角度叙述，使其中的每个原子命题及原子命题之间的关系清楚地显现出来；

（2）把每个原子命题分解成个体词、谓词和量词；

（3）找出合适的量词，注意全称量词（$\forall x$）后跟条件式，存在量词（$\exists x$）后跟合取式；

（4）用恰当的联结词把给定的命题联结起来．

例 6 将下列命题符号化．

（1）尽管有人愚蠢，但并非所有人都愚蠢．

（2）这只大红书柜摆满了那些古书．

解 （1）令 $C(x)$：x 愚蠢；$M(x)$：x 是人，则命题（1）可符号化为

$$\exists x(M(x)\wedge C(x))\wedge\neg\forall x(M(x)\to C(x));$$

（2）令 $F(x,y)$：x 摆满了 y；$R(x)$：x 是大红书柜；$Q(x)$：x 是古书；a：这只；b：那些，则命题（2）可符号化为

$$R(a)\wedge Q(b)\wedge F(a,b).$$

由于公式是由个体常项符号、个体变项符号、函数符号、谓词符号通过逻辑联结词和量词连接起来的符号串，若不对它们进行具体的解释，则公式没有实际的意义．所谓公式的解释，就是将公式中的常项符号指定为常项，函数符号指定为具体函数，谓词符号指定为谓词．

定义 3 谓词逻辑公式的一个解释 I 是由非空区域 D 和对 G 中的常项符号、函数符号、谓词符号以下列规则进行的一组指定组成：

（1）对每一个常项符号指定 D 中的一个元素；

（2）对每一个 n 元函数符号指定一个函数；

（3）对每一个 n 元谓词符号指定一个谓词．

显然，对任意公式 G，如果给定 G 的一个解释 I，则 G 在 I 的解释下有一个真值，记作 $T_I(G)$．

例 7 指出下面公式在解释 I 下的真值：

（1）$G=\exists x(P(f(x))\wedge Q(x,f(a)))$；

（2）$H=\forall x(P(x)\wedge Q(x,a))$．

给出如下的解释 I：

$D=\{2,3\}$；

a：2；

$f(2)$：3，$f(3)$：2；

$P(2)$：0，$P(3)$：1；

$Q(2,2)$：1，$Q(2,3)$：1，$Q(3,2)$：0，$Q(3,3)$：1．

解 （1）
$$\begin{aligned}T_I(G)&=T_I((P(f(2))\wedge Q(2,f(2)))\vee(P(f(3))\wedge Q(3,f(2))))\\&=T_I((P(3)\wedge Q(2,3))\vee(P(2)\wedge Q(3,3))\\&=(1\wedge 1)\vee(0\wedge 1)\\&=1;\end{aligned}$$

（2）$T_I(H)=T_I(P(2)\wedge Q(2,2)\wedge P(3)\wedge Q(3,2))$

$=0\wedge1\wedge1\wedge0$

$=0.$

定义 4 若存在解释 I，使得 G 在解释 I 下取值为真，则称公式 G 为可满足的，简称 I 满足 G.

定义 5 若不存在解释 I，使得 I 满足 G，则称公式 G 为永假式（或矛盾式）. 若 G 的所有解释 I 都满足 G，则称公式 G 为永真式（或重言式）.

12.4.3 谓词逻辑公式的等价与蕴涵

在谓词逻辑中，有些命题可以有不同的符号化形式．例如，命题“不存在不死的人”，论域为全总个体域，下面有两种不同的符号化形式．

（1）$\neg\exists x(M(x)\wedge\neg D(x))$

（2）$\forall x(M(x)\rightarrow D(x))$

其中，$M(x)$：x 是人，$D(x)$：x 是要死的．上面的两式都正确．我们称（1）与（2）是等价的，下面给出等价式的概念．

定义 6 设 A、B 是命题逻辑中的任意两个公式，设它们有共同的个体域 E，若对任意的解释 I 都有 $T_I(A)=T_I(B)$，则称公式 A、B 在 E 上是等价的，记作 $A\Leftrightarrow B$.

等价公式也可以描述为：

设 A、B 是命题逻辑中的任意两个公式，设它们有共同的个体域 E，若 $A\leftrightarrow B$ 是永真式，则称公式 A、B 在 E 上是等价的.

有了谓词公式的等价和永真等概念，现在可以给出谓词演算的一些基本而重要的等价式.

1. 命题公式的推广

在命题演算中，任意一个永真公式，其中同一命题变元用同一命题公式代换，其结果仍是永真公式，我们把这个情况推广到谓词公式之中，当谓词演算中的公式代替命题演算中永真公式的变元时，所得到的谓词公式即为永真公式，所以命题演算中的等价公式都可以推广到谓词演算中使用．例如

$\forall x\,G(x)\Leftrightarrow\neg\neg\forall x\,G(x)$,

$\forall x(A(x)\rightarrow B(x))\Leftrightarrow\forall x(\neg A(x)\vee B(x))$.

2. 量词的转换

为了说明量词的转换，先看下面的例子.

例如，设 $C(x)$：x 讲汉语．论域为所有人，则

$\forall x\,C(x)$表示所有人都讲汉语；

$\neg C(x)$表示 x 不讲汉语；

$\neg\forall x\,C(x)$表示不是所有的人都讲汉语；

$\exists x\neg C(x)$表示有的人都不讲汉语.

从它们的意义上可以看出 $\neg\forall x\,C(x)\Leftrightarrow\exists x\ \neg C(x)$，又

$\exists x\,C(x)$表示有的人讲汉语；

$\neg\exists x\, C(x)$表示不存在讲汉语的人；

$\forall x\neg C(x)$表示所有的牛都不讲汉语．

从意义上可以看出$\neg\exists x\, C(x)\Leftrightarrow \forall x\neg C(x)$．

通过上面的例子，说明了

$\neg\forall x\, A(x)\Leftrightarrow \exists x\neg A(x)$；

$\neg\exists x\, A(x)\Leftrightarrow \forall x\neg A(x)$．

下面给出严格的证明．

定理 1 设$A(x)$是谓词公式，有关量词否定的两个等价公式：

（1）$\neg\forall x\, A(x)\Leftrightarrow \exists x\neg A(x)$；

（2）$\neg\exists x\, A(x)\Leftrightarrow \forall x\neg A(x)$．

证 （1）设个体域是有限的为：$D=\{a_1,a_2,\cdots,a_n\}$，则有

$$\begin{aligned}\neg\ \forall x\, A(x)&\Leftrightarrow\neg\ (A(a_1)\wedge A(a_2)\wedge\cdots\wedge A(a_n))\\&\Leftrightarrow\neg A(a_1)\vee\neg A(a_2)\vee\cdots\vee\neg A(a_n))\\&\Leftrightarrow\exists x\neg A(x).\end{aligned}$$

设个体域D为无限的，若$\neg\forall x\, A(x)$的真值为真，则$\forall x\, A(x)$的真值为假，即存在个体$a\in D$使$A(a)$的真值为假，所以$\neg A(a)$为真，因此有$\exists x\neg A(x)$的真值为真，即$\neg\forall x\, A(x)$的真值为真时，一定有$\exists x\neg A(x)$的真值也为真．

若$\neg\forall x\, A(x)$的真值为假，则$\forall x\, A(x)$的真值为真，即对任意个体$a\in D$，都有$A(a)$的真值为真，所以$\neg A(a)$为假，因此有$\exists x\neg A(x)$的真值为假．即$\neg\forall x\, A(x)$的真值为假时，一定有$\exists x\neg A(x)$的真值也为假．

所以等价式 $\neg\forall x\, A(x)\Leftrightarrow \exists x\neg A(x)$成立．

（2）设个体域是有限的为：$D=\{a_1,a_2,\cdots,a_n\}$，则有

$$\begin{aligned}\neg\exists x\, A(x)&\Leftrightarrow\ \neg(A(a_1)\vee\ A(a_2)\vee\cdots\vee A(a_n))\\&\Leftrightarrow\ \neg A(a_1)\wedge\ \neg A(a_2)\wedge\cdots\wedge\neg A(a_n)\\&\Leftrightarrow\forall x\neg A(x).\end{aligned}$$

设个体域D为无限的，若$\neg\exists x\, A(x)$的真值为真，则$\exists x\, A(x)$的真值为假，即对任意个体$a\in D$，都有$A(a)$的真值为假，所以对任意个体$a\in D$，都有$\neg A(a)$为真，因此有$\forall x\neg A(x)$的真值为真，即若$\neg\exists x\, A(x)$的真值为真时，则一定有$\forall x\neg A(x)$的真值也为真．

若$\neg\exists x\ A(x)$的真值为假，则$\exists x\ A(x)$的真值为真，即存在个体$a\in D$，使得$A(a)$的真值为真，所以有$\neg A(a)$的真值为假，因此有$\forall x\neg A(x)$的真值为假．即若有$\neg\exists x\, A(x)$的真值为假时，则有$\forall x\neg A(x)$的真值也为假．

所以等价式$\neg\forall x\, A(x)\Leftrightarrow \exists x\neg A(x)$成立．

此定理称为量词转换律，当把量词前面的$\neg$符号移到量词后面时，全称量词转换为存在量词，存在量词转换为全称量词．

3. 量词辖域的扩张与收缩

定理 2 设$A(x)$是任意的含自由出现个体变项x的公式，B是不含x出现的公

式，则有

（1）$\forall x(A(x)\lor B)\Leftrightarrow \forall x\, A(x)\lor B$；

（2）$\forall x(A(x)\land B)\Leftrightarrow \forall x\, A(x)\land B$；

（3）$\forall x(A(x)\to B)\Leftrightarrow \exists x\, A(x)\to B$；

（4）$\forall x(B\to A(x))\Leftrightarrow B\to \forall x\, A(x)$；

（5）$\exists x(A(x)\lor B)\Leftrightarrow \exists x\, A(x)\lor B$；

（6）$\exists x(A(x)\land B)\Leftrightarrow \exists x\, A(x)\land B$；

（7）$\exists x(A(x)\to B)\Leftrightarrow \forall x\, A(x)\to B$；

（8）$\exists x(B\to A(x))\Leftrightarrow B\to\exists x\, A(x)$.

证　（1）设 D 是个体域，I 为任意解释，即用确定的命题及确定的个体代替出现在$\forall x(A(x)\lor B)$和$\forall x\ A(x)\lor B$ 中的命题变元和个体变元，于是得到两个命题，若对$\forall x(A(x)\lor B)$代替之后所得命题的真值为真，此时必有 $A(x)\lor B$ 的真值为真；因而 $A(x)$真值为真或 B 的真值为真，若 B 的真值为真，则$\forall x\, A(x)\lor B$ 的真值为真；若 B 的真值为假，则必有对 D 中任意 x 都使得 $A(x)$的真值为真，所以$\forall x(A(x)\lor B)$为真，从而$\forall x\, A(x)\lor B$ 为真.

若对$\forall x(A(x)\lor B)$代替之后所得命题的真值为假，则 $A(x)$和 B 的真值必为假，因此$\forall x\, A(x)\lor B$ 的真值为假；所以$\forall x(A(x)\lor B)$为假，有$\forall x\, A(x)\lor B$ 为假.

（2）、（5）和（6）证明与（1）类似，证明过程略.

（3）$\forall x(A(x)\to B)\Leftrightarrow \forall x(\neg A(x)\lor B)$

$\Leftrightarrow \forall x\neg A(x)\lor B$

$\Leftrightarrow \neg\exists x\, A(x)\lor B$

$\Leftrightarrow \exists x\, A(x)\to B$；

（4）、（7）、（8）证明与（3）类似，证明过程略.

4．量词的分配律

定理 3　设 $A(x)$、$B(x)$是任意包含自由出现个体变元 x 的公式，则有

（1）$\forall x(A(x)\land B(x))\Leftrightarrow \forall x\, A(x)\land \forall x\, B(x)$；

（2）$\exists x(A(x)\lor B(x))\Leftrightarrow \exists x\, A(x)\lor \exists x\, B(x)$.

证　（1）设 D 是任一个体域，若$\forall x(A(x)\land B(x))$的真值为真，则对任意 $a\in D$，有 $A(a)$和 $B(a)$同时为真，即$\forall x\, A(x)$为真、$\forall x\, B(x)$为真，从而$\forall x\, A(x)\land\forall x\, B(x)$真.

若$\forall x(A(x)\land B(x))$的真值为假，则对任意 $a\in D$，有 $A(a)$和 $B(a)$不能同时为真，即$\forall x\, A(x)$和 $\forall x\, B(x)$的真值不能同时为真，从而$\forall x\, A(x)\land\forall x\, B(x)$的真值为假.

综上所述 $\forall x(A(x)\land B(x))\Leftrightarrow \forall x\, A(x)\land \forall x\, B(x)$.

（2）设 D 是任一个体域，若$\exists x(A(x)\lor B(x))$的真值为真，则存在 $a\in D$，使得 $A(a)\lor B(a)$为真，即 $A(a)$为真或 $B(a)$为真，即$\exists x\, A(x)$为真或$\forall x\, B(x)$为真，从而$\exists x\, A(x)\lor\exists x\, B(x)$为真.

若$\exists x(A(x)\lor B(x))$的真值为假，则存在 $a\in D$，使得 $A(a)\lor B(a)$为假，此时，$A(a)$为假，$B(a)$为假，从而$\exists x\, A(x)\lor\exists x\, B(x)$的真值为假.

综上所述 $\exists x(A(x)\vee B(x))\Leftrightarrow \exists x A(x)\vee \exists x B(x)$.

要进行等价演算，除了以上重要的等价式外，还要记住下面三条规则：

（1）置换规则.

设$\varphi(A)$是含公式A的公式，$\varphi(B)$是用公式B代替$\varphi(A)$中所有的A之后的公式，若$A\Leftrightarrow B$，则$\varphi(A)\Leftrightarrow \varphi(B)$.

（2）换名规则.

设A为任一公式，将A中某量词辖域中约束出现的个体变元的所有出现及相应的指导变元改成该量词辖域中未曾出现过的某个个体变元符号，公式中的其余部分不变，所得公式与原公式等价.

（3）代替规则.

设A为任一公式，将A中某个自由出现的个体变元的所有出现用A中未曾出现过的某个个体变元符号代替，公式中的其余部分不变，所得公式与原公式等价.

例 8 证明下列各等价式：

（1）$\neg\exists x (A(x)\wedge B(x))\Leftrightarrow \forall x (A(x)\rightarrow\neg B(x))$;

（2）$\neg\forall x (A(x)\rightarrow B(x))\Leftrightarrow \exists x (A(x)\wedge \neg B(x))$.

证 （1）$\neg\exists x(A(x)\wedge B(x))$

$\Leftrightarrow \forall x \ \neg (A(x)\wedge B(x))$

$\Leftrightarrow \forall x (\neg A(x)\vee \neg B(x))$

$\Leftrightarrow \forall x (A(x)\rightarrow\neg B(x))$;

（2）$\neg\forall x (A(x)\rightarrow B(x))$

$\Leftrightarrow \exists x \ \neg (A(x)\rightarrow B(x))$

$\Leftrightarrow \exists x \ \neg (\neg A(x)\vee B(x))$

$\Leftrightarrow \exists x (A(x)\wedge \neg B(x))$.

定义 7 设A、B是命题逻辑中的任意两个公式，若$A\rightarrow B$是永真式，则称公式A蕴涵公式B，记作$A\Rightarrow B$.

定理 4 下列蕴涵式成立：

（1）$\forall x A(x)\vee \forall x B(x)\Rightarrow \forall x (A(x)\vee B(x))$;

（2）$\exists x (A(x)\wedge B(x))\Rightarrow \exists x A(x)\wedge \exists x B(x)$;

（3）$\forall x (A(x)\rightarrow B(x))\Rightarrow \forall x A(x)\rightarrow \forall x B(x)$;

（4）$\forall x (A(x)\rightarrow B(x))\Rightarrow \exists x A(x)\rightarrow \exists x B(x)$;

（5）$\exists x A(x)\rightarrow \forall x B(x)\Rightarrow \forall x (A(x)\rightarrow B(x))$.

证 （1）设$\forall x A(x)\vee \forall x B(x)$在任意解释下的真值为真，即对个体域中的每一个$x$，都能使$A(x)$的真值为真或者对个体域中的每一个$x$都能使$B(x)$的真值为真，无论哪种情况，对于个体域中的每一个$x$都能使$A(x)\vee B(x)$的真值为真．因此，蕴涵式$\forall x A(x)\vee \forall x B(x)\Rightarrow \forall x(A(x)\vee B(x))$成立.

（2）设个体域为D，在解释I下$\exists x(A(x)\wedge B(x))$的真值为真，即存在$a\in D$使得$A(a)\wedge B(a)$为真，从而$A(a)$为真，$B(a)$为真，故有$\exists x A(x)$、$\exists x B(x)$均为真，所以蕴

涵式$\exists x(A(x)\wedge B(x))\Rightarrow \exists x A(x)\wedge \exists x B(x)$成立.

（3）设个体域为 D，在解释 I 下$\forall x A(x)\to \forall x B(x)$的真值为假，即存在 $a\in D$ 使得 $A(a)\to B(a)$为假，所以蕴涵式$\forall x(A(x)\to B(x))\Rightarrow \forall x A(x)\to \forall x B(x)$成立.

（4）$\forall x (A(x)\to B(x))\to (\exists x A(x)\to \exists x B(x))$

$\Leftrightarrow \neg\forall x (A(x)\to B(x))\vee(\exists x A(x)\to \exists x B(x))$

$\Leftrightarrow \neg\forall x (A(x)\to B(x))\vee(\neg\exists x A(x)\vee\exists x B(x))$

$\Leftrightarrow \neg\forall x (A(x)\to B(x))\vee \neg\exists x A(x)\vee\exists x B(x)$

$\Leftrightarrow \neg(\forall x (A(x)\to B(x))\wedge\exists x A(x))\vee\exists x B(x)$

$\Leftrightarrow(\forall x (A(x)\to B(x))\wedge\exists x A(x))\to \exists x B(x)$.

设个体域为 D，在解释 I 下$\forall x (A(x)\to B(x))\wedge\exists x A(x)$的真值为真，则存在 $a\in D$ 使得 $A(a)$真值为真，$A(a)\to B(a)$真值为真，由于 $A(a)$真值为真，故 $B(a)$真值为真，从而$\exists x B(x)$真值为真，所以$(\forall x (A(x)\to B(x))\wedge\exists x A(x))\to \exists x B(x)$为永真式，即蕴涵式$\forall x (A(x)\to B(x))\Rightarrow \exists x A(x)\to \exists x B(x)$成立.

（5）$\exists x A(x)\to \forall x B(x)\Leftrightarrow \neg\exists x A(x)\vee\forall x B(x)$

$\Leftrightarrow \forall x \neg A(x)\vee\forall x B(x)$

$\Rightarrow \forall x (\neg A(x)\vee B(x))$

$\Leftrightarrow\forall x (A(x)\to B(x))$.

12.4.4　谓词演算的推理理论

谓词演算的推理方法，可以看作是命题演算推理方法的扩张. 因为命题演算的很多等价式和蕴涵式是命题演算有关公式的推广，所以命题演算中的推理规则，如 P 规则、T 规则和 CP 规则等亦可在谓词演算的推理理论中应用. 但是在谓词推理中，某些前提和结论可能是受量词的限制的. 看下面逻辑推理的例子：

所有的人都是要死的，

苏格拉底是人，

所以苏格拉底是要死的.

在前提和结论中都有量词出现. 只有消去前提中的量词，才能应用命题演算中的推理规则；而推导出的结论又必须加上适当的量词，才能得到含有量词的结论. 因此有如下的消去和添加量词的规则. 在下面的叙述中，$A\Rightarrow B$ 中的 A、B 可分别看作是前提和结论.

1. 全称指定规则（简称 US 规则）

这条规则有下面两种形式：

（1）$\forall x P(x)\Rightarrow P(y)$；

（2）$\forall x P(x)\Rightarrow P(c)$.

其中，P 是谓词，（1）中 y 为任意不在 $P(x)$中约束出现的个体变元；（2）中 c 为个体域中的任意一个个体常元.

这两个式子的含义分别是：若对于个体域中的任意个体 x,$P(x)$成立，则对取个体域中任意值的个体变元 y,$P(y)$成立；对任意个体域中的个体常元 c,$P(c)$成立.

2. 存在指定规则（简称 ES 规则）

$$\exists x\, P(x) \Rightarrow P(c)$$

其中，c 为个体域中使 P 成立的特定个体常元. 必须注意，应用存在指定规则，其指定的个体 c 不是任意的.

3. 全称推广规则（简称 UG 规则）

$$P(y) \Rightarrow \forall x\, P(x)$$

这个规则是对命题的量化，如果能够证明对个体域中每一个个体 c，都有 $P(c)$ 成立，则全称推广规则可得到结论$\forall x\ P(x)$成立. 应用本规则时，必须能够证明前提 $P(y)$对个体域中每一可能的 y 都成立.

4. 存在推广规则（简称 EG 规则）

$$P(c) \Rightarrow (\exists x)\, P(x)$$

其中，c 为个体域中的个体常元，这个规则比较明显，对于某些个体 c，若 $P(c)$ 成立，则个体域中必有$(\exists x)P(x)$.

例 9　证明 $(\forall x)\ (M(x) \to D(x)) \wedge M(s) \Rightarrow D(s)$，这是著名的苏格拉底三段论的论证.

其中　$M(x)$：x 是一个人.

　　　$D(x)$：x 是要死的.

　　　s：苏格拉底.

证

（1）$(\forall x)\ (M(x) \to D(x))$	P
（2）$M(s) \to D(s)$	US（1）
（3）$M(s)$	P
（4）$D(s)$	T（2）（3）I

例 10　判断下列的推理过程是否正确.

（1）$(\forall x)(\exists y)G(x,y)$	P
（2）$(\exists y)G(z,y)$	US（1）
（3）$G(z,c)$	ES（2）
（4）$(\forall x)G(x,c)$	UG（3）
（5）$(\exists y)(\forall x)G(x,y)$	EG（4）

解　这个推理过程是错误的，因为从它可以得出结论：

$$(\forall x)(\exists y)G(x,y) \Rightarrow (\exists y)\ (\forall x)G(x,y).$$

从前面的学习中我们知道这个式子不成立. 它的推导错误出现在第（3）步. $(\forall x)(\exists y)G(x,y)$的含义是：对于任意的一个 x，存在着与它对应的 y，使得 $G(x,y)$ 成立. 但是，对$(\exists y)G(z,y)$利用 ES 规则消去存在变量后得到 $G(z,c)$的含义却是：对于任意个体 z，有同一个体 c，使得 $G(z,c)$成立. 显然，$G(z,c)$不是$(\exists y)G(z,y)$的有效结论.

因此，使用 ES 规则$(\exists x)P(x) \Rightarrow P(c)$消去存在量词的条件是：$P(x)$中除 x 外没有

其他自由出现的个体变元.

例 11　证明：$(\forall x)(C(x)\to(W(x)\wedge R(x)))\wedge(\exists x)C(x)\wedge Q(x)\Rightarrow(\exists x)Q(x)\wedge(\exists x)Q(x)$.

证　(1) $(\exists x)C(x)$　　P

(2) $C(y)$　　ES (1)

(3) $(\forall x)(C(x)\to(W(x)\wedge R(x)))$　　P

(4) $C(y)\to(W(y)\wedge R(y))$　　US (3)

(5) $W(y)\wedge R(y)$　　T (2) (4) I

(6) $R(y)$　　T (5) I

(7) $(\exists x)R(x)$　　EG (6)

(8) $Q(x)$　　P

(9) $(\exists x)Q(x)$　　EG (8)

(10) $(\exists x)Q(x)\wedge(\exists x)Q(x)$　　T (7) (9) I

例 12　证明：$(\forall x)(A(x)\vee B(x))\Rightarrow(\exists x)A(x)\vee(\exists x)B(x)$.

证　方法 1

(1) $(\forall x)(A(x)\vee B(x))$　　P

(2) $A(y)\vee B(y)$　　US (1)

(3) $(\exists x)A(x)\vee B(x))$　　EG (2)

(4) $(\exists x)A(x)\vee(\exists x)B(x)$　　T (3) E

方法 2

(1) $\neg((\exists x)A(x)\vee(\exists x)B(x))$　　P（假设）

(2) $(\forall x)\neg A(x)\wedge(\forall x)\neg B(x)$　　T (1) E

(3) $(\forall x)\neg A(x)$　　T (2) I

(4) $\neg A(y)$　　US (3)

(5) $(\forall x)(A(x)\vee B(x))$　　P

(6) $A(y)\vee B(y)$　　US (5)

(7) $B(y)$　　T (4) (6) I

(8) $(\forall x)\neg B(x)$　　T (2) I

(9) $\neg B(y)$　　US (8)

(10) $B(y)\wedge\neg B(y)$　　T (7) (9) I

例 13　符号化下面的命题“所有的有理数都是实数，所有的无理数也是实数，任何虚数都不是实数，所以任何虚数既不是有理数也不是无理数”，并推证其结论.

证　设：$P(x)$：x 是有理数.

$Q(x)$：x 是无理数.

$R(x)$：x 是实数.

$S(x)$：x 是虚数.

本题符号化为：$(\forall x)(P(x)\to R(x))$，$(\forall x)(Q(x)\to R(x))$，$(\forall x)(S(x)\to\neg R(x))\Rightarrow(\forall x)(S(x)\to\neg P(x)\wedge\neg R(x))$.

（1）$(\forall x)(S(x)\rightarrow\neg R(x))$	P
（2）$S(y)\rightarrow\neg R(y)$	US（1）
（3）$(\forall x)(P(x)\rightarrow R(x))$	P
（4）$P(y)\rightarrow R(y)$	US（3）
（5）$\neg R(y)\rightarrow\neg P(y)$	T（4）E
（6）$(\forall x)(Q(x)\rightarrow R(x))$	P
（7）$Q(y)\rightarrow R(y)$	US（6）
（8）$\neg R(y)\rightarrow\neg Q(y)$	T（7）E
（9）$S(y)\rightarrow\neg P(y)$	T（2）（5）I
（10）$S(y)\rightarrow\neg Q(y)$	T（2）（8）I
（11）$(S(y)\rightarrow\neg P(y))\wedge(S(y)\rightarrow\neg Q(y))$	T（9）（10）I
（12）$(\neg S(y)\vee\neg P(y))\wedge(\neg S(y)\vee\neg Q(y))$	T（11）E
（13）$\neg S(y)\vee(\neg P(y)\wedge\neg Q(y))$	T（12）E
（14）$S(y)\rightarrow(\neg P(y)\wedge\neg Q(y))$	T（13）E
（15）$(\forall x)(S(x)\rightarrow\neg P(x)\wedge\neg R(x))$	UG（14）

习题 12.4

1．在谓词逻辑中将下列命题符号化：

（1）李力是大学生；

（2）每一个有理数都是实数；

（3）没有不犯错误的人；

（4）有一些整数是素数；

（5）并非每一个实数都是有理数；

（6）没有最大素数．

2．写出下列句子所对应的谓词表达式：

（1）所有的整数都是实数；

（2）某些运动员是大学生；

（3）某些教师是年老的，但是健壮的；

（4）不是所有的运动员都是教练；

（5）没有一个国家选手不是优秀的；

（6）有些女同志既是大学指导员又是学生．

3．令 $P(x)$：x 是质数；$E(x)$：x 是偶数；$O(x)$：x 是奇数；$D(x,y)$：x 除尽 y，将下列各式译成汉语．

$P(5)$；

$E(2)\wedge P(2)$；

$(\forall x)(D(2,x)\rightarrow E(x))$；

$(\exists x)(E(x)\wedge D(x,6))$；

$(\forall x)(\neg E(x) \rightarrow \neg D(2,x))$;

$(\forall x)(E(x) \rightarrow (\forall y)(D(x,y) \rightarrow E(y)))$;

$(\forall x)(P(x) \rightarrow (\exists y)(E(y) \wedge D(x,y)))$;

$(\forall x)(O(x) \rightarrow (\forall y)(P(y) \rightarrow \neg D(x,y)))$.

4．求下列各式的真值：

（1）$(\forall x)(P(x) \vee Q(x))$，其中 $P(x)$：$x=1$，$Q(x)$：$x=2$，且论域为$\{1,2\}$；

（2）$(\forall x)(P \rightarrow Q(x)) \vee R(a)$，其中 P：$2>1$，$Q(x)$：$x \leqslant 3$，$R(x)$：$x>5$，a：5 且论域为$\{-2,3,6\}$．

5．用推理规则证明下式：

$(\exists x)(F(x) \wedge S(x)) \rightarrow (\forall y)(M(y) \rightarrow W(y))$，$(\exists y)(M(y) \wedge \neg W(y)) \Rightarrow (\forall x)(F(x) \rightarrow \neg S(x))$．

6．符号化下列命题，并推证其结论：

（1）所有有理数是实数，某些有理数是整数，因此某些实数是整数；

（2）任何喜欢步行的人，他都不喜欢乘汽车，每个人或喜欢乘汽车或喜欢骑自行车．有的人不爱骑自行车，因而有人不喜欢步行．

本章小结

本章先介绍了命题、简单命题、复合命题和逻辑联结词，并在此基础上定义了公式、公式的翻译和解释、真值表与等价公式、蕴涵等概念，然后介绍了用等价式、蕴涵式等进行命题演算和推理的方法．其后内容是在命题逻辑的基础上，进一步深入和扩展，引入了谓词、量词、个体域、个体等概念；在此基础上定义了谓词公式及对公式的解释、公式的等价、蕴涵等基础，然后利用谓词的等价式、蕴涵式、谓词逻辑的推理理论等内容进行逻辑推理．

自测题 12

一、选择题

1．数理逻辑是采用（　）研究抽象思维规律的一门科学．

A）数学方法　B）逻辑方法　C）实践方法　D）抽象方法

2．下列语句中是命题的只有（　）．

A）$1+1=10$　B）$x+y=10$

C）$\sin x+\sin y<0$　D）$x \bmod 3=2$

3．令 p：今天下雪了，q：路滑，则命题“虽然今天下雪了，但是路不滑”可符号化为（　）．

A）$p \rightarrow \neg q$　B）$p \vee \neg q$　C）$p \wedge q$　D）$p \wedge \neg q$

4．设命题公式 $G=\neg(P \rightarrow Q)$，$H=Q \rightarrow \neg P$，则 G 与 H 的关系是（　）．

A）$G \Rightarrow H$　　B）$H \Rightarrow G$　　C）$G = H$　　D）以上都不是

5．已知命题 $G = P \wedge (\neg Q \vee \neg R)$，则所有使 G 取真值为 1 的解释是（　）.

A）(0, 0, 0), (0, 0, 1), (1, 0, 0)　　B）(0, 1, 0), (1, 0, 1), (1, 1, 0)

C）(1, 0, 0), (1, 0, 1), (1, 1, 0)　　D）(1, 1, 0), (1, 0, 1), (1, 1, 1)

6．设 I 是如下一个解释：$D = \{a,\ b\}$，

$P(a,a)$	$P(a,b)$	$P(b,a)$	$P(b,b)$
1	0	1	0

，则在解释 I 下取真值的公式是（　）.

A）$\exists x \forall y P(x,y)$　　B）$\forall x \forall y P(x,y)$　　C）$\forall x P(x,x)$　　D）$\forall x \exists y P(x,y)$

二、填空题

1．p：小王走路．q：小王听音乐．在命题逻辑中，命题“小王边走路边听音乐”的符号化形式为________.

2．设 $F(x)$：x 是人，$H(x,\ y)$：x 与 y 一样高，在一阶逻辑中，命题“人都不一样高”的符号化形式为________.

3．含有 n 个命题变元（$n>0$）的命题公式的真值是________，它共有________组真值指派，只有对各命题变元指定一个真值后，该命题公式才能成为命题.

4．设个体域 $A=\{a,b,c\}$，消去公式 $\forall x\, P(x) \wedge \exists x\, Q(x)$ 中的量词，可得________.

三、构造证明

在谓词逻辑中构造下面推理的证明：每个在学校读书的人都获得知识．所以如果没有人获得知识就没有人在学校读书（个体域：所有人的集合）.

第13章 图论初步

本章学习目标

- 无向图、有向图的定义，图的基本术语的含义
- 子图、生成子图的概念
- 无向连通图及有向连通图的有关概念
- 通路、回路的概念
- 图的矩阵表示
- 赋权图的概念及应用
- 欧拉通路、欧拉回路、欧拉图和半欧拉图的概念
- 哈密尔顿通路、哈密尔顿回路、哈密尔顿和半哈密尔顿的概念
- 树的定义
- 最小生成树的求法
- 最优树的求法

13.1 图的基本概念

13.1.1 图的定义

一个图是由一些顶点以及连接两个顶点间的连线构成的，与顶点位置与连线的长度是无关紧要的.

定义 1 图 G 是一个三元组，$G=<V(G),E(G),\varphi_G>$，其中 $V(G)$是一个非空的顶点集合，$E(G)$是边的集合，φ_G 是从边集合 E 到顶点无序偶或有序偶集合上的函数.

由定义可知，图 G 中的每条边都与图中顶点的无序偶或有序偶相联系，若边 $e\in E$ 与顶点无序偶$[v_i,v_j]$相联系，则 $\varphi_G(e)=[v_i,v_j]$，此时边 e 称为无向边，有时简称边；若边 $e\in E$ 与顶点有序偶$<v_i, v_j>$相联系，则 $\varphi_G(e)=<v_i,v_j>$，此时边 e 称为有向边或弧. v_i 称为弧的始点，v_j 称为弧的终点，有向边的箭头方向自始点指向终点. 在无向边中，每个端点都可作始点或终点，因此可以用两条箭头方向相反的有向边来替代一条无向边. 若顶点 v_i 与 v_j 由一条边（或弧）所联结，则称顶点 v_i 与 v_j 是边（或弧）的端顶点. 同时也称 v_i 与 v_j 是邻接顶点. 若边 e 的两个端顶点为 v_i 与 v_j，则称边（或弧）e 关联 v_i 与 v_j，或称顶点 v_i 与 v_j 关联边（或弧）e. 关联同一个

顶点的两条边或弧称为邻接边或弧．而联结同一顶点的边称为自回路，或简称为环．环的方向是无意义的．

如果图中的各边都是有向边，则称此图为有向图；如果图中的各边都是无向边，则称此图为无向图．

例如，在图 13.1.1 中，（a）是有向图，（b）是无向图．

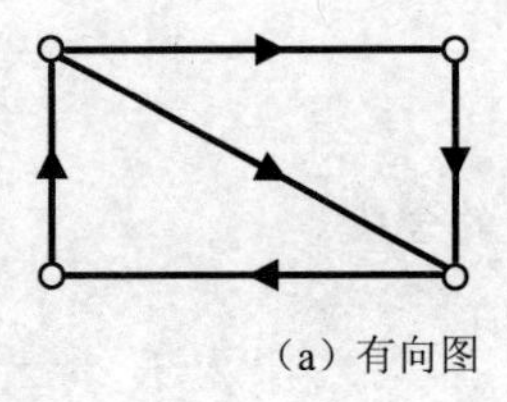
（a）有向图

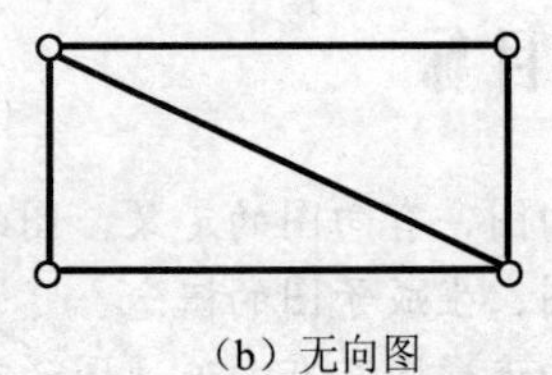
（b）无向图

图 13.1.1

在特殊情况下，无向图也可以把每条无向边用两条方向相反的有向边来替代，从而使其转化为有向图，但由于无向图具有独特的性质，所以在一般情况下，对无向图和有向图分别进行讨论．

在一个图中，如果一个顶点不与任何其他顶点邻接，则称该顶点为孤立顶点．仅有孤立顶点的图称为零图．显然，在零图中边集为空集．若一个图中只含有一个孤立顶点，称该图为平凡图．

13.1.2　顶点的度数

定义 2　设无向图 G，v 是图 G 中的顶点，所有与 v 关联的边的数目，称为顶点 v 的度数，记作 $\deg(v)$．

例如，在图 13.1.2 中，点 v_2 的度数为 1，点 v_3、v_6 的度数为 3，点 v_4 的度数为 3，点 v_1、v_5 的度数为 4．

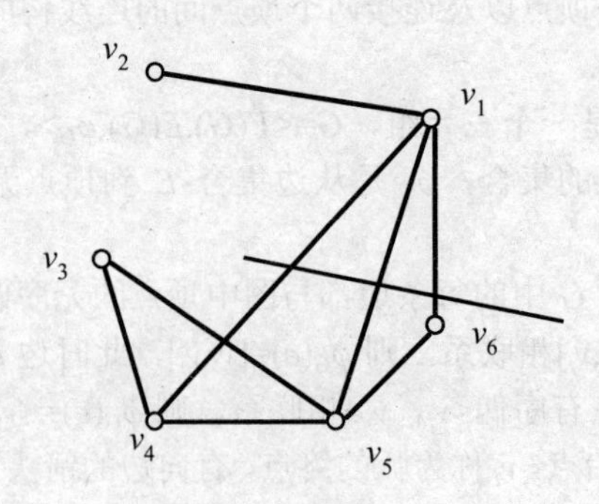

图 13.1.2　无向图

度数为零的点称为孤立点，度数为 1 的点称为悬挂点，与悬挂点关联的边称为悬挂边．以后常把度数为 k 的点称为 k 度点．

定理 1 设图 G 是具有 n 个点、m 条边的无向图，其中顶点集合为 $V=\{v_1,v_2,\cdots,v_n\}$，则

$$\sum_{i=1}^{n}\deg(v_i)=2m.$$

证 因为在无向图中，每一条边为其所关联的两个顶点各增加 1 度，所以在一个图中，顶点度数总和等于边数的两倍.

推论 度数为奇数的顶点个数为偶数.

定义 3 设有向图 G，v 是图 G 中的顶点，以 v 为始点的有向边的数目称为 v 的出度，记作 $\deg^+(v)$，以 v 为终点的有向边的数目称为 v 的入度，记作 $\deg^-(v)$.

例如，在图 13.1.3 中，点 v_1 的出度为 1，入度为 2；点 v_2 的出度为 0，入度为 2；点 v_3 的出度为 2，入度为 1；点 v_4 的出度为 3，入度为 1；点 v_5 的出度为 1，入度为 1，即有

$\deg^+(v_1)=1$； $\deg^-(v_1)=2$； $\deg^+(v_2)=0$； $\deg^-(v_2)=2$；
$\deg^+(v_3)=2$； $\deg^-(v_3)=1$； $\deg^+(v_4)=3$； $\deg^-(v_4)=1$；
$\deg^+(v_5)=1$； $\deg^-(v_5)=1$.

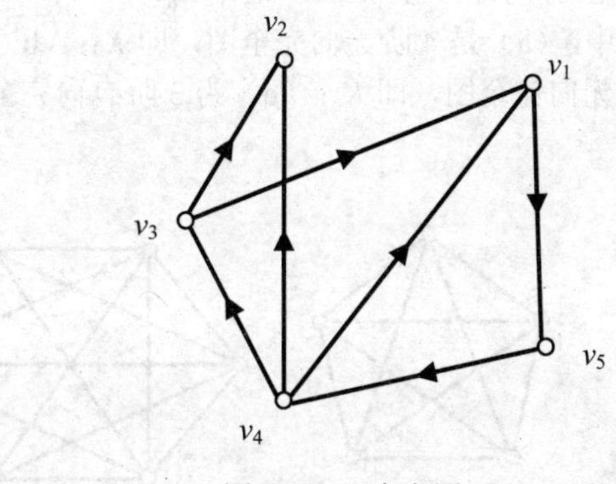

图 13.1.3　有向图 G

定理 2 设有向图 G 具有 n 个顶点、m 条边，其中顶点集合 $V=\{v_1,v_2,\cdots,v_n\}$，则有

$$\sum_{i=1}^{n}\deg^+(vi)=\sum_{i=1}^{n}\deg^-(v_i)=m.$$

证 因为每一条有向边为始点提供 1 个出度，为终点提供 1 个入度，而所有各顶点的出度之和及入度之和均由 m 条有向边提供，所以定理得证.

13.1.3　多重图、简单图与完全图

定义 4 如果两个顶点之间存在多条边（对于有向图，则有多条同方向的边），则称这些边为平行边，两个顶点 a,b 间平行边的条数称为边的重数. 含有平行边的

图称为多重图，不含平行边和自回路的图称为简单图.

本章主要讨论简单图.

例如，图 13.1.1 中的（a）和（b）都是简单图；图 13.1.4 中的（a）和（b）都是多重图.

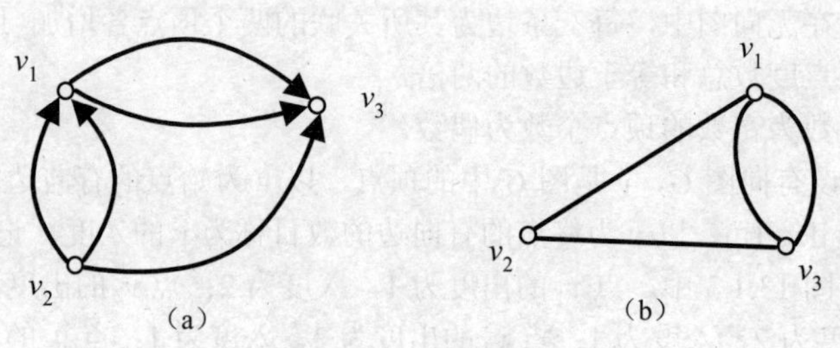

图 13.1.4　多重图

当图中顶点的数目为有限个数时，称为有限图，否则称为无限图．本章仅讨论有限图.

定义 5　在 n 阶无向（有向）图中，如果任意两个不同的顶点之间都有一条边关联，则称此图为 n 阶无向（有向）完全图，记作 K_n.

例如，在图 13.1.5 中，（a）是 4 阶无向完全图，即 K_4；（b）是 5 阶无向完全图，即 K_5；（c）是 6 阶无向完全图，即 K_6；（d）为 3 阶有向完全图；（e）为 4 阶有向完全图.

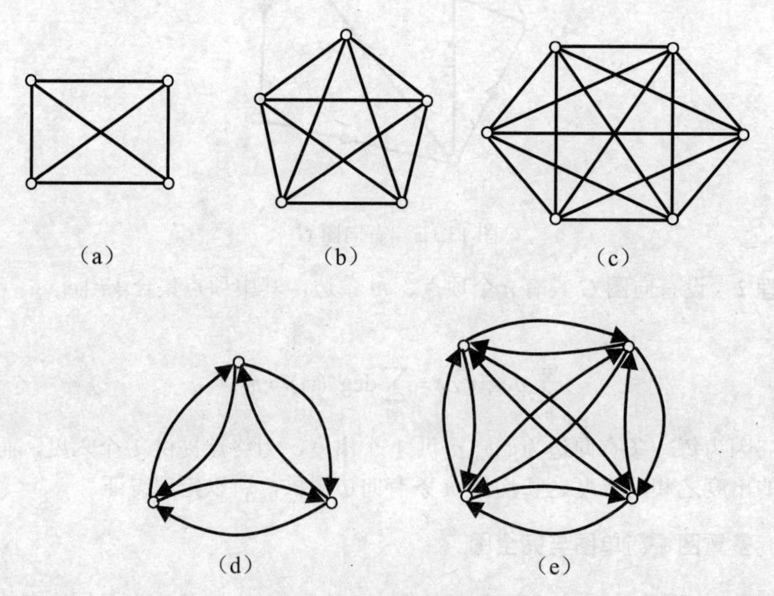

图 13.1.5　完全图

定理 3　n 阶无向完全图 K_n 的边数为 $\frac{1}{2}n(n-1)$．

证　在 K_n 中，因为任意两个顶点间都有边联结，所以 K_n 的边数为 n 个顶点中取两个顶点的组合数：

$$C_n^2 = \frac{1}{2}n(n-1),$$

即 K_n 的边数为 $\frac{1}{2}n(n-1)$．

定理 4　n 阶无向完全图 K_n 的边数为 $n(n-1)$．

例 1　证明在无向简单图中，必有两个顶点的度数相同．

证　设 G 是 n 阶无向简单图，图 G 中各个顶点的度数至多为 $n-1$，因此各点的度数只可能是 $0,1,\cdots,n-1$，但当图 G 中有一个顶点的度数为 $n-1$ 时，表明这个顶点与图中其他 $n-1$ 个顶点都有边关联，因此图中其他 $n-1$ 个顶点的度数至少为 1．在这种情况下，图中顶点的度数只可能是 $1,2,\cdots,n-1$，共有 $n-1$ 种选择，而图中有 n 个顶点，因此图中必有两个顶点的度数相同．

当图 G 中没有一个顶点的度数为 $n-1$ 时，则图中各顶点的度数只可能是 $0,1,\cdots,n-2$，共有 $n-1$ 种选择，因此图中必有两个顶点度数相同．

13.1.4　子图

定义 6　设 $G=<V,E>$ 和 $G=<V',E'>$ 是两个图，

（1）若 $V'\subseteq V$ 且 $E'\subseteq E$，则称 G' 是 G 的子图；

（2）若 G' 是 G 的子图，但 $V'\neq V$ 或 $E'\neq E$，则称 G' 是 G 的真子图；

（3）若 G' 是 G 的子图，且 $V'=V$，则称 G' 是 G 的生成子图或支撑子图．

从上面的定义可以看出，对图 $G=<V,E>$，G 本身和零图 $G'=<V',\varnothing>$ 都是它的生成子图，它们称为 G 的平凡生成子图．

下面介绍有关图的两种操作．

删边：删去图 G 中的某一条边，但仍保留边的端点．

删点：删去图 G 中的某一点以及与这个点所关联的所有边．

以下给出由顶点的子集导出的子图和由边的子集导出的子图．

设图 $G=<V,E>$，V' 是 V 的非空子集，以 V' 为顶点集合，以两端点都在 V' 中所有边为边集合组成的子图，称为 G 的由点集 V' 导出的子图，常记为 $G[V']$．导出子图 $G[V-V']$，常记为 $G-V'$，它是从 G 中删除 V' 中的顶点所得到的子图．若 $V'=\{v\}$，则把 $G-\{v\}$ 简记为 $G-v$．

设图 $G=<V,E>$，E' 是 E 的非空子集，以 E' 为边集合，以 E' 中所有端点为顶点集合组成的子图，称为 G 的由边集 E' 导出的子图，常记为 $G[E']$．边集合为 $E-E'$ 的 G 的生成子图记为 $G-E'$，它是从 G 中删除 E' 中的边所得到的子图．类似地，对 G 加上边集合 E'（$E'\cap E=\varnothing$ 且 E' 中边的集合都在 V 中）的所有边得到

的图记作 $G+E'$，若 $E'=\{e\}$，则把 $G-\{e\}$ 和 $G+\{e\}$ 简记为 $G-e$ 和 $G+e$.

习题 13.1

1. 画出由 4 个顶点组成的完全图.
2. 有 9 个顶点的无向完全图有多少条边？
3. 设 $V=\{u,v,w,x,y\}$，画出图 $G=\langle V,E\rangle$，其中：
   （1）$E=\{(u,v),(v,x),(v,w),(v,y),(x,y)\}$；
   （2）$E=\{\langle u,v\rangle,\langle u,y\rangle,\langle u,w\rangle,\langle v,w\rangle,\langle w,x\rangle,\langle w,y\rangle,\langle x,y\rangle,\langle x,u\rangle\}$.

13.2 图的矩阵表示

图的图形表示法在图比较简单的情况下能够直观明了. 但对较为复杂的图用这种表示显示不出它的优越性. 所以当前一般多用矩阵方法来表示图. 这种表示方法表示简单、使用方便，重要的是它能把图的问题转化为对数学矩阵的求解，可借助于计算机得到解决.

13.2.1 图的邻接矩阵表示

定义 1 设图 G 的顶点集合为 V，边集为 E，且 $V=\{v_1,v_2,\cdots,v_n\}$，令

$$a_{ij}=\begin{cases}1, & \langle v_i,v_j\rangle\in E,\\ 0, & \langle v_i,v_j\rangle\notin E,\end{cases}$$

则称矩阵 $A=[a_{ij}]$ 为图 G 的邻接矩阵.

例如，图 13.2.1 的邻接矩阵为

$$\begin{bmatrix}0&1&0&0&1\\0&0&1&0&0\\0&0&0&1&1\\0&0&0&0&1\\0&0&0&1&0\end{bmatrix}.$$

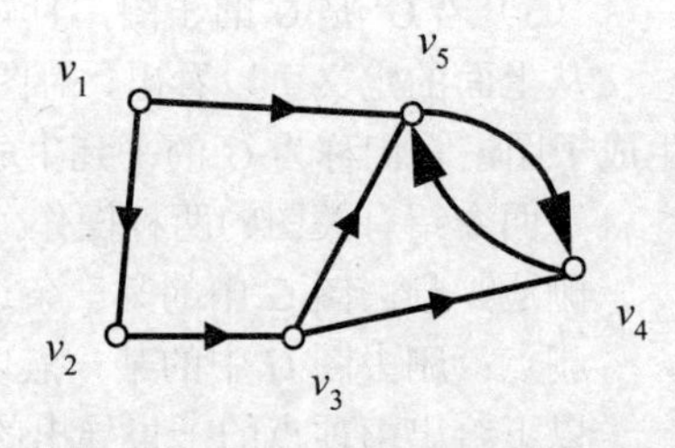

图 13.2.1 有向图 G

当给定的简单图是无向图时，邻接矩阵是对称的，而有向图的邻接矩阵不一定是对称的. 图 G 的邻接矩阵显然与 n 个顶点的标定顺序有关. 当我们把一个 n 阶方阵 A 的某些列作调换，再把相应的行作同样的调换，得到一个新的方阵 A'，称 A 与 A' 置换等价. 对图中的顶点，按不同次序所写出的邻接矩阵是彼此置换等价的，今后可忽略这种元素次序的任意性，取图的任意一个邻接矩阵作为该图的矩阵表示.

由邻接矩阵可容易地看出其对应的图是完全图或零图. 当图的邻接矩阵中的元素都为 1 时，则图为有向完全图. 当图的邻接矩阵中，除对角线元素都为 0 外，

其他元素都为 1 时，则图为无向完全图，反之亦然．

邻接矩阵中第 k 行元素相加的值即为点 v_k 的出度，第 k 列元素相加的值即为点 v_k 的入度．

从图 G 的邻接矩阵中，还可以得到图的很多重要的性质：

（1）令 $B=A^2$，则有

$$b_{ij}=\sum_{k=1}^{n}(a_{ik}\cdot a_{kj}),$$

b_{ij} 表示从 v_i 到 v_j 长度为 2 的通路数目．如果 $b_{ij}=0$，则表示不存在长度为 2 的通路．而 b_i 表示经过 v_i 的长度为 2 的回路数目．

（2）令 $C=A^r$，则此时 c_{ij} 表示从 v_i 到 v_j 长度为 r 的通路数目．如果 $c_{ij}=0$，则表示不存在长度为 r 的通路．而 c_{ii} 表示经过 v_i 的长度为 r 的回路数目．

例 1 设图 G=<V,E>，如图 13.2.2 所示．

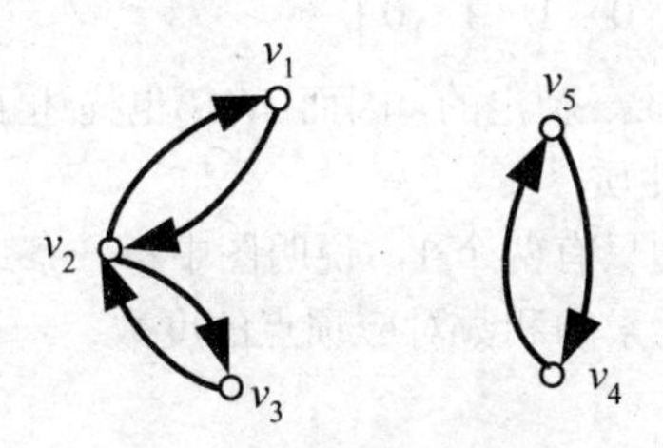

图 13.2.2 例 2 的图例

$$A=\begin{bmatrix}0&1&0&0&0\\1&0&1&0&0\\0&1&0&0&0\\0&0&0&0&1\\0&0&0&1&0\end{bmatrix};\quad A^2=\begin{bmatrix}1&0&1&0&0\\0&2&0&0&0\\1&0&1&0&0\\0&0&0&1&0\\0&0&0&0&1\end{bmatrix};$$

$$A^3=\begin{bmatrix}0&2&0&0&0\\2&0&2&0&0\\0&2&0&0&0\\0&0&0&0&1\\0&0&0&1&0\end{bmatrix};\quad A^4=\begin{bmatrix}2&0&2&0&0\\0&4&0&0&0\\2&0&2&0&0\\0&0&0&1&0\\0&0&0&0&1\end{bmatrix}.$$

从上面的矩阵中可以得出一些结论．例如，从顶点 v_1 发出的长度为 2 的回路只有一条，顶点 v_1 与 v_2 之间有两条长度为 3 的通路，顶点 v_1 与 v_3 之间有一条长度为 2 的通路，从顶点 v_2 发出的长度为 2 的回路有两条，在顶点 v_2 有 4 条长度为 4 的回路，顶点 v_1 与 v_3 之间有两条长度为 4 的通路．

13.2.2 图的关联矩阵表示

定义 2 设无环无向图 $G=<V,E>$，$V=\{v_1,v_2,\cdots,v_n\}$，$E=\{e_1,e_2,\cdots,e_m\}$，则矩阵 $M(G)=(m_{ij})_{n\times m}$，其中

$$m_{ij}=\begin{cases}1, & 若v_i关联e_j,\\ 0, & 若v_i不关联e_j,\end{cases}$$

称 $M(G)$为完全关联矩阵.

例如，图 13.2.3 所示的无向图 G 的关联矩阵为

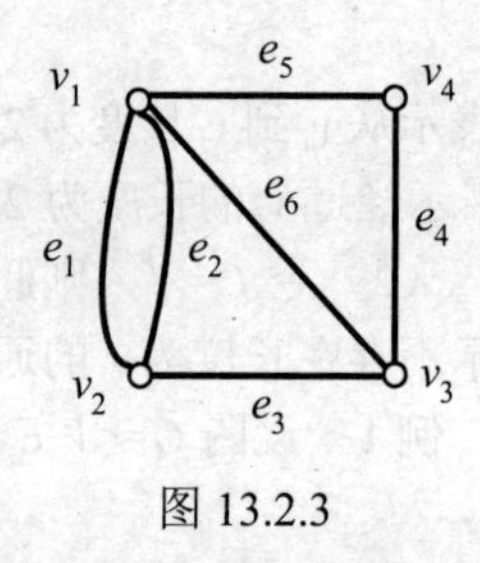

图 13.2.3

$$M(G)=\begin{array}{c}\\ v_1\\ v_2\\ v_3\\ v_4\end{array}\begin{array}{c}\begin{array}{cccccc}e_1&e_2&e_3&e_4&e_5&e_6\end{array}\\ \begin{bmatrix}1&1&0&0&1&1\\1&1&1&0&0&0\\0&0&0&1&1&1\\0&0&0&1&1&0\end{bmatrix}\end{array}.$$

关联矩阵与图是相互唯一确定的，因而 $M(G)$也描述了 G 的一切特征，从关联矩阵可以看出图形的一些性质：

（1）$M(G)$中的每一列只有两个 1，说明图中每一条边关联两个顶点；

（2）$M(G)$中每一行元素的和数对应顶点的度数．一行中元素全为 0，其对应的顶点为孤立顶点；

（3）$M(G)$中，若两列相同，则它们对应的边为平行边．

定义 3 设简单有向图 $G=<V,E>$，$V=\{v_1,v_2,\cdots,v_n\}$，$E=\{e_1,e_2,\cdots,e_m\}$，则矩阵 $M(G)=(m_{ij})_{n\times m}$，其中

$$\begin{cases}1, & 若在 G 中 v_i 是 e_j 的起点,\\ -1, & 若在 G 中 v_i 是 e_j 的终点,\\ 0, & 若在 G 中 v_i 是 e_j 不关联,\end{cases}$$

称 $M(G)$为 G 的完全关联矩阵.

例如，图 13.2.4 所示的简单有向图 G 的关联矩阵为

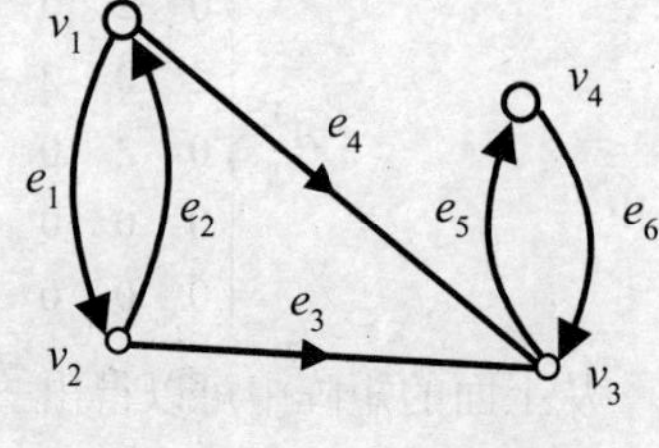

图 13.2.4　简单有向图

$$M(G)=\begin{array}{c}\\ v_1\\ v_2\\ v_3\\ v_4\end{array}\begin{array}{c}\begin{array}{cccccc}e_1&e_2&e_3&e_4&e_5&e_6\end{array}\\ \begin{bmatrix}1&-1&0&1&0&0\\-1&1&1&0&0&0\\0&0&-1&-1&1&-1\\0&0&0&0&-1&1\end{bmatrix}\end{array}.$$

有向图的完全关联矩阵也有类似于无向图的一些性质，如：

（1）关联矩阵中每列的元素之和为 0，说明有向图中每条边关联两个顶点：一个始点，一个终点；

（2）第 i 行元素的绝对值之和为对应顶点的度数，其中 1 的个数为出度，-1 的个数为入度；

（3）关联矩阵中，1 的个数与-1 的个数相同，都等于边的数目，这说明有向图中各顶点入度之和等于出度之和，都等于边数，于是各顶点度数之和等于边数的 2 倍；

（4）若关联矩阵中有两列相同，说明图中这两列对应的边有相同的始点和终点，因而它们是平行边．

13.2.3 图的可达矩阵表示

在很多实际问题中，人们经常关心的是有向图的一个顶点 v_i 到另一个顶点 v_j 是否存在通路．若利用图 G 的邻接矩阵 A，可以计算 $A,A^2,A^3,\cdots,A^n,\cdots$，当其中的某个 A^r 的 $a_{ij}^{(r)}\geqslant 1$，说明顶点 v_i 到 v_j 可达．但是用这种方法比较烦琐且 A^r 不知道计算到何时为止，已知，如果有向图 G 有 n 个顶点

$$V=\{v_1,v_2,\cdots,v_n\},$$

点 v_i 到 v_j 有一条通路，则必然有一条长度不超过 n 的通路，因此只要计算到 $a_{ij}^{(r)}$ 就可以了，其中 $1\leqslant r\leqslant n$．对于有向图 G 中任意两个顶点之间的可达性，也可以用矩阵表示．

定义 4 设 n 阶简单有向图 $G=\langle V,E\rangle$，$V=\{v_1,v_2,\cdots,v_n\}$，令

$$p_{ij}=\begin{cases}1, & v_i\text{可达}v_j,\\ 0, & \text{否则},\end{cases}$$

则称矩阵 $P=[p_{ij}]$为图 G 的可达矩阵，记作 $P(G)$，简记为 P．

可达性矩阵表明图中任意两个顶点间是否至少存在一条路以及在任何顶点上是否存在回路．

可通过图 G 的邻接矩阵 A 得到 G 的可达性矩阵 P，令 $R_n=(r_{ij})_{n\times n}$，

$$R_n=A+A^2+A^3+\cdots+A^n,$$

将 R_n 中不为 0 的元素改为 1，为 0 的元素不变，这个改变后的矩阵即为可达性矩阵 P．

例 2 求图 $G=\langle V, E\rangle$的可达性矩阵，其中 $V=\{v_1,v_2,v_3,v_4\}$，$E=\{\langle v_1,v_2\rangle,\langle v_2,v_3\rangle,\langle v_2,v_4\rangle,\langle v_3,v_2\rangle,\langle v_3,v_4\rangle,\langle v_3,v_1\rangle,\langle v_4,v_1\rangle\}$．

解 图 G 的邻接矩阵为

$$A=\begin{bmatrix}0&1&0&0\\0&0&1&1\\1&1&0&1\\1&0&0&0\end{bmatrix};$$

$$A^2=\begin{bmatrix}0&0&1&1\\2&1&0&1\\1&1&1&1\\0&1&0&0\end{bmatrix};\ A^3=\begin{bmatrix}2&1&0&1\\1&2&1&1\\2&2&1&2\\0&0&1&1\end{bmatrix};\ A^4=\begin{bmatrix}1&2&1&1\\2&2&2&3\\3&3&2&3\\2&1&0&1\end{bmatrix},$$

故

$$R_4=\begin{bmatrix}3&4&2&3\\5&5&4&6\\7&7&4&7\\3&2&1&2\end{bmatrix};\ P=\begin{bmatrix}1&1&1&1\\1&1&1&1\\1&1&1&1\\1&1&1&1\end{bmatrix}.$$

由可达性矩阵可知，图 G 的任意两顶点间均可达，并且每个顶点均有回路通过，这个图是一个连通图.

上述通过计算 R_n 而得到可达性矩阵的方法比较复杂，这主要是由于 R_n 的计算比较复杂所致．现在我们介绍一个比较简单的求可达性矩阵的方法.

如果一个矩阵的元素均为 0 或 1，矩阵中的加法与乘法对应布尔加和布尔乘，此种矩阵运算称为布尔矩阵运算．在这种意义下，我们有

$$P=A\vee A^{(2)}\vee A^{(3)}\vee\cdots\vee A^{(n)},$$

其中 $A^{(i)}$ 表示在布尔矩阵运算意义下的 A 的 i 次幂.

例 3　图 G 如图 13.2.5 所示，求可达矩阵 P.

解

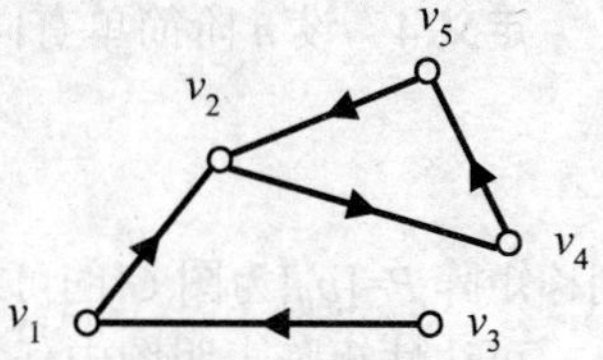

$$A=\begin{bmatrix}0&1&0&0&0\\0&0&0&1&0\\1&0&0&0&0\\0&0&0&0&1\\0&1&0&0&0\end{bmatrix};$$

图 13.2.5　有向图

$$A^{(2)}=\begin{bmatrix}0&0&0&1&0\\0&0&0&0&1\\0&1&0&0&0\\0&1&0&0&0\\0&0&0&1&0\end{bmatrix};\quad A^{(3)}=\begin{bmatrix}0&0&0&0&1\\0&1&0&0&0\\0&0&0&1&0\\0&0&0&1&0\\0&0&0&0&1\end{bmatrix};$$

$$A^{(4)}=\begin{bmatrix}0&1&0&0&0\\0&0&0&1&0\\0&0&0&0&1\\0&0&0&0&1\\0&1&0&0&0\end{bmatrix};\quad A^{(5)}=\begin{bmatrix}0&0&0&1&0\\0&0&0&0&1\\0&1&0&0&0\\0&1&0&0&0\\0&0&0&1&0\end{bmatrix};$$

$$P=A\vee A^{(2)}\vee A^{(3)}\vee A^{(4)}\vee A^{(5)}=\begin{bmatrix}0&1&0&1&1\\0&1&0&1&1\\1&1&0&1&1\\0&1&0&1&1\\0&1&0&1&1\end{bmatrix}.$$

上述可达性矩阵的概念可以推广到无向图中，只需将无向图中的每条无向边看成是具有相反方向的两条边，这样无向图可以看作是有向图．无向图的邻接矩阵是一个对称矩阵，其可达性矩阵称为连通矩阵，也是对称的．

习题 13.2

1．已知图 $G=\langle V,E\rangle$的邻接矩阵为 $M(G)$：

$$M(G)=\begin{bmatrix}0&1&1&0&0&0\\1&0&1&0&0&0\\1&1&0&1&0&0\\0&0&1&0&1&1\\0&0&0&1&0&1\\0&0&0&1&1&0\end{bmatrix}.$$

（1）求出顶点 v_1,v_2,v_3 的度数；

（2）v_2 和 v_3，v_2 和 v_5 是否邻接；

（3）v_2 和 v_4 之间长度为 2 的路有几条．

2．求图 13.2.6 所示图的邻接矩阵和关联矩阵．

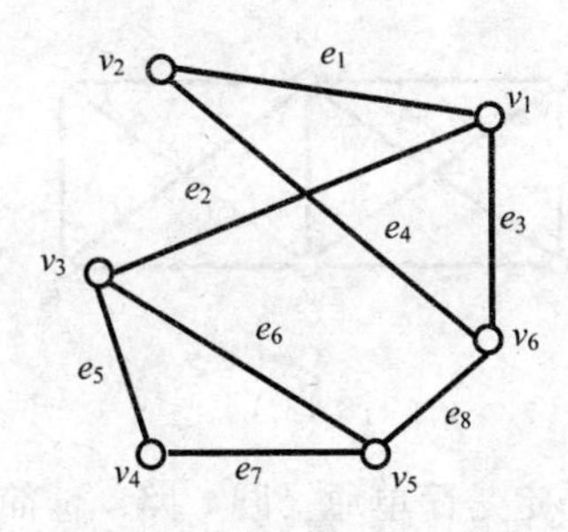

图 13.2.6

3．已知图 $G=\langle V,E\rangle$的邻接矩阵如下：

$$M(G)=\begin{bmatrix}0&0&1&1&0&0\\0&0&0&0&1&1\\1&0&0&0&0&0\\1&0&0&0&0&0\\0&1&0&1&0&1\\0&1&0&0&1&0\end{bmatrix}.$$

（1）求可达性矩阵；

（2）G 是否连通．

4. 证明简单图的最大度小于顶点数.

13.3 路与回路

13.3.1 通路与回路

在图的研究中，经常考虑从一个顶点出发，沿着一些边（或弧）连续移动到另一个指定的顶点，这种依次由顶点和边（或弧）组成的序列，形成了路的概念.

在无向图（或有向图）$G=<V,E>$中，设 $v_0,v_1,\cdots,v_n\in V$，$e_0,e_1,\cdots,e_n\in E$，其中 e_i 是关联于顶点 v_{i-1} 和 v_i 的边，交替序列 $v_0e_0v_1e_1\cdots e_{n-1}v_n$ 称为联结 v_0 到 v_n 的通路或路. v_0 和 v_n 分别称为通路的起点和终点，通路中所含边的条数称为该通路的长度. 如果通路中的始点与终点相同，则称这条路为回路.

下面介绍两种常用的特殊通路与回路.

简单通（回）路：如果一条（回）路中的各边都是不相同的，则称这样的（回）路为简单通（回）路.

基本通（回）路：如果一条（回）路中的各个顶点都是不相同的，则称这样的（回）路为基本通（回）路.

例如在图 13.3.1 中，通路 $v_1v_2v_6v_4v_5v_6v_3$ 是简单通路，回路 $v_1v_3v_5v_6v_4v_3v_2v_1$ 是简单回路，通路 $v_1v_2v_3v_6v_5$ 是基本通路，回路 $v_1v_2v_6v_4v_3v_1$ 是基本回路.

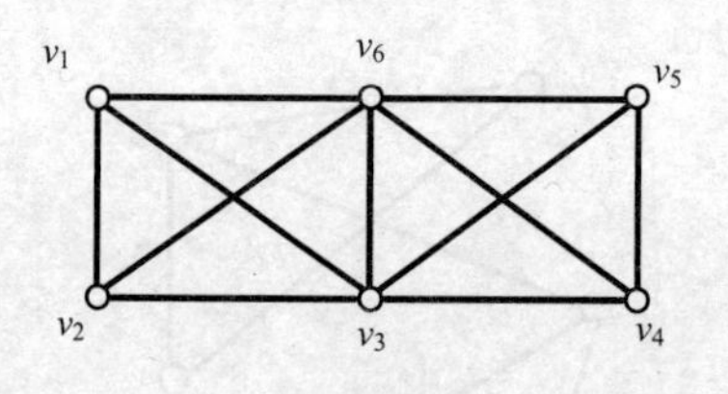

图 13.3.1

显然基本通（回）路一定是简单通（回）路，但简单通（回）路不一定是基本通（回）路. 在上面提到的简单通路和简单回路都不是基本通路和基本回路.

定理 1 在 n 阶无向图中，如果存在一条从 v_i 到 v_j 的通路，则从 v_i 到 v_j 必有一条长度不大于 $n-1$ 的基本通路.

证 设从 v_i 到 v_j 存在的通路为 $v_i\cdots v_j$，若其中有相同的顶点 v_k，如 $v_i\cdots v_k\cdots v_k\cdots v_j$，则删去 v_k 到 v_k 的这些边，它仍是 v_i 到 v_j 的通路，如此反复进行，直到没有重复顶点为止，此时所得的通路就是 v_i 到 v_j 的基本通路. 由于一条基本通路的长度比此通路中顶点数少 1，而图中仅有 n 个顶点，故此基本通路的长度不大于 $n-1$.

同理可证明下列定理.

定理 2 在 n 阶无向图中，如果存在一条通过 v_i 的回路，则必有一条长度不大

于 n 的通过 v_i 的基本回路.

13.3.2 图的连通性

定义 1 设图 G 是无向图，u 和 v 是图 G 中的两个顶点，如果 u 和 v 之间有通路，则称 u，v 是连通的，并规定 u 与自身是连通的.

容易验证，点的连通关系是等价关系，这个等价关系所对应的划分把图 G 的点集 V 分成若干个非空子集 $V_1,V_2,\cdots,V_k$，其中每一个子集 V_i（$i=1,2,\cdots,k$）中的顶点和 G 中以 V_i 中的顶点为端点的边组成的 G 的子图（即点集 V_i 的导出子图）称为图 G 的一个连通分支.

定义 2 若图 G 是平凡图或 G 中任意两点都是连通的，则称图 G 为连通图，否则称 G 为非连通图或分离图.

例如，图 13.3.2 是连通图，图 13.3.3 是非连通图，它由两个连通分支构成.

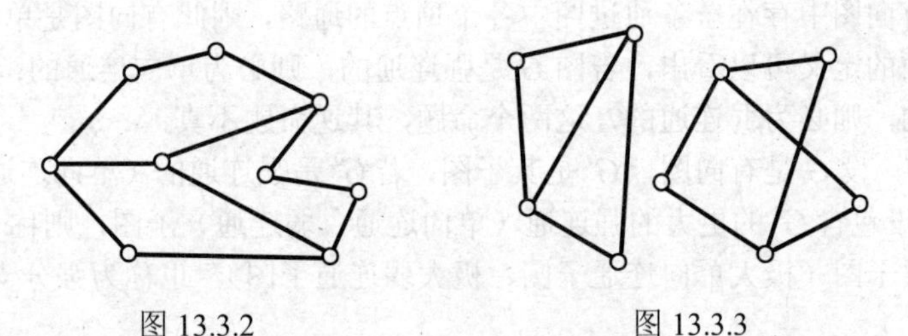

图 13.3.2　　　　图 13.3.3

无向图的连通性不能直接推广到有向图.

定义 3 在有向图 $G=<V,E>$中，若从顶点 u 到 v 有通路，则称 u 可达 v.

一般来说，可达性不是对称的，因为如果从 u 到 v 有通路，但不一定存在从 v 到 u 的通路.

如果 u 可达 v，它们之间可能不止一条路，在所有这些路中，最短路的长度称为顶点 u 和 v 之间的距离，记作 $d<u,v>$，它满足下列性质：

$$d<u,u>=0$$

$$d<u,v>\geqslant 0$$

$$d<u,w>+d<w,v>\geqslant d<u,v>$$

如果从 u 到 v 是不可达的，则通常写为 $d<u,v>=\infty$. 注意当 u 可达 v，且 v 可达 u 时，$d<u,v>$不一定等于 $d<v,u>$. 关于距离的概念对无向图也适用. 通常把 $D=\max\limits_{u,v\in V}\langle u,v\rangle$ 称为图的直径.

定义 4 有向图的连通性分为强连通、单向连通和弱连通三种.

强连通：在有向图中，如果图中任意两点 v_i,v_j 存在着 v_i 到 v_j 的通路，并且存在着 v_j 到 v_i 的通路，则称此有向图为强连通图.

单向（侧）连通：在有向图中，如果图中任意两点 v_i,v_j 存在着 v_i 到 v_j 的通路，或者存在着 v_j 到 v_i 的通路，则称此有向图为单向（侧）连通图.

弱连通：如果有向图的底图是无向连通图，则称此有向图为弱连通图.

例如，在图 13.3.4 中，（a）是强连通图，（b）是单向连通图，（c）是弱连通图.

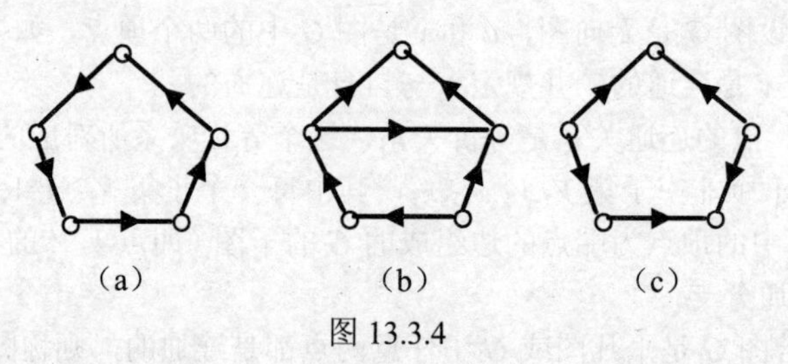

图 13.3.4

显然，如果有向图中存在一条通过图中各个顶点的回路，则此有向图是强连通图.

如果有向图中存在一条通过图中各个顶点的通路，则此有向图是单向连通的.

从上面的定义可以看出，若图 G 是强连通的，则必为单向连通的；若图 G 是单向连通的，则必为弱连通的. 这两个命题，其逆命题不真.

定义 5　设 G 是有向图，G' 是其子图，若 G' 是强连通的（单向连通的、弱连通的），且没包含 G' 的更大的强连通（单向连通、弱连通）子图，则称 G' 是 G 的极大强连通子图（极大单向连通子图、极大弱连通子图），也称为强分支（单向分支、弱分支）.

例如，在图 13.3.5（a）中，由点集$\{v_1,v_2,v_3,v_4\}$或$\{v_5\}$导出的子图是强分支，由点集$\{v_1,v_2,v_3,v_4,v_5\}$导出的子图是单向分支也是弱分支. 在图 13.3.5（b）中，由点集$\{v_1\},\{v_2\},\{v_3\},\{v_4\}$导出的子图是强分支. 由点集$\{v_1,v_2,v_3\},\{v_1,v_3,v_4\}$导出的子图是单向分支，由点集$\{v_1,v_2,v_3,v_4\}$导出的子图是弱分支.

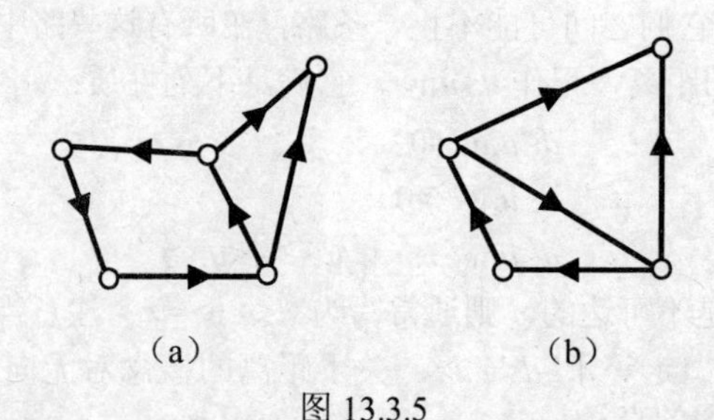

图 13.3.5

定理 3　在有向图 $G=\langle v,E\rangle$中，它的每一个顶点位于且仅位于一个强分支中.

例 1　设图 G 是 n 阶无向简单图，且图 G 中任意不同的两个顶点的度数之和大于等于 $n-1$，证明图 G 是连通图.

证　用反证法.

假设图 G 不是连通图，则 G 是由多个连通分支构成，不妨设有 k 个连通分支

$G_1,G_2,\cdots,G_k$ 构成，并设连通分支 G_1 中含有 n_1 个顶点，连通分支 G_2 中含有 n_2 个顶点，……，连通分支 G_k 中含有 n_k 个顶点．显然

$$n_1+n_2+\cdots+n_k=n,$$

如果在连通分支 G_1 中任取一点 u，由于连通分支 G_1 是简单图，G_1 中任意一点的度数小于等于 n_1-1，所以有

$$\deg(u)\leqslant n_1-1,$$

再在连通分支 G_2 中任取一点 v，同理有

$$\deg(v)\leqslant n_2-1,$$

于是有

$$\begin{aligned}\deg(u)+\deg(v)&\leqslant n_1-1+n_2-1\\&=(n_1+n_2)-2\leqslant n-2.\end{aligned}$$

这与题设："图 G 中任意不同的两个顶点的度数之和大于等于 $n-1$" 相矛盾，所以图 G 是连通图．

例 2　设图 G 是 n 阶无向简单图，如果图中含有 m 条边，且 $m>\dfrac{(n-1)(n-2)}{2}$，证明图 G 是连通图．

证　首先证明满足题设条件的图 G，其任意两个不同的顶点度数之和大于等于 $n-1$，由此利用例 1 的证明结果，即可证得图 G 是连通图．

用反证法．假设图 G 中存在着两个顶点 v_i 和 v_j，其度数之和不大于等于 $n-1$，即

$$\deg(v_i)+\deg(v_j)\leqslant n-2.$$

如果在图 G 中删掉这两个点后，至多删掉 $n-2$ 条边．又由题设可知

$$m>\frac{(n-1)(n-2)}{2},$$

或者有

$$m\geqslant\frac{(n-1)(n-2)}{2}+1,$$

由此可得

$$\begin{aligned}m-(n-2)&\geqslant\frac{(n-1)(n-2)}{2}+1-(n-2)\\&=\frac{(n-2)(n-3)}{2}+1.\end{aligned}$$

于是可知，在图 G 中，删掉 v_i 和 v_j 后，所得的图具有 $n-2$ 个顶点且至少有 $\dfrac{(n-2)(n-3)}{2}+1$ 条边．但这样的无向简单图是不存在的，因为具有 $n-2$ 个顶点的无向简单图最多有 $\dfrac{(n-2)(n-3)}{2}$ 条边（完全图 K_{n-2} 才有 $\dfrac{(n-2)(n-3)}{2}$ 条边），与假设矛盾．

由此证得图 G 中任意不同的两点的度数之和大于等于 $n-1$，图 G 是连通图．

13.3.3 欧拉图与哈密顿图

1．欧拉图

1736 年瑞士数学家列昂哈德·欧拉研究了哥尼斯堡七桥问题后，写了第一篇关于图论的论文“哥尼斯堡七桥问题”，被公认为图论的创始人．

哥尼斯堡城（现为立陶宛的加里宁格勒）位于普雷格尔河畔，在河两岸和河中两个岛架设了七座桥把两岸和两岛连接起来，如图 13.3.7（a）所示．当地居民热衷于这样一个智力游戏：如何选择一条路径，从某地出发，途中经过这七座桥并且每座桥只走过一次，最后又回到出发地点．

欧拉把这个问题归结为图 13.3.6（b）所示的图的一笔画问题，即用顶点代表陆地，用边代表桥，于是问题转化为：从图中某一点出发一笔画出这个图形，并且最后回到出发点．欧拉证明了这是不可能的，并由此引出欧拉通路、欧拉回路、半欧拉图和欧拉图等概念．

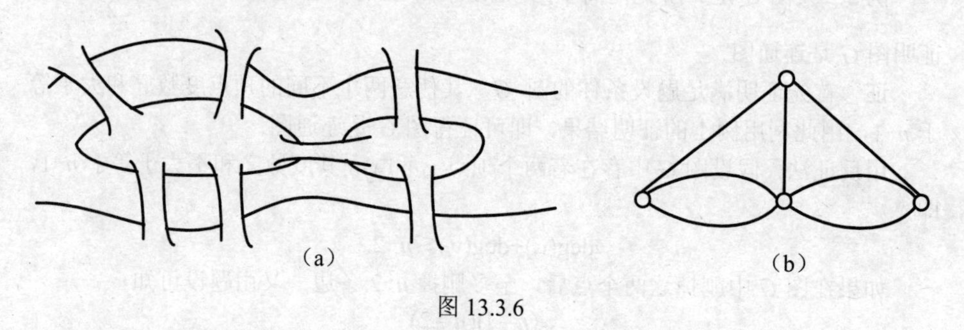

（a）　　（b）

图 13.3.6

定义 6　给定无孤立顶点图 G，如果图中存在一条通过图中各边一次且仅一次的回路，则称此回路为欧拉回路，具有欧拉回路的图，称为欧拉图．如果图中存在一条通过图中各边一次且仅一次的通路，则称此通路为欧拉通路，具有欧拉通路的图，称为半欧拉图．

在图 13.3.7 中，图（a）具有欧拉回路，所以图（a）是欧拉图．图（b）具有欧拉通路，所以图（b）是半欧拉图，图（c）既不是欧拉图也不是半欧拉图．

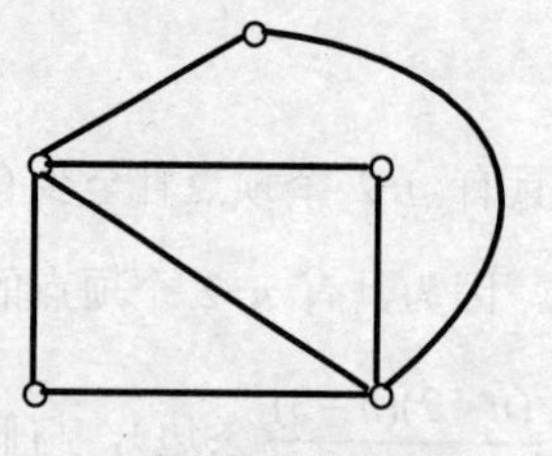

（a）欧拉图

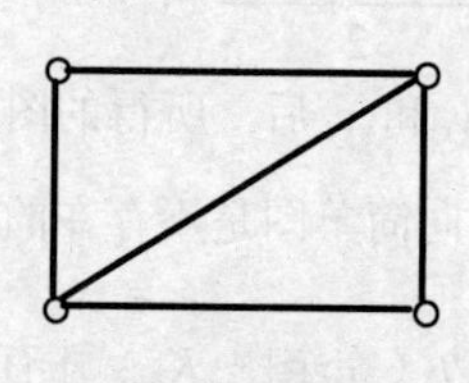

（b）半欧拉图

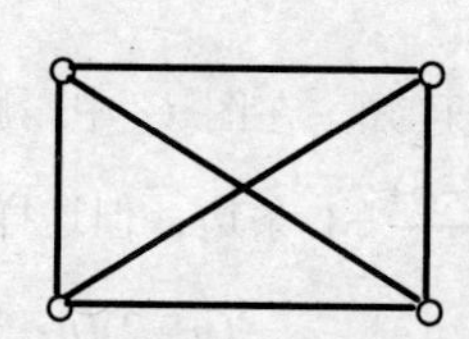

（c）既不是欧拉图也不是半欧拉图

图 13.3.7

下面给出判定一个图是欧拉图还是半欧拉图的有关定理.

定理 4 无向连通图 G 是欧拉图的充分必要条件是图中各点的度数为偶数.

证 如果图 G 为平凡图则定理显然成立. 所以我们下面讨论的都是非平凡图.

首先证必要性. 设 C 是图 G 的欧拉回路, 则当通过 C 的每一顶点时, 该顶点总有进出两个方向的边, 把该顶点的度数增加 2, 又因为 C 中每条边仅出现一次, 所以每个顶点的度数必是偶数.

充分性. 对图 G 的边数采用数学归纳法.

当边数 $m=1$ 时, 显然图仅由一个自回路构成, 此自回路即为欧拉回路.

由于图 G 是连通图, 并且每个点至少为 2 度, 所以图 G 中必有一条回路. 设此回路为 C. 如果 C 包含 G 中所有边, 则定理得证. 如果 C 不所包含 G 中所有的边, 从图 G 中删去 C 中所有边, 得到图 H, 当然, 图 H 可能是不连通的, 但图 H 的边数比图 G 的边数少, 并且图 H 中的每个顶点仍为偶数度点. 由归纳假设可知, 图 G 的每一个连通分支是欧拉图, 又因为 G 是连通图, 所以图 H 的每一个连通分支与回路 C 至少有一个公共点, 于是我们从 C 中任一点出发, 沿 C 中的边行走到达与图 H 的一个连通分支的公共点 u, 然后在图 H 的这个连通分支中通过一条该连通分支的欧拉回路再回到 u, 继续沿 C 的边行走到达与图 H 的另一个连通分支的公共点 w, ……, 重复整个过程, 最后得到一条包含 G 中所有边的欧拉回路.

类似上述的证明过程, 可得以下定理.

定理 5 无向连通图是半欧拉图的充分必要条件是: 图中至多有两个奇数度顶点.

注意, 对一个半欧拉图作一笔画时, 必须把奇数度点作为起始点, 一笔画后, 终止点为另外一个奇数度点.

由定理 4 和定理 5 知, 七桥问题简化图中有 4 个顶点都是奇数度点, 所以七桥问题图不是欧拉图也不是半欧拉图, 这说明仅经过七座桥一次, 最后又回到出发地点是不可能的.

定理 6 设图 G 是有向连通图, 图 G 是欧拉图的充分必要条件是: 图中每个顶点的入度和出度相等.

例如, 图 13.3.8 (a) 包含欧拉回路, 是一个有向欧拉图. 图 (b) 不包含欧拉回路, 它不是一个有向欧拉图.

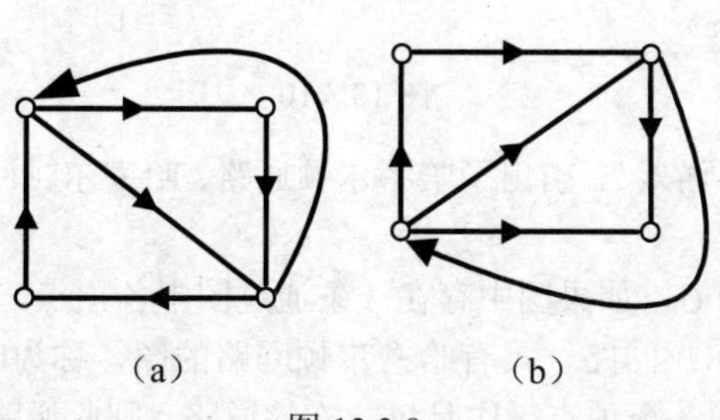

图 13.3.8

定理 7　设图 G 是有向连通图，图 G 是半欧拉图的充分必要条件是：至多有两个顶点，其中一个顶点的入度比它的出度多 1，另一个顶点的出度比它的入度多 1，而其他顶点的入度和出度相等.

例如，图 13.3.9（a）含有欧拉通路，它是一个有向半欧拉图，它含有欧拉通路. 图（b）不包含欧拉通路，它不是一个有向半欧拉图.

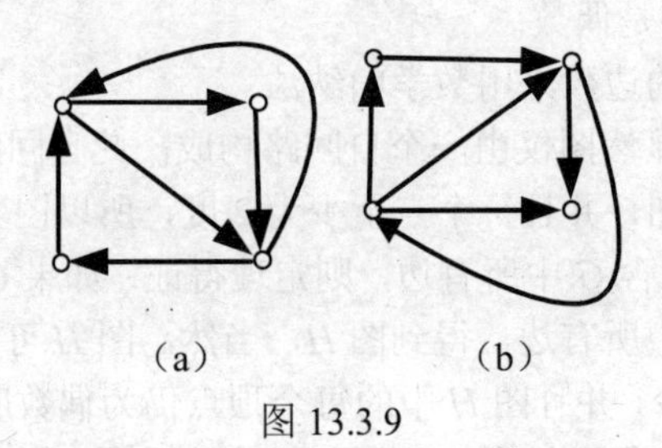

图 13.3.9

2. 哈密尔顿图

爱尔兰数学家哈密尔顿于 1859 年在给友人的信中提出了一个智力游戏，称周游世界游戏. 假设用一个正十二面体的 20 个顶点表示 20 个城市（见图 13.3.10(a)），要求沿着正十二面体的边走过每个城市一次且仅一次，最后回到出发点. 这个问题归结为：求通过图 13.3.10（b）中各点一次且仅一次的回路. 图中的粗线表示一条满足要求的回路.

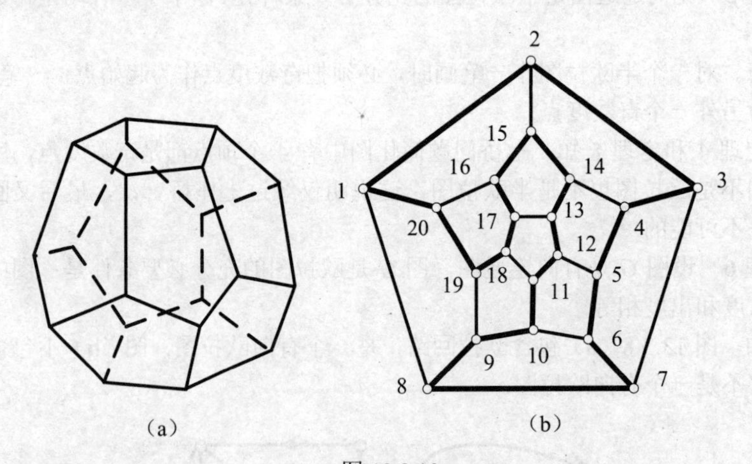

图 13.3.10

这个“周游世界游戏”，引出了哈密尔顿通路、哈密尔顿回路、半哈密尔顿图、哈密尔顿图等概念.

定义 7　给定图 G，如果图中存在一条通过图中各顶点一次且仅一次的回路，则此回路称为哈密尔顿回路，具有哈密尔顿回路的图，称为哈密尔顿图. 如果图中存在一条通过图中各个顶点一次且仅一次的通路，则此通路称为哈密尔顿通路，具有哈密尔顿通路的图，称为半哈密尔顿图.

例如，在图 13.3.11 中，（a）是哈密尔顿图，（b）是半哈密尔顿图，（c）既不是哈密尔顿图也不是半哈密尔顿图.

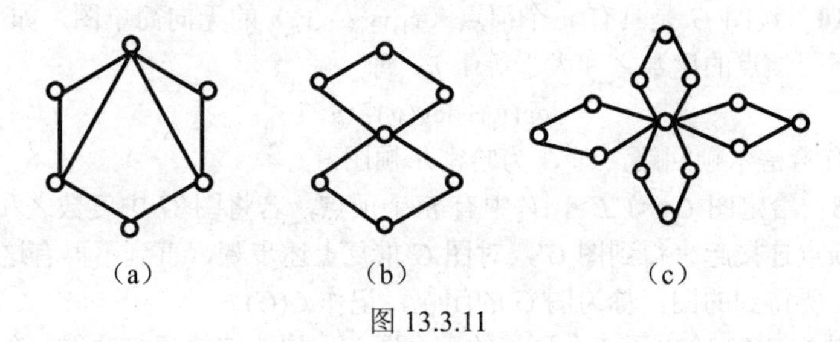

图 13.3.11

虽然哈密尔顿问题和欧拉问题在形式上很相似，但实际上它们之间不仅没有联系而且差异极大. 到目前为止，一个图是否为哈密尔顿图的充分必要判别准则还没有发现，已成为图论中的基本难题之一. 下面将分别介绍一个图是哈密尔顿图的必要条件和充分条件.

定理 8 设图 $G=<V,E>$ 是哈密尔顿图，则对于顶点集 V 的每个非空子集 S，都有 $\mathrm{W}(G-S)\leqslant|S|$ 成立，其中 $\mathrm{W}(G-S)$ 是 $G-S$ 中的连通分支数.

证 设 C 是图 G 的哈密尔顿回路，则对于 V 的任何一个非空子集 S 在 C 中删去 S 中任一顶点 a_1，则 $C-a_1$ 是连通的非回路，若再删去 S 中另一顶点 a_2，则 $W(C-a_1-a_2)\leqslant 2$，由归纳法可得：

$$W(C-S)\leqslant|S|,$$

同时 $C-S$ 是 $G-S$ 的一个生成子图，因而

$$W(G-S)\leqslant W(C-S),$$

所以，$W(G-S)\leqslant|S|$.

利用这个定理，可以判定某些图不是哈密尔顿图.

例如，在图 13.3.12 中，删去点 $\{v_3,v_5\}$ 后，图有 3 个连通分支，所以图 13.3.12 不是哈密尔顿图.

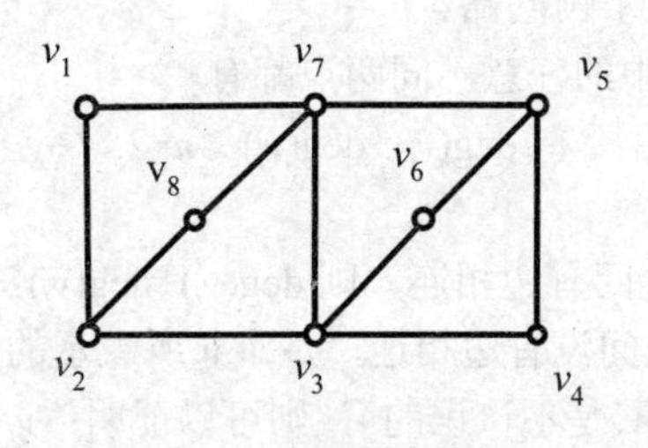

图 13.3.12

下面介绍一个图是半哈密尔顿图或哈密尔顿图的充分条件.

定理 9 设图 G 是具有 n 个顶点（$v_1,v_2,\cdots,v_n$）的无向简单图，如果图 G 中任

意两个不同顶点的度数之和大于等于 $n-1$，即

$$\deg(v_i)+\deg(v_j)\geqslant n-1,$$

则图 G 具有哈密尔顿通路，即 G 是半哈密尔顿图.

定理 10 设图 G 是具有 n 个顶点（$v_1,v_2,\cdots,v_n$）的无向简单图，如果图 G 中任意两个不同顶点的度数之和大于等于 n，即

$$\deg(v_i)+\deg(v_j)\geqslant n,$$

则图 G 具有哈密尔顿回路，即 G 为哈密尔顿图.

定义 8 给定图 $G=\langle V,E\rangle$，V 中有 n 个顶点，若将图 G 中度数之和至少是 n 的非邻接顶点连接起来得到图 G'，对图 G'重复上述步骤，直到不再有这样的顶点存在为止，所得到的图，称为图 G 的闭包，记作 $C(G)$.

例如图 13.3.13 给出了 5 个顶点的一个图 G，构造它的闭包过程. 在这个例子中，$C(G)$是完全图. 一般情况下，$C(G)$可能不是完全图.

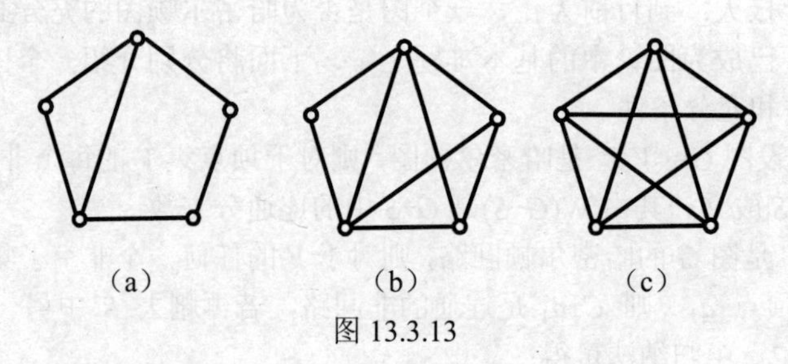

图 13.3.13

定理 11 当且仅当一个简单图 G 的闭包是哈密尔顿图时，则图 G 是哈密尔顿图.

例 3 设有 n 个人，其中任意两个人合在一起能认识其余 $n-2$ 个人，证明当 $n\geqslant 4$ 时，这 n 个人可以围成一圈，使每个人的两边都是他认识的人（这里所说的"认识"是指相互认识）.

证 设用 n 个点表示 n 个人，如果两人认识，就在表示这两个人的两点之间连一条边，从而得到一个 n 阶无向简单图. 由题意可知，即要求证明这个 n 阶无向简单图具有哈密尔顿回路.

由题设可知，此图中的任意不同两点都有

$$\deg(v_i)+\deg(v_j)\geqslant n-2.$$

现分两种情况讨论.

（1）如果 v_i 和 v_j 之间有边相连，则 $\deg(v_i)+\deg(v_j)\geqslant n$，见图 13.3.14（a）.

（2）如果 v_i 和 v_j 之间没有边相连，亦即 v_i 所表示的人与 v_j 所表示的人是不认识的（以后简称为 v_i 和 v_j 是不认识的），则可以证明：v_i 和余下 $n-2$ 个人都认识，v_j 也和余下 $n-2$ 个人都认识，见图 13.3.14（b）. 因为如果存在 v_k，它仅与 v_i 有边相连，而与 v_j 没有边相连，见图 13.3.14（c），则可考察点 v_i 和 v_k，易见，这两个点与 v_j 都没有边相连，因此对于 v_i 和 v_k，他们合起来不能认识余下 $n-2$ 个人（他

们都不认识 v_j）．这与“任意两个人合起来认识余下的 $n-2$ 个人”的题设矛盾，由此可得

$$\deg(v_i)=n-2;$$
$$\deg(v_j)=n-2;$$
$$\deg(v_i)+\deg(v_j)=2n-4.$$

易见，当 $n\geqslant4$ 时，$\deg(v_i)+\deg(v_j)\geqslant n$.

综合这两种情况可知，此图是哈密尔顿图．

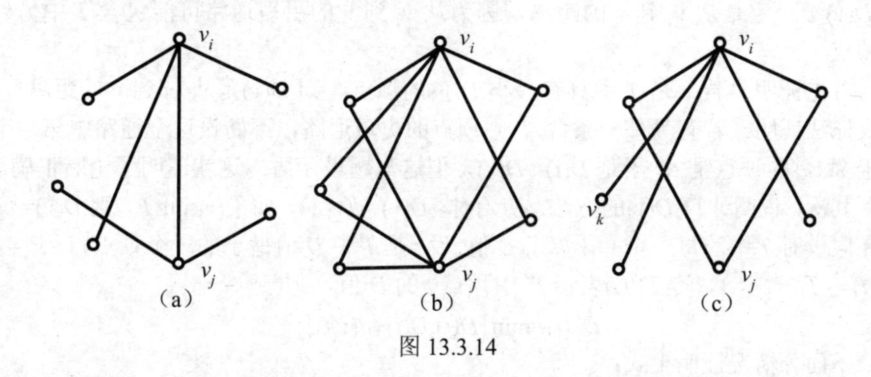

图 13.3.14

13.3.4　赋权图与最短通路

前面介绍过，在图的点或边上表明某种信息的数，称为权，含有权的图称为赋权图．

图 13.3.15 是一个赋权图．如果图中顶点表示各个城市，边表示城市间的公路，边上的权表示城市间公路的里程，这就是一个公路交通网络图．

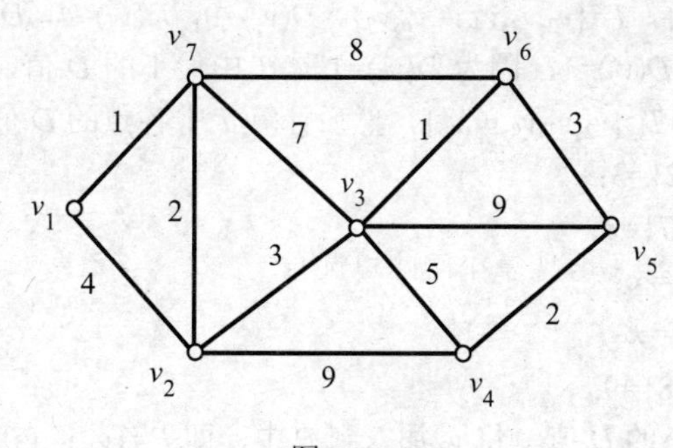

图 13.3.15

如果自点 v_1 出发，目的地是点 v_5，那么如何寻找一条从点 v_1 到点 v_5 的通路，使得通路上各边的权和最小，这就是赋权图的最短通路问题．关于这个问题已有不少算法，这里仅介绍著名的狄克斯特拉算法．

假定无向赋权图 $G=\langle V,E\rangle$有 n 个顶点，要求从 v_1 到其余各顶点的最短路径，

狄克斯特拉算法的基本思想是：

（1）将顶点集合 V 分成两部分：一部分称为具有 P（永久性）标号的集合，另一部分称为具有 T（临时性）标号的集合．初始时，$P=\{v_1\}$，$T=V-P$．

（2）对 T 中每一个元素 v 计算 $D(v)$，根据 $D(v)$值找出 T 中距 v_1 最短的一个顶点，写出 v_1 到 v 的最短路径的长度 $D(v)$．

（3）令 $P=P\cup\{v\}$，$T=T-\{v\}$，如果 $P=V$ 或 $T=\varnothing$，则停止，否则转到（2）．

在（2）中，$D(v)$表示从 v_1 到 v 的不包含 T 中其他顶点的最短通路的长度，但 $D(v)$不一定是从 v_1 到 v 的距离，因为从 v_1 到 v 的更短通路可能包含 T 中另外的顶点．

首先证明“若 v 是 T 中具有最小 D 值的顶点，则 $D(v)$是从 v_1 到 v 的距离”，用反证法证明．若有另外一条含 T 中顶点的更短通路，不妨设这个通路中第一个属于 T-$\{v\}$的顶点是 t，于是 $D(t)< D(v)$，但这与题设矛盾．这就证明了论断正确．

其次，说明计算 $D(v)$的方法．初始时，$D(v)=d(v_1,v)$，如果$(v_1,v)\notin E$，则 $D(v)=\infty$，现在假设对 T 中的每一个 v 计算了 D 值．设 t 是 T 中 D 值最小的一个顶点，记 $P'=P\cup\{t\}$，$T'=T-\{t\}$，令 $D'(t)$表示 T' 中顶点 t 的 D 值，则

$$D'(t)=\min\{D(t),D(t)+d(v,t)\}.$$

下面分情况证明上式：

（1）如果从 v 到 t 有一条最短路径，它不包含 T' 中的其他顶点，也不包含 t 点，则 $D'(t)=D(t)$．

（2）如果从 v 到 t 有一条最短路径，它从 v_1 到 v，不包含 T' 中的顶点，有边(v,t)，这种情况下，$D'(t)= D(t)+d(v,t)$．

除了这两种情况外不再有其他更短的不包含 D' 另外顶点的路径了．

例 4　计算图 13.3.15 中 v_1 到 v_5 的最短路径．

解　初始 $P=\{v_1\}$，$T=\{v_2,v_3,v_4,v_5,v_6,v_7\}$，$D(v_1)=0$，$D(v_2)=4$，$D(v_3)=\infty$，$D(v_4)=\infty$，$D(v_5)=\infty$，$D(v_6)=\infty$，$D(v_7)=1$．因为 $D(v_7)=1$ 是 T 中最小的 D 值，所以将 v_7 加入到 P 中，即 $P=\{v_1,v_7\}$，$T=\{v_2,v_3,v_4,v_5,v_6\}$，然后计算 T 中各点的 D 值：

$D(v_2)=\min\{4,1+2\}=3$；

$D(v_3)=\min\{\infty,1+7\}=8$；

$D(v_4)=\min\{\infty,\infty\}=\infty$；

$D(v_5)=\min\{\infty,\infty\}=\infty$；

$D(v_6)=\min\{\infty,1+8\}=9$．

$D(v_2)$是 T 中最小的 D 值，将 v_2 加入到 P 中，即 $P=\{v_1,v_7,v_2\}$，$T=\{v_3,v_4,v_5,v_6\}$，然后计算 T 中各点的 D 值：

$D(v_3)=\min\{8,3+3\}=6$；

$D(v_4)=\min\{\infty,3+9\}=12$；

$D(v_5)=\min\{\infty,\infty\}=\infty$；

$D(v_6)=\min\{9,\infty\}=9$．

$D(v_3)$是 T 中最小的 D 值，将 v_3 加入到 P 中，即 $P=\{v_1,v_7,v_2,v_3\}$，$T=\{v_4,v_5,v_6\}$，然后计算 T 中各点的 D 值：

$D(v_4)=\min\{12,6+5\}=11$；

$D(v_5)=\min\{\infty,6+9\}=15$；

$D(v_6)=\min\{9,6+1\}=7$.

$D(v_6)$是 T 中最小的 D 值，将 v_6 加入到 P 中，即 $P=\{v_1,v_7,v_2,v_3,v_6\}$，$T=\{v_4,v_5\}$，然后计算 T 中各点的 D 值：

$D(v_4)=\min\{11,\infty\}=11$；

$D(v_5)=\min\{15,7+3\}=10$.

$D(v_5)$是 T 中最小的 D 值，所以，v_1 到 v_5 的最短距离是 10，如果每次在求 T 中最小的 D 值时，把各点通过的通路记录下来，就能得到最短通路所经过的顶点．本例中 v_1 到 v_5 的最短通路是 $v_1v_7v_2v_3v_6v_5$.

在熟悉了狄克斯特拉算法后，还可用列表法来求最短通路，它使求解过程显得十分简洁，并可求出最短通路所经过的顶点.

仍以图 13.3.15 为例.

用 $D_i^{(r)}/v_j$ 表示在第 r 步 v_i 获得 T 中的最小 D 值 $D_i^{(r)}$，且在 v_1 到 v_i 的最短路上，v_i 的前驱是 v_j，则算法可用表格的形式给出．第 0 行是算法的开始. 求最短通路过程如表 13.1 所示.

表 13.1　求最短通路

	v_1	v_2	v_3	v_4	v_5	v_6	v_7
0	$\boxed{0}$	4	∞	∞	∞	∞	1
1		4	∞	∞	∞	∞	$\boxed{1}/v1$
2		$\boxed{3}/v_7$	8	∞	∞	9	
3			$\boxed{6}/v_2$	12	∞	9	
4				11	15	$\boxed{7}/v3$	
5				11	$\boxed{10}/v6$		
6				$\boxed{11}/v3$			
	0	3	6	11	10	7	1

由表可知，

v_1 到 v_2 的最短通路长为 3，最短路为 $v_1v_7v_2$.

v_1 到 v_3 的最短通路长为 6，最短路为 $v_1v_7v_2v_3$.

v_1 到 v_4 的最短通路长为 11，最短路为 $v_1v_7v_2v_3v_4$.

v_1 到 v_5 的最短通路为 10，最短路为 $v_1v_7v_2v_3v_6v_5$.

v_1 到 v_6 的最短通路为 7，最短路为 $v_1v_7v_2v_3v_6$.

v_1到v_7的最短通路为 1，最短路为v_1v_7.

狄克斯特拉算法对有向图同样适用.

习题 13.3

1. 一个n阶无向简单图，如果它不是连通图且仅含有两个连通分支，那么这样的图最少有多少条边？最多有多少条边？

2. 判断图 13.3.16 中，哪些图是强连通图？哪些图是单向连通图？哪些图是弱连通图？

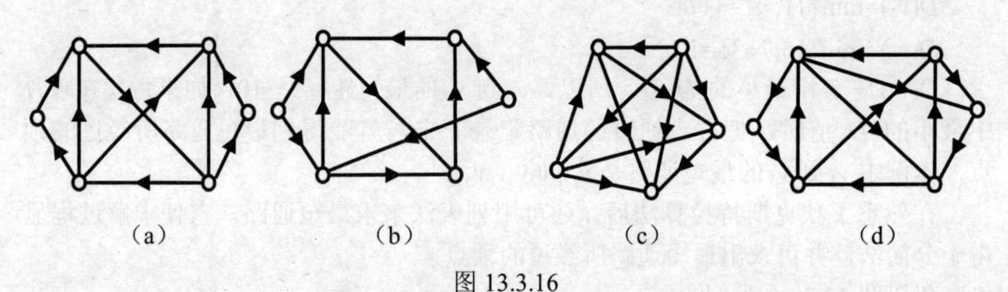

图 13.3.16

3. 给出图 13.3.17 中的所有强连通分图、单向连通分图和弱连通分图.

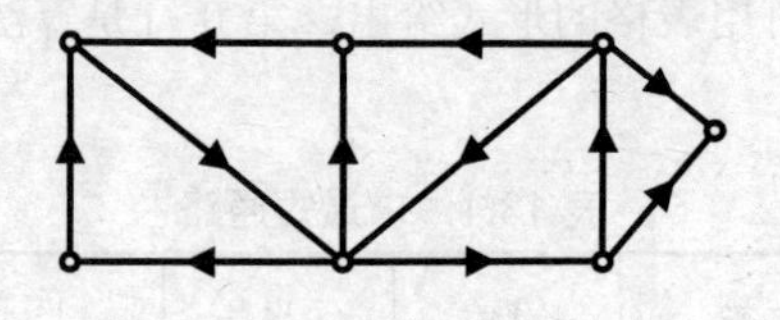

图 13.3.17

4. 指出图 13.3.18 中，哪些图是欧拉图，哪些是半欧拉图，如果是，画出它的欧拉回路与欧拉通路.

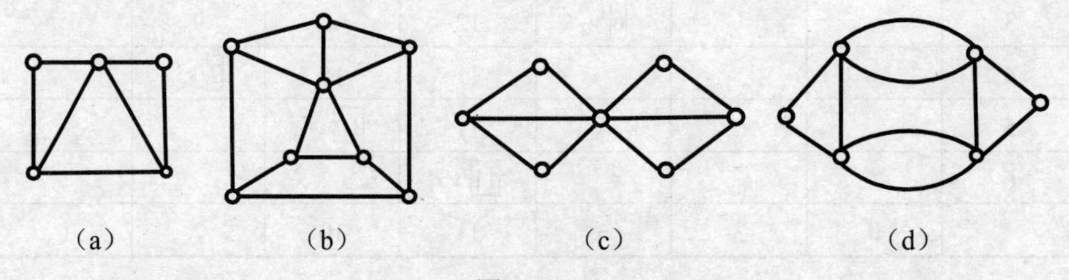

图 13.3.18

5. 画出满足下列条件的无向简单图各一个.

（1）具有偶数个点、偶数条边的欧拉图.

（2）具有奇数个点、奇数条边的欧拉图.

（3）具有奇数个点、偶数条边的欧拉图.

（4）具有偶数个点、奇数条边的欧拉图.

6．求图 13.3.19 中，a 到 z 的最短通路．

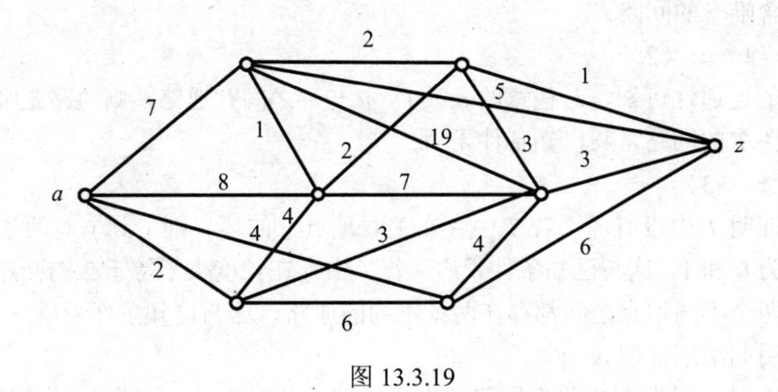

图 13.3.19

13.4　树及其应用

树是图论中重要的概念之一．本节介绍树的基本概念、基本性质，并介绍作为树的应用实例的最小生成树、前缀码和最优树等．

13.4.1　无向树及其性质

定义 1　设 T 是无回路的无向简单连通图，则称 T 为无向树或简称为树．在树中，度数为 1 的点称为树叶，度数大于 1 的点称为内顶点或分枝点．

例如，图 13.4.1 所示的图是一棵无向树，它有 7 片树叶，4 个内顶点．

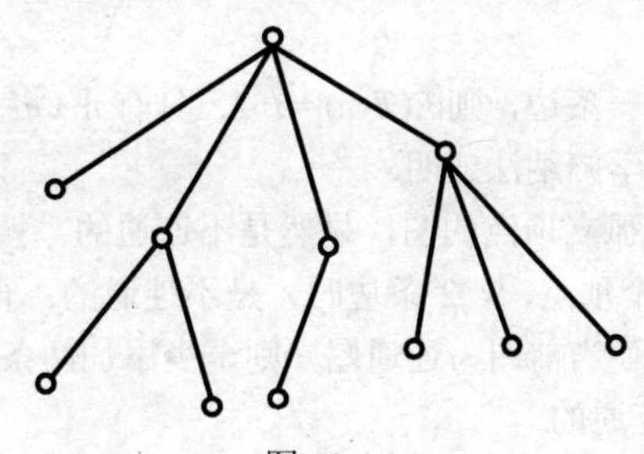

图 13.4.1

定理 1　设 T 是含 n 个顶点和 m 条边的简单无向图，则下列各结论都是等价的，都可作为无向树的定义．

（1）T 连通且无回路．

（2）T 中任意两个不同的顶点间，有且仅有一条通路相连．

（3）T 无回路且 $n=m+1$．

（4）T 连通且 $n=m+1$．

（5）T 连通，但删去树中任意一条边，则变成不连通图．

（6）T 连通且无回路，若在 T 中任意两个不邻接的顶点中添加一条边，则构成的图包含唯一的回路.

证　（1）⇒（2）

由 T 的连通性可知，对任意的 $u,v\in V$，u 与 v 之间有通路，则通路是唯一的，否则构成图 T 的回路，与已知条件矛盾.

（2）⇒（3）

首先证明 T 中没有环，若 T 中存在关联顶点 v 的环，则 v 到 v 有两条通路，长度分别为 0 和 1，这与已知条件矛盾．若 T 中存在长度大于等于 2 的回路，则回路上任何两个不同顶点之间都存在两条不同的通路，这与已知条件矛盾.

下面用归纳法证明 $m=n-1$.

当 $n=1$ 时，因为 G 中没有回路，因而 $m=0$，此时 G 为平凡图，故结论为真.

设 $n=k$ 时结论成立，设 $n=k+1$，此时 T 中至少有一条边，设 $e=(u,v)$ 为 T 中的一条边，则 $T-e$ 必有两个连通分支 T_1 和 T_2（否则 $G-e$ 中 u 到 v 还有通路，因而 T 中含过 u,v 的回路，则 T 中出现回路）．设 n_i,m_i 分别为 T_i 中的顶点数和边数，则 $n_i\leqslant k$，$i=1,2$．由归纳假设知 $m_i=n_i-1$，因此，$m=m_1+m_2+1=n_1-1+n_2-1+1=n_1+n_2-1=n-1$.

（3）⇒（4）

只需证明 T 是连通的即可．用反证法．假设 T 是不连通的，有 k（$k\geqslant 2$）个连通分支 $T_1,T_2,\cdots,T_k$，T_i 中没有回路，即它们都是树．设 $m_i=n_i-1$（m_i,n_i 分别为 T_i 的边数和顶点数，$i=1,2,\cdots,k$），则

$$m=m_1+m_2+\cdots+m_k=n_1+n_2+\cdots+n_k-k=n-k,$$

由于 $k\geqslant 2$，这与已知条件 $m=n-1$ 矛盾.

（4）⇒（5）

设 e 为 T 中的任意一条边，则 $|E(T-e)|=n-2$．具有 n（$n\geqslant 2$）个顶点，$n-2$ 条边的图是不连通的．用数学归纳法证明.

当 $n=2$ 时，为两个孤立顶点的图，显然是不连通的.

设图有 k（$k\geqslant 2$）个顶点，$k-2$ 条边时，是不连通的．再添加一个新的顶点，使图成为 $k+1$ 阶图，要使当前图为连通图，则至少添加两条边，即有 $k+1$ 个顶点，$(k+1)-2$ 条边的图是不连通的.

（5）⇒（6）

由于删去 T 中的任意一条边，都变成不连通图，因而 T 中不可能有回路，又因为 T 是连通的，所以 T 是树．由（1）⇒（2）可知，对任意的 $u,v\in V$，u 与 v 之间的通路是唯一的，设通路为 $P(u,v)$，则 $P(u,v)\cup(u,v)$ 为图中唯一的回路.

（6）⇒（1）

只需证明 T 是连通的．由于对任意的 $u,v\in V$，$u\neq v$，$T\cup(u,v)$ 产生唯一的回路 C，则 $C-(u,v)$ 为 u 到 v 的唯一的通路，因此 u,v 连通，由 u,v 的任意性知 T 是连通的.

定理 2　设 T 是 n 阶非平凡的无向树，则 T 至少有两片树叶.

证　因为 T 是连通的，对于任意的 $v_i \in V$，有 $\deg(v_i) \geqslant 1$ 并且 $\sum deg(v_i)=2(n-1)=2n-2$.

若 T 中每个顶点的度数都大于等于 2，则 $\sum \deg(v_i) \geqslant 2n$，产生矛盾.

若 T 中只有一个顶点度数为 1，其他顶点的度数都大于等于 2，则 $\sum \deg(v_i) \geqslant 2(n-1)+1=2n-1$，得出矛盾.

所以 T 中至少有两个 1 度的顶点，即 T 至少有两片树叶.

13.4.2　生成树与最小生成树

定义 2　设 G 是无向连通图，若 G 的一个生成子图（含有图 G 的所有顶点的子图）T 是一棵树，则称图 T 为图 G 的生成树.

例如，图 13.4.2（b）和图 13.4.2（c）都是图 13.4.2（a）的生成树.

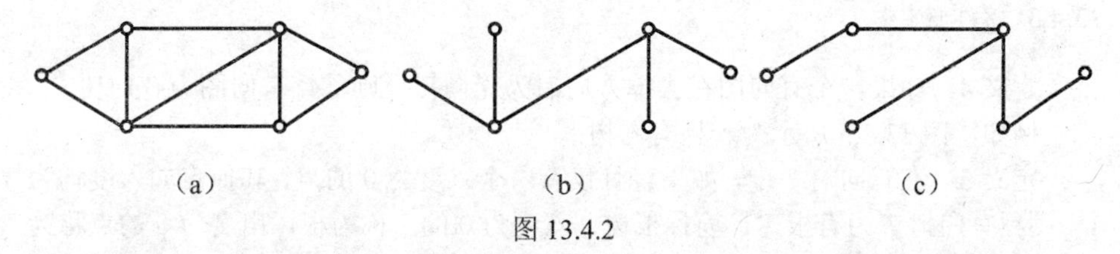

（a）　　（b）　　（c）

图 13.4.2

下面讨论赋权图的最小生成树问题.

设图 G 中的顶点表示一些城市，各边表示城市间道路的连接情况，边上的权表示路的长度，如果要用通讯线路把这些城市联系起来，要求沿道路架设线路时，所用的线路最短. 如图 13.4.3 中，点 a,b,c,d,e,f,g,h 表示各个城市，边表示城市间的道路，每条边上的权表示路的长度. 这就是要求一棵生成树，使该生成树是图 G 的所有生成树中边权之和为最小.

定义 3　在图的所有生成树中，树权之和最小的生成树称为最小生成树.

定理 3　设图有 n 个顶点，可用下面的算法产生最小生成树.

（1）选取最小边 e_1，设边数 $k=1$；

（2）若 $k=n-1$，结束，否则转（3）；

（3）设已选择边为 $e_1,e_2,\cdots,e_k$，在 G 中选择不同于 $e_1,e_2,\cdots,e_k$ 的边 e_{k+1}，使 e_{k+1} 是满足 $\{e_1,e_2,\cdots,e_k,e_{k+1}\}$ 中无回路的权最小的边.

（4）$k=k+1$，转（2）.

上面给出的求最小生成树的算法是克鲁斯卡尔在 1956 年首先提出的.

例如，对于图 13.4.3，可先取边 ed 作为最小生成树的一条边，再取 ef 作为最小生成树的一条边，再分别取 ch,bg 作为最小生成树的边，再分别取 bh,cd 作为最小生成树的一条边. 余下的边中，权最小的边为 bc,df,fg，由于添加每一条边都成回路，所以这三条边不能作为最小生成树的边，而添加 fh 同样构成回路，所以最小生成树中不包含它．ag 与已作为最小生成树的边不构成回路，所以 ae 可作为最小生成树的一条边．再取边 ab，由于它构成回路，所以不包含边 ab．现已找到 7 条边，所以图 13.4.3 的最小生成树已找到，见图 13.4.4 中粗线表示．

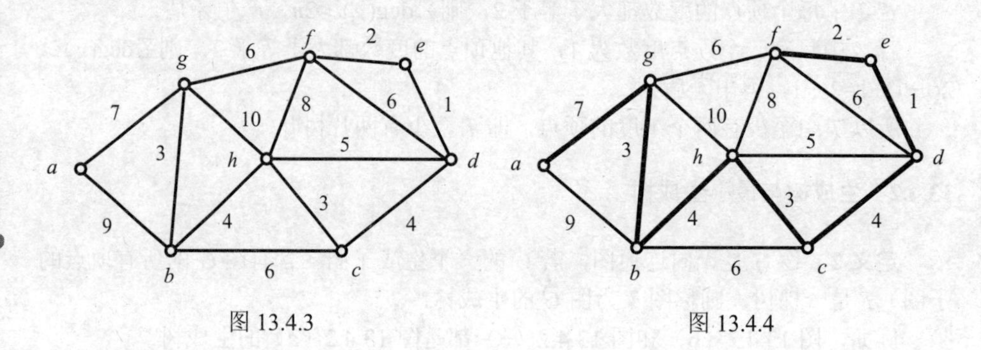

图 13.4.3　　　图 13.4.4

13.4.3　有向树

定义 4　如果一个有向图在去掉方向后为无向树，则称该有向图为有向树．

例如，图 13.4.5 所示为一棵有向树．

定义 5　在有向树 T 中，如果有且仅有一个入度为 0 的点．其他点的入度均为 1，则称有向树 T 为有根树，简称根树．入度为 0 的点称为根，出度为 0 的点称为树叶或叶片，出度不为 0 的点称为分枝点或内顶点．

例如，图 13.4.6 所示的图是根树，其中顶点 v_1 是根．v_1,v_3,v_5,v_8 是分枝点，其余的顶点为树叶．在画根树时，经常树根画在最上面，并使根树中各有向边的箭头朝下，经此约定后，可把各有向边的箭头省略．

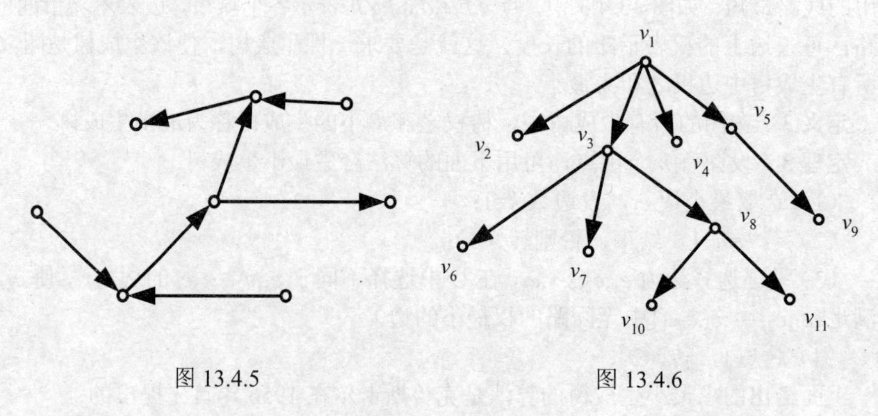

图 13.4.5　　　图 13.4.6

在根树中，从树根到顶点 v 的通路长度（即自根到点 x 的通路中所含边的条数）称为顶点 v 的层次．如图 13.4.6 中有 4 个顶点层数为 1，有四个顶点层数为 2，有两个顶点层数为 3．

在根树 T 中，最长通路的长度称为 T 的高度．

设 ab 是根树 T 中的一条有向边，如果 a 是始点，b 是终点，则称 a 是 b 的父亲，b 是 a 的儿子．如果 T 中有一条以 a 为始点，x 为终点的有向通路，则称 a 是 x 的祖先，x 是 a 的后裔．同一分枝点的儿子称为兄弟．

例如，在图 13.4.6 所示的根树中，v_1 是 v_2,v_3,v_4,v_5 的父亲，v_6,v_7,v_8 是 v_3 的儿子，v_1 是 v_{10},v_{11} 的祖先，v_6,v_7,v_8 是兄弟．

在根树 T 中取某一点 v，由 v 以及 v 的所有后裔导出的子图称为根树 T 的子树．显然，v 是子树的根．因此，根树也可以递归定义为：

定义 6　根树包含一个或多个顶点，这些顶点中某一个称为根，其他所有顶点被分成有限个子根树．

定义 7　在根树中，如果每一个顶点的出度小于或等于 k，则称这棵树为 k 叉树．若每一个顶点的出度恰好等于 k 或零，则称这棵树为完全 k 叉树，若所有树叶的层次相同，称为正则 k 叉树．当 k=2 时，称为二叉树．

例如，在图 13.4.7 中，（a）是 4 叉树，（b）是完全 4 叉树，（c）是正则 3 叉树．

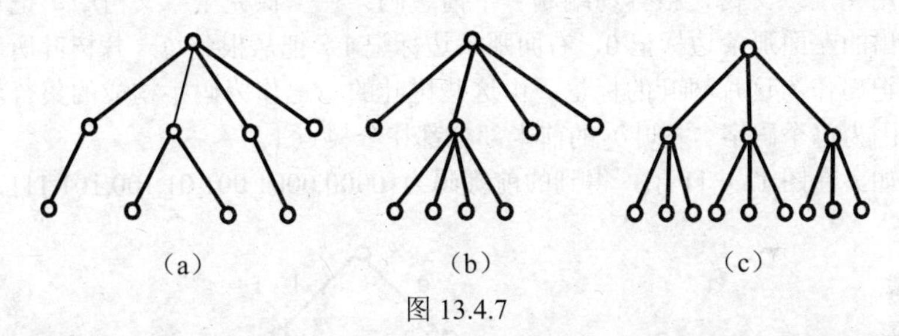

图 13.4.7

定义 8　在根树中，如果每一个顶点的儿子都规定次序（一般采用自左到右），则称此树为有序树．

例如，图 13.4.8 为有序树，图 13.4.9 所示的是两个不同的有序树．

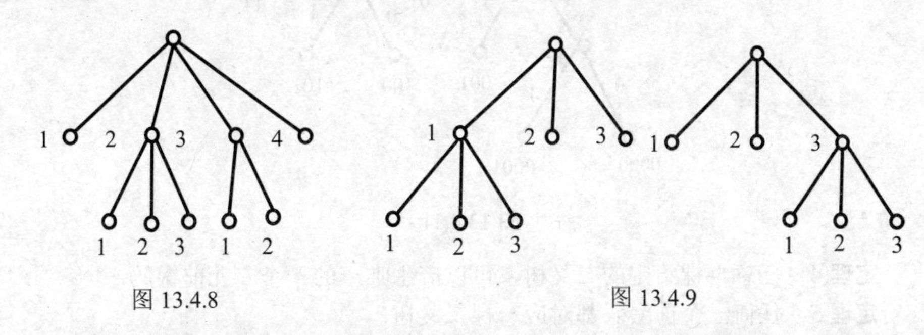

图 13.4.8　　　　图 13.4.9

二叉树是计算机技术中使用最广泛的一类树．在二叉有序树中，常把分枝点的两个儿子分别画在分枝点的左下方和右下方，并分别称为左儿子和右儿子．当分枝点只有一个儿子时，将儿子画在左下方或右下方也被认为是不同的．例如，在图 13.4.10 中所示的两个二叉有序树是不同的．

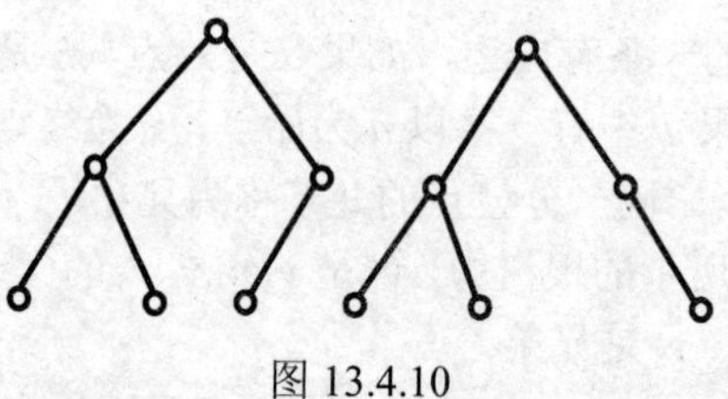

图 13.4.10

作为树的一种应用，下面介绍前缀码和最优树.

编码是指用一些二进制序列来表示某种信息，一个二进制序列称为一个码字，由码字作为元素构成的集合称为码. 最常用的一种编码就是前缀码.

定义 9 如果在码中，没有一个码字是另一个码字的前缀，则称这样的码为前缀码.

例如，A={01,10,11,000,0010,0011}，由于 A 中没有一个码字是另一个码字的前缀，所以 A 是前缀码.

利用完全二叉树，很容易编制一个前缀码. 在一棵完全二叉树中，把每个分枝点引出的左面那条边标记 0，右面那条边标记 1. 把从根到每一片树叶所经过的边的标记串作为这片树叶的标记，由这些树叶的标记作为码字构成的集合就是前缀码，因为每个码字（树叶）的前半部分都在分枝点上.

例如，在图 13.4.11 中，得到的前缀码为{0000,0001,001,01,100,101,11}.

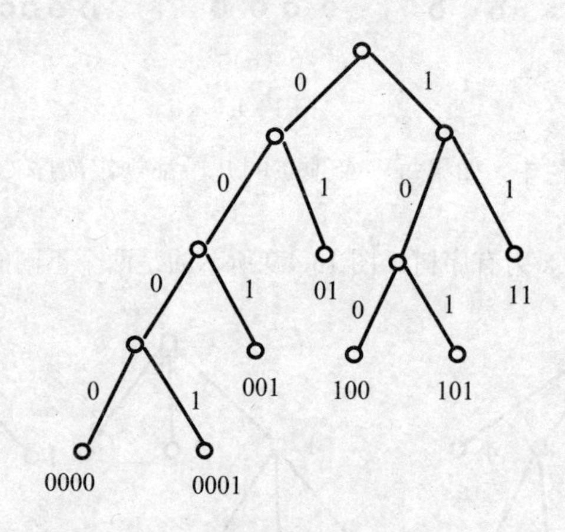

图 13.4.11

定理 4 任意一棵给定的二叉树，可以产生唯一的一个二元前缀码.

定理 5 任何一个前缀码都对应一棵二叉树.

前缀码的特点是可以根据需要，用长短不同的二进制序列来表示不同的信息. 例如，在对 26 个英文字母进行编码时，由于有些字母是经常使用的（如字母 E 或 e），而有些字母是很少使用的（如字母 q 或 Q）. 因此，在编码时采用前缀码就可以用较短的二进制序列来表示常用字母，用较长的二进制序列来表示不常用的字母，从而使所用的二进制数码最少．下面介绍如何求出这样的前缀码．

定义 10　设 T 是具有 n 片树叶 $t_1,t_2,\cdots,t_n$ 的完全二叉树，且各片树叶所含的权为 $w_1,w_2,\cdots,w_n$，令

$$W(T)=L_1w_1+L_2w_2+\cdots+L_nw_n.$$

其中，L_i（i=1,2,⋯,n）是完全二叉树 T 的根到树叶 t_i 的通路长度，则称 $W(T)$ 为完全二叉树 T 的权．在所有带权 $w_1,w_2,\cdots,w_n$ 的二叉树中，$w(T)$最小的那棵树称为最优二叉树，简称最优树．

给定了一组权 $w_1,w_2,\cdots,w_n$，如何求最优树．1952 年，霍夫曼给出一种算法：首先找出两个最小的权值 w_1 和 w_2，然后对 $n-1$ 个权 $w_1+w_2,w_3,\cdots,w_n$ 求一棵最优树，并且将这棵最优树中的顶点 w_1+w_2 用以 w_1 和 w_2 为儿子的分枝点代替，依次类推，最后可转化为求有两片树叶的最优树．由于仅有两片树叶的完全二叉树是唯一的，所以它一定是最优树，于是可求得最优树．

例 1　求树叶权为 2,3,5,7,11,13,17,21,39 的最优树．

解　首先权最小的两片树叶 2 和 3“合并”成一片树叶，并赋以权 2+3=5；再把“合并”的树叶与未处理过的树叶中权最小的两片树叶 5 和 5“合并”成一片树叶，并赋以权 5+5=10．

同样，再把“合并”的树叶与未处理过的树叶中权最小的两片树叶 7 和 10“合并”成一片树叶，并赋以权 7+10=17．

依次类推；最后只留下两片树叶，将它们“合并”后即得最优树，如图 13.4.12 所示．

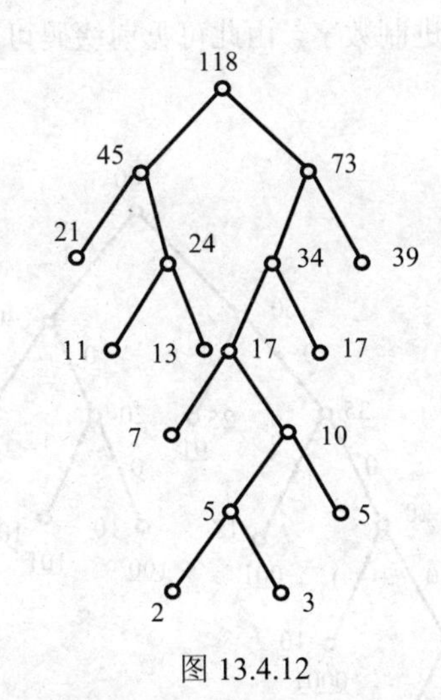

图 13.4.12

例 2　在通信中，八进制数字出现的频率如下：

0：25%	1：20%	2：15%	3：10%
4：10%	5：10%	6：5%	7：5%

求传输它们的最佳前缀码，并求传输 10^n（$n\geqslant 2$）个按上述比例出现的八进制数字需要多少个二进制数字？若用等长（长为 3）的码字传输需要多少个二进制数字？

解 用 100 个八进制数字中各数字出现的个数，即用 100 乘各频率作为权，并将权由小到大排列，得 5,5,10,10,10,15,20,25，用霍夫曼算法求最优树，如图 13.4.13 所示.

图中加下划线的二进制数列为对应数字的码字：

01 代表 0	11 代表 1
001 代表 2	100 代表 3
101 代表 4	0001 代表 5
00000 代表 6	00001 代表 7

八个码字的集合

$$\{01,11,001,100,101,0001,00000,00001\}$$

为前缀码，而且是最佳前缀码.

设题中的树为 T，见图 13.4.13，显然 W(T)为传输 100 个按题中给定的频率出现的八进制数字所用二进制数字个数. 除了用定义计算 W(T)外，易知 W(T)还等于各分枝点权之和，因此本题中

$$W(T)=10+20+35+60+100+40+20=285.$$

这说明传输 100 个按题中给定的频率出现的八进制数字需要 $10^{n-2}\times 285=2.85\times 10^n$ 个二进制数字，而用长为 3 的二进制码字传输 10^n 个八进制数字，显然需要用 3×10^n 个二进制数字，由此可见前缀码可节省二进制数字，能提高效率.

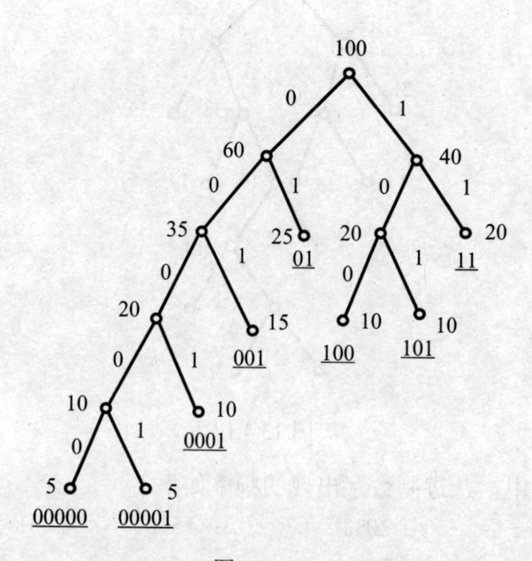

图 13.4.13

还应该注意的是，最佳前缀码并不唯一.

习题 13.4

1．说明顶点数大于等于 2 的无向树至少有两片树叶.

2．一棵无向树 T 中有两个顶点度数为 2，一个顶点度数为 3，3 个顶点度数为 4，问它有几个度数为 1 的顶点.

3．求图 13.4.14（a）、（b）的最小生成树.

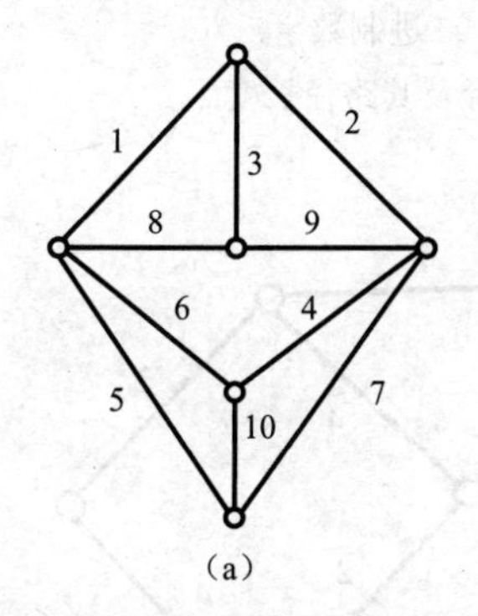

（a）

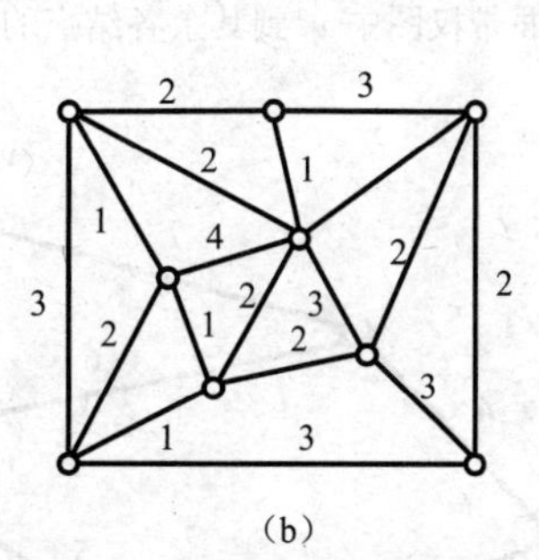

（b）

图 13.4.14

4．证明在完全二叉树中，边数 $m=2(t-1)$，其中 t 为树叶数.

5．画出树叶权为 2,4,6,8,10 的最优树，并写出此最优树的权.

6．设二叉树 T 有 2^n 个顶点，那么这样的二叉树其高度最大是多少？最小是多少？

7．给定权为 1,4,9,16,25,36,49,64,81,100：

（1）构造一棵最优二叉树.

（2）构造一棵最优三叉树.

（3）如何构造一棵最优 t 叉树.

本章小结

本章详细介绍了图的基本概念、通路、图的矩阵表示和一些特殊图，即欧拉图、哈密尔顿图、树等内容．同时给出了图论中的一些常用的算法，如狄克斯特拉算法、霍夫曼算法等.

自测题 13

1．填空题

（1）设无向图 G 有 12 条边，有 6 个 3 度顶点，其余顶点的度数均小于 3，则 G 中至少有________个顶点.

（2）设 $G=<m,n>$是简单图，v 是 G 中度数为 k 的顶点，e 是 G 中的一条边，则 $G-v$ 中有________个顶点，________条边．$G-e$ 中有________个顶点，________条边．

（3）设 G 是 n 阶无向带权连通图，各边的权均为 a（$a>0$），设 T 是 G 的一棵最小生成树，则 T 的权 $W(T)=$ ________．

2．设 7 个字母在通信中出现的频率如下：

a：35%　　b：20%　　c：15%　　d：10%　　e：10%　　f：5%　　g：5%

用 Huffman 算法求传输它们的前缀码．要求画出最优树，指出每个字母对应的编码，并指出传输 10^n 个按上述频率出现的字母需要多少个二进制数字．

3．求下面带权图中 v_1 到其余各结点的最短路径及其路径长度．

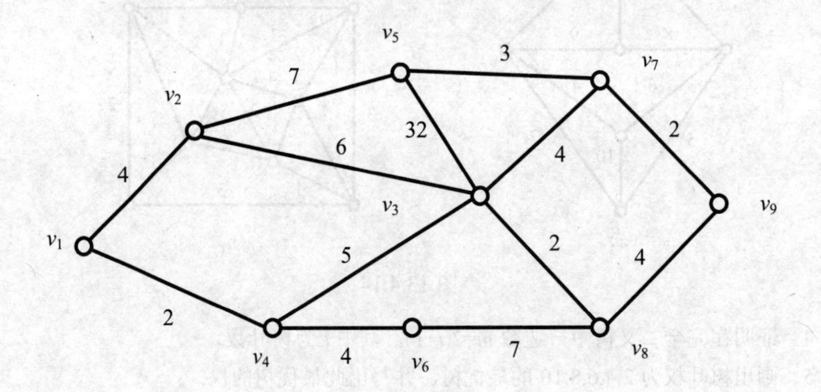

附录 A　积分表

说明：公式中的α，a，b，⋯均为实数，n为正整数.

A.1　含有 $a+bx$ 的积分

1. $$\int (a+bx)^{\alpha}\,\mathrm{d}x = \begin{cases} \dfrac{(a+bx)^{\alpha+1}}{b(a+1)}+C，当\alpha\neq -1 \\ \dfrac{1}{b}\ln|a+bx|+C，当\alpha=-1 \end{cases}$$

2. $$\int \frac{x}{a+bx}\,\mathrm{d}x = \frac{x}{b}-\frac{a}{b^2}\ln|a+bx|+C$$

3. $$\int \frac{x^2}{a+bx}\,\mathrm{d}x = \frac{1}{b^3}\left[\frac{1}{2}(a+bx)^2-2a(a+bx)+a^2\ln|a+bx|\right]+C$$

4. $$\int \frac{x}{(a+bx)^2}\,\mathrm{d}x = \frac{1}{b^2}\left(\frac{a}{a+bx}+\ln|a+bx|\right)+C$$

5. $$\int \frac{x^2}{(a+bx)^2}\,\mathrm{d}x = \frac{x}{b^2}-\frac{a^2}{b^3(a+bx)}-\frac{2a}{b^3}\ln|a+bx|+C$$

6. $$\int \frac{\mathrm{d}x}{x(a+bx)} = \frac{1}{a}\ln\left|\frac{x}{a+bx}\right|+C$$

7. $$\int \frac{\mathrm{d}x}{x^2(a+bx)} = -\frac{1}{ax}+\frac{b}{a^2}\ln\left|\frac{a+bx}{x}\right|+C$$

8. $$\int \frac{\mathrm{d}x}{x(a+bx)^2} = \frac{1}{a(a+bx)}-\frac{1}{a^2}\ln\left|\frac{a+bx}{x}\right|+C$$

A.2　含有 $\sqrt{a+bx}$ 的积分

9. $$\int x\sqrt{a+bx}\,\mathrm{d}x = \frac{2(3bx-2a)(a+bx)^{\frac{3}{2}}}{15b^2}+C$$

10. $$\int x^2\sqrt{a+bx}\,\mathrm{d}x = \frac{2(15b^2x^2-12abx+8a^2)(a+bx)^{\frac{3}{2}}}{105b^3}+C$$

11. $$\int \frac{x}{\sqrt{a+bx}}\,\mathrm{d}x = \frac{2(bx-2a)\sqrt{a+bx}}{3b^2}+C$$

12. $\int \frac{x^2}{\sqrt{a+bx}} \mathrm{d}x = \frac{2(3b^2x^2 - 4abx + 8a^2)\sqrt{a+bx}}{15b^3} + C$

13. $\int \frac{\mathrm{d}x}{x\sqrt{a+bx}} = \begin{cases} \frac{1}{\sqrt{a}} \ln \frac{\left|\sqrt{a+bx} - \sqrt{a}\right|}{\sqrt{a+bx} + \sqrt{a}} + C，\text{当}a > 0 \\ \frac{2}{\sqrt{-a}} \arctan \sqrt{\frac{a+bx}{-a}} + C，\text{当}a < 0 \end{cases}$

14. $\int \frac{\mathrm{d}x}{x^2\sqrt{a+bx}} = \frac{-\sqrt{a+bx}}{ax} - \frac{b}{2a} \int \frac{\mathrm{d}x}{x\sqrt{a+bx}} + C$

15. $\int \frac{\sqrt{a+bx}}{x} \mathrm{d}x = 2\sqrt{a+bx} + a \int \frac{\mathrm{d}x}{x\sqrt{a+bx}} + C$

16. $\int \frac{\sqrt{a+bx}}{x^2} \mathrm{d}x = \frac{-\sqrt{a+bx}}{x} + \frac{b}{2} \int \frac{\mathrm{d}x}{x\sqrt{a+bx}} + C$

A.3　含有 $a^2 \pm x^2$ 的积分

17. $\int \frac{\mathrm{d}x}{(a^2+x^2)^n} = \begin{cases} \frac{1}{a} \arctan x + C，\text{当}n = 1 \\ \frac{x}{2(n-1)a^2(a^2+x^2)^{n-1}} + \frac{2n-3}{2n(n-1)a^2} \int \frac{\mathrm{d}x}{(a^2+x^2)^{n-1}}，\text{当}n > 1 \end{cases}$

18. $\int \frac{x\mathrm{d}x}{(a^2+x^2)^n} = \begin{cases} \frac{1}{2} \ln(a^2+x^2) + C，\text{当}n = 1 \\ -\frac{1}{2(n-1)(a^2+x^2)^{n-1}} + C，\text{当}n > 1 \end{cases}$

19. $\int \frac{\mathrm{d}x}{a^2-x^2} = \frac{1}{2a} \ln\left|\frac{a+x}{a-x}\right| + C$

A.4　含有 $\sqrt{a^2-x^2}$（a>0）的积分

20. $\int \sqrt{a^2-x^2}\, \mathrm{d}x = \frac{x}{2}\sqrt{a^2-x^2} + \frac{a^2}{2} \arcsin \frac{x}{a} + C$

21. $\int x\sqrt{a^2-x^2}\, \mathrm{d}x = -\frac{1}{3}(a^2-x^2)^{\frac{3}{2}} + C$

22. $\int x^2\sqrt{a^2-x^2}\, \mathrm{d}x = \frac{x}{8}(2x^2-a^2)\sqrt{a^2-x^2} + \frac{a^4}{8} \arcsin \frac{x}{a} + C$

23. $\int \frac{\mathrm{d}x}{\sqrt{a^2-x^2}} = \arcsin \frac{x}{a} + C$

24. $\int \frac{x\,\mathrm{d}x}{\sqrt{a^2-x^2}} = -\sqrt{a^2-x^2}+C$

25. $\int \frac{x^2\,\mathrm{d}x}{\sqrt{a^2-x^2}} = -\frac{x}{2}\sqrt{a^2-x^2}+\frac{a^2}{2}\arcsin\frac{x}{a}+C$

26. $\int (a^2-x^2)^{\frac{3}{2}}\,\mathrm{d}x = \frac{x}{8}(5a^2-2x^2)\sqrt{a^2-x^2}+\frac{3a^4}{8}\arcsin\frac{x}{a}+C$

27. $\int \frac{\mathrm{d}x}{(a^2-x^2)^{\frac{3}{2}}} = \frac{x}{a^2\sqrt{a^2-x^2}}+C$

28. $\int \frac{x\,\mathrm{d}x}{(a^2-x^2)^{\frac{3}{2}}} = \frac{1}{\sqrt{a^2-x^2}}+C$

29. $\int \frac{x^2\,\mathrm{d}x}{(a^2-x^2)^{\frac{3}{2}}} = \frac{x}{\sqrt{a^2-x^2}}-\arcsin\frac{x}{a}+C$

30. $\int \frac{\mathrm{d}x}{x\sqrt{a^2-x^2}} = \frac{1}{a}\ln\left|\frac{a-\sqrt{a^2-x^2}}{x}\right|+C$

31. $\int \frac{\mathrm{d}x}{x^2\sqrt{a^2-x^2}} = \frac{\sqrt{a^2-x^2}}{a^2x}+C$

32. $\int \frac{\mathrm{d}x}{x^3\sqrt{a^2-x^2}} = -\frac{\sqrt{a^2-x^2}}{2a^2x^2}-\frac{1}{2a^3}\ln\left|\frac{a+\sqrt{a^2-x^2}}{x}\right|+C$

33. $\int \frac{\sqrt{a^2-x^2}}{x}\,\mathrm{d}x = \sqrt{a^2-x^2}+a\ln\left|\frac{a-\sqrt{a^2-x^2}}{x}\right|+C$

34. $\int \frac{\sqrt{a^2-x^2}}{x^2}\,\mathrm{d}x = -\frac{\sqrt{a^2-x^2}}{x}-\arcsin\frac{x}{a}+C$

A.5 含有 $\sqrt{x^2\pm a^2}$ （$a>0$）的积分

35. $\int \sqrt{x^2\pm a^2}\,\mathrm{d}x = \frac{x}{2}\sqrt{x^2\pm a^2}\pm\frac{a^2}{2}\ln\left|x+\sqrt{x^2\pm a^2}\right|+C$

36. $\int x\sqrt{x^2\pm a^2}\,\mathrm{d}x = \frac{1}{3}(x^2\pm a^2)^{\frac{3}{2}}+C$

37. $\int x^2\sqrt{x^2\pm a^2}\,\mathrm{d}x = \frac{x}{8}(2x^2\pm a^2)\sqrt{x^2\pm a^2}-\frac{a^4}{8}\ln\left|x+\sqrt{x^2\pm a^2}\right|+C$

38. $\int \frac{\mathrm{d}x}{\sqrt{x^2\pm a^2}} = \ln\left|x+\sqrt{x^2\pm a^2}\right|+C$

39. $\int\frac{x\,\mathrm{d}x}{\sqrt{x^2\pm a^2}}=\sqrt{x^2\pm a^2}+C$

40. $\int\frac{x^2\,\mathrm{d}x}{\sqrt{x^2\pm a^2}}=\frac{x}{2}\sqrt{x^2\pm a^2}\mp\frac{a^2}{2}\ln\left|x+\sqrt{x^2\pm a^2}\right|+C$

41. $\int(x^2\pm a^2)^{\frac{3}{2}}\,\mathrm{d}x=\frac{x}{8}(2x^2\pm 5a^2)\sqrt{x^2\pm a^2}+\frac{3a^4}{8}\ln\left|x+\sqrt{x^2\pm a^2}\right|+C$

42. $\int\frac{\mathrm{d}x}{(x^2\pm a^2)^{\frac{3}{2}}}=\pm\frac{x}{a^2\sqrt{x^2\pm a^2}}+C$

43. $\int\frac{x\,\mathrm{d}x}{(x^2\pm a^2)^{\frac{3}{2}}}=-\frac{1}{\sqrt{x^2\pm a^2}}+C$

44. $\int\frac{x^2\,\mathrm{d}x}{(x^2\pm a^2)^{\frac{3}{2}}}=-\frac{x}{\sqrt{x^2\pm a^2}}+\ln\left|x+\sqrt{x^2\pm a^2}\right|+C$

45. $\int\frac{\mathrm{d}x}{x^2\sqrt{x^2\pm a^2}}=\mp\frac{\sqrt{x^2\pm a^2}}{a^2x}+C$

46. $\int\frac{\mathrm{d}x}{x^3\sqrt{x^2+a^2}}=-\frac{\sqrt{x^2+a^2}}{2a^2x^2}+\frac{1}{2a^3}\ln\frac{x+\sqrt{x^2+a^2}}{|x|}+C$

47. $\int\frac{\mathrm{d}x}{x^3\sqrt{x^2-a^2}}=\frac{\sqrt{x^2-a^2}}{2a^2x^2}+\frac{1}{2a^3}\arccos\frac{a}{|x|}+C$

48. $\int\frac{\sqrt{x^2+a^2}}{x}\,\mathrm{d}x=\sqrt{x^2+a^2}+a\ln\frac{\sqrt{x^2+a^2}-a}{|x|}+C$

49. $\int\frac{\sqrt{x^2-a^2}}{x}\,\mathrm{d}x=\sqrt{x^2-a^2}-a\arccos\frac{a}{|x|}+C$

50. $\int\frac{\sqrt{x^2\pm a^2}}{x^2}\,\mathrm{d}x=-\frac{\sqrt{x^2\pm a^2}}{x}+\ln\left|x+\sqrt{x^2\pm a^2}\right|+C$

51. $\int\frac{\mathrm{d}x}{x\sqrt{x^2+a^2}}=\frac{1}{a}\ln\frac{\sqrt{x^2+a^2}-a}{|x|}+C$

52. $\int\frac{\mathrm{d}x}{x\sqrt{x^2-a^2}}=\begin{cases}\frac{1}{a}\arccos\frac{a}{x}+C，& x>a\\ -\frac{1}{a}\arccos\frac{a}{x}+C，& x<-a\end{cases}$

A.6 含有 $a+bx+cx^2$ （$c>0$） 的积分

53. $$\int\frac{\mathrm{d}x}{a+bx+cx^2}=\begin{cases}\dfrac{2}{\sqrt{4ac-b^2}}\arctan\dfrac{2cx+b}{\sqrt{4ac-b^2}}+C，当b^2<4ac\\[2ex]\dfrac{1}{\sqrt{b^2-4ac}}\ln\left|\dfrac{\sqrt{b^2-4ac}-b-2cx}{\sqrt{b^2-4ac}+b+2cx}\right|+C，当b^2>4ac\end{cases}$$

A.7 含有 $\sqrt{a+bx+cx^2}$ 的积分

54. $$\int\frac{\mathrm{d}x}{\sqrt{a+bx+cx^2}}=\begin{cases}\dfrac{1}{\sqrt{c}}\ln\left|2cx+b+2\sqrt{c(a+bx+cx^2)}\right|+C，当c>0\\[2ex]-\dfrac{1}{\sqrt{-c}}\arcsin\dfrac{2cx+b}{\sqrt{b^2-4ac}}+C，当b^2>4ac，c<0\end{cases}$$

55. $$\int\sqrt{a+bx+cx^2}\,\mathrm{d}x=\frac{2cx+b}{4c}\sqrt{a+bx+cx^2}+\frac{4ac-b^2}{8c}\int\frac{\mathrm{d}x}{\sqrt{a+bx+cx^2}}$$

56. $$\int\frac{x\,\mathrm{d}x}{\sqrt{a+bx+cx^2}}=\frac{1}{c}\sqrt{a+bx+cx^2}-\frac{b}{2c}\int\frac{\mathrm{d}x}{\sqrt{a+bx+cx^2}}$$

A.8 含有三角函数的积分

57. $$\int\sin ax\,\mathrm{d}x=-\frac{1}{a}\cos ax+C$$

58. $$\int\cos ax\,\mathrm{d}x=\frac{1}{a}\sin ax+C$$

59. $$\int\tan ax\,\mathrm{d}x=-\frac{1}{a}\ln|\cos ax|+C$$

60. $$\int\cot ax\,\mathrm{d}x=\frac{1}{a}\ln|\sin ax|+C$$

61. $$\int\sin^2 ax\,\mathrm{d}x=\frac{1}{2a}(ax-\sin ax\cos ax)+C$$

62. $$\int\cos^2 ax\,\mathrm{d}x=\frac{1}{2a}(ax+\sin ax\cos ax)+C$$

63. $$\int\sec ax\,\mathrm{d}x=\frac{1}{a}\ln|\sec ax+\tan ax|+C$$

64. $\int \csc ax \mathrm{d}x = \frac{1}{a}\ln|\csc ax - \cot ax| + C$

65. $\int \sec x \tan x \mathrm{d}x = \sec x + C$

66. $\int \csc x \cot x \mathrm{d}x = -\csc x + C$

67. $\int \sin ax \sin bx \mathrm{d}x = -\frac{\sin (a+b)x}{2(a+b)} + \frac{\sin (a-b)x}{2(a-b)} + C$，当$a \neq b$

68. $\int \sin ax \cos bx \mathrm{d}x = -\frac{\cos (a+b)x}{2(a+b)} - \frac{\cos (a-b)x}{2(a-b)} + C$，当$a \neq b$

69. $\int \cos ax \cos bx \mathrm{d}x = \frac{\sin (a+b)x}{2(a+b)} + \frac{\sin (a-b)x}{2(a-b)} + C$，当$a \neq b$

70. $\int \sin^n x \mathrm{d}x = -\frac{1}{n}\sin^{n-1} x \cos x + \frac{n-1}{n}\int \sin^{n-2} x \mathrm{d}x$

71. $\int \cos^n x \mathrm{d}x = \frac{1}{n}\cos^{n-1} x \sin x + \frac{n-1}{n}\int \cos^{n-2} x \mathrm{d}x$

72. $\int \tan^n x \mathrm{d}x = \frac{1}{n-1}\tan^{n-1} x - \int \tan^{n-2} x \mathrm{d}x$，当$n > 1$

73. $\int \cot^n x \mathrm{d}x = -\frac{1}{n-1}\cot^{n-1} x - \int \cot^{n-2} x \mathrm{d}x$，当$n > 1$

74. $\int \sec^n x \mathrm{d}x = \frac{1}{n-1}\tan x \sec^{n-2} x + \frac{n-2}{n-1}\int \sec^{n-2} x \mathrm{d}x$，当$n > 1$

75. $\int \csc^n x \mathrm{d}x = -\frac{1}{n-1}\tan x \csc^{n-2} x + \frac{n-2}{n-1}\int \csc^{n-2} x \mathrm{d}x$，当$n > 1$

76. $$\int \sin^m x \cos^n x \mathrm{d}x = \frac{\sin^{m+1} x \cos^{n-1} x}{m+n} + \frac{n-1}{m+n}\int \sin^m x \cos^{n-2} x \mathrm{d}x$$
$$= -\frac{\sin^{m-1} x \cos^{n+1} x}{m+n} + \frac{m-1}{m+n}\int \sin^{m-2} x \cos^n x \mathrm{d}x$$

77. $$\int \frac{\mathrm{d}x}{a + b\cos x} = \begin{cases} \frac{2}{\sqrt{a^2-b^2}}\arctan\left(\sqrt{\frac{a-b}{a+b}}\tan \frac{x}{2}\right) + C, & 当a^2 > b^2 \\ \frac{1}{\sqrt{b^2-a^2}}\ln\left|\frac{b + a\cos x + \sqrt{b^2-a^2}\sin x}{a + b\cos x}\right| + C, & 当a^2 < b^2 \end{cases}$$

A.9 其他形式的积分

78. $\int x^n \mathrm{e}^{ax} \mathrm{d}x = \frac{1}{a}x^n \mathrm{e}^{ax} - \frac{n}{a}\int x^{n-1}\mathrm{e}^{ax} \mathrm{d}x$

79. $\int x^a \ln x \,\mathrm{d}x = \dfrac{x^{a+1}}{(a+1)^2}[(a+1)\ln x - 1] + C$，当$a \neq -1$

80. $\int x^n \sin x \,\mathrm{d}x = -x^n \cos x + n\int x^{n-1} \cos x \,\mathrm{d}x$

81. $\int x^n \cos x \,\mathrm{d}x = x^n \sin x - n\int x^{n-1} \sin x \,\mathrm{d}x$

82. $\int \mathrm{e}^{ax} \sin bx \,\mathrm{d}x = \dfrac{\mathrm{e}^{ax}(a\sin bx - b\cos bx)}{a^2 + b^2} + C$

83. $\int \mathrm{e}^{ax} \cos bx \,\mathrm{d}x = \dfrac{\mathrm{e}^{ax}(a\cos bx + b\sin bx)}{a^2 + b^2} + C$

84. $\int \arcsin \dfrac{x}{a} \mathrm{d}x = x\arcsin \dfrac{x}{a} + \sqrt{a^2 - x^2} + C$，当$a > 0$

85. $\int \arccos \dfrac{x}{a} \mathrm{d}x = x\arccos \dfrac{x}{a} - \sqrt{a^2 - x^2} + C$，当$a > 0$

86. $\int \arctan \dfrac{x}{a} \mathrm{d}x = x\arctan \dfrac{x}{a} - \dfrac{a}{2}\ln(a^2 + x^2) + C$

87. $\int x^n \arcsin x \,\mathrm{d}x = \dfrac{1}{n+1}\left(x^{n+1} \arcsin x - \int \dfrac{x^{n+1}}{\sqrt{1-x^2}} \mathrm{d}x\right)$

88. $\int x^n \arctan x \,\mathrm{d}x = \dfrac{1}{n+1}\left(x^{n+1} \arctan x - \int \dfrac{x^{n+1}}{\sqrt{1+x^2}} \mathrm{d}x\right)$

A.10 几个常用的定积分

89. $\int_{-\pi}^{\pi} \cos nx \,\mathrm{d}x = \int_{-\pi}^{\pi} \sin nx \,\mathrm{d}x = 0$

90. $\int_{-\pi}^{\pi} \cos mx \sin nx \,\mathrm{d}x = 0$

91. $\int_{-\pi}^{\pi} \cos mx \cos nx \,\mathrm{d}x = \begin{cases} 0, & \text{当} m \neq n \\ \pi, & \text{当} m = n \end{cases}$

92. $\int_{-\pi}^{\pi} \sin mx \sin nx \,\mathrm{d}x = \begin{cases} 0, & \text{当} m \neq n \\ \pi, & \text{当} m = n \end{cases}$

93. $\int_{0}^{\pi} \sin mx \sin nx \,\mathrm{d}x = \int_{0}^{\pi} \cos mx \cos nx \,\mathrm{d}x = \begin{cases} 0, & \text{当} m \neq n \\ \dfrac{\pi}{2}, & \text{当} m = n \end{cases}$

94. $\int_{0}^{\frac{\pi}{2}} \sin^n x \,\mathrm{d}x = \int_{0}^{\frac{\pi}{2}} \cos^n x \,\mathrm{d}x = \begin{cases} \dfrac{n-1}{n} \cdot \dfrac{n-3}{n-2} \cdots \dfrac{4}{5} \cdot \dfrac{2}{3} & (n \text{ 为大于 1 的正奇数}) \\ \dfrac{n-1}{n} \cdot \dfrac{n-3}{n-2} \cdots \dfrac{3}{4} \cdot \dfrac{1}{2} \cdot \dfrac{\pi}{2} & (n \text{ 为正偶数}) \end{cases}$

95. $\int_0^{\frac{\pi}{2}}\sin^{2m+1}x\cos^n x\,\mathrm{d}x=\dfrac{2\cdot4\cdot6\cdots2m}{(n+1)(n+3)\cdots(n+2m+1)}$

96. $\int_0^{\frac{\pi}{2}}\sin^{2m}x\cos^{2n}x\,\mathrm{d}x=\dfrac{1\cdot3\cdot5\cdots(2n-1)\cdot1\cdot3\cdot5\cdots(2m-1)}{2\cdot4\cdot6\cdots(2m+2n)}\cdot\dfrac{\pi}{2}$

附录 B　泊松分布表

$$1-F(x-1)=\sum_{k=x}^{\infty}\frac{e^{-\lambda}\lambda^{k}}{k!}$$

x	$\lambda=0.2$	$\lambda=0.3$	$\lambda=0.4$	$\lambda=0.5$	$\lambda=0.6$
0	1.0000000	1.0000000	1.0000000	1.0000000	1.0000000
1	0.1812692	0.2591818	0.3296800	0.323469	0.451188
2	0.0175231	0.0369363	0.0615519	0.090204	0.0121901
3	0.0011485	0.0035995	0.0079263	0.014388	0.023115
4	0.0000568	0.0002658	0.0007763	0.001752	0.003358
5	0.0000023	0.0000158	0.0000612	0.000172	0.000394
6	0.0000001	0.0000008	0.0000040	0.000014	0.000039
7			0.0000002	0.000001	0.000003

x	$\lambda=0.7$	$\lambda=0.8$	$\lambda=0.9$	$\lambda=1.0$	$\lambda=1.2$
0	1.0000000	1.0000000	1.0000000	1.0000000	1.0000000
1	0.503415	0.550671	0.593430	0.632121	0.698806
2	0.155805	0.191208	0.227518	0.264241	0.337373
3	0.034142	0.047423	0.062857	0.080301	0.120513
4	0.005753	0.009080	0.013459	0.018988	0.033769
5	0.000786	0.001411	0.002344	0.003660	0.007746
6	0.000090	0.000184	0.000343	0.000594	0.001500
7	0.000009	0.000021	0.000043	0.000083	0.000251
8	0.000001	0.000002	0.000005	0.000010	0.000037
9				0.000001	0.000005
10					0.000001

x	$\lambda=1.4$	$\lambda=1.6$	$\lambda=1.8$	$\lambda=2.5$	$\lambda=3.0$
0	1.0000000	1.0000000	1.0000000	1.0000000	1.0000000
1	0.753403	0.798103	0.834701	0.917915	0.950213
2	0.408167	0.475069	0.537163	0.712703	0.800852
3	0.166502	0.216642	0.269379	0.456187	0.576810
4	0.053725	0.078813	0.108708	0.242424	0.352768
5	0.014253	0.023682	0.036407	0.108822	0.184737
6	0.003201	0.006040	0.010378	0.042021	0.083918
7	0.000622	0.001336	0.002569	0.014187	0.033509
8	0.000107	0.000260	0.000562	0.004247	0.011905
9	0.000016	0.000045	0.000110	0.001140	0.003803
10	0.000002	0.000007	0.000019	0.000277	0.001102

续表

x	$\lambda=1.4$	$\lambda=1.6$	$\lambda=1.8$	$\lambda=2.5$	$\lambda=3.0$
11		0.000001	0.000003	0.000062	0.000292
12				0.000013	0.000071
13				0.000002	0.000016
14					0.000003
15					0.000001

x	$\lambda=3.5$	$\lambda=4.0$	$\lambda=4.5$	$\lambda=5.0$
0	1.0000000	1.0000000	1.0000000	1.0000000
1	0.969803	0.981684	0.988891	0.993262
2	0.864112	0.908422	0.938901	0.959572
3	0.679153	0.761897	0.826422	0.875348
4	0.463367	0.566530	0.657704	0.734974
5	0.274555	0.371163	0.467896	0.559507
6	0.142386	0.214870	0.297070	0.384039
7	0.065288	0.110674	0.168949	0.237817
8	0.026739	0.051134	0.086586	0.133372
9	0.009874	0.021363	0.040257	0.068094
10	0.003315	0.008132	0.017093	0.031828
11	0.001019	0.002840	0.006669	0.013695
12	0.000289	0.000915	0.002404	0.005453
13	0.000076	0.000274	0.000805	0.002019
14	0.000019	0.000076	0.000252	0.000698
15	0.000004	0.000020	0.000074	0.000226
16	0.000001	0.000005	0.000020	0.000069
17		0.000001	0.000005	0.000020
18			0.000001	0.000005
19				0.0000001

附表 C　标准正态分布表

$$\Phi(x)=\frac{1}{\sqrt{2\pi}}\int_{-\infty}^{x}\mathrm{e}^{-u^2/2}\,\mathrm{d}u \qquad (u\geqslant 0)$$

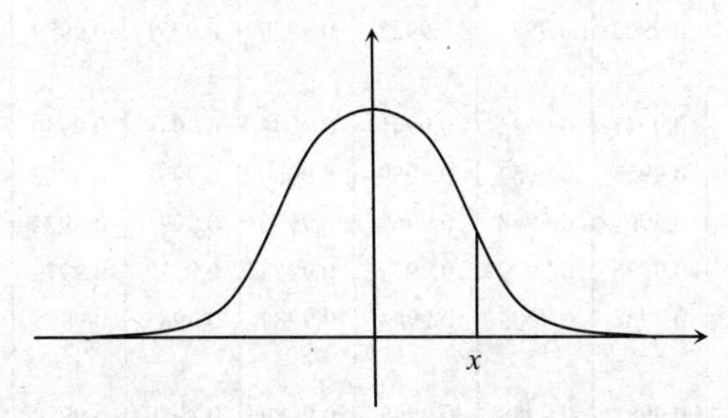

x	0	1	2	3	4	5	6	7	8	9
0.0	0.5000	0.5040	0.5080	0.5120	0.5160	0.5199	0.5239	0.5279	0.5319	0.5359
0.1	0.5398	0.5438	0.5478	0.5517	0.5557	0.5596	0.5636	0.5675	0.5714	0.5753
0.2	0.5793	0.5832	0.5871	0.5910	0.5948	0.5987	0.6026	0.6064	0.6103	0.6141
0.3	0.6179	0.6217	0.6255	0.6293	0.6331	0.6368	0.6406	0.6443	0.6480	0.6517
0.4	0.6554	0.6591	0.6628	0.6664	0.6700	0.6736	0.6772	0.6808	0.6844	0.6879
0.5	0.6915	0.6950	0.6985	0.7019	0.7054	0.7088	0.7123	0.7157	0.7190	0.7224
0.6	0.7257	0.7291	0.7324	0.7357	0.7389	0.7422	0.7454	0.7486	0.7517	0.7549
0.7	0.7580	0.7611	0.7642	0.7673	0.7703	0.7734	0.7764	0.7794	0.7823	0.7852
0.8	0.7881	0.7910	0.7939	0.7967	0.7995	0.8023	0.8051	0.8078	0.8106	0.8133
0.9	0.8159	0.8186	0.8212	0.8238	0.8264	0.8289	0.8315	0.8340	0.8365	0.8389
1.0	0.8413	0.8438	0.8461	0.8485	0.8508	0.8531	0.8554	0.8577	0.8599	0.8621
1.1	0.8643	0.8665	0.8686	0.8708	0.8729	0.8749	0.8770	0.8790	0.8810	0.8830
1.2	0.8849	0.8869	0.8888	0.8907	0.8925	0.8944	0.8962	0.6898	0.8997	0.9015
1.3	0.9032	0.9049	0.9066	0.9082	0.9099	0.9115	0.9131	0.9147	0.9162	0.9177
1.4	0.9192	0.9207	0.9222	0.9236	0.9251	0.9265	0.9278	0.9292	0.9306	0.9319
1.5	0.9332	0.9345	0.9357	0.9370	0.9382	0.9394	0.9406	0.9418	0.9430	0.9441
1.6	0.9452	0.9463	0.9474	0:9484	0.9495	0.9505	0.9515	0.9525	0.9535	0.9545
1.7	0.9554	0.9564	0.9573	0.9582	0.9591-	0.9599	0.9608	0.9616	0.9625	0.9633
1.8	0.9641	0.9648	0.9656	0.9664	0.9671	0.9678	0.9686	0.9693	0.9700	0.9706
1.9	0.9713	0.9719	0.9726	0.9732	0.9738	0.9744	0.9750	0.9756	0.9762	0.9767

续表

x	0	1	2	3	4	5	6	7	8	9
2.0	0.9772	0.9778	0.9783	0.9788	0.9793	0.9798	0.9803	0.9808	0.9812	0.9817
2.1	0.9821	0.9826	0.9830	0.9834	0.9838	0.9842	0.9846	0.9850	0.9854	0.9857
2.2	0.9861	0.9864	0.9868	0.9871	0.9874	6.9878	0.9881	0.9884	0.9887	0.9890
2.3	0.9893	0.9896	0.9898	0.9901	0.9904	0.9906	0.9909	0.9911	0.9913	0.9916
2.4	0.9918	0.9920	0.9922	0.9925	0.9927	0.9929	0.9931	0.9932	0.9934	0.9936
2.5	0.9938	0.9940	0.9941	0.9943	0.9945	0.9946	0.9948	0.9949	0.'9951	0.9952
2.6	0.9953	0.9955	0.9956	0.9957	0.9959	0.9960	0.9961	0.9962	0.9963	0.9964
2.7	0.9965	0.9966	0.9967	0.9968	0.9969	0.9970	0.9971	0.9972	0.9973	0.9974
2.8	0.9974	0.9975	0.9976	0.9977	0.9977	0.9978	0.9979	0.9979	0.9980	0.9981
2.9	0.9981	0.9982	0.9982	0.9983	0.9984	0.9984	0.9985	0.9985	0.9986	0.9986
3.0	0.9987	0.9987	0.9987	0.9988	0.9988	0.9989	0.9989	0.9989	09990	0.9990
3.1	0.9990	0.9991	0.9910	0.9991	0.9992	0.9992	0.9992	0.9992	0.9993	0.9993
3.2	0.9993	0.9993	0.9940	0.9994	0.9994	0.9994	0.9994	0.9995	0.9995	0.9995
3.3	0.9995	0.9995	0.9950	0.9996	0.9996	0.9996	0.9996	0.9996	0.9996	0.9997
3.4	0.9997	0.9997	0.9970	0.9997	0.9997	0.9997	0.9997	0.9997	0.9997	0.9998
3.6	0.9998	0.9998	0.9997	0.9999	0.9999	0.9999	0.9999	0.9999	0.9999	0.9999
3.8	0.9999	0.99'99	0.9999	0.9999	0.9999	0.9999	0.9999	0.9999	0.9999	0.999

习题答案

第 1 章

习题 1.1 ♥1．（1）不是；（2）不是♥2．（1）$[-2,1)\cup(1,2]$；（2）$(-3,3)$ ♥3（1）奇；（2）奇♥5．（1）$y=\ln u,\ u=v^2,\ v=2x+1$；（2）$y=u^2,\ u=\sin v$，$v=3x+1$
♥6．（1）$y=\sqrt{x+1}+1,[-1,+\infty)$；（2）$q=\dfrac{1}{3}(p+5)$ ♥7．x^2+x+3，x^2-x+3

习题 1.2 ♥1．（1）收敛，0；（2）收敛，1；（3）收敛，0；（4）收敛，0；（5）发散；（6）收敛，$\dfrac{4}{3}$ ♥2．$\lim\limits_{x\to0^-}f(x)=-1$，$\lim\limits_{x\to0^+}f(x)=0$，$\lim\limits_{x\to0}f(x)$ 不存在♥3．（1）无穷大；（2）无穷大；（3）无穷大；（4）无穷小；（5）无穷小；（6）无穷小

习题 1.3 ♥1．（1）9；（2）∞；（3）0；（4）$\dfrac{1}{3}$；（5）0；（6）0♥2．（1）$\dfrac{3}{4}$；（2）1；（3）$\dfrac{5}{2}$；（4）e；（5）e^2；（6）e^{-4}；（7）$\dfrac{1}{2}$；（8）e^3

习题 1.4 ♥1．（1）$x=-2$ 为无穷间断；（2）$x=2$ 为无穷间断点；$x=1$ 为可去间断点，补充定义 $f(1)=-2$，则函数在 $x=1$ 连续；（3）$x=0$ 为可去间断点，补充定义 $f(0)=1$；（4）$x=0$ 为可去间断点，补充定义 $f(0)=\dfrac{1}{2}$；（5）$x=1$ 为跳跃间断点；（6）$x=0$ 为可去间断点，补充定义 $f(0)=1$ ♥2．连续♥3．（1）$a=8$；（2）$a=1$

复习题 1 ♥1．$a=\dfrac{7}{3},b=-2$ ♥2．定义域为 $[1,4)$ ♥3．（1）偶函数，（2）奇函数
♥4．（1）$y=\dfrac{x+1}{x-1}$；（2）$y=10^{1-x}-2$ ♥5．$y=u^2,\ u=\sin v,\ v=2x+5$ ♥6．（1）1；（2）$\dfrac{1}{2}$；（3）-2；（4）e^2 ♥7．$\dfrac{1}{2}$ ♥8．$a=\pi$ ♥9．$\mathrm{R}(Q)=\begin{cases}280Q, & Q\leqslant 900\\ 50400+224Q, & 900<Q\leqslant 2000\end{cases}$

自测题 1 ♥一、1．$(-\infty,2)\cup(2,+\infty)$；2．$y=\ln(x+1)$；3．4；4．1；5．第一类（可去）；6．$-2$

♥二、1．D 2．B 3．B

♥三、1．$f(2)=1$，$f(x+1)=x^2$；（2）e；（3）e^3；（4）$k=1$

第 2 章

习题 2.1 ♥ 1．（1）-1；（2）$\frac{1}{5}$ ♥ 2．（1）$\frac{1}{x\ln 3}$；（2）$\frac{1}{6}x^{-\frac{5}{6}}$；（3）$\frac{2}{3\sqrt[3]{x}}$；（4）$-\sin x$ ♥ 3．（1）正确；（2）不正确；（3）正确；（4）不正确 ♥ 4．切线方程：$x+y-2=0$，法线方程：$x-y=0$ ♥ 5．$a=2x_0$，$b=-x_0^2$．

习题 2.2 ♥ 1．（1）$a^x(1+x\ln a)+7e^x$；（2）$3\tan x+3x\sec^2 x+\tan x\cdot\sec x$；（3）$\frac{1+\sin t+\cos t}{(1+\cos t)^2}$；（4）$\frac{-2}{x(1+\ln x)^2}-\frac{1}{x^2}$；（5）$5(x^2-x)^4(2x-1)$；（6）$6\cos(3x+6)$；（7）$-3\cos^2 x\cdot\sin x$；（8）$\frac{2}{\sin 2x}$ ♥ 2．（1）$y''=-2\sin x-x\cdot\cos x$；（2）$y''=4e^{2x-1}$ ♥ 3．（1）$\frac{dy}{dx}=\frac{2x-y}{x+2y}$；（2）$\frac{dy}{dx}=\frac{\cos y-\cos(x+y)}{x\cdot\sin y+\cos(x+y)}$

习题 2.3 ♥ 1．（1）$dy=\left(1-\frac{1}{2}\ln x\right)\frac{dx}{\sqrt{x^3}}$；（2）$dy=\frac{dx}{4\sqrt{x}\sqrt{1-x}\sqrt{\arcsin\sqrt{x}}}$；（3）$dy=4x\cdot\sec^2(1+2x^2)dx$；（4）$dy=\left(-\frac{3\sin 3x}{2\sqrt{\cos 3x}}+\frac{1}{\sin x}\right)dx$ ♥ 2．（1）$\frac{1}{a^2}\arctan\frac{x}{a}$；（2）$\frac{1}{2}x^2$；（3）$2\sqrt{x}$；（4）$\arcsin x$ ♥ 3．（1）2.0052；（2）1.0434

复习题 2 ♥ 1．（1）不正确；（2）不正确；（3）不正确；（4）不正确 ♥ 2．（1）$\frac{2\sec x[(1+x^2)\tan x-2x]}{(1+x^2)^2}$；（2）$\frac{x-(1+x^2)\arctan x}{x^2(1+x^2)}-\frac{1}{\sqrt{1-x^2}}$；（3）$\frac{2x+x^2}{(1+x)^2}$；（4）$1+\csc x(1-x\cdot\cot x)$；（5）$-\frac{1+\cos x}{\sin^2 x}-\cos x$；（6）$-\frac{x+1}{\sqrt{x}(x-1)^2}$；（7）$-\frac{1}{x^2}e^{\tan\frac{1}{x}}\cdot\sec^2\frac{1}{x}$；（8）$\frac{3}{2\sqrt{3x}\sqrt{(1-3x)}}$；♥ 3．$y''=2\ln x+3$ ♥ 4．（1）$\frac{dy}{dx}=\frac{-y^2e^x}{1+ye^x}$；（2）$\frac{dy}{dx}=\frac{x+y}{x-y}$ ♥ 5．$y''=\frac{e^{2y}(3-y)}{(2-y)^3}$

自测题 2 ♥ 一、1．$y=2x-2$；2．6；3．$f'(\sin x)\cos x$ ♥ 二、1．A；2．D；3．D ♥ 三、1．$y'=-\frac{1}{x^2}\cot\frac{1}{x}$；2．$y''=2\arctan x+\frac{2x}{1+x^2}$；3．$dy=\left(\frac{3}{x}+\cot x\right)dx$

第 3 章

习题 3.2 1．0；2．-1；3．-1；4．$+\infty$；5．1；6．0；7．1；8．1

习题 3.3 ♥ 1.（1）在 $(-\infty,+\infty)$ 上单调增加；（2）在 $(-\infty,+\infty)$ 上单调增加；（3）在 $(-\infty,+\infty)$ 上单调减少；（4）在 $(0,\mathrm{e}]$ 上单调增加，在 $[\mathrm{e},+\infty)$ 上单调减少 ♥ 2.（1）在 $(-\infty,-1]$ 及 $[1,+\infty)$ 上单调增加，在 $[-1,1]$ 上单调减少；（2）在 $\left(0,\frac{1}{2}\right]$ 上单调减少，在 $\left[\frac{1}{2},+\infty\right)$ 上单调增加；（3）在 $(-\infty,0]$ 上单调增加，在 $[0,+\infty)$ 上单调减少；（4）在 $(-\infty,+\infty)$ 上单调增加 ♥ 3.（1）极大值 $f\left(\frac{1}{2}\right)=\frac{9}{4}$；（2）无极值；（3）极大值 $f\left(2k\pi+\frac{\pi}{4}\right)=\frac{\sqrt{2}}{2}\mathrm{e}^{2k\pi+\frac{\pi}{4}}$，极小值 $f\left((2k+1)\pi+\frac{\pi}{4}\right)=-\frac{\sqrt{2}}{2}\mathrm{e}^{(2k+1)\pi+\frac{\pi}{4}}$；（4）极大值 $f(1)=\frac{\pi}{4}-\frac{1}{2}\ln 2$ ♥ 4.（1）最大值 $y(4)=80$，最小值 $y(-1)=-5$；（2）最大值 $y\left(\frac{3}{4}\right)=\frac{5}{4}$，最小值 $y(-5)=-5+\sqrt{6}$；（3）最大值 $y(\pm 2)=13$，最小值 $y(\pm 1)=4$；（4）最大值 $y(0)=\frac{\pi}{4}$，最小值 $y(1)=0$

习题 3.4 ♥ 1.（1）凹区间 $\left(-\infty,\frac{1}{3}\right)$，凸区间 $\left(\frac{1}{3},+\infty\right)$，拐点 $\left(\frac{1}{3},\frac{2}{27}\right)$；（2）凸区间 $(-\infty,1)$，$(1,+\infty)$，无拐点；（3）凸 $\left(\frac{1}{2},+\infty\right)$，凹 $\left(-\infty,\frac{1}{2}\right)$，拐点 $\left(\frac{1}{2},\mathrm{e}^{\arctan\frac{1}{2}}\right)$ ♥ 2. $a=3$，$b=-9$，$c=8$

复习题 3 ♥ 1. 有 3 个根，分别在区间 $(1,2),(2,3),(3,4)$ ♥ 3.（1）6；（2）0；（3）0；（4）$\frac{1}{\mathrm{e}}$ ♥ 4. $\varphi=2\pi\left(1-\frac{\sqrt{6}}{3}\right)$ ♥ 6.（1）最大值 $y\left(\frac{\pi}{4}\right)=1$，无最小值；（2）最大值 $y(\pm 1)=\frac{1}{\mathrm{e}}$，最小值 $y(0)=0$

自测题 3 ♥ 1.（1）驻点，不可导的点；（2）1；（3）$(1,1)$；（4）$y=0$，$x=0$ ♥ 2.（1）B；（2）D；（3）B ♥ 3.（1）$\left(-\infty,-\frac{1}{2}\right)$ 为单调递减区间，$\left(-\frac{1}{2},+\infty\right)$ 为单调递增区间；（2）$a=-\frac{2}{3}$，$b=-\frac{1}{6}$；（3）$a=1$，$b=-3$；（4）设周长为 c，则宽为 $\frac{2c}{\pi+4}$，高为 $\frac{c}{\pi+4}$ 时，窗户的面积最大

第 4 章

习题 4.1 ♥ 1. $A=\int_{-1}^{2}(2x^2+3)\,\mathrm{d}x$ ♥ 2. $s=\int_0^3\left(\frac{1}{2}t+3\right)\mathrm{d}t$ ♥ 3.（1）1；（2）$\frac{\pi}{4}a^2$；（3）$k(b-a)$；（4）0 ♥ 5.（1）>；（2）<；（3）>；（4）> ♥ 6.（1）$24\leqslant\int_2^5(x^2+4)\,\mathrm{d}x\leqslant 87$；（2）$\pi\leqslant\int_{\frac{\pi}{4}}^{\frac{5\pi}{4}}\sqrt{1+\sin^2 x}\,\mathrm{d}x\leqslant\sqrt{2}\pi$ ♥ 8. $y=\frac{5}{3}x^3$

♥ 12.（1）$\frac{4}{7}x^{\frac{7}{2}}+C$；（2）$-5\cos x+\sin x+C$；（3）$\frac{2^x}{\ln 2}+\tan x+C$；（4）$\frac{3^x\mathrm{e}^x}{1+\ln 3}+C$；

（5）$\tan x-\sec x+C$；（6）$x-2\ln|x|-\frac{1}{x}+C$；（7）$\frac{x^2}{2}-\arctan x+C$；（8）$2\tan x+x+C$；（9）$-\cot x-\tan x+C$；（10）$\frac{1}{2}\sec^2 x+C$

习题 4.2 ♥1. $\cos^2 1$, 0, π ♥2. $-f(x)$, $-\sqrt[3]{x}\cdot\ln(x^2+1)$ ♥3.（1）20；（2）$\frac{\pi}{6}$；（3）$\frac{271}{6}$；（4）$\frac{\pi}{3}$；（5）$\sqrt{3}-1$；（6）1；（7）0；（8）2 ♥4. $y=\ln x+1$ ♥5.（1）1；（2）1；（3）$-\frac{1}{2}$ ♥6.（1）$-\frac{1}{12}(1-3x)^4+C$；（2）$\frac{1}{3}\sin(3x-2)+C$；（3）$-\sqrt{3-x^2}+C$；（4）$\ln\left|1+x^3\right|+C$；（5）$-\frac{1}{2}e^{-x^2}+C$；（6）$\frac{1}{2\ln 5}5^{2x+3}+C$；（7）$\frac{2}{3}(x-1)^{\frac{3}{2}}+2\sqrt{x-1}+C$；（8）$e^{\arcsin x}+C$；（9）$\ln|1+\tan x|+C$；（10）$2\sqrt{1+\ln x}+C$；（11）$x-\frac{1}{2}\ln(1+x^2)-3\arctan x+C$；（12）$-2\cos x+2\ln(1+\cos x)+C$；（13）$\frac{2}{5}e^{\sqrt{x}}+C$；（14）$\ln\left|\cos\frac{1}{x}\right|+C$ ♥7.（1）$\frac{2}{3}[\sqrt{3x}-\ln(1+\sqrt{3x})]+C$；（2）$-\frac{x}{2}\sqrt{2-x}+\arcsin\frac{x}{\sqrt{2}}$；（3）$\sqrt{x^2+4x+5}-2\ln(\sqrt{x^2+4x+5}+x+2)+C$；（4）$\ln\left|\frac{\sqrt{1+e^x}-1}{\sqrt{1+e^x}+1}\right|+C$；（5）$\sqrt{x^2+1}+\ln\frac{\sqrt{x^2+1}-1}{|x|}+C$；（6）$\ln\left|x+\sqrt{x^2-a^2}\right|-\frac{\sqrt{x^2-a^2}}{x}+C$

♥8.（1）$\arccos\frac{1}{x}+C$；（2）$-\arcsin\frac{1}{x}+C$；（3）$\arctan\sqrt{x^2-1}+C$；（4）$-\arcsin\frac{1}{x}+C$

♥9.（1）xe^x-e^x+C；（2）$-\frac{1}{2}x\cos 2x+\frac{1}{4}\sin 2x+C$；（3）$\frac{1}{3}x^3\ln x-\frac{1}{9}x^3+C$；（4）$x\arctan x-\frac{1}{2}\ln(1+x^2)+C$；（5）$\frac{x^2a^x}{\ln a}-\frac{2xa^x}{\ln^2 a}+\frac{2a^x}{\ln^3 a}+C$；（6）$3e^{\sqrt[3]{x}}(\sqrt[3]{x^2}-2\sqrt[3]{x}+2)+C$；

♥10.（1）$\frac{x^2}{2}-2x+4\ln|x+2|+C$；（2）$3\ln|x-2|-2\ln|x-1|+C$；（3）$\frac{1}{3}\ln|x+1|-\frac{1}{6}\ln\left|x^2-x+1\right|+\frac{1}{\sqrt{3}}\arctan\frac{2x-1}{\sqrt{3}}+C$；（4）$\frac{5}{18}\ln|2x+1|+\frac{2}{9}\ln|x-1|-\frac{2}{3(x-1)}+C$；（5）$\frac{2}{\sqrt{3}}\arctan\frac{\tan\frac{x}{2}}{\sqrt{3}}+C$；（6）$x+\frac{2}{1+\tan\frac{x}{2}}+C$

♥11.（1）$8\ln 2-5$；（2）$\frac{11}{3}$；（3）$\frac{\sqrt{3}}{2}+\frac{\pi}{6}$；（4）$1-\ln\frac{1+e}{2}$；（5）$\arctan e-\frac{\pi}{4}$；（6）$\arctan 2-\frac{\pi}{4}$；（7）$\frac{7}{72}$；（8）$\frac{2}{7}$；（9）2；（10）$e^e-e$ ♥12.（1）0；（2）0；（3）0；

（4）2♥14.（1）$\frac{1}{4}\left(1-\frac{3}{e^2}\right)$；（2）$\frac{1}{4}(e^2+1)$；（3）$\frac{e^\pi-2}{5}$；（4）$\frac{\pi}{4}-\frac{1}{2}$；（5）$\frac{\pi^2}{2}-4$；（6）$e-2$

习题 4.3♥1.（1）$\frac{1}{3}$；（2）$\frac{1}{\lambda}$；（3）发散；（4）1♥2.（1）9；（2）发散；（3）1；（4）0

复习题 4♥1.（1）$\frac{2}{5}(1-e^\pi)$；（2）$\frac{3}{8}\pi$；（3）$2\arctan 2-\frac{\pi}{2}$；（4）$\frac{81}{16}$♥2. $k\leqslant 1$ 时发散；$k>1$ 时收敛于 $\frac{1}{(k-1)(\ln 2)^{k-1}}$♥4. $-\frac{\ln x}{2x^2}-\frac{1}{4x^2}+C$；（2）$\ln\left|\ln x+\sqrt{1+(\ln x)^2}\right|+C$；

（3）$-\frac{5}{72}(1-3x^4)^{\frac{6}{5}}+C$；（4）$e^{\arctan x}+C$；（5）$x\ln(1+x^2)-2x+2\arctan x+C$；

（6）$\ln|\csc x-\cot x|+\cos x+C$；（7）$\frac{1}{5}e^x(\sin 2x-2\cos 2x)+C$；

（8）$2[\sin\sqrt{x}-\sqrt{x}\cos\sqrt{x}]+C$；♥5. $xf(x)+C$ ♥6.（1）$\frac{x}{2}\sqrt{16-3x^2}+\frac{8}{3}\sqrt{3}\arcsin\frac{\sqrt{3}}{4}x+C$；

（2）$-\frac{1}{13}e^{-2x}(2\sin 3x+3\cos 3x)+C$；（3）$\frac{1}{\sqrt{21}}\ln\left|\frac{\sqrt{3}\tan\frac{x}{2}+\sqrt{7}}{\sqrt{3}\tan\frac{x}{2}-\sqrt{7}}\right|+C$；

（4）$x\ln^3 x-3x\ln^2 x+6x\ln x-6x+C$ ♥7.（1）27（m）；（2）$\sqrt[3]{300}$（s）

♥8. $s=\frac{52}{15}t^2\cdot\sqrt{t}+25t+100$ ♥9. 21♥10. $\frac{a}{t_1-t_0}(e^{-kt_0}-e^{-kt_1})$.

自测题 4♥一、1. >；2. 0；3. $2x\sqrt{1+x^2}$；4. $+\infty$；5. $\frac{1}{2}F(x^2)+C$；6. $-2xe^{-x^2}$；7. $2e^{\sqrt{x}}$ ♥二、1. A；2. B；3. A；4. D；5. B；6. C♥三、1. $1-\frac{\pi}{4}$；2. $2\left(1+2\ln\frac{2}{3}\right)$；

3. $\frac{\pi}{16}$；4. $\frac{1}{4}(3e^4+1)$；5. $\frac{1}{4}(\pi-2\ln 2)$；6. $-\infty$；7. $-\frac{1}{9}(2-3x^2)^{\frac{3}{2}}+C$；8. $2\ln x-\frac{1}{2}\ln^2 x+C$；

9. $-\frac{1}{4}(2x^2+2x+1)e^{-2x}+C$；10. $\frac{1}{2}x\sin 2x+\frac{1}{4}\cos 2x+C$；11. $x\tan x+\ln|\cos x|+C$；

12. $x(\ln^2 x-2\ln x+2)+C$

第 5 章

复习题 5♥1.（1）$2\pi+\frac{4}{3}$；（2）$\frac{\sqrt{2}}{4}\left(\frac{1}{3}+\frac{\pi}{2}\right)$；（3）18♥2. $\frac{16}{3}p^2$ ♥3. $\frac{4\sqrt{3}}{3}R^3$

♥4.（1）$\frac{48}{5}\pi, \frac{24}{5}\pi$；（2）$4\pi^2, \frac{4}{3}\pi$.

自测题 5 一、♥ 1. $\frac{2}{\pi}$；2. 0；3. $2x\sqrt{1+x^2}$；4. 1 ♥ 二、1. D；2. C ♥ 三、1. $2\pi+\frac{4}{3}, 6\pi-\frac{4}{3}$；2. $\frac{23}{3}$；3. $\frac{3\pi}{2}$

第 6 章

习题 6.1 ♥ 1.（1）微分；（2）常微分；（3）阶；（4）2；（5）解；（6）通；（7）特；（8）初始；（9）解微分方程 ♥ 2.（1）$y=2-\cos x$；（2）$y=x^3+2x$

习题 6.2 ♥ 1.（1）可分离变量方程；（2）齐次，$u=\frac{y}{x}$，可分离变量；（3）$y=Ce^{-\int p(x)\mathrm{d}x}$；（4）$y=e^{-\int p(x)\mathrm{d}x}\left[\int q(x)e^{\int p(x)\mathrm{d}x}\mathrm{d}x+C\right]$；（5）$y''=f(x,y')$，$y''=f(y,y')$；（6）$y'=p(x)$ ♥ 2.（1）$y=e^{Cx}$；（2）由 $xy'=y\ln\frac{y}{x}$ 化为 $y'=\frac{y}{x}\ln\frac{y}{x}$，然后令 $u=\frac{y}{x}$，$y=ux$，$\frac{\mathrm{d}y}{\mathrm{d}x}=u+x\frac{\mathrm{d}u}{\mathrm{d}x}$，代入 $y'=\frac{y}{x}\ln\frac{y}{x}$ 后，既可化为可分离变量方程，求出通解，然后回代，即可得原方程通解为 $y=xe^{Cx+1}$；（3）$y=(x+C)e^{-\sin x}$；（4）为缺 y 型可降阶的高阶微分方程，可令 $p=y'$，原方程的通解为 $y=C_1e^{2x}+C_2$；（5）为缺 y 型可降阶的高阶微分方程，可令 $p=y'$，原方程的通解为 $y=C_1e^x-\frac{1}{2}x^2-x+C$

习题 6.3 ♥ 1.（1）$r^2+pr+q=0$，$y=C_1e^{r_1x}+C_2e^{r_2x}$，$y=(C_1+C_2x)e^{rx}$，$y=e^{\alpha x}(C_1\cos\beta x+C_2\sin\beta x)$；（2）非齐次方程；（3）$r^2-2r=0$，$r^2+1=0$，$r_1=0, r_2=-1$；（4）$y=Y+y^*=C_1e^{2x}+C_2e^{3x}+\frac{1}{3}x+\frac{7}{9}$ ♥ 2.（1）特征方程 $r^2-4r+3=0$，特征根 $r_1=1$，$r_2=3$，通解 $y=C_1e^x+C_2e^{3x}$；（2）特征方程 $r^2+6r+9=0$，特征根 $r_1=r_2=-3$，通解 $y=(C_1+C_2x)e^{-3x}$；（3）特征方程 $4r^2-r+2=0$，特征根 $r_1=\frac{1+i\sqrt{31}}{8}$，$r_2=\frac{1-i\sqrt{31}}{8}$，通解 $y=e^{\frac{1}{8}x}\left(C_1\cos\frac{\sqrt{31}}{8}x+C_2\sin\frac{\sqrt{31}}{8}x\right)$；（4）特征方程 $2r^2-3r+1=0$，特征根 $r_1=1$，$r_2=\frac{1}{2}$，通解 $y=C_1e^x+C_2e^{\frac{1}{2}x}$，$C_1=-e^{-1}$，$C_2=4e^{-\frac{1}{2}}$，特解 $y=4e^{\frac{1}{2}(x-1)}-e^{x-1}$

习题 6.4 ♥ 1. $y=2(e^x-x-1)$ ♥ 2. $v=\frac{mg}{k}(1-e^{-\frac{kt}{m}})$，$m$ 为潜水艇的质量

♥ 3. $v=\left(v_0+\frac{mg}{k}\right)e^{-\frac{kt}{m}}-\frac{mg}{k}$，$t=\frac{m}{k}\ln\frac{mg+kv_0}{mg}$

♥ 4. $U_c=20-20e^{-5000t}(\cos 5000t+\sin 5000t)$（V），$I(t)=4\times10^{-2}e^{-5000t}\sin 5000t$（A）

复习题 6 ♥ 1. $e^x+e^{-y}=C$ ♥ 2. $\ln^2 x+\ln^2 y=C$ ♥ 3.（1）$y=C_1e^{2x}+C_2e^{-2x}$；

（2）$y=C_1\mathrm{e}^{-x}+C_2\mathrm{e}^{-3x}$；（3）$y=C_1+C_2\mathrm{e}^{2x}$；（4）$y=\mathrm{e}^x\left(C_1\cos\frac{1}{2}x+C_2\sin\frac{1}{2}x\right)$

♥4．$y=\mathrm{e}^x\sin x$ ♥5．（1）$y=(C_1+C_2x)\mathrm{e}^{-x}-2$；（2）$y=(C_1+C_2x)\mathrm{e}^{-2x}+4x^2\mathrm{e}^{-2x}$

（3）$y=C_1\mathrm{e}^{-3x}+C_2\mathrm{e}^{-x}-\frac{9}{2}x\mathrm{e}^{-3x}$；（4）$y=C_1+C_2\mathrm{e}^{-3x}-x\mathrm{e}^{-3x}$

测试题6 ♥一、1．$x^2y\mathrm{e}^{-y}=C$；2．$C_1+C_2\mathrm{e}^{4x}$；3．$C_1x^2+C_2$；4．$x^2(1+C\mathrm{e}^{\frac{1}{x}})$

♥二、1．$y=C_1\mathrm{e}^x+C_2-\frac{1}{3}x^3-x^2-2x$；2．$y=C_1\mathrm{e}^{\frac{x}{2}}+C_2\mathrm{e}^{-x}+\mathrm{e}^x$；3．$y=\frac{1}{2}\mathrm{e}^{-x}+\frac{1}{2}\mathrm{e}^{-2x}$

第 7 章

习题7.2 ♥1．（1）$|x|\leqslant1$ 且 $|y|\geqslant1$；（2）$x>0$ 且 $y>0$ 或 $x<0$ 且 $y<0$；（3）$\frac{x^2}{a^2}+\frac{y^2}{b^2}\leqslant1$；（4）$\begin{cases}y^2\leqslant4x,\\0<x^2+y^2<1;\end{cases}$（5）$1\leqslant x^2+y^2\leqslant4$；（6）$z^2>x^2+y^2+1$ ♥2．$\frac{x^2(1-y^2)}{(1+y)^2}$

♥3．（1）$-\frac{1}{4}$；（2）0 ♥5．（1）$y^2=2x$ 上所有点；（2）x 轴和 y 轴；（3）$z=xy$ 上所有点；（4）(0,0)点

习题7.3 ♥1．2,0 ♥2．（1）$\frac{\partial z}{\partial x}=y\mathrm{e}^{xy}$，$\frac{\partial z}{\partial y}=x\mathrm{e}^{xy}$；（2）$\frac{\partial z}{\partial x}=y+\frac{1}{y}$，$\frac{\partial z}{\partial y}=x-\frac{x}{y^2}$；

（3）$\frac{\partial u}{\partial x}=\frac{2xz^2}{x^2+y^2}$，$\frac{\partial u}{\partial y}=\frac{2yz^2}{x^2+y^2}$，$\frac{\partial u}{\partial z}=2z\ln(x^2+y^2)$；

（4）$\frac{\partial z}{\partial x}=y^2(1+xy)^{y-1}$，$\frac{\partial z}{\partial y}=(1+xy)^y\left[\ln(1+xy)+\frac{xy}{1+xy}\right]$；

（5）$\frac{\partial z}{\partial x}=\frac{y}{x^2}\sin\frac{x}{y}\sin\frac{y}{x}+\frac{1}{y}\cos\frac{y}{x}\cos\frac{x}{y}$，$\frac{\partial z}{\partial y}=\frac{-x}{y^2}\cos\frac{x}{y}\cos\frac{y}{x}-\frac{1}{x}\sin\frac{x}{y}\sin\frac{y}{x}$；

（6）$\frac{\partial u}{\partial x}=2x\cos(x^2+y^2+z^2)$，$\frac{\partial u}{\partial y}=2y\cos(x^2+y^2+z^2)$，$\frac{\partial u}{\partial z}=2z\cos(x^2+y^2+z^2)$；

（7）$\frac{\partial u}{\partial x}=\frac{-2x\sin x^2}{y}$，$\frac{\partial u}{\partial y}=-\frac{\cos x^2}{y^2}$；（8）$\frac{\partial z}{\partial x}=\frac{y}{2\sqrt{x(1-xy^2)}}$，$\frac{\partial z}{\partial y}=\sqrt{\frac{x}{1-xy^2}}$；

（9）$\frac{\partial z}{\partial x}=-\frac{y}{x^2}\left(\frac{1}{3}\right)^{-\frac{y}{x}}\ln3$，$\frac{\partial z}{\partial y}=\frac{1}{x}\left(\frac{1}{3}\right)^{-\frac{y}{x}}\ln3$ ♥4．（1）$\frac{\partial^2z}{\partial x^2}=12x^2-8y^2$，$\frac{\partial^2z}{\partial y^2}=12y^2-8x^2$，$\frac{\partial^2z}{\partial x\partial y}=-16xy$；（2）$\frac{\partial^2z}{\partial x^2}=\frac{2(y^2-x^2)}{(x^2+y^2)^2}$，$\frac{\partial^2z}{\partial y^2}=\frac{2(x^2-y^2)}{(x^2+y^2)^2}$，$\frac{\partial^2z}{\partial x\partial y}=\frac{-4xy}{(x^2+y^2)^2}$；

（3）$\frac{\partial^2z}{\partial x^2}=y^x(\ln y)^2$，$\frac{\partial^2z}{\partial y^2}=x(x-1)y^{x-2}$，$\frac{\partial^2z}{\partial x\partial y}=y^{x-1}(1+x\ln y)$

（4）$\frac{\partial^2 z}{\partial x^2}=2a^2\cos 2(ax+by)$，$\frac{\partial^2 z}{\partial y^2}=2b^2\cos 2(ax+by)$，$\frac{\partial^2 z}{\partial x\partial y}=2ab\cos\ 2(ax+by)$；

（5）$\frac{\partial^2 z}{\partial x^2}=\frac{1}{y^2}\mathrm{e}^{-\frac{x}{y}}$，$\frac{\partial^2 z}{\partial y^2}=\frac{x}{y^3}\mathrm{e}^{-\frac{x}{y}}\left(\frac{x}{y}-2\right)$，$\frac{\partial^2 z}{\partial x\partial y}=\frac{1}{y^3}\mathrm{e}^{-\frac{x}{y}}(y-x)$；

（6）$\frac{\partial^2 z}{\partial x^2}=-\frac{3xy^2}{(x^2+y^2)^{5/2}}$，$\frac{\partial^2 z}{\partial y^2}=\frac{x(2y^2-x^2)}{(x^2+y^2)^{5/2}}$，$\frac{\partial^2 z}{\partial x\partial y}=\frac{y(2x^2-y^2)}{(x^2+y^2)^{5/2}}$

♥6．0.16 ♥7．（1）$\mathrm{d}z=x^{m-1}y^{n-1}(my\mathrm{d}x+nx\mathrm{d}y)$；

（2）$\mathrm{d}z=\frac{x}{\sqrt{x^2+y^2}}\mathrm{d}x+\frac{y}{\sqrt{x^2+y^2}}\mathrm{d}y$；（3）$\mathrm{d}z=\frac{y}{\sqrt{1-x^2y^2}}\mathrm{d}x+\frac{x}{\sqrt{1-x^2y^2}}\mathrm{d}y$；

（4）$\mathrm{d}z=\mathrm{e}^{x+y}[\sin y(\cos x-\sin x)\mathrm{d}x+\cos x(\cos y+\sin y)\mathrm{d}y]$；

（5）$\mathrm{d}u=yzx^{yz-1}\mathrm{d}x+zx^{yz}\ln x\mathrm{d}y+yx^{yz}\ln x\mathrm{d}z$；

（6）$\mathrm{d}u=\frac{1}{(x^2+y^2)^2}[-2xz\mathrm{d}x-2yz\mathrm{d}y+(x^2+y^2)\mathrm{d}z]$ ♥8．0.5023 ♥9．2.95 ♥10．−5 cm

习题 7.4 ♥1．（1）$\frac{\partial z}{\partial x}=\frac{2x}{y^2}\ln(3x-2y)+\frac{3x^2}{y^2(3x-2y)}$，$\frac{\partial z}{\partial y}=\frac{-2x^2}{y^3}\ln(3x-2y)-\frac{2x^2}{y^2(3x-2y)}$；（2）$\frac{\partial z}{\partial x}=\left(\frac{x}{y}\right)^{\mathrm{e}^{\frac{x}{y}}}$，$\mathrm{e}^{\frac{x}{y}}\left(\frac{1}{x}+\frac{1}{y}\ln\frac{x}{y}\right)$，$\frac{\partial z}{\partial y}=-\left(\frac{x}{y}\right)^{\mathrm{e}^{\frac{x}{y}}}\cdot\frac{x}{y^2}\cdot\mathrm{e}^{\frac{x}{y}}\left(\frac{y}{x}+\ln\frac{x}{y}\right)$；

（3）$\frac{\partial z}{\partial u}=\frac{3}{2}u^2\sin\ 2v(\cos\ v-\sin\ v)$，$\frac{\partial z}{\partial v}=-2u^3\sin\ v\cos\ v(\sin\ v+\cos\ v)+u^3(\sin^3 v+\cos^3 v)$；

（4）$\frac{\partial z}{\partial x}=\frac{1}{x+\sin\frac{x}{y}}+\frac{\cos\frac{x}{y}}{y\left(x+\sin\frac{x}{y}\right)}$，$\frac{\partial z}{\partial y}=-\frac{\cos\frac{x}{y}}{y^2\left(x+\sin\frac{x}{y}\right)}$

♥2．（1）$\frac{\mathrm{d}z}{\mathrm{d}t}=\frac{3(1-4t^2)}{\sqrt{1-(3t-4t^3)^2}}$；（2）$\frac{\mathrm{d}z}{\mathrm{d}t}=(\sin\ t)^{\tan\ t-1}(1+(\sin\ t)^{\tan\ t}+\sec^2 t\ln\sin\ t)$

♥3．（1）$\frac{\partial u}{\partial x}=2xf'_z$，$\frac{\partial u}{\partial y}=2yf'_z\ (z=x^2+y^2)$；（2）$\frac{\partial u}{\partial x}=\frac{1}{y}f'_1$，$\frac{\partial u}{\partial y}=-\frac{x}{y^2}f'_1+f'_2$；

♥4．（1）$\frac{\mathrm{d}y}{\mathrm{d}x}=-\frac{\sin y+y\mathrm{e}^x}{x\cos y+\mathrm{e}^x}$，（2）$\frac{\mathrm{d}y}{\mathrm{d}x}=\frac{y-x}{y+x}$；

♥5．（1）$\frac{\partial z}{\partial x}=\frac{z\sqrt{xyz}+yz^2}{\sqrt{xyz}-xyz}$，$\frac{\partial z}{\partial y}=\frac{2z\sqrt{xyz}+xz^2}{\sqrt{xyz}-xyz}$；（2）$\frac{\partial z}{\partial x}=-\tan x$，$\frac{\partial z}{\partial y}=-\tan y$

习题 7.5 ♥1．（1）极大值 $f(2,-2)=8$；（2）极小值 $f\left(\frac{1}{2},-1\right)=-\frac{\mathrm{e}}{2}$；（3）极大值 $f\left(\frac{\pi}{3},\frac{\pi}{6}\right)=\frac{3\sqrt{3}}{2}$，极小值 $f\left(0,\frac{\pi}{2}\right)=0$ ♥2．当长、宽、高均为 $\frac{2a}{\sqrt{3}}$ 时，内接长方体体积最大

♥3．当长为 $\sqrt[3]{2V}$、宽为 $\sqrt[3]{2V}$、高为 $\sqrt[3]{\frac{V}{4}}$ 时，表面积最小 ♥4．$\frac{\sqrt{3}}{9}d^3$

♥5．边长为$\frac{2}{3}P$及$\frac{1}{3}P$

习题7.6 ♥1．（1）（是）；（2）（非）；（3）（非）♥2．（1）$\iint\limits_D u(x,y)\mathrm{d}\sigma$；（2）$I_1 \leqslant I_2$；（3）$\sigma$；（4）$\frac{1}{\sigma}\iint\limits_D f(x,y)\mathrm{d}\sigma$；（5）$\int_0^4 \mathrm{d}y\int_{\frac{y^2}{4}}^{y} f(x,y)\mathrm{d}x$；（6）$\int_1^2 \mathrm{d}x\int_{\frac{1}{x}}^{x} f(x,y)\mathrm{d}y$；（7）$\iint\limits_D |f(x,y)|\mathrm{d}\sigma$；（8）$\frac{\pi r^2}{2}$；（9）$\int_0^{2\pi}\mathrm{d}\theta\int_1^2 r\mathrm{d}r$ ♥3．（1）B；（2）A ♥4．（1）$\mathrm{e}(\mathrm{e}-1)^2$；（2）$\frac{14}{3}$；（3）$1\frac{1}{8}$；（4）$\frac{9}{4}$；（5）$\left(1-\frac{1}{\mathrm{e}}\right)\pi$；（6）$\frac{\pi}{2}$；（7）$\frac{4\pi}{3}$

复习题7 ♥1．（1）$x \geqslant 0$，$y \geqslant 0$，$x^2 \geqslant y$；（2）圆环，$0 \leqslant x^2+y^2 \leqslant \frac{\pi}{2}$，$\frac{3\pi}{2} \leqslant x^2+y^2 \leqslant \frac{5\pi}{2}$ ♥2．e ♥3．$f'_x(0,0)$不存在；$f'_y(0,0)=0$ ♥4．$\mathrm{d}z=\frac{1}{x^2+y^2}(x\mathrm{d}x+y\mathrm{d}y)$ ♥5．$\frac{\partial z}{\partial x}=4x$，$\frac{\partial z}{\partial y}=4y$ ♥6．$\frac{\mathrm{d}z}{\mathrm{d}t}=4t^3+3t^2+2t$，$\frac{\mathrm{d}^2z}{\mathrm{d}t^2}=12t^2+6t+2$ ♥7．$\frac{\partial u}{\partial x}=2xf'(x^2+y^2+z^2)$，$\frac{\partial u}{\partial y}=2yf'(x^2+y^2+z^2)$，$\frac{\partial^2 u}{\partial x^2}=2f'(x^2+y^2+z^2)+4x^2f''(x^2+y^2+z^2)$，$\frac{\partial^2 u}{\partial x\partial y}=4xyf''(x^2+y^2+z^2)$ ♥8．（1）$\frac{\mathrm{d}y}{\mathrm{d}x}=-\frac{\mathrm{e}^x-y^2}{\cos y-2xy}$；（2）$\frac{\mathrm{d}y}{\mathrm{d}x}=-\frac{y}{x}$；（3）$\frac{\partial z}{\partial x}=\frac{z\sqrt{xyz}+yz^2}{\sqrt{xyz}-xyz}$，$\frac{\partial z}{\partial y}=\frac{2z\sqrt{xyz}+xz^2}{\sqrt{xyz}-xyz}$ ♥9．（1）极小值$z(0,3)=-9$；（2）极大值$z(-4,-2)=8\mathrm{e}^{-2}$ ♥10．窗子的宽为$\frac{L}{\pi+4}$，矩形的高为$\frac{L}{\pi+4}$时，面积最大 ♥11．（1）$(\mathrm{e}-1)^2$；（2）$\frac{1}{15}$；（3）$\frac{9}{4}$；（4）9；（5）$\frac{\pi}{4}(\ln 4-1)$；（6）$\frac{\pi}{3}$

自测题7 ♥一、1．$\{(x,y)\mid -1<x<1, y \geqslant x^2\}$；2．(0,0)；3．$\frac{1}{2}$；4．$\mathrm{e}^{xy}(1+\sin \mathrm{e}^{xy})(y\mathrm{d}x+x\mathrm{d}y)$；5．$b\cos(ax+by)-abx\sin(ax+by)$；6．1；7．$\int_1^3 \mathrm{d}x\int_x^{3x} f(x,y)\mathrm{d}y$ ♥二、1．$\frac{\partial z}{\partial u}=2u[\mathrm{e}^{u^2-v^2}(1+u^2+v^2)+\mathrm{e}^{u^2+v^2}(1+u^2-v^2)]$，$\frac{\partial z}{\partial v}=2v[\mathrm{e}^{u^2-v^2}(1-u^2-v^2)+\mathrm{e}^{u^2+v^2}(u^2-v^2-1)]$；2．$1+\frac{x^2\mathrm{e}^y}{\mathrm{e}^x+\mathrm{e}^y}$或$1+\frac{x^2\mathrm{e}^{\frac{x^3}{3}}}{1+\mathrm{e}^{\frac{x^3}{3}}}$；3．$\frac{\partial z}{\partial x}=\frac{yz}{3z^2-xy}$，$\frac{\partial z}{\partial y}=\frac{xz}{3z^2-xy}$；4．极小值$z(1,1)=-1$ ♥三、1．$-\frac{4}{3}$；2．$\frac{1}{24}$；3．$\frac{\pi}{16}$；4．$\frac{R^4}{8}\pi$ ♥四、12

第 8 章

习题 8.1 ♥1.（1）$A_{12}=-\begin{vmatrix}-1&0\\1&2\end{vmatrix}$，$A_{23}=-\begin{vmatrix}3&2\\1&-2\end{vmatrix}$，$A_{31}=\begin{vmatrix}2&1\\4&0\end{vmatrix}$；

（2）$A_{12}=-\begin{vmatrix}4&3&1\\1&2&2\\5&-1&1\end{vmatrix}$，$A_{23}=-\begin{vmatrix}1&2&-2\\1&4&2\\5&0&1\end{vmatrix}$，$A_{31}=\begin{vmatrix}2&0&-2\\-1&3&1\\0&-1&1\end{vmatrix}$

♥2.（1）18；（2）$(a-b)^3$；（3）-4；（4）$abcd+ab+ad+cd+1$；（5）x^4；
（6）$(b-a)(c-a)(d-a)(c-b)(d-b)(d-c)$；（7）$\lambda^n+a_1\lambda^{n-1}+a_2\lambda^{n-2}+\cdots+a_n$.

♥3. (1) $\lambda=2$ 或 $\lambda=-3$；（2）$\lambda=-2$ 或 $\lambda=1$

♥4.（1）$x=3,y=1$；（2）$x_1=1,x_2=-1,x_3=2$；（3）$x_1=3,x_2=-4,x_3=-1,x_4=1$.

♥5. $\lambda=-2$ 或 $\lambda=1$ ♥6. $t=15$ ℃时，$h=13.56$；$t=40$ ℃时，$h=13.48$

习题 8.2 ♥1. $2A-3B=\begin{pmatrix}1&2\\-7&-4\end{pmatrix}$，$AB=\begin{pmatrix}14&4\\-5&2\end{pmatrix}$，$BA=\begin{pmatrix}4&0\\6&12\end{pmatrix}$，$AB^T=\begin{pmatrix}10&6\\-3&3\end{pmatrix}$，

$B^2=\begin{pmatrix}7&2\\3&6\end{pmatrix}$ ♥2. $x=3,y=1,z=2$ ♥3. $X=\begin{pmatrix}3&2&1\\2&-1&9\end{pmatrix}$，$Y=\begin{pmatrix}4&4&0\\1&-3&14\end{pmatrix}$ ♥4. 略♥5. 略

♥6. 等式均不成立♥7.略♥8. $A^2=\begin{pmatrix}1&0\\2\lambda&1\end{pmatrix}$，$A^3=\begin{pmatrix}1&0\\3\lambda&1\end{pmatrix}$，$A^k=\begin{pmatrix}1&0\\k\lambda&1\end{pmatrix}$ ♥9. $\begin{pmatrix}3&2\\15&6\end{pmatrix}$

11. $\begin{pmatrix}a&b\\0&a\end{pmatrix}$（$a,b$ 是任意常数）

习题 8.3 ♥1.（1）$\begin{bmatrix}1&0&0&0\\0&1&0&0\\0&0&1&0\end{bmatrix}$；（2）$\begin{bmatrix}1&0&0&0\\0&1&0&0\\0&0&1&0\end{bmatrix}$；（3）$\begin{bmatrix}1&0&0&0\\0&1&0&0\\0&0&1&0\\0&0&0&1\end{bmatrix}$；

（4）$\begin{bmatrix}1&0&0&0\\0&1&0&0\\0&0&1&0\\0&0&0&1\end{bmatrix}$；（5）$\begin{bmatrix}1&0&0&0\\0&1&0&0\\0&0&1&0\\0&0&0&0\end{bmatrix}$ ♥2.（1）2；（2）2；（3）3♥3. 不唯一，例如

$\begin{pmatrix}1&0&1&0&1\\0&1&0&1&0\\0&0&1&0&0\\0&0&0&1&0\\0&0&0&0&0\end{pmatrix}$ ♥4. 当 $\lambda=1$ 时，$R(A)=1$；$\lambda=-2$ 时，$R(A)=2$；$\lambda\neq1$ 且 $\lambda\neq-2$，$R(A)=3$

习题 8.4 ♥1. 略♥2.（1）$\begin{pmatrix}1&1&3\\2&3&7\\3&4&9\end{pmatrix}$；（2）$\begin{pmatrix}\cos\theta&\sin\theta\\-\sin\theta&\cos\theta\end{pmatrix}$；

（3）$\begin{pmatrix} 1 & 1 & -3 & -6 \\ 0 & 1 & 0 & -1 \\ -1 & -1 & 3 & 6 \\ 2 & 1 & -6 & -10 \end{pmatrix}$

♥3.（1）$X=\begin{pmatrix} 2 & -23 \\ 0 & 8 \end{pmatrix}$；（2）$X=\begin{pmatrix} -2 & 2 & 1 \\ -\frac{8}{3} & 5 & -\frac{2}{3} \end{pmatrix}$；（3）$X=\begin{pmatrix} 2 & -1 & 0 \\ 1 & 3 & -4 \\ 1 & 0 & -2 \end{pmatrix}$

♥4.（1）$x_1=57$，$x_2=22$；（2）$x_1=-7$，$x_2=14$，$x_3=9$

自测题 8

一、1. C　2. B　3. B　4. B　5. C　6. B　7. D　8. B　9. A　10. B　11. D

二、1. 0；2. BC；3. 0；4. 1/2；5. $\begin{pmatrix} 1 & n & 0 & 0 \\ 0 & 1 & 0 & 0 \\ 0 & 0 & 2^n & 0 \\ 0 & 0 & 0 & 3^n \end{pmatrix}$；6. $X=\begin{pmatrix} 1 & 2 \\ 1 & -1 \end{pmatrix}$

7. 1；8. d；9. $C^{-1}B^{-1}A^{-1}$；10. $AB=BA$

三、2. $\lambda=0,2,3$

3.（1）$-2(x^3+y^3)$；（2）1；（3）48；（4）$(-2)(n-2)!$；（5）1

4.（1）$\begin{pmatrix} -2 & 6 & -\frac{5}{2} \\ \frac{1}{2} & -3 & -\frac{7}{2} \\ 0 & -3 & 6 \end{pmatrix}$；（2）$\begin{pmatrix} 199 & 293 & 302 \\ 25 & 33 & 38 \\ 8 & 10 & 12 \end{pmatrix}$；（3）$\begin{pmatrix} 16 & 42 & 21 \\ 1 & 10 & 2 \\ 3 & 12 & 13 \end{pmatrix}$

5. $R(A)=R(B)=4$

6.（1）$X=\begin{pmatrix} -26 & 11 \\ -56 & 23 \\ 22 & -9 \end{pmatrix}$；（2）$\begin{cases} x_1=5 \\ x_2=0 \\ x_3=3 \end{cases}$；（3）$\begin{pmatrix} 36 & 228 & 108 \\ -12 & -36 & -12 \\ 2 & 6 & 2 \end{pmatrix}$

9. $\begin{pmatrix} 5 & -2 & -1 \\ -2 & -2 & 0 \\ -1 & 0 & 1 \end{pmatrix}$

第 9 章

习题 9.1 ♥1.（1）无穷多解；（2）无解；（3）无穷多解；（4）唯一解．♥2.（1）无；（2）$\lambda=-2$ 或 $\lambda=1$；（3）$\lambda\neq-2$ 且 $\lambda\neq1$ ♥3.（1）$\lambda\neq3$；（2）无；（3）$\lambda=-3$ ♥4.（1）有非零解；（2）只有零解；（3）只有零解；（4）有非零解；♥5.（1）$\lambda\neq-3$，$\lambda\neq1$（2）$\lambda=-3$ 或 $\lambda=1$

习题 9.2 ♥1.（1）不能；（2）$\beta=2\alpha_1+\alpha_2+\alpha_3$ ♥2.（1）线性无关；（2）线性相关；

（3）线性相关♥4.（1）3，$\alpha_1,\alpha_2,\alpha_3$是极大无关组；（2）4，$\alpha_1,\alpha_2,\alpha_3,\alpha_4$是极大无关组；

（3）3，$\alpha_1,\alpha_2,\alpha_3$是极大无关组♥5. $\lambda \neq -1,2$ ♥6.（1）基础解系$\xi=\begin{pmatrix}-19\\7\\1\end{pmatrix}$，通解$X=c\xi$；

（2）基础解系$\xi_1=\begin{pmatrix}-23\\10\\7\\0\end{pmatrix}$，$\xi_2=\begin{pmatrix}-23\\3\\0\\7\end{pmatrix}$，通解$X=c_1\xi_1+c_2\xi_2$；（3）基础解系

$\xi_1=\begin{pmatrix}8\\-6\\1\\0\end{pmatrix}$，$\xi_2=\begin{pmatrix}-7\\5\\0\\1\end{pmatrix}$，通解$X=c_1\xi_1+c_2\xi_2$；（4）基础解系$\xi_1=\begin{pmatrix}2\\1\\0\\0\\0\end{pmatrix}$，$\xi_2=\begin{pmatrix}-3\\0\\1\\0\\0\end{pmatrix}$，$\xi_3=\begin{pmatrix}-1\\0\\0\\1\\0\end{pmatrix}$，

通解$X=c_1\xi_1+c_2\xi_2+c_3\xi_3$ ♥7.（1）$\begin{pmatrix}x_1\\x_2\\x_3\\x_4\end{pmatrix}=\begin{pmatrix}\frac{1}{2}\\0\\0\\0\end{pmatrix}+k_1\begin{pmatrix}3\\2\\0\\0\end{pmatrix}+k_2\begin{pmatrix}-1\\0\\-22\\16\end{pmatrix}$；（2）无解；

（3）$x_1=1,x_2=0,x_3=1$

自测题 9

一、1. C 2. D 3. B 4. D 5. D 6. B 7. A 8. A 9. B 10. C

二、1．无；2．是；3．-2；4．不是；5．不是；6．是；7．$n-r+1$；8．$a=\frac{22}{3}$，$b=6$ 9．$a_1b_2-a_2b_1=0$；10．$s-r$

三、1．$\lambda=5$

2．$a=0,b=2$，无穷多解

3．当$k=1$时有无穷多解；$k=-2$时无解；$k\neq 1,-2$时有唯一解

4．当$a\neq 1$时有唯一解；当$a=1,b\neq -1$时，无解；当$a=1,b=-1$时，有无穷多解，通解为：$(-1,1,0,0)^T+k_1(1,-2,1,0)^T+k_2(1,-2,0,1)^T$

5．当$k\neq -1,4$时

方程组有唯一解$x_1=\frac{k^2+2k}{k+1}$，$x_2=\frac{k^2+2k+4}{k+1}$，$x_3=\frac{-2k}{k+1}$；

当$k=-1$时，方程组无解；

当$k=4$时，方程组有无穷多解：$(0,4,0)+t(-3,-1,1)$

6．当$t\neq -2$时方程组无解；当$t=-2$时方程组有解．

若$t=-2$且$p=-8$，则方程组的通解为

$(-1,1,0,0)^T+k_1(4,-2,1,0)^T+k_2(-1,-2,0,1)^T$

若$t=-2$但$p\neq -8$，则方程组的通解为

$(-1,1,0,0)^T + k(-1,-2,0,1)^T$

7．当 $a = 0, -\frac{1}{2}n(n+1)$ 时，$|A| = 0$，方程组有非零解．

当 $a = 0$ 时，其通解为 $k_1\eta_1 + k_2\eta_2 + \cdots + k_{n-1}\eta_{n-1}$，其中

$$\eta_1 = \begin{pmatrix} 1 \\ -1 \\ 0 \\ \vdots \\ 0 \end{pmatrix}，\eta_2 = \begin{pmatrix} 1 \\ 0 \\ -1 \\ \vdots \\ 0 \end{pmatrix}，\cdots，\eta_{n-1} = \begin{pmatrix} 1 \\ 0 \\ 0 \\ \vdots \\ -1 \end{pmatrix}$$

当 $a = -\frac{1}{2}n(n+1)$ 时，其通解为 $k(1,2,3,\cdots,n)^T$

9．当 $\lambda = 1,-2$ 时，方程组有解，分别为 $\begin{pmatrix} x_1 \\ x_2 \\ x_3 \end{pmatrix} = c\begin{pmatrix} 1 \\ 1 \\ 1 \end{pmatrix} + \begin{pmatrix} 1 \\ 0 \\ 0 \end{pmatrix}$，$\begin{pmatrix} x_1 \\ x_2 \\ x_3 \end{pmatrix} = c\begin{pmatrix} 1 \\ 1 \\ 1 \end{pmatrix} + \begin{pmatrix} 2 \\ 2 \\ 0 \end{pmatrix}$（$c \in \boldsymbol{R}$）

10．$a \neq 1$

第 10 章

习题 10.2

♥ 1．$\frac{1}{5}$ ♥ 2．（1）$\frac{1}{12}$；（2）$\frac{1}{20}$；♥ 3．$\frac{7}{40}$；♥ 4．$\frac{C_M^m C_{N-M}^{n-m}}{C_N^n}$；♥ 5．（1）$\frac{99}{392}$；（2）$\frac{541}{1960}$；（3）$\frac{1959}{1960}$ ♥ 6. $P(A) + P(B) - P(AB)$ ♥ 7.（1）$\{5\}$；（2）$\{1,3,4,5,6,7,8,9,10\}$；（3）$\{1,6,7,8,9,10\}$ ♥ 8．（1）当 $A \subset B$ 时 $P(AB)$ 取到最大值，最大值是 0.6；（2）当 $A \cup B = \Omega$ 时 $P(AB)$ 取到最小值，最小值是 0.3.

习题 10.3

♥ 1．（1）0.3；（2）0.5 ♥ 2．$\frac{2}{3}$ ♥ 3．$\frac{1}{3}$ ♥ 4．0.902 ♥ 5．（1）$\frac{1392}{5915}$；（2）$\frac{9}{58}$ ♥ 6. $\frac{29}{90}$；$\frac{20}{61}$.

自测题 10

一、1．$P(AB) = P(A)P(B)$；$AB = \varnothing$；2．$\frac{1}{6}$，$\frac{2}{3}$；3．30%；4．$\frac{1}{5}$，$\frac{1}{5}$

二、1．D；2．C；3．C；4．A；5．C；6．C；7．D

三、1．（1）$\frac{23}{100}$；（2）$\frac{27}{50}$；2．≈0.058

第 11 章

习题 11.1

♥1．$c=1$；

♥2．分布列为

X	0	1
P	$\frac{1}{3}$	$\frac{2}{3}$

分布函数为 $F(x)=\begin{cases}0 & x<0\\ \frac{1}{3} & 0\leqslant x<1\\ 1 & x\geqslant 1\end{cases}$

♥3．（1）$P\{X\leqslant 2\}=0.8647$；（2）$P\{X>3\}=0.0497$；（3）密度函数 $f(x)=\begin{cases}\mathrm{e}^{-x} & x\geqslant 0\\ 0 & x<0\end{cases}$.

♥4．$P\{X>5\}=0.1056$，$P\{X<-1\}=0.0401$，$P\{|X-2|<3\}=0.8543$

习题 11.2

1．$\frac{5}{2}$，$\frac{23}{12}$

2．$\frac{2}{3}$，$\frac{1}{18}$

自测题 11

一、填空题.

1．$k=2,b=1$；2．$a=\frac{1}{6},b=\frac{5}{6}$；3．$P\{X=b\}=0$；4．0.8；5．$c=2$；

6．$f(x)=\begin{cases}\frac{1}{2} & 2\leqslant x\leqslant 4\\ 0 & \text{其他}\end{cases}$，$P(X=2)=0$，$P\{1<X<3\}=\frac{1}{2}$

二、选择题

1．B；2．D；3．D；4．C；5．A；6．C.

三、计算题

1．

X	2	3	4	5	6	7	8	9	10	11	12
P	$\frac{1}{36}$	$\frac{1}{18}$	$\frac{1}{12}$	$\frac{1}{9}$	$\frac{5}{36}$	$\frac{1}{6}$	$\frac{5}{36}$	$\frac{1}{9}$	$\frac{1}{12}$	$\frac{1}{18}$	$\frac{1}{36}$

2.（1）$A=\frac{1}{2},B=\frac{1}{\pi}$；（2）$\frac{1}{2}$；（3）$f(x)=\frac{1}{\pi(1+x^2)},-\infty<x<+\infty$

3.（1）

X	3	4	5
P	0.1	0.3	0.6

（2）$F(x)=\begin{cases}0 & x<3\\ 0.1 & 3\leqslant x<4\\ 0.4 & 4\leqslant x<5\\ 1 & x\geqslant 5\end{cases}$

4.

Y_1	−3	−1	1	3
P	$\frac{1}{4}$	$\frac{1}{3}$	$\frac{1}{12}$	$\frac{1}{3}$

Y_2	−1	0	3
P	$\frac{1}{12}$	$\frac{2}{3}$	$\frac{1}{4}$

Y_3	$\frac{5}{2}$	3	$\frac{7}{2}$	4
P	$\frac{1}{3}$	$\frac{1}{12}$	$\frac{1}{3}$	$\frac{1}{4}$

5.（1）$P\{101.1<X<117.6\}=0.9888$；（2）$a=111.87$

6．0.501，0.432

第 12 章

习题 12.1 ♥ 1.（2）、（4）、（8）不是命题.（1）、（3）、（9）、（10）是简单命题.（5）、（6）、（7）是复合命题♥ 2.（1）P：你努力学习．Q：你的成绩一定很好．$P\to Q$（2）P：小李看电视：小李吃零食．$P\wedge Q$（3）P：我有时间．Q：我去上街．$Q\to P$（4）P：“六一”儿童节．Q：小学生都上课．$P\to\neg Q$（5）P：天下雨．Q：我有时间．R：我上街．$(\neg P\wedge Q)\to R$（6）P：他很忙．Q：他很充实．$P\wedge Q$（7）P：我看电视．Q：我看书．R：我睡觉．$\neg P\wedge\neg Q\wedge R$（8）$P$：实函数$f(x)$可导．$Q$：$f(x)$连续．$P\leftrightarrow Q$

习题 12.2 ♥ 1.（1）$P\to(Q\vee R)$

P	Q	R	$Q\vee R$	$P\to(Q\vee R)$
0	0	0	0	1
0	0	1	1	1
0	1	0	1	1
0	1	1	1	1
1	0	0	0	0
1	0	1	1	1
1	1	0	1	1
1	1	1	1	1

（2）$(P\vee R)\to(P\to Q)$

P	Q	R	$P\vee R$	$P\to Q$	$(P\vee R)\to(P\to Q)$
0	0	0	0	1	1
0	0	1	1	1	1
0	1	0	0	1	1
0	1	1	1	1	1
1	0	0	1	0	0
1	0	1	1	0	0
1	1	0	1	1	1
1	1	1	1	1	1

（3）$(P\vee R)\leftrightarrow(Q\vee R)$

P	Q	R	$P\vee R$	$Q\vee R$	$(P\vee R)\leftrightarrow(Q\vee R)$
0	0	0	0	0	1
0	0	1	1	1	1
0	1	0	0	1	0
0	1	1	1	1	1
1	0	0	1	0	0
1	0	1	1	1	1
1	1	0	1	1	1
1	1	1	1	1	1

（4）$(P\vee\neg R)\wedge Q$

P	Q	R	$\neg R$	$P\vee\neg R$	$(P\vee\neg R)\wedge Q$
0	0	0	1	1	0
0	0	1	0	0	0
0	1	0	1	1	1
0	1	1	0	0	0
1	0	0	1	1	0
1	0	1	0	1	0
1	1	0	1	1	1
1	1	1	0	1	1

（5）设 $S=(P\to(Q\to R))\to((P\to Q)\to(P\to R))$

P	Q	R	$Q\to R$	$P\to(Q\to R)$	$P\to Q$	$P\to R$	$(P\to Q)\to(P\to R)$	S
0	0	0	1	1	1	1	1	1
0	0	1	1	1	1	1	1	1
0	1	0	0	1	1	1	1	1
0	1	1	1	1	1	1	1	1
1	0	0	1	1	0	0	1	1
1	0	1	1	1	0	1	1	1
1	1	0	0	0	1	0	0	1
1	1	1	1	1	1	1	1	1

♥ 2（1）$P\vee(\neg P\vee(Q\wedge\neg Q))\Leftrightarrow(P\vee\neg P)\vee(Q\wedge\neg Q)\Leftrightarrow 1\vee 0\Leftrightarrow 1$. 为永真式.

（2）$((P\to Q)\leftrightarrow(\neg Q\to\neg P))\wedge R\Leftrightarrow(((P\to Q)\to(\neg Q\to\neg P))\wedge((\neg Q\to\neg P)\to(P\to Q)))\wedge R$
$\Leftrightarrow((\neg(\neg P\vee Q)\vee(Q\vee\neg P))\wedge(\neg(Q\vee\neg P)\vee(\neg P\vee Q)))\wedge R\ \Leftrightarrow((\neg(\neg P\vee Q)\vee(\neg P\vee Q))\wedge((Q\vee\neg P)\vee\neg(Q\vee\neg P)))\wedge R\Leftrightarrow(1\wedge 1)\wedge R\Leftrightarrow 1\wedge R\Leftrightarrow R$

当 R 为真时，命题公式为真，当 Q 为假时，命题公式为假，所以公式为可满足式.

（3）$\neg(Q\to P)\wedge P\Leftrightarrow\neg(\neg Q\vee P)\wedge P\Leftrightarrow(Q\wedge\neg P)\wedge P\Leftrightarrow(Q\wedge P)\wedge(\neg P\wedge P)\Leftrightarrow(Q\wedge P)\wedge 0\Leftrightarrow 0$. 为永假式.

（4）$P\to(P\vee Q\vee R)\Leftrightarrow\neg P\vee(P\vee Q\vee R)\Leftrightarrow(\neg P\vee P)\vee(Q\vee R)\Leftrightarrow 1\vee(Q\vee R)\Leftrightarrow 1$. 为永真式.

（5）$(P\wedge(P\to Q))\to Q\Leftrightarrow(P\wedge(\neg P\vee Q))\to Q$

$\Leftrightarrow\neg((P\wedge\neg P)\vee(P\wedge Q))\vee Q$

$\Leftrightarrow\neg(0\vee(P\wedge Q))\vee Q$

$\Leftrightarrow\neg(P\wedge Q)\vee Q$

$\Leftrightarrow\neg P\vee(\neg Q\vee Q)$

$\Leftrightarrow \neg P \vee 1 \Leftrightarrow 1$.

为永真式.

（6）$(P\wedge Q\wedge R)\vee(\neg P\wedge Q\wedge R)$

$\Leftrightarrow(P\vee\neg P)\wedge(Q\wedge R)$

$\Leftrightarrow 1\wedge(Q\wedge R)\Leftrightarrow(Q\wedge R)$

当 Q，R 为真时，命题公式为真，当 Q 为假或 R 为假时，命题公式为假，所以公式为可满足式.

♥ 3.（1）$\neg P\rightarrow(P\rightarrow\neg Q)\Leftrightarrow\neg P\rightarrow(\neg P\vee\neg Q)\Leftrightarrow P\vee(\neg P\vee\neg Q)$

$\Leftrightarrow\neg P\vee(\neg Q\vee P)\Leftrightarrow \neg P\vee(Q\rightarrow P)\Leftrightarrow P\rightarrow(Q\rightarrow P)$

（2）$P\rightarrow(Q\vee R)\Leftrightarrow\neg P\vee(Q\vee R)\Leftrightarrow(\neg P\vee Q)\vee R\Leftrightarrow\neg(P\wedge\neg Q)\vee R\Leftrightarrow(P\wedge\neg Q)\rightarrow R$

（3）$(P\rightarrow R)\wedge(Q\rightarrow R)\Leftrightarrow(\neg P\vee R)\wedge(\neg Q\vee R)\Leftrightarrow(\neg P\wedge\neg Q)\vee R$

$\Leftrightarrow(\neg P\wedge\neg Q)\vee R\Leftrightarrow\neg(P\vee Q)\vee R\Leftrightarrow(P\vee Q)\rightarrow R$

（4）$\neg(P\leftrightarrow Q)\Leftrightarrow\neg((P\rightarrow Q)\wedge(Q\rightarrow P))$

$\Leftrightarrow\neg((\neg P\vee Q)\wedge(\neg Q\vee P))\Leftrightarrow\neg(\neg P\vee Q)\vee\neg(\neg Q\vee P)$

$\Leftrightarrow(P\wedge\neg Q)\vee(Q\wedge\neg P)\Leftrightarrow((P\wedge\neg Q)\vee Q)\wedge((P\wedge\neg Q)\vee\neg P)$

$\Leftrightarrow((P\vee Q)\wedge(Q\vee\neg Q))\wedge((P\vee\neg P)\wedge(\neg Q\vee\neg P))$

$\Leftrightarrow((P\vee Q)\wedge 1)\wedge(1\wedge(\neg Q\vee\neg P))$

$\Leftrightarrow(P\vee Q)\wedge(\neg Q\vee\neg P)\Leftrightarrow(P\vee Q)\wedge\neg(Q\wedge P)$

（5）$((P\wedge Q)\rightarrow R)\wedge(Q\rightarrow(S\vee R))$

$\Leftrightarrow(\neg(P\wedge Q)\vee R)\ \wedge(\neg Q\vee(S\vee R))\Leftrightarrow(\neg P\vee\neg Q\vee R)\wedge(\neg Q\vee S\vee R)$

$\Leftrightarrow((\neg Q\vee\neg P)\wedge(S\vee\neg Q))\vee R\Leftrightarrow(\neg Q\vee(S\wedge\neg P))\vee R$

$\Leftrightarrow\neg(Q\wedge\neg(S\wedge\neg P))\vee R\Leftrightarrow\neg(Q\wedge(\neg S\vee P))\vee R$

$\Leftrightarrow(Q\wedge(S\rightarrow P))\rightarrow R$

（6）$(((P\wedge Q\wedge R)\rightarrow S)\wedge(R\rightarrow(P\vee Q\vee S)))$

$\Leftrightarrow((\neg(P\wedge Q\wedge R)\vee S)\wedge(\neg R\vee(P\vee Q\vee S))$

$\Leftrightarrow(\neg P\vee\neg Q\vee\neg R\vee S)\wedge(\neg R\vee P\vee Q\vee S)$

$\Leftrightarrow(\neg R\vee S)\vee((\neg P\wedge\neg Q)\vee(P\vee Q))$

$\Leftrightarrow(\neg R\vee((\neg P\wedge Q)\vee(P\wedge\neg Q))\vee S$

$\Leftrightarrow\neg(R\wedge\neg((\neg P\wedge Q)\vee(P\wedge\neg Q)))\vee S$

$\Leftrightarrow\neg(R\wedge(\neg(\neg P\wedge Q)\wedge\neg(P\wedge\neg Q)))\vee S$

$\Leftrightarrow\neg(R\wedge((P\vee\neg Q)\wedge(\neg P\vee Q)))\vee S$

$\Leftrightarrow\neg(R\wedge((Q\rightarrow P)\wedge(P\rightarrow Q)))\vee S$

$\Leftrightarrow\neg(R\wedge((P\leftrightarrow Q)))\vee S$

$\Leftrightarrow((R\wedge(P\leftrightarrow Q)\rightarrow S))$

习题 12.3 ♥ 1.（1）$((P\rightarrow Q)\rightarrow Q)\rightarrow(P\vee Q)\quad\Leftrightarrow(\neg(\neg P\vee Q)\vee Q)\rightarrow(P\vee Q)$

$\Leftrightarrow\neg(\neg(\neg P\vee Q)\vee Q)\vee(P\vee Q)\quad\Leftrightarrow((\neg P\vee Q)\wedge\neg Q)\vee(P\vee Q)$

$\Leftrightarrow((\neg P\wedge\neg Q)\vee(Q\wedge\neg Q))\vee(P\vee Q)\quad\Leftrightarrow(\neg(P\vee Q)\vee 0)\vee(P\vee Q)$

$\Leftrightarrow \neg(P\vee Q)\vee(P\vee Q)\Leftrightarrow 1$

（2）$(P\to Q)\to(P\to(P\wedge Q))\Leftrightarrow \neg(\neg P\vee Q)\vee(\neg P\vee(P\wedge Q))$

$\Leftrightarrow \neg(\neg P\vee Q)\vee(\neg P\vee(P\wedge Q))\Leftrightarrow \neg(\neg P\vee Q)\vee((\neg P\vee P)\wedge(\neg P\vee Q))$

$\Leftrightarrow \neg(\neg P\vee Q)\vee(\neg P\vee Q)\Leftrightarrow 1$

（3）$(P\to(Q\to R))\to((P\to Q)\to(P\to R))$

$\Leftrightarrow \neg(\neg P\vee(\neg Q\vee R))\vee(\neg(\neg P\vee Q)\vee(\neg P\vee R))$

$\Leftrightarrow (P\wedge Q\wedge\neg R)\vee((P\wedge\neg Q)\vee(\neg P\vee R))$

$\Leftrightarrow (P\wedge Q\wedge\neg R)\vee((P\vee\neg P\vee R)\wedge(\neg Q\vee\neg P\vee R))$

$\Leftrightarrow (P\wedge Q\wedge\neg R)\vee(\neg P\vee\neg Q\vee R)\Leftrightarrow(P\wedge Q\wedge\neg R)\vee\ \neg(P\wedge Q\wedge\neg R)\Leftrightarrow 1$

（4）$((P\vee Q)\wedge(P\to R)\wedge(Q\to R))\to R$

$\Leftrightarrow \neg((P\vee Q)\wedge(P\to R)\wedge(Q\to R))\vee R$

$\Leftrightarrow \neg((P\vee Q)\wedge(\neg P\vee R)\wedge(\neg Q\vee R))\vee R$

$\Leftrightarrow (\neg(P\vee Q)\vee\neg(\neg P\vee R)\vee\neg(\neg Q\vee R))\vee R$

$\Leftrightarrow (\neg(P\vee Q)\vee(P\wedge\neg R)\vee(Q\wedge\neg R))\vee R\Leftrightarrow\neg(P\vee Q)\vee(P\ \vee Q)\vee R$

$\Leftrightarrow 1\vee R\Leftrightarrow 1$

♥2．1）$\neg R$　　P　　2）$\neg Q\vee R$　　P

3）$\neg Q$　　1）、2）T　　4）$\neg(P\wedge\neg Q)$　　P

5）$\neg P\vee Q$　　4）I　　6）$\neg P$　　5）T

（2）

1）$(\neg Q\vee R)\wedge\neg R$	P	2）$\neg Q\wedge\neg R$	1）I
3）$\neg(\neg P\wedge S)$	P	4）$P\vee\neg S$	3）I
5）$\neg Q$	2）T	6）$P\to Q$	P
7）$\neg P$	5）、6）T	8）$\neg S$	4）、7）T

（3）

1）$T\wedge R$	P	2）T	1）T
3）$S\leftrightarrow T$	P	4）S	2）、3）T
5）$Q\leftrightarrow S$	P	6）Q	4）、5）T
7）$Q\to P$	P	8）P	6）、7）T
9）R	1）T	10）$P\wedge Q\wedge R\wedge S$	8）、6）、9）、4）T

（4）

1）A	P	2）$A\vee B$	1）T
3）$(A\vee B)\to(C\wedge D)$	P	4）$C\wedge D$	2）、3）T
5）D	4）T	6）$D\vee E$	5）T
7）$D\vee E\to F$	P	8）F	6）、7）T
9）$A\to F$	CP		

♥3．解：（1）设 P：我学习数字电路课程．Q：我的数字电路课程及格．R：我热衷于玩游戏．

前提：$P \to Q$，$\neg R \to P$，$\neg Q$

结论：R

1）$\neg Q$　　前提引入规则

2）$P \to Q$　　前提引入规则

3）$\neg P$　　1）、2）拒取式规则

4）$\neg R \to P$　　前提引入规则

5）R　　3）、4）拒取式规则

推理的有效．

（2）设 P：天下雨．Q：春游改期．R：我们有球赛．

前提：$P \to Q$，$\neg R \to \neg Q$，$\neg R$　　结论：$\neg P$

1）$\neg R$　　前提引入规则

2）$\neg R \to \neg Q$　　前提引入规则

3）$\neg Q$　　1）、2）假言推理规则

4）$P \to Q$　　前提引入规则

5）$\neg P$　　3）、4）拒取式规则

推理的有效．

习题 12.4

♥1．解：（1）设 $P(x)$：x 是大学生．a：李力．则命题可符号化为：$P(a)$．

（2）设 $P(x)$：x 是有理数．$Q(x)$：x 是实数．则命题可符号化为：$(\forall x)(P(x) \to Q(x))$

（3）设 $M(x)$：x 是人．$F(x)$：x 犯错误．则命题可符号化为：$\neg(\exists x)(M(x) \wedge \neg F(x))$（4）设 $N(x)$：x 是整数．$P(x)$：x 是素数．则命题可符号化为：$(\exists x)(N(x) \wedge P(x))$（5）设 $R(x)$：x 是实数．$Q(x)$：x 是有理数．则命题可符号化为：$\neg(\forall x)(R(x) \to Q(x))$（6）没有最大素数．设 $P(x)$：x 是素数．$L(x,y)$：x 大于 y．$\neg(\exists x)(P(x) \wedge (\forall y)(P(y) \to L(x,y))$

♥2．解：（1）设 $N(x)$：x 是整数．$R(x)$：x 是实数．谓词表达式为：$(\forall x)(N(x) \to R(x))$（2）设 $P(x)$：x 是运动员．$G(x)$：x 是大学生．谓词表达式为：$(\exists x)(P(x) \wedge G(x))$（3）设 $T(x)$：x 是老师．$O(x)$：x 是年老的．$R(x)$：x 是健壮老的．谓词表达式为：$(\exists x)(T(x) \wedge O(x) \wedge R(x))$（4）设 $P(x)$：x 是运动员．$J(x)$：x 是教练．谓词表达式为：$\neg(\forall x)(P(x) \to J(x))$（5）设 $P(x)$：x 是国家选手．$E(x)$：x 是优秀的．谓词表达式为：$\neg(\exists x)(P(x) \wedge \neg E(x))$（6）设 $W(x)$：x 是女人．$P(x)$：x 是大学指定员．$G(x)$：x 是大学生．谓词表达式为：$(\exists x)(W(x) \wedge P(x) \wedge G(x))$

♥3．解：（1）5 是质数．（2）2 既是偶数又是质数．（3）能被 2 整除的数是偶数．（4）有的偶数能整除 6．（5）所有的非偶数都不能被 2 整除．（6）对所有 x，若 x 是偶数，则对所有 y，若 x 除尽 y，则 y 是偶数．（7）对任何质数都能整除某些偶数．（8）任何奇数不能除尽任何质数．

♥4．解：（1）$(\forall x)(P(x) \vee Q(x)) \Leftrightarrow (P(1) \vee Q(1)) \wedge (P(2) \vee Q(2))$但 $P(1)$为 T，$Q(1)$为 F，$P(2)$为 F，$Q(2)$为 T，

所以$(P(1) \vee Q(1)) \wedge (P(2) \vee Q(2)) \Leftrightarrow \mathrm{T} \wedge \mathrm{T} \Leftrightarrow \mathrm{T}$．

（2）$(\forall x)(P \to Q(x)) \vee R(a) \Leftrightarrow ((P \to Q(-2)) \wedge (P \to Q(3)) \wedge (P \to Q(6))) \vee R(a)$因为 P 为 T，

$Q(-2)$为 T，$Q(3)$为 T，$Q(6)$为 F，$R(5)$为 F，所以

$(\forall x)(P\to Q(x))\vee R(a)\Leftrightarrow((T\to T)\wedge(T\to T)\wedge(T\to F))\vee F\Leftrightarrow F$.

♥ 5．解： 1）$(\exists y)(M(y)\wedge\neg W(y))$ P

2）$M(c)\wedge\neg W(c)$ 1）ES

3）$\neg(M(c)\to W(c))$ 2）T，ES

4）$(\exists y)\neg(M(y)\wedge W(y))$ 3）EG

5）$\neg(\forall y)(M(y)\to W(y))$ 4）T，E

6）$(\exists x)(F(x)\wedge S(x))\to(\forall y)(M(y)\to W(y))$ P

7）$\neg(\exists x)(F(x)\wedge S(x))$ 5）6）T，I

8）$(\forall x)\neg(F(x)\wedge S(x))$ 7）T，I

9）$\neg(F(a)\wedge S(a))$ 8）US

10）$\neg F(a)\vee\neg S(a)$ 9）T，E

11）$F(a)\to\neg S(a)$ 10）T，E

12）$(\forall x)(F(x)\to\neg S(x))$ 11）UG

♥ 6．解：（1）设 $Q(x)$：x 是有理数．$R(x)$：x 是实数．$I(x)$：x 是整数．

前提：$(\forall x)(Q(x)\to R(x))$；$(\exists x)(Q(x)\wedge I(x))$

结论：$(\exists x)(R(x)\wedge I(x))$

1）$(\exists x)(Q(x)\wedge I(x))$ P

2）$Q(a)\wedge I(a)$ 1）ES

3）$Q(a)$ 2）T

4）$(\forall x)(Q(x)\to R(x))$ P

5）$Q(a)\to R(a)$ 4）US

6）$R(a)$ 3）5）T

7）$I(a)$ 2）T

8）$R(a)\wedge I(a)$ 8）T

9）$(\exists x)(R(x)\wedge I(x))$ 8）EG

（2）设论域为所有人，$P(x)$：x 喜欢步行．$C(x)$：x 喜欢乘汽车．$B(x)$：x 喜欢骑自行车．

前提：$(\forall x)(P(x)\to\neg C(x))$，$(\forall x)(C(x)\vee B(x))$，$(\exists x)\neg B(x)$

结论：$(\exists x)\neg P(x)$

1）$(\exists x)\neg B(x)$ P

2）$\neg B(a)$ 1）ES

3）$(\forall x)(C(x)\vee B(x))$ P

4）$C(a)\vee B(a)$ 3）US

5）$C(a)$ 2）4）T

6）$(\forall x)(P(x)\to\neg C(x))$ P

7）$P(a)\to\neg C(a)$ 6）US

8）$\neg P(a)$ 5）7）T

9）$(\exists x)\neg P(x)$　　8）EG

自测题 12

一、1. A　2. A　3. D　4. A　5. C　6. D

二、1. $p \wedge q$　2. $(\forall x)(F(x) \to (\forall y)(F(y) \to \neg H(x,y)))$

3. 命题函数，$2n$　4. $(P(a) \wedge P(b) \wedge P(c)) \wedge (Q(a) \vee Q(b) \vee Q(c))$

三、设 $P(x)$：x 在学校读书．$Q(x)$：x 获得知识．

前提：$(\forall x)(P(x) \to Q(x))$，$\neg(\exists x)Q(x)$

结论：$\neg(\exists x)P(x)$

（1）$\neg(\exists x)Q(x)$　　P

（2）$(\forall x)\neg Q(x)$　　（1）I

（3）$\neg Q(c)$　　（2）US

（4）$(\forall x)(P(x) \to Q(x))$　　P

（5）$P(c) \to Q(c)$　　（4）US

（6）$\neg P(c)$　　（3）（5）T

（7）$(\forall x)\neg P(x)$　　（6）UG

（8）$\neg(\exists x)P(x)$　　（7）I

第 13 章

习题 13.1 ♥2　36 条

习题 13.2 ♥1.（1）$\deg(v_1)=2$，$\deg(v_2)=2$，$\deg(v_3)=3$

（2）v_2 和 v_3 邻接，v_2 和 v_5 不邻接．

（3）v_2 和 v_4，之间的长度为 2 的路有 1 条．

♥2. 邻接矩阵 $M(G)$ 为：

$$M(G)=\begin{bmatrix} 0 & 1 & 1 & 0 & 0 & 1 \\ 1 & 0 & 0 & 0 & 0 & 1 \\ 1 & 0 & 0 & 1 & 1 & 0 \\ 0 & 0 & 1 & 0 & 1 & 0 \\ 0 & 0 & 1 & 1 & 0 & 1 \\ 1 & 1 & 0 & 0 & 1 & 0 \end{bmatrix}$$

关联矩阵 $H(G)$ 为：

$$H(G)=\begin{array}{c} \\ v_1 \\ v_2 \\ v_3 \\ v_4 \\ v_5 \\ v_6 \end{array}\begin{array}{c} \begin{array}{cccccccc} e_1 & e_2 & e_3 & e_4 & e_5 & e_6 & e_7 & e_8 \end{array} \\ \begin{bmatrix} 1 & 1 & 1 & 0 & 0 & 0 & 0 & 0 \\ 1 & 0 & 0 & 1 & 0 & 0 & 0 & 0 \\ 0 & 1 & 0 & 0 & 0 & 1 & 0 & 0 \\ 0 & 0 & 0 & 0 & 0 & 0 & 1 & 0 \\ 0 & 0 & 0 & 0 & 1 & 1 & 1 & 1 \\ 0 & 0 & 1 & 1 & 1 & 0 & 0 & 1 \end{bmatrix} \end{array}$$

♥3．解：（1）可达矩阵为：

$$P(G)=\begin{bmatrix}1&1&1&1&1&1\\1&1&1&1&1&1\\1&1&1&1&1&1\\1&1&1&1&1&1\\1&1&1&1&1&1\\1&1&1&1&1&1\end{bmatrix}$$

（2）G 是连通的．

习题 13.3 ♥1．最少有 $n-1$ 条边，最多有 $(n^2-3n+2)/2$ 条边．

♥2．解：（a）（d）为强连通图．（b）是单向连通图．（c）是弱连通图．

♥6．a 到 z 的最短通路为 8．

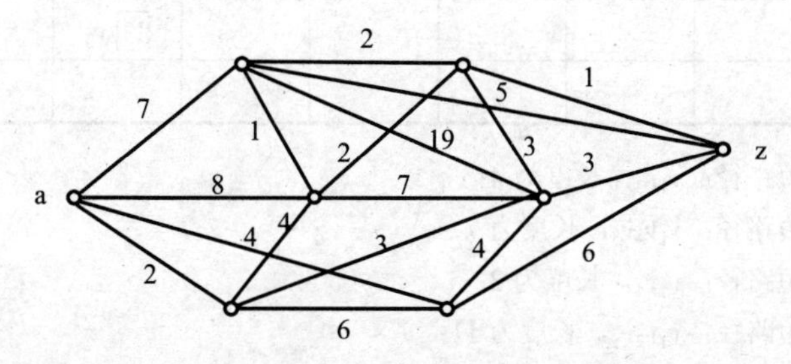

习题 13.4 ♥2．9 ♥5．66 ♥6．解：高度最大是 2^n，最小是 $n+1$．

自测题 13

♥1：1）9　2）$G-v$ 中有 $n-1$ 个顶点，$m-k$ 条边．$G-e$ 有 n 个顶点，$m-1$ 条边．

3）$(n-1)a$

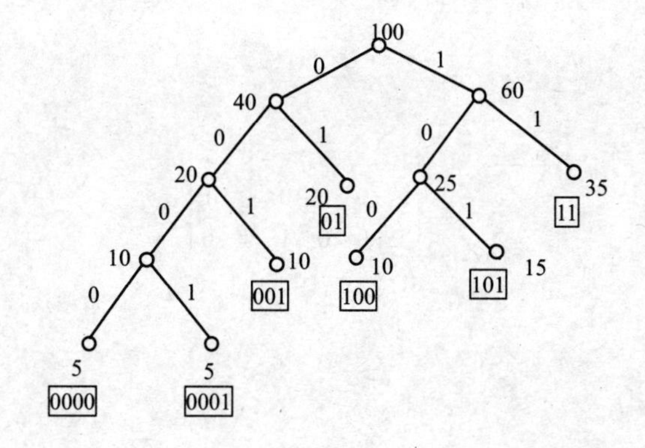

♥2 解：

各个字母对应的编码：

a：11　b：01　c：101　d：100　e：001　f：0001　g：0000

传输 10^n 个按上述频率出现的字母，需要二进制数字个数：

$10^n\times(35\%\times2+20\%\times2+15\%\times3+10\%\times3+10\%\times3+5\%\times4+5\%\times4)=255\times0^{n-2}$

♥3：

	v_1	v_2	v_3	v_4	v_5	v_6	v_7	v_8	v_9
1	[0]	4	∞	2	∞	∞	∞	∞	∞
2		4	7	[2]/v_1	∞	6	∞	∞	∞
3		[4]/v_1	7		11	6	∞	∞	∞
4			7		11	[6]/v_4	∞	13	∞
5			[7]/v_4		11		11	9	∞
6					11		11	[9]/v_3	13
7					[11]/v_2		11		13
8							[11]/v_3		13
9									[13]/v_8

v_1 到 v_2 最短路径：v_1v_2，长度为 4；

v_1 到 v_3 最短路径：$v_1v_4v_3$，长度为 7；

v_1 到 v_4 最短路径：v_1v_4，长度为 2；

v_1 到 v_5 最短路径：$v_1v_2v_5$，长度为 11；

v_1 到 v_6 最短路径：$v_1v_4v_6$，长度为 6；

v_1 到 v_7 最短路径：$v_1v_4v_3v_7$，长度为 11；

v_1 到 v_8 最短路径：$v_1v_4v_3v_8$，长度为 9；

v_1 到 v_9 最短路径：$v_1v_4v_3v_8v_9$，长度为 13；

参考文献

[1] 陈庆华．高等数学．北京：高等教育出版社，1999．

[2] 侯风波．高等数学．北京：高等教育出版社，2000．

[3] 盛祥耀．高等数学．北京．高等教育出版社，2002．

[4] 叶东毅，陈昭炯，朱文兴．计算机数学基础．北京：高等教育出版社，2004．

[5] 刘树利，王家玉．计算机数学基础．北京：高等教育出版社，2004．

[6] 同济大学．高等数学．北京：高等教育出版社，2001．

[7] 同济大学应用数学系．线性代数（第四版）．北京：高等教育出版社，2003．

[8] 同济大学应用数学系．概率统计简明教程．北京：高等教育出版社，2003．

[9] 张国楚，徐本顺，李袆．大学文科数学．北京：高等教育出版社，2002．

[10] 李铮，周放．高等数学．北京：科学出版社，2001．

[11] 任现淼．计算机数学基础．北京：北京大学出版社，1994．

[12] 上海财经大学应用数学系．高等数学．上海：上海财经大学出版社，2003．

[13] 盛骤，谢式千，潘承毅．概率论与数理统计（第三版）．北京：高等教育出版社，2001．

[14] 蒋兴国，吴延东．高等数学．北京：机械工业出版社，2002．

[15] 朱一清．离散数学．北京：电子工业出版社，1997．

[16] 耿素云，屈婉玲．离散数学基础．北京：北京大学出版社，1994．

[17] 何春江．高等数学．北京：中国水利水电出版社，2004．

[18] 王晓威．高等数学．北京：海潮出版社，2000．

[19] 牛莉．线性代数．北京：中国水利水电出版社，2005．

[20] 刘树利，王家玉．计算机数学基础（第二版）．北京：高等教育出版社，2004．

[21] 章昕．概率统计辅导．北京：科学技术文献出版社，2000．

[22] 章昕．概率统计习题集．北京：科学技术文献出版社，2000．

[23] 魏宗舒．概率论与数理统计．北京：高等教育出版社，1983．

[24] 牛莉．概率论与数理统计．北京：中国水利水电出版社，2006．

[25] 何春江．计算机数学基础．北京：中国水利水电出版社，2006．